教育部高等学校电子信息类专业教学指导委员会规划教材

高等学校电子信息类专业系列教材·新形态教材

微课视频版

信号与系统

MATLAB版 微课视频版

汤全武 主编　李 虹 汤哲君 宋佳乾 副主编

清华大学出版社

北京

内 容 简 介

本书以首批国家级一流本科课程"信号与系统"（宁夏大学）为蓝本，以适应我国高等教育全面开展新工科建设，加快推进教育现代化实施方案与高水平工科教育。本书主要讲述连续和离散信号的时域分析和变换域分析，线性时不变系统的描述和特性，连续信号和离散信号通过线性时不变系统的时域分析和变换域分析，以及系统的状态变量分析法。内容突出基本理论、基本概念和基本方法，结合课程的优秀教学成果和基于 MATLAB 进行科学研究的优秀科研成果，以 MATLAB R2020a 作为信号与系统分析的工具，给出了大量实例。

本书既可作为电子信息工程、通信工程、自动化、信息工程、自动控制工程、电气工程及其自动化、测控技术与仪器、光信息科学与技术、计算机科学与技术等专业的本科教材，也可供其他专业选用和工程技术人员参考，同时可作为报考电子科学与技术、信息与通信工程、电气工程等学科硕士研究生的复习参考用书。

本书封面贴有清华大学出版社防伪标签，无标签者不得销售。

版权所有，侵权必究。举报：010-62782989，beiqinquan@tup.tsinghua.edu.cn。

图书在版编目（CIP）数据

信号与系统：MATLAB 版：微课视频版/汤全武主编.—北京：清华大学出版社，2021.10（2023.12重印）
高等学校电子信息类专业系列教材　新形态教材
ISBN 978-7-302-58793-4

Ⅰ.①信…　Ⅱ.①汤…　Ⅲ.①信号系统－高等学校－教材　Ⅳ.①TN911.6

中国版本图书馆 CIP 数据核字（2021）第 156435 号

责任编辑：刘　星　李　晔
封面设计：刘　键
责任校对：李建庄
责任印制：宋　林

出版发行：清华大学出版社
　　　　网　　　址：https://www.tup.com.cn，https://www.wqxuetang.com
　　　　地　　　址：北京清华大学学研大厦 A 座　　　邮　　　编：100084
　　　　社　总　机：010-83470000　　　　　　　　　邮　　　购：010-62786544
　　　　投稿与读者服务：010-62776969，c-service@tup.tsinghua.edu.cn
　　　　质量反馈：010-62772015，zhiliang@tup.tsinghua.edu.cn
　　　　课件下载：https://www.tup.com.cn，010-83470236
印　装　者：三河市龙大印装有限公司
经　　　销：全国新华书店
开　　　本：185mm×260mm　　　印　张：25.5　　　字　　　数：622 千字
版　　　次：2021 年 10 月第 1 版　　　　　　　　印　　　次：2023 年 12 月第 4 次印刷
印　　　数：4001～4800
定　　　价：79.00 元

产品编号：090654-01

高等学校电子信息类专业系列教材

序
FOREWORD

我国电子信息产业销售收入总规模在 2013 年已经突破 12 万亿元,行业收入占工业总体比重已经超过 9％。电子信息产业在工业经济中的支撑作用凸显,更加促进了信息化和工业化的高层次深度融合。随着移动互联网、云计算、物联网、大数据和石墨烯等新兴产业的爆发式增长,电子信息产业的发展呈现了新的特点,电子信息产业的人才培养面临着新的挑战。

(1) 随着控制、通信、人机交互和网络互联等新兴电子信息技术的不断发展,传统工业设备融合了大量最新的电子信息技术,它们一起构成了庞大而复杂的系统,派生出大量新兴的电子信息技术应用需求。这些"系统级"的应用需求,迫切要求具有系统级设计能力的电子信息技术人才。

(2) 电子信息系统设备的功能越来越复杂,系统的集成度越来越高。因此,要求未来的设计者应该具备更扎实的理论基础知识和更宽广的专业视野。未来电子信息系统的设计越来越要求软件和硬件的协同规划、协同设计和协同调试。

(3) 新兴电子信息技术的发展依赖于半导体产业的不断推动,半导体厂商为设计者提供了越来越丰富的生态资源,系统集成厂商的全方位配合又加速了这种生态资源的进一步完善。半导体厂商和系统集成厂商所建立的这种生态系统,为未来的设计者提供了更加便捷却又必须依赖的设计资源。

教育部 2012 年颁布了新版《高等学校本科专业目录》,将电子信息类专业进行了整合,为各高校建立系统化的人才培养体系,培养具有扎实理论基础和宽广专业技能的、兼顾"基础"和"系统"的高层次电子信息人才给出了指引。

传统的电子信息学科专业课程体系呈现"自底向上"的特点,这种课程体系偏重对底层元器件的分析与设计,较少涉及系统级的集成与设计。近年来,国内很多高校对电子信息类专业课程体系进行了大力度的改革,这些改革顺应时代潮流,从系统集成的角度,更加科学合理地构建了课程体系。

为了进一步提高普通高校电子信息类专业教育与教学质量,贯彻落实《国家中长期教育改革和发展规划纲要(2010—2020 年)》和《教育部关于全面提高高等教育质量若干意见》(教高〔2012〕4 号)的精神,教育部高等学校电子信息类专业教学指导委员会开展了"高等学校电子信息类专业课程体系"的立项研究工作,并于 2014 年 5 月启动了《高等学校电子信息类专业系列教材》(教育部高等学校电子信息类专业教学指导委员会规划教材)的建设工作。其目的是为推进高等教育内涵式发展,提高教学水平,满足高等学校对电子信息类专业人才培养、教学改革与课程改革的需要。

本系列教材定位于高等学校电子信息类专业的专业课程,适用于电子信息类的电子信息工程、电子科学与技术、通信工程、微电子科学与工程、光电信息科学与工程、信息工程及其相近专业。经过编审委员会与众多高校多次沟通,初步拟定分批次(2014—2017 年)建设约 100 门课程教材。本系列教材将力求在保证基础的前提下,突出技术的先进性和科学的前沿性,体现创新教学和工程实践教学;将重视系统集成思想在教学中的体现,鼓励推陈出新,采用"自顶向下"的方法编写教材;将注重反映优秀的教学改革成果,推广优秀的教学经验与理念。

为了保证本系列教材的科学性、系统性及编写质量,本系列教材设立顾问委员会及编审委员会。顾问委员会由教指委高级顾问、特约高级顾问和国家级教学名师担任,编审委员会由教育部高等学校电子信息类专业教学指导委员会委员和一线教学名师组成。同时,清华大学出版社为本系列教材配置优秀的编辑团队,力求高水准出版。本系列教材的建设,不仅有众多高校教师参与,也有大量知名的电子信息类企业支持。在此,谨向参与本系列教材策划、组织、编写与出版的广大教师、企业代表及出版人员致以诚挚的感谢,并殷切希望本系列教材在我国高等学校电子信息类专业人才培养与课程体系建设中发挥切实的作用。

吕志伟 教授

前 言
PREFACE

"信号与系统"课程是电子信息类专业的一门重要的专业基础课程。本书是首批国家级一流本科课程"信号与系统"(宁夏大学)的建设教材,主要目标是适应我国高等教育全面开展新工科建设,加快推进教育现代化实施方案与高水平工科教育,提高工程人才培养能力,探索高等教育内涵式发展与产学研合作的高效途径。

本书主要讲述连续和离散信号的时域分析和频域分析,线性时不变系统的描述和特性,以及连续信号通过线性时不变系统的时域分析、实频域分析、复频域分析,离散信号通过线性时不变系统的时域分析、z 域分析和系统的状态变量分析法。

本书根据信息科学技术发展的趋势,结合课程的优秀教学成果和基于 MATLAB 进行科学研究的优秀科研成果。本书内容突出基本理论、基本概念和基本方法,以 MATLAB R2020a 作为信号与系统分析的工具,注重典型题目的分析,一般例题和典型例题相结合。每章有自测题,自测题以填空题和选择题为主;习题分为基础题和提高题;MATLAB 习题可作为实验实训,以适应不同层次的学生。

本书的特色:

(1) 由浅入深,循序渐进。以先基础后应用、先理论后实践、循序渐进的原则进行编排,便于读者学习和掌握 MATLAB 解决信号与系统的编程方法。

(2) 内容丰富,例题新颖。本书结合编者多年教学经验和使用 MATLAB 的经验,列举丰富的例题和应用实例,便于读者更好地理解和掌握信号与系统的数学概念、物理概念和工程概念。

(3) 理论简洁,实例典型。介绍信号与系统内容简洁,分析使用 MATLAB 方法和技巧,实际工程应用案例算法严谨,从而引导读者更好地用 MATLAB 解决信号与系统中的实际应用问题。

(4) 精心编排,便于查阅。课程内容按"先输入-输出描述,后状态变量描述""先连续后离散""先时域后变换域"的结构体系编排,将相关内容用 MATLAB 函数命令通过表格的形式归纳总结,非常有利于读者阅读和查阅。

(5) 资源丰富,实训安排巧妙。

- 为了便于教师教学,本书提供配套的 PPT 课件、电子教案、教学大纲、所有 MATLAB 例题的源代码等教学资料,可扫描下页二维码或到清华大学出版社网站本书页面下载。

- 本书配套了作者团队精心录制的微课视频(40 个,300 分钟),请扫描书中各章节对应位置的二维码观看。

- 为了便于读者上机做实验,每章提供了相应的 MATLAB 习题,授课教师可与作者联系索取其源代码。

• 由于篇幅限制,每章小结以电子资源的形式给出,可扫描每章末尾的
  二维码获取。同时,作者还提供了丰富的章节提高题,可扫描每章末
  尾的二维码获取。

资源下载

本书由汤全武担任主编,完成绪论、第 1 章和第 7 章,并对全书进行统稿;李虹(副主编)完成第 2 章;李春树完成第 3 章;汤哲君(副主编)完成第 4 章;宋佳乾(副主编)完成第 5 章;车进完成第 6 章。

本书在编写的过程中参考了诸多文献资料,在此向文献资料的作者们表示感谢。

限于水平,书中错误及不妥之处在所难免,恳请广大同行和读者批评指正,有兴趣的读者可发送邮件至 workemail6@163.com。

编　者

2021 年 6 月

目 录
CONTENTS

第 0 章

CHAPTER 0

绪　　论

随着信息技术的不断发展及其应用领域的不断扩展,"信号与系统"这门课程已经从电子信息工程类专业的专业基础课程扩展成电子信息、自动控制、电子技术、电气工程、通信工程、信号和信息分析与处理、计算机技术、网络工程、生物医学工程等众多电类专业的专业基础课程,甚至在很多非电专业中也设置了这门课程,其作用已经越来越重要;其内容也从单一的电系统分析扩展到许多非电系统分析。虽然各个专业开设这门课程时的侧重点有所不同,应用背景也有差异,但是,该课程依然保留了以分析系统对信号的响应为主线的教学体系,并且在长期的教学实践中取得了很好的效果。

"信号与系统"是电子电气信息类专业本科生的专业基础主干课程。该课程的教学目的是让学生掌握信号和线性系统分析的基本理论、基本原理和基本方法,能够在后续课程的学习和工作中灵活应用这些方法解决问题。该课程与本科生的许多专业课(例如,通信原理、数字信号处理、通信电路、自动控制原理、图像处理、微波技术等)有很强的联系,也是这些学科研究生入学考试的必考科目之一,其重要性是其他课程不可替代的。该课程涉及信号与系统的概念、信号分析、连续时间系统和离散时间系统的时域和频域分析、系统的状态变量描述、傅里叶变换、拉普拉斯变换、z 变换等,内容涉及大量的数学课程,例如,线性微分方程、积分变换、复变函数、离散数学等。信号与系统课程不仅具有很强的理论性,而且具有很强的实用性,因此该课程对于理论和实践两个体系都有很高的要求。

1. 历史的回顾

人类进入 21 世纪的信息时代,科学技术的创新不断涌现,使人们享受着现代文明的乐趣,信号与系统的概念已经深入到人们的生活和社会的各个方面。手机、电视机、通信网、计算机网络、物联网等已成为人们日常使用的工具和设备。回顾科学技术的发展历史,尤其是信号与系统学科的发展,令人激动不已。

20 世纪 40 年代末创立的三大科学思想和理论,即系统论、信息论和控制论成为许多学科的理论根基。系统论是美国生物学家贝塔朗菲创立的,他为确立适用于系统的一般原则做出了贡献。信息论是美国数学家香农创立的,它成为现代通信理论的基础。控制论是美国数学家维纳提出的,它促进了自动控制、通信、计算机、人工智能理论及应用的发展。

当然,三大科学理论是在吸取前人许多成果基础上通过深刻思考建立的。1822 年,法国数学家傅里叶(J. Fourier,1768—1830)证明了将周期信号展开为正弦级数的理论,为信号的分析和处理打下了基础。法国数学家拉普拉斯(P. S. Laplace,1749—1825)于 19 世纪初提出了拉普拉斯变换方法,为后来电路和系统的分析提供了有力工具。1831 年,英国人法拉第(M. Faraday,1791—1867)发现了电磁感应现象。1837 年,美国人莫尔斯(S. F. Morse,1791—1872)发明了电报。1864 年英国科学家麦克斯韦(J. C. Maxwell,1831—1879)提出了电磁波理论。1875 年美国人贝尔(A. G. Bell,1847—1922)发明了电话。1894 年,意大利人马克尼(G. Marconi,1874—1937)和俄国人波波夫分别发明了无线电。马克尼利用赫兹的火花振荡器作为发射器,实现了无线电信号的传递。1907 年,美国人福斯特发明了真空三极管,实现了对微弱信号的放大。1946 年,第一台电子计算机(ENIAC)在美国宾州大学莫尔电子工程学院研制成功。1947 年,美国贝尔实验室的布拉丁、巴丁和肖克利研制成功第一只点接触晶体管,翻开了半导体应用历史的第一页,大大促进了电子工程、通信、计算机等技术的发展。

再如 1912 年,阿姆斯特朗组装了第一台超外差收音机。1916 年,人类实现了第一次语言和音乐的无线电广播。1925 年,英国的贝尔德发明了电视。1954 年,彩色电视试播成功。1958 年,美国的基尔比利用半导体单晶硅材料研制成第一片集成电路(IC)。1965 年,世界上第一颗地球同步通信卫星发射升空,从而推动了电话、电报、数据传输和电视转播的革命。1998 年 11 月,铱星通信正式启用,从而使通信技术达到了更高的水平。这些成就又反过来促进了信号、信息、系统的理论不断完善。

2. 信号与系统的应用领域

信号与系统的应用领域非常广泛,下面仅举几例。

1) 通信领域

在通信系统中,许多信号不能直接进行传输,需要根据实际情况进行适当的调制以提高信号的传输质量或传输效率。信号的调制有多种形式,如信号的幅度调制、频率调制和相位调制,但都是基于信号与系统的基本理论。信号的正弦幅度调制可以实现频分复用,信号的脉冲幅度调制可以实现时分复用,复用技术可以极大地提高信号的传输效率,有效利用信道资源。信号的频率调制和相位调制可以增强信号的抗干扰能力,提高传输质量。此外,离散信号的调制还可以实现信号的加密、多媒体信号的综合传输等。由此可见,信号与系统的理论与方法在通信领域有着广泛的应用。

2) 控制领域

在控制系统中,系统的传输特性和稳定性是描述系统的重要属性。信号与系统分析中的系统函数可以有效地分析和控制连续时间系统与离散时间系统的传输特性和稳定性。一方面,通过分析系统的系统函数,可以清楚地确定系统的时域特性、频响特性和相位特性,以及系统的稳定性等。另一方面,在使用系统函数分析系统特性的基础上,可以根据实际需要调整系统函数以实现所需的系统特性。如通过分析系统函数的零、极点分布,可以了解系统是否稳定。若不稳定,可以通过反馈等方法调整系统函数实现系统稳定。系统函数在控制系统的分析与设计中有着重要的应用。

3) 信号处理

在信号处理领域中,信号与系统的时域分析和变换域分析的理论和方法为信号处理奠定了必要的理论基础。在信号的时域分析中,信号的卷积与解卷积理论可以实现信号恢复和信号去噪,信号相关理论可以实现信号检测和谱分析等。在信号的变换域分析中,信号的傅里叶变换可以实现信号的频谱分析,连续信号的拉普拉斯变换和离散信号的 z 变换可以实现信号的变换域描述和表达。信号的变换域分析拓展了信号时域分析的范畴,为信号的分析和处理提供了一种新途径。信号与系统分析的理论也是现代信号处理的基础,如信号的自适应处理、时域分析、小波分析等。

4)生物医学工程

生物医学工程是信息学科与医学科的交叉,生物医学领域中许多系统描述和信号处理都是基于信号与系统的基本理论和方法。例如,在生物神经系统中,神经元的等效电路是以非线性系统描述的,相应的数学模型为非线性微分方程或状态方程,其分析方法为解析方法或数值计算方法。近年来,随着生命科学和信息科学的迅速发展和渗透,信号与系统的分析在生物医学工程领域中的应用也日益深入且广泛。

3. 本书的研究内容及性质

本书主要讨论的是确定性信号的时域和频域分析,线性时不变系统的描述与特性,以及信号通过线性时不变系统的时域分析与变换域分析。通过本书的学习,可以使学生牢固掌握信号与系统的时域、变换域分析的基本原理和基本方法,理解傅里叶变换、拉普拉斯变换、z 变换的数学概念、物理概念与工程概念,掌握利用信号与系统的基本理论与方法分析和解决实际问题的基本方法,为进一步学习后续课程打下坚实的基础。

本书从概念上可以区分为信号分解和系统分析两部分,但二者又是密切相关的。根据连续信号分解为不同的基本信号,对应推导出线性系统的分析方法分别为时域分析、频域分析和复频域分析;离散信号分解和系统分析也是类似的过程。

本书采用先连续后离散的顺序安排知识,使学生可先集中精力学好连续信号与系统分析的内容,再通过类比理解离散信号与系统分析的概念。状态分析方法也结合这两大块给出,从而建立完整的信号与系统的概念。

信号与系统课程是一门实践性较强的课程。考虑到后续课程的实践性更强,对学生实验基本技能的熟练程度提出更高的要求。因此,将信号与系统课程实验教学部分定位于基础性的实验教学。实验课程的教学目标是:通过实验课,使学生加深对信号与系统课程教学内容的理解,通过实践验证所学的理论知识;培养学生的实际动手能力、分析问题与解决问题能力,为后继课程的学习以及课程设计、毕业设计打下坚实的实践基础。实验课程教学的基本要求是:正确且熟练地使用实验所需各种电子仪器;掌握使用电子元器件构建典型的电网络的基本技能,及其测试与分析技术;具有正确处理实验数据、进行误差分析的能力;能独立写出理论分析完善、文理通顺、字迹工整的实验报告;其要点在于培养学生实事求是地进行科学实验的严谨学风。所有实验均可应用 MATLAB 语言加以实现。

4. 信号与系统的研究方法

信号分析主要研究信号的描述、运算、特性以及信号发生某些变化时其特性的相应变化。信号分析的基本目的是揭示信号自身的特性,例如,确定信号的时域特性与频域特性、随机信号的统计特性等。实现信号分析的主要途径是研究信号的分解,即将一般信号分解成众多基本信号单元的线性组合,通过研究这些基本信号单元在时域或变换域的分布规律来达到了解信号特性的目的。由于信号的分解既可以在时域进行,也可以在频域或复频域进行,因此信号的分析方法有时域法、频域法和复频域法。

在信号的时域分析中,采用单位冲激信号 $\delta(t)$ 或单位脉冲序列 $\delta(n)$ 作为基本信号,将连续时间信号表示为 $\delta(t)$ 的加权积分,将离散时间信号表示为 $\delta(n)$ 的加权和,它们分别是一种特殊的卷积积分运算与卷积和运算。这里通过基本信号单元的加权值随变量 t 或 n 的变化直接表征信号的时域特性。

在信号的频域分析中,采用虚指数信号 $e^{j\omega t}$ 或 $e^{j\Omega n}$ 作为基本信号,将连续时间或离散时间信号表示为 $e^{j\omega t}$ 或 $e^{j\Omega n}$ 的加权积分或加权和。这就导出了傅里叶分析的理论和方法。这里,通过各基本信号的单元振幅(或振幅密度)、相位随频率的变化(即信号的频谱)来反映信号的频域特性。

在信号的复频域分析中,采用复指数信号 e^{st}($s=\sigma+j\omega$)或 z^{n}($z=re^{j\theta}$)作为基本信号,将连续时间或离散时间信号表示为 e^{st} 或 z^{n} 的加权积分或加权和,相应导出了拉普拉斯变换与 z 变换的理论和方法。

系统分析的主要任务是分析给定系统在激励作用下产生的响应。其分析过程包括建立系统模型,用数学方法求解由系统模型建立的系统方程,求得系统的响应。必要时,对求解结果给出物理解释,赋予一定的物理意义。就本书所研究的线性时不变系统(Linear Time-Invariant System,LTI 系统)而言,由输入-输出模型建立的系统方程是一个线性常系数的微分方程或差分方程,只着眼于系统激励与响应之间的关系,并不关心系统内部变量的情况,多用于单输入-单输出系统;由状态空间模型建立的状态方程是一阶线性微分方程组或差分方程组,输出方程是一组代数方程,它不仅可以给出系统的响应,而且会提供系统内部各变量的情况,多用于多输入-多输出系统的分析。

在系统方程或系统输出响应的求解方面,按照系统理论,一般先求出系统的零输入响应和零状态响应;然后将它们叠加,得到系统的完全响应。设系统的初始观察时刻 $t_0=0$,如果将系统的初始状态看成另一种历史输入信号,那么,零输入响应 $y_{zi}(t)(t\geqslant0)$ 是历史输入信号作用于系统后在 t 时刻所产生的响应;而零状态响应 $y_{zs}(t)(t\geqslant0)$ 是在 $[0,t]$ 区间的当前输入信号作用于系统后在 t 时刻所产生的响应。就系统分析方法而言,两者没有本质的差别。所以,系统分析问题可以归结为系统在当前输入作用下零状态响应的求解问题。

分析 LTI 系统的基本思想是先将激励信号分解为众多基本信号单元的线性组合,求出各基本信号单元通过系统后产生的响应分量,再将这些响应分量叠加起来得到系统在激励信号作用下的输出响应。与信号分析类似,系统分析也有相应的时域分析法、频域分析法和复频域分析法。

在 LTI 系统的时域分析中,将输入信号 $f(t)$ 分解成冲激信号(或脉冲序列)单元的线性组合,只要求出基本信号 $\delta(t)$ 或 $\delta(n)$ 作用下系统的响应,就可以根据系统的线性和时不变特性确定各种冲激信号(或脉冲序列)单元作用下系统的响应分量,再将这些响应分量叠加,求得系统在 $f(t)$ 激励下的输出响应。这就产生了系统响应的卷积积分与卷积和计算方法。

在 LTI 系统的频域分析中,把输入信号 $f(t)$ 分解为虚指数信号 $e^{j\omega t}$ 或 $e^{j\Omega n}$ 单元的线性组合,只要求出基本信号 $e^{j\omega t}$ 或 $e^{j\Omega n}$ 作用下系统的响应,再由系统的线性、时不变特性确定各虚指数信号单元作用下的系统响应分量,并将这些响应分量叠加,便可求得 $f(t)$ 激励下的系统响应,这就是傅里叶分析的思想。

在 LTI 系统的复频域分析中,用复指数信号 e^{st} 或 z^{n} 作为基本信号,将输入 $f(t)$ 或 $f(n)$ 分解为复指数信号单元的线性组合,其系统响应表示为各复指数信号单元作用下相应输出的叠加,这就是拉普拉斯变换和 z 变换的系统分析方法。

　　综上所述,LTI系统分析方法的理论基础是信号的分解特性和系统的线性、时不变特性。实现系统分析的统一观点和方法是:激励信号可以分解为众多基本信号单元的线性组合;系统对激励所产生的零状态响应是系统对各基本信号单元分别作用时相应响应的叠加;不同的信号分解方式将导致不同的系统分析方法。在统一观点下,传统的数学变换工具被赋予了明确的物理意义。同时表明,无论是连续时间系统还是离散时间系统的变换域分析法在本质上也都属于"时域"的分析方法,所有系统分析方法都是在使用某种基本信号进行信号分解的条件下导出合乎逻辑的必然结果。

　　随着现代科学技术的迅速发展,新的信号与系统的分析方法不断涌现。其中计算机辅助分析方法就是近年来较为活跃的方法。这种方法利用计算机进行数值运算,从而免去复杂的人工运算,且计算结果精确可靠,因而得到了广泛的应用和发展。本书引入了MATLAB对信号与系统进行分析,尤其是MATLAB的强大绘图功能,对信号与系统进行数值计算、可视化建模及仿真调试成为可能。

　　本书按照先输入-输出描述后状态变量描述,先连续后离散,先时间域后变换域的顺序,研究线性时不变系统的基本分析方法,并结合实例介绍其简单应用。

信号与系统的概念

本章要点：

（1）信号的定义和分类，重点阐述典型连续信号和奇异信号的时域特性及其描述。

（2）信号的时域变换和运算。

（3）系统的定义、分类、特性及其描述。

（4）典型例题分析。

学习目标：

（1）了解信号与系统的基本概念与定义，会画信号的波形。

（2）了解常用基本信号的时域描述方法、特点与性质，并会应用这些性质。

（3）掌握信号的时域变换与运算的方法，并会求解。

（4）理解线性时不变系统的定义与性质，并会应用这些性质。

本章重点：

（1）基本的连续时间信号的时域描述与时域特性。

（2）单位冲激信号的定义、性质及应用。

（3）信号的时域变换与时域运算及其综合应用。

（4）线性时不变系统的性质及应用。

1.1 信号的定义与分类

1.1.1 信号的定义

信号已经深入人们的日常生活和社会的各个方面，具有广泛的含义。严格地说，信号是指信息的表现形式与传送载体，而信息则是信号的具体内容。但是，信息的传送一般都不是直接的，需借助某种物理量作为载体。例如，电台的各种信息就是通过电磁波信号传向四面八方的。

信号可以是时间的一元函数，也可以是空间与时间的二元函数（如电视信号中的亮度信号），还可以是变换域中变量的函数。它可以用函数式、曲线、数据或图像来描述。本书后面经常研究的是时间函数表示的信号，在讨论信号的有关问题时，"信号"与"函数"两个词常互相通用。

1.1.2 信号的分类

信号的分类方法很多,可以从不同的角度对信号进行分类。在信号与系统分析中,根据信号的特点,可将其分为连续时间信号与离散时间信号、周期信号与非周期信号、确定信号与随机信号、能量信号与功率信号等。

1. 连续时间信号与离散时间信号

根据信号定义域的特点,信号可以分为连续时间信号与离散时间信号。

连续时间信号是指在信号的定义域内,除有限个间断点外,任意时刻都有确定函数值的信号,通常用 $f(t)$ 来表示,如图 1-1-1 所示。

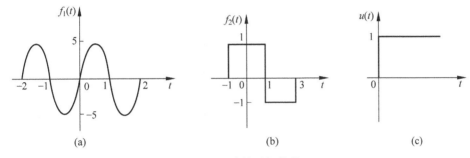

图 1-1-1 连续时间信号

图 1-1-1(a)中的信号是正弦信号,其数学表达式为

$$f_1(t) = 5\sin(\pi t) \tag{1-1-1}$$

其定义域$(-\infty, +\infty)$和值域$[-5, 5]$都是连续的。

图 1-1-1(b)中的信号的数学表达式为

$$f_2(t) = \begin{cases} 0, & t < -1 \\ 1, & -1 < t < 1 \\ -1, & 1 < t < 3 \\ 0, & t > 3 \end{cases} \tag{1-1-2}$$

其定义域$(-\infty, +\infty)$是连续的,但信号的值只取-1、0、1 3 个离散的数值。信号在 $t = -1$、$t = 1$ 和 $t = 3$ 处有间断点。

图 1-1-1(c)中的信号为单位阶跃信号,通常记为 $u(t)$,其数学表达式为

$$u(t) = \begin{cases} 0, & t < 0 \\ 1, & t > 0 \end{cases} \tag{1-1-3}$$

其定义域$(-\infty, +\infty)$是连续的,但信号的值只取 0 或 1。信号在 $t = 0$ 处有间断点。

对于间断点处的信号值一般不作定义,这样做不会影响分析结果。如有必要,可按高等数学规定,定义信号在间断点处的信号值等于其左极限与右极限的算术平均值。此处不再赘述。

离散时间信号是指信号的定义域为一些离散时刻,通常用 $f(n)$ 来表示。离散时间信号最明显的特点是其定义域为离散的时刻,而在这些离散的时刻之外无定义,如图 1-1-2 所示。

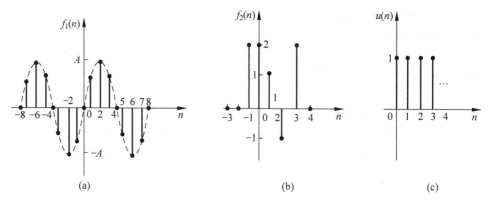

图 1-1-2　离散时间信号

图 1-1-2(a)中的信号为正弦序列,其数学表达式为

$$f_1(n) = A\sin\left(\frac{\pi}{4}n\right) \tag{1-1-4}$$

随着 n 的变化,序列值在值域$[-A,A]$上连续取值。

图 1-1-2(b)中的序列,其数学表达式为

$$f_2(n) = \begin{cases} 2, & n=-1,0,3 \\ 1, & n=1 \\ -1, & n=2 \\ 0, & 其他 \end{cases} \tag{1-1-5}$$

或写为

$$f_2(n) = \{\cdots,0,2,\underset{n=0}{2},1,-1,2,0,\cdots\} \tag{1-1-6}$$

在式(1-1-6)中,箭头指明 $n=0$ 的位置。

图 1-1-2(c)中的信号为单位阶跃序列,其数学表达式为

$$u(n) = \begin{cases} 1, & n \geqslant 0 \\ 0, & n < 0 \end{cases} \tag{1-1-7}$$

连续时间信号的幅值可以是连续的,也可以是离散的。时间和幅值均连续的信号称为模拟信号。离散时间信号的幅值也可以是连续的或离散的。时间和幅值均离散的信号称为数字信号。时间离散而幅值连续的信号称为抽样信号。

为了方便起见,有时将信号 $f(t)$ 或 $f(n)$ 的自变量省略,简记为 $f(\cdot)$,表示信号变量允许取连续变量或离散变量,即用 $f(\cdot)$ 统一表示连续时间信号和离散时间信号。

2. 周期信号与非周期信号

根据时间函数的周期性划分,信号可以分为周期信号与非周期信号。

周期信号是定义在$(-\infty,+\infty)$区间,每隔一定时间 T(或整数 N),按相同规律重复变化的信号,如图 1-1-1(a)和图 1-1-2(a)所示的信号均为周期信号。

连续周期信号可表示为

$$f(t) = f(t+mT), \quad m=0,\pm1,\pm2,\cdots \tag{1-1-8}$$

离散周期信号可表示为

$$f(n) = f(n + mN), \quad m = 0, \pm 1, \pm 2, \cdots \tag{1-1-9}$$

非周期信号是不具有重复性的信号。

例 1-1　判断下列信号是否为周期信号,如果是周期性的,确定其周期。

(1) $f_1(t) = \sin(4t) + \cos(5t)$　　　　(2) $f_2(t) = \cos(3t) + \sin(7\pi t)$

(3) $f_3(n) = \sin\left(\dfrac{\pi}{8}n + \dfrac{3\pi}{7}\right)$　　　　(4) $f_4(n) = \cos\left(\dfrac{3}{5}n + \dfrac{\pi}{4}\right)$

解：如果两个周期信号 $x(t)$ 和 $y(t)$ 的周期具有公倍数,则它们的和信号

$$f(t) = x(t) + y(t)$$

仍然是一个周期信号,其周期是 $x(t)$ 和 $y(t)$ 的周期的最小公倍数。

(1) 因为 $\sin(4t)$ 是一个周期信号,其角频率 ω_1 和周期 T_1 为

$$\omega_1 = 4 \text{ rad/s}, \quad T_1 = \frac{2\pi}{\omega_1} = \frac{1}{2}\pi \text{ s}$$

信号 $\cos(5t)$ 也是一个周期信号,其相应的角频率 ω_2 和周期 T_2 为

$$\omega_2 = 5 \text{ rad/s}, \quad T_2 = \frac{2\pi}{\omega_2} = \frac{2}{5}\pi \text{ s}$$

T_1 和 T_2 的最小公倍数为 2π,所以 $f_1(t)$ 是周期信号,其周期为 2π s。

(2) 同理,$f_2(t)$ 中两个周期信号 $\cos(3t)$ 和 $\sin(7\pi t)$ 的周期分别为

$$T_1 = \frac{2\pi}{\omega_1} = \frac{2}{3}\pi \text{ s}, \quad T_2 = \frac{2\pi}{\omega_2} = \frac{2}{7} \text{ s}$$

T_1 和 T_2 间不存在公倍数,所以 $f_2(t)$ 是非周期信号。

(3) $f_3(n)$ 的周期为

$$N = \frac{2\pi}{\dfrac{\pi}{8}} = 16$$

且是有理数,所以 $f_3(n)$ 是周期信号,其周期为 16。

(4) $f_4(n)$ 的周期为

$$N = \frac{2\pi}{\dfrac{3}{5}} = \frac{10}{3}\pi$$

且是无理数,所以 $f_4(n)$ 是非周期信号。

3. 确定信号与随机信号

根据时间函数的确定性划分,信号可以分为确定信号与随机信号。

确定信号是指能够以确定的时间函数表示的信号,该信号在其定义域内的任意时刻都有确定的函数值。如图 1-1-1 和图 1-1-2 所示信号均为确定信号。

随机信号也称为不确定信号,它不是时间的函数。也就是说,在其定义域内的任意时刻没有确定的函数值。如道路上的噪声,其强度与频谱因时因地而异,且无法准确预测,因此它是随机信号;电网电压(有效值)随时间波动,其波动量的大小也是不可能确切预测的随机信号。

虽然实际应用中的大部分信号都是随机信号,但在一定条件下,可以将许多随机信号近似地作为确定信号来分析,从而简化分析过程,便于实际应用。因此,一般先研究确定信号,

在此基础上再根据随机信号的统计规律进一步研究随机信号的特性。本书着重讨论确定信号,随机信号的分析将在数字信号处理等后续课程中研究。

4. 能量信号与功率信号

根据时间信号的可积性划分,信号可以分为能量信号与功率信号。

如果把信号 $f(t)$ 看作随时间变化的电流或电压,则当信号 $f(t)$ 通过 1Ω 的电阻时,信号在时间间隔 $-T \leqslant t \leqslant T$ 内所消耗的能量称为归一化能量,即

$$E = \lim_{T \to +\infty} \int_{-T}^{T} |f(t)|^2 \mathrm{d}t \tag{1-1-10}$$

而在上述时间间隔 $-T \leqslant t \leqslant T$ 内的平均功率称为归一化功率,即

$$P = \lim_{T \to +\infty} \frac{1}{2T} \int_{-T}^{T} |f(t)|^2 \mathrm{d}t \tag{1-1-11}$$

对于离散时间信号 $f(n)$,其归一化能量 E 与归一化功率 P 的定义分别为

$$E = \lim_{N \to +\infty} \sum_{n=-N}^{N} |f(n)|^2 \tag{1-1-12}$$

$$P = \lim_{N \to +\infty} \frac{1}{2N+1} \sum_{n=-N}^{N} |f(n)|^2 \tag{1-1-13}$$

若信号的归一化能量为非零的有限值,且其归一化功率为零,即 $0 < E < +\infty$,$P = 0$,则该信号为能量信号;若信号的归一化能量为无限值,且其归一化功率为非零的有限值,即 $E \to +\infty$,$0 < P < +\infty$,则该信号为功率信号。直流信号与周期信号都是功率信号。值得注意的是,一个信号不可能既是能量信号又是功率信号,但却有少数信号既不是能量信号也不是功率信号。例如,后面将要讲到的单位斜变信号既不是能量信号也不是功率信号。

1.1.3 连续时间信号的 MATLAB 实现

在 MATLAB 中通常用两种方法来表示信号:一种是用向量表示信号,另一种是用符号运算的方法表示信号。

1. 向量表示法

对于连续信号 $f(t)$,可以用两个行向量 f 和 t 来表示,其中向量 t 是形如 $t_1 : p : t_2$ 的 MATLAB 命令定义的时间范围向量,t_1 为信号起始时间,t_2 为终止时间,p 为时间间隔。向量 f 为连续信号 $f(t)$ 在向量 t 所定义的时间点上的样值。例如,输入如下程序:

```
t = -10:0.02:10;
f = sin(t)./t;
plot(t,f);
title('f(t) = Sa(t)');
xlabel('t');
axis([-10,10,-0.4,1.1])
```

则绘制的 $\mathrm{Sa}(t)$ 信号波形如图 1-1-3 所示。改变 p 的值,可以观察绘制的波形与上述波形的差别。

2. 符号运算表示法

符号运算表示法就是用符号来进行的运算方法。例如,用符号运算表示法绘制连续信

号 $f(t)=\sin\left(\dfrac{\pi}{4}t\right)$ 的波形。输入如下程序：

```
f = 'sin(pi/4 * t)';
ezplot(f,[ - 16,16])
```

则得到的波形如图 1-1-4 所示。改变相应的参数，可以得到不同的图形。

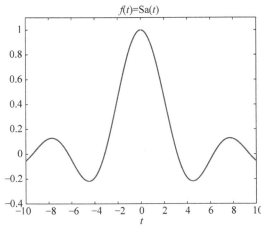

图 1-1-3　Sa(t)信号波形

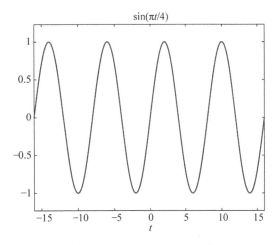

图 1-1-4　$f(t)=\sin(\pi t/4)$ 的波形

1.2　典型连续信号及其时域特性

1.2.1　直流信号

直流信号的数学表达式为

$$f(t)=A \tag{1-2-1}$$

式中 A 为实数，其定义域为 $(-\infty,+\infty)$，波形如图 1-2-1 所示。若 $A=1$，则称之为单位直流信号。

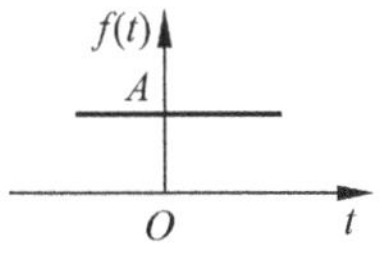

图 1-2-1　直流信号

1.2.2　正弦信号

正弦信号的数学表达式为

$$f(t)=A\cos(\omega t+\varphi) \tag{1-2-2}$$

式中 A、ω、φ 分别称为正弦信号的振幅、角频率、初相位，均为实数。其定义域为 $(-\infty,+\infty)$。正弦信号具有如下性质。

（1）正弦信号是无时限信号。

（2）正弦信号是周期信号，其周期 $T=\dfrac{2\pi}{\omega}$。

（3）正弦信号的微分仍然是正弦信号。

（4）正弦信号满足如下形式的二阶微分方程，即

$$f''(t)+\omega^2 f(t)=0 \tag{1-2-3}$$

1.2.3 指数信号

指数信号的数学表达式为

$$f(t) = A\mathrm{e}^{\alpha t} \tag{1-2-4}$$

式中 A 和 α 是实数,其定义域为 $(-\infty, +\infty)$。系数 A 是 $t=0$ 时指数信号的初始值,当 A 为正实数时,若 $\alpha > 0$,则指数信号的幅度随时间增长而增长;若 $\alpha < 0$,指数信号的幅度随时间增长而衰减。在 $\alpha = 0$ 的特殊情况下,信号不随时间而变化,称为直流信号。指数信号的波形如图 1-2-2 所示。

指数信号为单调增或单调减信号,为了表示信号随时间单调变化的快慢程度,将 $|\alpha|$ 的倒数称为指数信号的时间常数,用 τ 表示,即

$$\tau = \frac{1}{|\alpha|} \tag{1-2-5}$$

当 $\alpha < 0$,且 $t = \tau = 1/|\alpha|$ 时,式(1-2-4)为

$$f(\tau) = A\mathrm{e}^{-1} = 0.368A$$

这表明当 $t = \tau$ 时,指数信号衰减为初始值 A 的 36.8%。显然 $|\alpha|$ 越大,τ 就越小,信号衰减得越快;反之,$|\alpha|$ 越小,τ 就越大,信号衰减得越慢。

同样,当 $\alpha > 0$ 时,指数信号随时间增长而增长,其增长快慢程度也取决于 $|\alpha|$ 或 τ 的大小。

在实际中遇到的多是单边指数衰减信号,其数学表达式为

$$f(t) = \begin{cases} A\mathrm{e}^{-\alpha t}, & t \geqslant 0, \alpha > 0 \\ 0, & t < 0 \end{cases} \tag{1-2-6}$$

其波形如图 1-2-3 所示。单边指数衰减信号有如下性质。

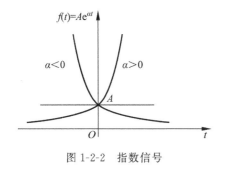

图 1-2-2 指数信号　　　　　图 1-2-3 单边指数衰减信号

(1) $f(0_-) = 0$,$f(0_+) = A$,即在 $t=0$ 时刻有跳变,跳变的幅度为 A。

(2) 经过 $1/\alpha$ 的时间,函数值从 A 衰减到 $0.368A$。α 称为衰减系数。

(3) 单边指数衰减信号对时间的微分和积分仍是指数形式。

1.2.4 复指数信号

复指数信号的数学表达式为

$$f(t) = A\mathrm{e}^{st} \tag{1-2-7}$$

式中 $s = \sigma + \mathrm{j}\omega_0$ 称为复数频率,简称复频率,其中 σ,ω_0 均为实数,A 一般是实数,也可以是复数,其定义域为 $(-\infty, +\infty)$。利用欧拉公式将式(1-2-7)展开,可得

$$A\mathrm{e}^{st} = A\mathrm{e}^{(\sigma + \mathrm{j}\omega_0)t} = A\mathrm{e}^{\sigma t}\cos(\omega_0 t) + \mathrm{j}A\mathrm{e}^{\sigma t}\sin(\omega_0 t) \tag{1-2-8}$$

式(1-2-8)表明,一个复指数信号可以分解为实部、虚部两部分。其实部、虚部分别为幅度按指数规律变化的正弦信号。

(1) 若 $\sigma < 0$,复指数信号的实部、虚部为衰减正弦信号,波形如图 1-2-4(a)、图 1-2-4(b) 所示。

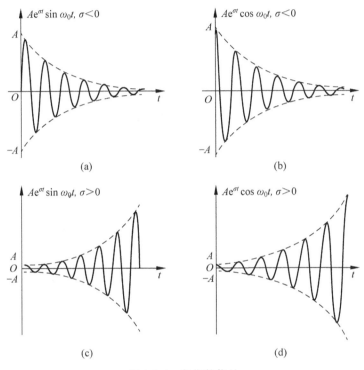

图 1-2-4 复指数信号

(2) 若 $\sigma > 0$,复指数信号的实部、虚部为增幅正弦信号,波形如图 1-2-4(c)、图 1-2-4(d) 所示。

(3) 若 $\sigma = 0$,式(1-2-8)可写成虚指数信号,即

$$f(t) = \mathrm{e}^{\mathrm{j}\omega_0 t} \tag{1-2-9}$$

为等幅正弦信号。虚指数信号的一个重要特性是具有周期性,其周期为 $2\pi/\omega_0$。

(4) 若 $\omega_0 = 0$,则复指数信号成为一般的实指数信号。

(5) 若 $\sigma = 0$,$\omega_0 = 0$,复指数信号的实部、虚部均与时间无关,成为直流信号。

复指数信号在物理上是不可实现的,但是它概括了多种情况。利用复指数信号可以表示常见的普通信号,如直流信号、指数信号、正弦信号等。复指数信号的微分和积分仍然是复指数信号,利用复指数信号可以使许多运算和分析简化。因此,复指数信号是信号分析中非常重要的基本信号。

1.2.5 抽样信号

抽样信号的数学表达式为

$$\text{Sa}(t) = \frac{\sin t}{t} \tag{1-2-10}$$

定义域为 $(-\infty, +\infty)$,其波形如图 1-2-5 所示。抽样信号有如下性质。

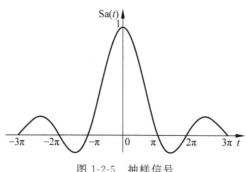

图 1-2-5　抽样信号

(1) 抽样信号为实变量 t 的偶函数,即有 $\text{Sa}(t) = \text{Sa}(-t)$。

(2) $\lim\limits_{t \to 0} \text{Sa}(t) = \text{Sa}(0) = \lim\limits_{t \to 0} \dfrac{\sin t}{t} = 1$。

(3) 当 $t = k\pi(k = \pm 1, \pm 2, \cdots)$ 时,$\text{Sa}(t) = 0$,即 $t = k\pi(k = \pm 1, \pm 2, \cdots)$ 为 $\text{Sa}(t)$ 出现零点值的时刻。

(4) $\displaystyle\int_{-\infty}^{+\infty} \text{Sa}(t)\mathrm{d}t = \int_{-\infty}^{+\infty} \frac{\sin t}{t}\mathrm{d}t = \pi$。

(5) $\lim\limits_{t \to \pm\infty} \text{Sa}(t) = 0$。

1.2.6 MATLAB 实现

1. 正弦信号

正弦信号 $f(t) = A\cos(\omega t + \varphi)$ 和 $f(t) = A\sin(\omega t + \varphi)$,分别用 MATLAB 内部函数 cos 和 sin 表示,其调用形式为

```
A * cos(w0 * t + phi)
A * sin(w0 * t + phi)
```

若给定如下参数,执行该程序,可得如图 1-2-6 所示的波形。

```
A = 1;
w0 = 2 * pi;
phi = pi/4;
t = 0:0.0001:6;
f = A * sin(w0 * t + phi);
plot(t,f)
```

2. 指数信号

指数信号 $f(t) = A\mathrm{e}^{at}$ 在 MATLAB 中可用 exp 函数表示,其调用形式为

```
y = A * exp(a * t)
```

若给定如下参数,执行该程序,可得如图 1-2-7 所示波形。

```
A = 1;
a = - 0.5;
t = 0:0.01:10;
f = A * exp(a * t);
plot(t, f)
```

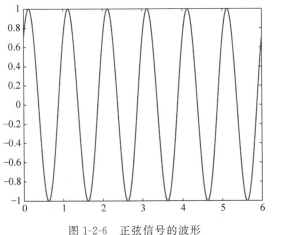

图 1-2-6　正弦信号的波形

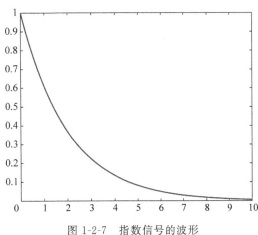

图 1-2-7　指数信号的波形

3. 虚指数信号

虚指数信号 $f(t) = Ae^{j\omega t} = A(\cos\omega t + j\sin\omega t)$ 是时间 t 的复函数,需要用两个实信号来表示虚指数信号,即用模与相角或实部与虚部来表示虚指数信号随时间变化的规律。

下面是用 MATLAB 绘制虚指数信号的实用子函数。

```
function xzsu(w,n1,n2,a)
% n1:绘制波形的起始时间
% n2:绘制波形的终止时间
% w:虚指数信号角频率
% a: 虚指数信号的幅度
t = n1:0.01:n2;
X = a * exp(i * w * t);
Xr = real(X);
Xi = imag(X);
Xa = abs(X);
Xn = angle(X);
subplot(2,2,1),plot(t,Xr),axis([n1,n2, - (max(Xa) + 0.5),max(Xa) + 0.5]),
title('实部');
subplot(2,2,3),plot(t,Xi),axis([n1,n2, - (max(Xa) + 0.5),max(Xa) + 0.5]),
title('虚部');
subplot(2,2,2), plot(t,Xa),axis([n1,n2,0,max(Xa) + 1]),title('模');
subplot(2,2,4),plot(t,Xn),axis([n1,n2, - (max(Xn) + 1),max(Xn) + 1]),title('相角');
```

例如,绘制信号 $f(t)=2\mathrm{e}^{\mathrm{j}\frac{\pi t}{4}}$ 的时域波形,只需输入如下程序,运行结果如图 1-2-8 所示。

```
xzsu(pi/4,0,15,2)
```

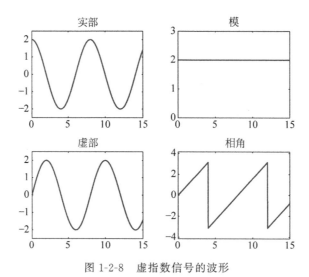

图 1-2-8   虚指数信号的波形

4. 复指数信号

绘制复指数信号 $f(t)=\mathrm{e}^{-t}\mathrm{e}^{\mathrm{j}10t}$ 的程序如下,运行结果如图 1-2-9 所示。

```
t = 0:0.01:3;
a = - 1;b = 10;
z = exp((a + i * b) * t);
subplot(2,2,1),plot(t,real(z)),title('实部'),
subplot(2,2,2),plot(t,imag(z)),title('虚部'),
subplot(2,2,3),plot(t,abs(z)),title('模'),
subplot(2,2,4),plot(t,angle(z)),title('相角');
```

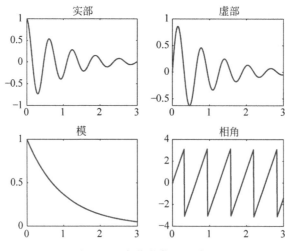

图 1-2-9   复指数信号的波形

视频讲解

1.3 信号的时域变换

信号在时域中的变换有反折、时移、尺度、倒相等。

1.3.1 反折

信号的时域反折,就是将信号 $f(t)$ 的波形以纵轴为轴翻转 $180°$。

设信号 $f(t)$ 的波形如图 1-3-1(a)所示。将 $f(t)$ 以纵轴为轴对折,即得反折信号 $f(-t)$。反折信号 $f(-t)$ 的波形如图 1-3-1(b)所示。可见,若要求得 $f(t)$ 的反折信号 $f(-t)$,则必须将 $f(t)$ 中的 t 换为 $-t$,同时将 $f(t)$ 定义域中的 t 也必须换为 $-t$。

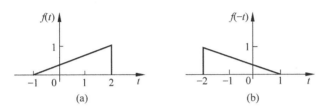

图 1-3-1 连续时间信号的反折

1.3.2 时移

信号的时移(也称平移),就是将信号 $f(t)$ 的波形沿时间 t 轴左、右平行移动,但波形的形状不变。

设信号 $f(t)$ 的波形如图 1-3-2(a)所示。将 $f(t)$ 沿 t 轴平移 t_0,即得 $f(t-t_0)$,t_0 为实数。当 $t_0>0$ 时,为沿 t 轴正方向移动(右移);当 $t_0<0$ 时,为沿 t 轴负方向移动(左移)。时移信号 $f(t-t_0)$ 的波形如图 1-3-2(b)、(c)所示(图中 $t_0=\pm 1$)。可见,若要求得 $f(t)$ 的时移信号 $f(t-t_0)$,则必须将 $f(t)$ 中的 t 换为 $t-t_0$,同时将 $f(t)$ 定义域中的 t 也必须换为 $t-t_0$。

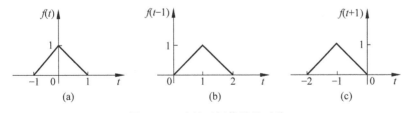

图 1-3-2 连续时间信号的时移

例如,在雷达系统中,雷达接收到的目标回波信号比发射信号延迟了时间 t_0,利用该延迟时间 t_0 可以计算出目标与雷达之间的距离。雷达接收到的目标回波信号就是延时信号。

信号的时移变换用时移器(也称延时器)实现,如图 1-3-3(a)所示。图中 $f(t)$ 是延时器的输入信号,$y(t)=f(t-t_0)$ 是延时器的输出信号,可见输出信号 $y(t)$ 较输入信号 $f(t)$ 延迟了时间 t_0。

需要指出的是,当 $t_0>0$ 时,延时器为因果系统,是可以用硬件实现的;当 $t_0<0$ 时,延

时器是非因果系统,此时的延时器变成为预测器,如图 1-3-3(b)所示。延时器和预测器都是信号处理中常见的系统。

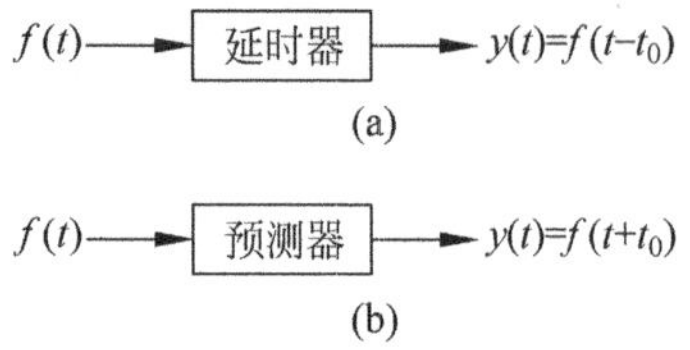

$f(t)$ ——► 延时器 ——► $y(t)=f(t-t_0)$

(a)

$f(t)$ ——► 预测器 ——► $y(t)=f(t+t_0)$

(b)

图 1-3-3 延时器和预测器

1.3.3 尺度

信号的尺度变换,就是将信号 $f(t)$ 变化到 $f(at)$ $(a>0)$,即信号 $f(t)$ 在时间轴上的扩展或压缩,但纵轴上的值不变。

设信号 $f(t)$ 的波形如图 1-3-4(a)所示。将变量 at 置换 $f(t)$ 中的 t,所得信号 $f(at)$ 即为信号 $f(t)$ 的尺度变换信号,其中 a 为正实数。若 $0<a<1$,则表示将 $f(t)$ 的波形在时间 t 轴上扩展到 a 倍(纵轴上的值不变),如图 1-3-4(b)所示$\left(\text{图中取 } a=\dfrac{1}{2}\right)$;若 $a>1$,则表示将 $f(t)$ 的波形在时间 t 轴上压缩 $\dfrac{1}{a}$ 倍(纵轴上的值不变),如图 1-3-4(c)所示(图中取 $a=2$)。

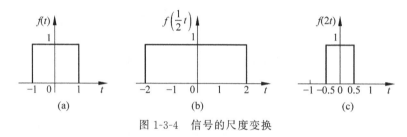

图 1-3-4 信号的尺度变换

1.3.4 倒相

信号的倒相(也称反相)就是将信号 $f(t)$ 的波形以横轴为轴翻转 $180°$。

设信号 $f(t)$ 的波形如图 1-3-5(a)所示。将 $f(t)$ 以横轴为轴对折,即得倒相信号 $-f(t)$。倒相信号 $-f(t)$ 的波形如图 1-3-5(b)所示。可见,信号进行倒相时,横轴上的值不变,仅是纵轴上的值改变了正负号,正值变成了负值,负值变成了正值。

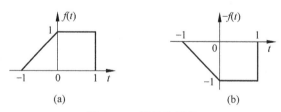

图 1-3-5 信号的倒相

信号的倒相用倒相器实现,如图 1-3-6 所示。在图 1-3-6 中,$f(t)$ 为倒相器的输入信号,$y(t)=-f(t)$ 为倒相器的输出信号。

$f(t)$ ——► 倒相器 ——► $y(t)=-f(t)$

图 1-3-6 倒相器

例 1-2 已知信号 $f(t)$ 的波形如图 1-3-7(a)所示,试画出信号 $f(-2-t)$ 的波形。

解:$f(t) \rightarrow f(-2-t) = f[-(t+2)]$ 可分解为

$$f(t) \xrightarrow[t \to -t]{\text{反折}} f(-t) \xrightarrow[t \to t+2]{\text{时移}} f[-(t+2)]$$

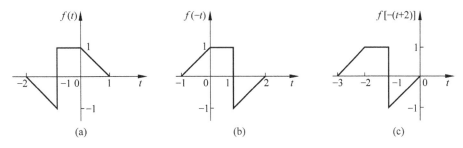

图 1-3-7 信号的反折与时移

即先有 $f(t)$ 通过反折 $(t→-t)$ 得 $f(-t)$，再由 $f(-t)$ 通过延时 $(t→t+2)$ 得 $f[-(t+2)]$)，其变换过程如图 1-3-7 的 (a)→(b)→(c) 所示。值得注意的是，由信号 $f(-t)$ 变化为 $f[-(t+2)]$) 时，一定要把 $-t$ 前的符号提出来，使 t 前的系数为 1。

例 1-3 已知信号 $f(t)$ 的波形如图 1-3-8(a) 所示，试画出信号 $f(2-2t)$ 的波形。

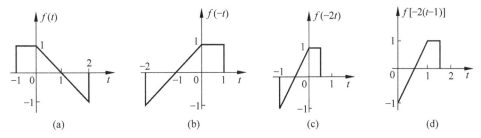

图 1-3-8 信号的反折、尺度与时移

解：$f(t)→f(2-2t)=f[-2(t-1)]$ 可分解为

$$f(t) \xrightarrow[t→-t]{反折} f(-t) \xrightarrow[t→2t]{尺度} f(-2t) \xrightarrow[t→t-1]{时移}$$

其变换过程如图 1-3-8 的 (a)→(b)→(c)→(d) 所示。

从上面两例中可以看出，信号的时域变换过程只是函数自变量的简单变换，但变换前后信号端点的函数值不变。因此，可以通过端点函数值不变这一关系来确定变换前后图形中各端点的位置。

设变换前的信号为 $f(t)$，变换后为 $f(at+b)$，t_1 和 t_2 对应变换前信号 $f(t)$ 的左、右端点的坐标，t_{11} 和 t_{22} 对应变换后信号 $f(at+b)$ 的左、右端点的坐标。由于信号变换前后的端点函数值不变，故有

$$f(t_1) = f(at_{11}+b) \tag{1-3-1}$$

$$f(t_2) = f(at_{22}+b) \tag{1-3-2}$$

根据上述关系可以求解出变换后信号的左、右端点的坐标 t_{11} 和 t_{22}，即

$$t_1 = at_{11}+b \Rightarrow t_{11} = \frac{1}{a}(t_1-b) \tag{1-3-3}$$

$$t_2 = at_{22}+b \Rightarrow t_{22} = \frac{1}{a}(t_2-b) \tag{1-3-4}$$

上述方法过程简单，特别适合信号从 $f(mt+n)$ 变换到 $f(at+b)$ 的过程。根据信号变

换前后的端点函数值不变的原理,可推导出如下计算公式:

$$f(mt_1 + n) = f(at_{11} + b) \tag{1-3-5}$$

$$f(mt_2 + n) = f(at_{22} + b) \tag{1-3-6}$$

所以

$$mt_1 + n = at_{11} + b \Rightarrow t_{11} = \frac{1}{a}(mt_1 + n - b) \tag{1-3-7}$$

$$mt_2 + n = at_{22} + b \Rightarrow t_{22} = \frac{1}{a}(mt_2 + n - b) \tag{1-3-8}$$

即得到变换后信号的左、右端点的坐标 t_{11} 和 t_{22}。

1.3.5 MATLAB 实现

MATLAB 的两种表示连续信号的方法均可实现连续信号的时域变换,但用符号运算的方法则较为简便。下面分别介绍各种变换的符号运算实现方法。

1. 时移

MATLAB 实现为

```
y = subs(f,t,t - t0);
ezplot(y)
```

其中,f 为符号表达式表示的连续信号,t 是符号变量,subs 命令则将连续信号中的时间变量 t 用 $t - t_0$ 替换。

2. 反折

MATLAB 实现为

```
y = subs(f,t, - t),
ezplot(y)
```

其中,f 为符号表达式表示的连续信号,t 是符号变量。

3. 尺度

MATLAB 实现为

```
y = subs(f,t,a * t);
ezplot(y)
```

其中,f 为符号表达式表示的连续信号,t 是符号变量。

4. 倒相

MATLAB 实现为

```
y = - f;
ezplot(y)
```

其中,f 为符号表达式表示的连续信号。

例 1-4 设信号 $f(t) = \left(1 + \dfrac{t}{2}\right) \times [u(t+2) - u(t-2)]$,用 MATLAB 求 $f(t+2)$,$f(t-2)$,$f(-t)$,$f(2t)$,$-f(t)$,并绘出其时域波形(这里要用到单位脉冲子函数 heaviside)。

解：用符号运算来实现，具体程序如下，绘制的时域变换波形如图 1-3-9 所示。

```
syms t
f = str2sym('(t/2 + 1) * (heaviside(t + 2) - heaviside(t - 2))');
subplot(2,3,1),ezplot(f,[ - 3,3]);
y1 = subs(f,t,t + 2);
subplot(2,3,2),ezplot(y1,[ - 5,1]);
y2 = subs(f,t,t - 2);
subplot(2,3,3),ezplot(y2,[ - 1,5]);
y3 = subs(f,t, - t);
subplot(2,3,4),ezplot(y3,[ - 3,3]);
y4 = subs(f,t,2 * t);
subplot(2,3,5),ezplot(y4,[ - 2,2]);
y5 = - f;
subplot(2,3,6),ezplot(y5,[ - 3,3]);
```

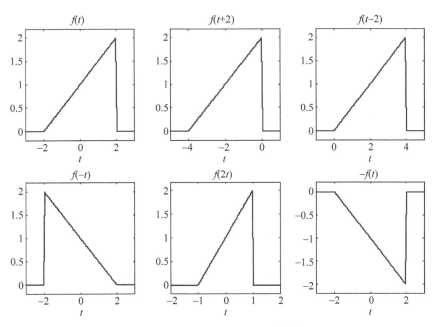

图 1-3-9 信号的时域变换波形图

1.4 信号的时域运算

信号在时域中的运算有相加、相乘、数乘、微分、积分等。

1.4.1 相加

信号的相加是指若干个信号之和，其数学表达式为

$$y(t) = f_1(t) + f_2(t) + \cdots + f_n(t) \quad n = 1,2,\cdots \tag{1-4-1}$$

信号在时域相加运算用加法器实现，如图 1-4-1 所示。

视频讲解

图 1-4-1　加法器

信号在时域中相加时,横轴(时间 t 轴)的值不变,仅是与时间 t 轴的值对应的纵坐标值相加。

1.4.2　相乘

信号的相乘是指若干个信号之积,其数学表达式为

$$y(t) = f_1(t) \cdot f_2(t) \cdot \cdots \cdot f_n(t) \quad n = 1, 2, \cdots \tag{1-4-2}$$

信号在时域相乘运算用乘法器实现,如图 1-4-2 所示。

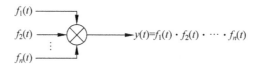

图 1-4-2　乘法器

信号在时域中相乘时,横轴(时间 t 轴)的值不变,仅是与时间 t 轴的值对应的纵坐标值相乘。

信号处理系统中的抽样器和调制器,都是实现信号相乘运算功能的系统。乘法器也称调制器。

1.4.3　数乘

信号的数乘是指信号 $f(t)$ 乘以常数 a 的运算,其数学表达式为

$$y(t) = af(t) \tag{1-4-3}$$

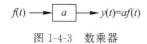

图 1-4-3　数乘器

信号的时域数乘运算用数乘器实现,如图 1-4-3 所示。数乘器也称比例器或标量乘法器。

信号的时域数乘运算,实质上就是在对应的横坐标值上将纵坐标的值扩大 a 倍($a > 1$ 时为扩大;$0 < a < 1$ 时为缩小)。

1.4.4　微分

信号的微分是指信号对时间的导数,其数学表达式为

$$y(t) = \frac{\mathrm{d}f(t)}{\mathrm{d}t} = f'(t) \tag{1-4-4}$$

信号的时域微分运算用微分器实现,如图 1-4-4 所示。

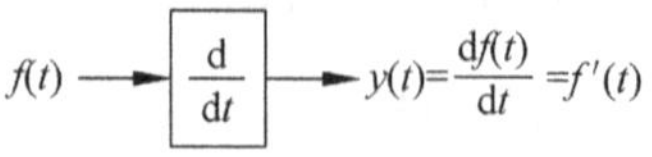

需要注意的是,当 $f(t)$ 中含有间断点时,则 $f'(t)$ 中在间断点上将有冲激函数存在,其冲激强度为间断点处函数 $f(t)$ 跳变的幅度值。

$f(t) \longrightarrow \boxed{\dfrac{\mathrm{d}}{\mathrm{d}t}} \longrightarrow y(t) = \dfrac{\mathrm{d}f(t)}{\mathrm{d}t} = f'(t)$

图 1-4-4　微分器

1.4.5 积分

信号的积分是指信号在区间 $(-\infty, t)$ 上的积分,其数
学表达式为

$$y(t) = \int_{-\infty}^{t} f(\tau)\mathrm{d}\tau \qquad (1\text{-}4\text{-}5)$$

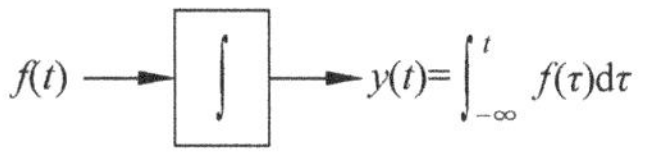

信号的时域积分运算用积分器实现,如图 1-4-5 所示。

$$f(t) \longrightarrow \boxed{\int} \longrightarrow y(t) = \int_{-\infty}^{t} f(\tau)\mathrm{d}\tau$$

图 1-4-5 积分器

1.4.6 MATLAB 实现

MATLAB 的两种表示连续信号的方法均可实现连续信号的时域运算,但用符号运算
的方法则较为简便。下面分别介绍各种运算的符号运算实现方法。

1. 相加

MATLAB 实现为

```
s = symadd(f1, f2)或 s = f1 + f2
ezplot(s)
```

其中,s 为和信号,f1,f2 为两个符号表达式表示的连续信号。

2. 相乘

MATLAB 实现为

```
w = symmul(f1, f2)或 w = f1 * f2
ezplot(w)
```

其中,w 为积信号,f1,f2 为两个符号表达式表示的连续信号。

例 1-5 已知信号 $f_1(t) = (-t+4)[u(t)-u(t-4)]$ 与信号 $f_2(t) = \sin(2\pi t)$,用
MATLAB 绘出满足下列要求的信号波形。

(1) $f_3(t) = f_1(-t) + f_1(t)$ (2) $f_4(t) = -[f_1(-t) + f_1(t)]$

(3) $f_5(t) = f_2(t) \times f_3(t)$ (4) $f_6(t) = f_1(t) + f_2(t)$

解:用符号运算来实现,具体程序如下,绘制的波形如图 1-4-6 所示。

```
syms t
f1 = sym('(-1 * t + 4) * (heaviside(t) - heaviside(t - 4))');
subplot(2,3,1),ezplot(f);
f2 = sym('sin(2 * pi * t)');
subplot(2,3,4),ezplot(f2,[-4,4]);
y1 = subs(f1,t,-t);f3 = f1 + y1;
subplot(2,3,2),ezplot(f3);
f4 = -f3;
subplot(2,3,3),ezplot(f4);
f5 = f1 * f2;
subplot(2,3,5),ezplot(f5);
f6 = f1 + f2;
subplot(2,3,6),ezplot(f6);
```

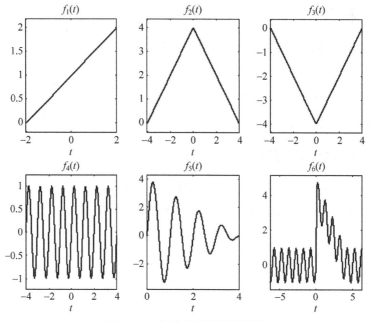

图 1-4-6　信号时域运算波形图

1.5　奇异信号

奇异信号(奇异函数)是一类特殊的连续时间信号,其函数本身有不连续点(跳变点),或其函数的导数和积分有不连续点。它们是从实际信号抽象出来的理想化的信号,在信号与系统分析中占有重要的地位。

1.5.1　单位斜变信号

单位斜变信号用 $r(t)$ 表示,其数学表达式为

$$r(t) = \begin{cases} t, & t \geqslant 0 \\ 0, & t < 0 \end{cases} \tag{1-5-1}$$

其波形如图 1-5-1 所示,显然,其导数在 $t=0$ 处不连续。单位斜变信号的一次积分是抛物线,即

$$\int_{-\infty}^{t} r(\tau)\mathrm{d}\tau = \int_{-\infty}^{t} \tau \mathrm{d}\tau = \frac{1}{2}t^2 u(t) \tag{1-5-2}$$

单位斜变信号也可以有任意时刻 t_0 的延时,记作 $r(t-t_0)$,其波形如图 1-5-2 所示,对应的数学表达式为

$$r(t - t_0) = \begin{cases} t - t_0, & t \geqslant t_0 \\ 0, & t < t_0 \end{cases} \tag{1-5-3}$$

图 1-5-1　单位斜变信号

图 1-5-2　有延时的单位斜变信号

1.5.2　单位阶跃信号

单位阶跃信号用 $u(t)$ 表示,其数学表达式为

$$u(t) = \begin{cases} 1, & t > 0 \\ 0, & t < 0 \end{cases} \tag{1-5-4}$$

其波形如图 1-5-3 所示,显然,$u(t)$ 在 $t=0$ 处存在间断点,在此点 $u(t)$ 没有定义。从 $u(0_-)=0$ 阶跃到 $u(0_+)=1$,阶跃的幅度为 1。

单位阶跃信号也可以有任意时刻 t_0 的延时,记作 $u(t-t_0)$,其波形如图 1-5-4 所示,对应的数学表达式为

$$u(t - t_0) = \begin{cases} 1, & t > t_0 \\ 0, & t < t_0 \end{cases} \tag{1-5-5}$$

图 1-5-3　单位阶跃信号

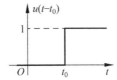

图 1-5-4　有延时的单位阶跃信号

单位阶跃信号 $u(t)$ 具有使任意非因果信号 $f(t)$ 变为因果信号的功能(即单边性),即将 $f(t)$ 乘以 $u(t)$,所得 $f(t)u(t)$ 即成为因果信号,如图 1-5-5 所示。

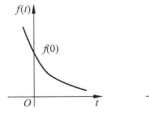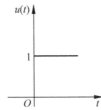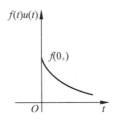

图 1-5-5　阶跃信号的单边性

利用阶跃信号与延迟阶跃信号,可以方便地将任意的矩形脉冲信号表示为

$$G(t) = u(t) - u(t - t_0) \tag{1-5-6}$$

上述关系式的图形如图 1-5-6 所示。

阶跃信号与斜变信号之间的关系为

$$\frac{\mathrm{d}r(t)}{\mathrm{d}t} = u(t) \tag{1-5-7}$$

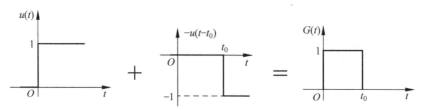

图 1-5-6　矩形脉冲与阶跃信号的关系

1.5.3　单位门信号

单位门信号是指门宽为 τ、门高为 1 的信号,常用符号 $G_\tau(t)$ 表示,其数学表达式为

$$G_\tau(t) = \begin{cases} 1, & -\dfrac{\tau}{2} < t < \dfrac{\tau}{2} \\ 0, & t > \dfrac{\tau}{2}, t < -\dfrac{\tau}{2} \end{cases} \tag{1-5-8}$$

其波形如图 1-5-7(a)所示。单位门信号可用两个分别在 $t = -\dfrac{\tau}{2}$ 和 $t = \dfrac{\tau}{2}$ 出现的单位阶跃信号之差表示,如图 1-5-7(b)、图 1-5-7(c)所示,即

$$G_\tau(t) = u\left(t + \frac{\tau}{2}\right) - u\left(t - \frac{\tau}{2}\right) \tag{1-5-9}$$

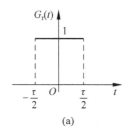 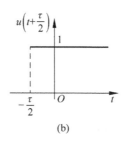 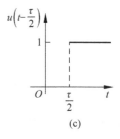

(a)　　　　　　　　(b)　　　　　　　　(c)

图 1-5-7　单位门信号

视频讲解

1.5.4　单位冲激信号

实际系统中存在着一种物理现象,它们发生的时间极短,但相应的物理量取值又极大。例如,物体受短时冲击力 F 的作用,若冲量 $F\Delta t$ 为常数,当 Δt 趋于零时,冲击力 F 就趋于无穷大;又如,用定值的电流 I 向电容器充电,当电容器极板上的电荷充至一定库仑数后,即停止充电。显然,充电时间 t 越短,则要求充电电流越大;若 t 趋于零,则要求 I 趋于无穷大。以这类现象为背景,抽象出"单位冲激函数"的概念,在信号与系统分析中占有非常重要的地位。单位冲激函数又称为"δ 函数"或 Dirac 函数。

1. 单位冲激信号的定义

单位冲激信号有不同的定义方式,这里介绍其中的两种。

1) 狄拉克(Dirac)定义

单位冲激信号用 $\delta(t)$ 表示,狄拉克给出的单位冲激信号的定义式为

$$\begin{cases} \int_{-\infty}^{+\infty} \delta(t)\,\mathrm{d}t = 1 \\ \delta(t) = 0, \qquad t \neq 0 \end{cases} \tag{1-5-10}$$

冲激信号用箭头表示,如图 1-5-8(a)所示。冲激信号具有强度,其强度就是冲激信号对时间的定积分值。在图 1-5-8 中以括号注明,以与信号的幅值相区别。

单位冲激信号也可以有任意时刻 t_0 的延时,记作 $\delta(t-t_0)$,其波形如图 1-5-8(b)所示,对应的定义式为

$$\begin{cases} \int_{-\infty}^{+\infty} \delta(t-t_0)\,\mathrm{d}t = 1 \\ \delta(t-t_0) = 0, \qquad t \neq t_0 \end{cases} \tag{1-5-11}$$

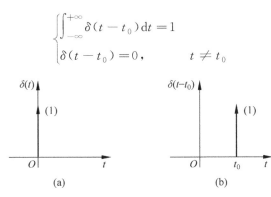

图 1-5-8 单位冲激信号和延时的单位冲激信号

2) 从某些函数的极限来定义

单位冲激信号可理解为门宽为 τ、门高为 $\dfrac{1}{\tau}$ 的门信号(如图 1-5-9(a)所示)在 $\tau \to 0$ 时的极限,即

$$\delta(t) = \lim_{\tau \to 0} f(t) = \begin{cases} +\infty, & t = 0 \\ 0, & t \neq 0 \end{cases} \tag{1-5-12}$$

且

$$\int_{-\infty}^{+\infty} \delta(t)\,\mathrm{d}t = \int_{-\infty}^{+\infty} \lim_{\tau \to 0} f(t)\,\mathrm{d}t = \lim_{\tau \to 0} \int_{-\infty}^{+\infty} f(t)\,\mathrm{d}t = 1 \tag{1-5-13}$$

单位冲激信号也可理解为宽为 Δ、高为 $\dfrac{1}{\Delta}$ 的矩形脉冲(如图 1-5-9(b)所示),在保持矩形脉冲的面积为 1,而使脉宽 Δ 趋于零时,脉高为 $\dfrac{1}{\Delta}$ 必为无穷大,此时的极限即为冲激信号,即

$$\delta(t) = \lim_{\Delta \to 0} \frac{1}{\Delta} \left[u\left(t + \frac{\Delta}{2}\right) - u\left(t - \frac{\Delta}{2}\right) \right] \tag{1-5-14}$$

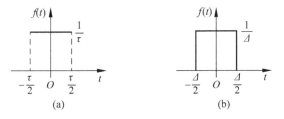

图 1-5-9 冲激信号的极限模型

单位冲激信号还可以利用三角脉冲信号、指数信号、抽样信号等信号极限模型来定义。

单位冲激信号的严格定义应按照广义函数理论定义。根据广义函数理论,单位冲激信号 $\delta(t)$ 定义为

$$\int_{-\infty}^{+\infty} \varphi(t)\delta(t)\,\mathrm{d}t = \varphi(0) \tag{1-5-15}$$

式中,$\varphi(t)$ 是测试函数。该定义表明零时刻的冲激信号 $\delta(t)$ 与测试函数 $\varphi(t)$ 之积的积分等于测试函数在零时刻的值 $\varphi(0)$。

推广:

(1) 若冲激函数图形下的面积为 A,则可写为

$$\begin{cases} \int_{-\infty}^{+\infty} A\delta(t)\,\mathrm{d}t = A \\ A\delta(t) = 0, \qquad t \neq 0 \end{cases} \tag{1-5-16}$$

即冲激强度为 A,箭头旁标以 (A)。

(2) 若单位冲激信号在时间上超前了 t_0,则记作 $\delta(t+t_0)$,对应的定义式为

$$\begin{cases} \int_{-\infty}^{+\infty} \delta(t+t_0)\,\mathrm{d}t = 1 \\ \delta(t+t_0) = 0, \qquad t \neq t_0 \end{cases} \tag{1-5-17}$$

2. 冲激信号的性质

根据 δ 函数的定义,δ 函数有如下性质。

1) 筛选特性

如果信号 $f(t)$ 是一个在 $t=t_0$ 处连续的普通函数,则有

$$f(t)\delta(t-t_0) = f(t_0)\delta(t-t_0) \tag{1-5-18}$$

式(1-5-18)表明连续时间信号 $f(t)$ 与冲激信号 $\delta(t-t_0)$ 相乘,筛选出信号 $f(t)$ 在 $t=t_0$ 时的函数值 $f(t_0)$。由于冲激信号 $\delta(t-t_0)$ 在 $t \neq t_0$ 处的值都为零,故 $f(t)$ 与冲激信号 $\delta(t-t_0)$ 相乘,$f(t)$ 只有在 $t=t_0$ 时的函数值 $f(t_0)$ 对冲激信号 $\delta(t-t_0)$ 有影响。

推广: 如果信号 $f(t)$ 是一个在 $t=0$ 处连续的普通函数,则有

$$f(t)\delta(t) = f(0)\delta(t) \tag{1-5-19}$$

2) 抽样特性

如果信号 $f(t)$ 是一个在 $t=t_0$ 处连续的普通函数,则有

$$\int_{-\infty}^{+\infty} f(t)\delta(t-t_0)\,\mathrm{d}t = f(t_0) \tag{1-5-20}$$

式(1-5-20)表明连续时间信号 $f(t)$ 与冲激信号 $\delta(t-t_0)$ 相乘,并在 $(-\infty, +\infty)$ 时间域上积分,其结果为信号 $f(t)$ 在 $t=t_0$ 时的函数值 $f(t_0)$。

证明: 利用筛选特性有

$$\int_{-\infty}^{+\infty} f(t)\delta(t-t_0)\,\mathrm{d}t = \int_{-\infty}^{+\infty} f(t_0)\delta(t-t_0)\,\mathrm{d}t = f(t_0)\int_{-\infty}^{+\infty} \delta(t-t_0)\,\mathrm{d}t$$

由于

$$\int_{-\infty}^{+\infty} \delta(t-t_0)\,\mathrm{d}t = 1$$

故有

$$\int_{-\infty}^{+\infty} f(t)\delta(t - t_0)\mathrm{d}t = f(t_0)$$

推广：如果信号 $f(t)$ 是一个在 $t = 0$ 处连续的普通函数，则有

$$\int_{-\infty}^{+\infty} f(t)\delta(t)\mathrm{d}t = f(0) \tag{1-5-21}$$

3）奇偶特性

$\delta(t)$ 为偶函数，即 $\delta(t) = \delta(-t)$。

证明：根据抽样特性，对式 $\int_{-\infty}^{+\infty} f(t)\delta(-t)\mathrm{d}t$ 作变量代换，令 $t = -\tau$ 则得

$$\int_{-\infty}^{+\infty} f(t)\delta(-t)\mathrm{d}t = -\int_{-\infty}^{+\infty} f(-\tau)\delta(\tau)\mathrm{d}\tau = f(0)$$

由于

$$\int_{-\infty}^{+\infty} f(t)\delta(t)\mathrm{d}t = f(0)$$

故有

$$\delta(t) = \delta(-t)$$

推广：

$$\delta(t - t_0) = \delta[-(t - t_0)] = \delta(t_0 - t) \tag{1-5-22}$$

4）尺度特性

$$\delta(at) = \frac{1}{|a|}\delta(t), \quad a \neq 0 \tag{1-5-23}$$

证明：作变量代换，令 $at = \tau$，当 $a > 0$ 时，则有

$$\int_{-\infty}^{+\infty} \delta(at)\mathrm{d}t = \int_{-\infty}^{+\infty} \delta(\tau)\frac{1}{a}\mathrm{d}\tau = \frac{1}{a}\int_{-\infty}^{+\infty} \delta(\tau)\mathrm{d}\tau = \frac{1}{a}$$

又

$$\int_{-\infty}^{+\infty} \frac{1}{a}\delta(t)\mathrm{d}t = \frac{1}{a}\int_{-\infty}^{+\infty} \delta(t)\mathrm{d}t = \frac{1}{a}$$

当 $a < 0$ 时，则有

$$\int_{-\infty}^{+\infty} \delta(at)\mathrm{d}t = -\int_{-\infty}^{+\infty} \delta(\tau)\frac{1}{a}\mathrm{d}\tau = -\frac{1}{a}\int_{-\infty}^{+\infty} \delta(\tau)\mathrm{d}\tau = -\frac{1}{a} = \frac{1}{|a|}$$

综合上述两种情况，则得

$$\delta(at) = \frac{1}{|a|}\delta(t), \quad a \neq 0$$

推广：（1）
$$\delta(at - t_0) = \delta\left[a\left(t - \frac{t_0}{a}\right)\right] = \frac{1}{|a|}\delta\left(t - \frac{t_0}{a}\right) \tag{1-5-24}$$

（2）
$$\int_{-\infty}^{\infty} f(t)\delta(at)\mathrm{d}t = \frac{1}{|a|}f(0) \tag{1-5-25}$$

（3）
$$\int_{-\infty}^{+\infty} f(t)\delta(at - t_0)\mathrm{d}t = \frac{1}{|a|}f\left(\frac{t_0}{a}\right) \tag{1-5-26}$$

5）$\delta(t)$ 与 $u(t)$ 的关系

$\delta(t)$ 与 $u(t)$ 互为微分与积分的关系，即

$$u(t) = \int_{-\infty}^{t} \delta(\tau) \mathrm{d}\tau \tag{1-5-27}$$

$$\delta(t) = \frac{\mathrm{d}u(t)}{\mathrm{d}t} \tag{1-5-28}$$

式(1-5-27)的证明过程如下。

当 $t < 0$ 时,$\delta(t) = 0$,则有

$$\int_{-\infty}^{t} \delta(\tau) \mathrm{d}\tau = \int_{-\infty}^{t} 0 \times \mathrm{d}\tau = 0$$

当 $t > 0$ 时有

$$\int_{-\infty}^{t} \delta(\tau) \mathrm{d}\tau = \int_{-\infty}^{0^-} 0 \times \mathrm{d}\tau + \int_{0^-}^{0^+} \delta(\tau) \mathrm{d}\tau + \int_{0^+}^{t} 0 \times \mathrm{d}\tau = 0 + 1 + 0 = 1$$

故得

$$\int_{-\infty}^{t} \delta(\tau) \mathrm{d}\tau = \begin{cases} 0, & t < 0 \\ 1, & t > 0 \end{cases}$$

即

$$\int_{-\infty}^{t} \delta(\tau) \mathrm{d}\tau = u(t)$$

推广:(1)
$$u(t - t_0) = \int_{-\infty}^{t} \delta(\tau - t_0) \mathrm{d}\tau \tag{1-5-29}$$

(2)
$$\delta(t - t_0) = \frac{\mathrm{d}u(t - t_0)}{\mathrm{d}t} \tag{1-5-30}$$

δ 函数的以上性质和第 2 章要介绍的 δ 函数的卷积特性,在信号与系统分析中有着广泛的用途。

例 1-6　计算下列各式的值。

(1) $y_1 = \int_{-\infty}^{+\infty} \sin t \, \delta\left(t - \frac{\pi}{4}\right) \mathrm{d}t$　　　　　　(2) $y_2 = \int_{-4}^{+6} \mathrm{e}^{-2t} \delta(t + 8) \mathrm{d}t$

(3) $y_3 = \int_{-\infty}^{+\infty} \mathrm{e}^{-t} \delta(2 - 2t) \mathrm{d}t$　　　　　　(4) $y_4 = \int_{-\infty}^{+\infty} (t^2 + 2t + 3) \delta(-2t) \mathrm{d}t$

(5) $y_5 = (t^2 + 2t + 3) \delta(t - 2)$　　　　　　(6) $y_6 = \mathrm{e}^{-4t} \delta(2 + 2t)$

解:(1) $y_1 = \int_{-\infty}^{+\infty} \sin t \, \delta\left(t - \frac{\pi}{4}\right) \mathrm{d}t = \sin\left(\frac{\pi}{4}\right) = \frac{\sqrt{2}}{2}$

(2) $y_2 = \int_{-4}^{+6} \mathrm{e}^{-2t} \delta(t + 8) \mathrm{d}t = 0$

(3) $y_3 = \int_{-\infty}^{+\infty} \mathrm{e}^{-t} \delta(2 - 2t) \mathrm{d}t = \int_{-\infty}^{+\infty} \mathrm{e}^{-t} \frac{1}{2} \delta(t - 1) \mathrm{d}t = \frac{1}{2\mathrm{e}}$

(4) $y_4 = \int_{-\infty}^{+\infty} (t^2 + 2t + 3) \delta(-2t) \mathrm{d}t = \int_{-\infty}^{+\infty} (t^2 + 2t + 3) \frac{1}{2} \delta(t) \mathrm{d}t = \frac{3}{2}$

(5) $y_5 = (t^2 + 2t + 3) \delta(t - 2) = (2^2 + 2 \times 2 + 3) \delta(t - 2) = 11 \delta(t - 2)$

(6) $y_6 = \mathrm{e}^{-4t} \delta(2 + 2t) = \mathrm{e}^{-4t} \frac{1}{2} \delta(t + 1) = \frac{1}{2} \mathrm{e}^{-4(-1)} \delta(t + 1) = \frac{1}{2} \mathrm{e}^{4} \delta(t + 1)$

1.5.5 单位冲激偶信号

1. 单位冲激偶信号的定义

单位冲激信号 $\delta(t)$ 的时间导数即为单位冲激偶信号,用 $\delta'(t)$ 表示。其定义式为

$$\delta'(t) = \frac{\mathrm{d}\delta(t)}{\mathrm{d}t} \tag{1-5-31}$$

冲激偶信号也有强度,其波形如图 1-5-10(c)所示。

$\delta'(t)$ 可理解为门宽为 τ、门高为 $\frac{1}{\tau}$ 的门信号的一阶导数在 $\tau \to 0$ 时的极限。设门宽为 τ、门高为 $\frac{1}{\tau}$ 的门信号为

$$f(t) = \frac{1}{\tau}\left[u\left(t + \frac{\tau}{2}\right) - u\left(t - \frac{\tau}{2}\right)\right]$$

其波形如图 1-5-10(a)所示。故有

$$\frac{\mathrm{d}f(t)}{\mathrm{d}t} = f'(t) = \frac{1}{\tau}\delta\left(t + \frac{\tau}{2}\right) - \frac{1}{\tau}\delta\left(t - \frac{\tau}{2}\right)$$

$f'(t)$ 的波形如图 1-5-10(b)所示。可见 $f'(t)$ 是位于 $t = \pm\frac{\tau}{2}$ 时刻的强度均为 $\frac{1}{\tau}$ 的正、负两个冲激信号。又因为

$$\delta(t) = \lim_{\tau \to 0} f(t)$$

故

$$\delta'(t) = \frac{\mathrm{d}}{\mathrm{d}t}\left[\lim_{\tau \to 0} f(t)\right] = \lim_{\tau \to 0}\frac{\mathrm{d}f(t)}{\mathrm{d}t} = \lim_{\tau \to 0} f'(t)$$

$\delta'(t)$ 的波形如图 1-5-10(c)所示。可见 $\delta'(t)$ 是在 $t = 0$ 时刻出现的方向相反的强度均为 $+\infty$ 的一对正、负冲激信号。

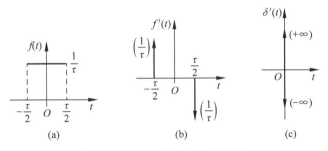

图 1-5-10 冲激偶信号的极限模型

2. 冲激偶信号的性质

1)筛选特性

$$f(t)\delta'(t - t_0) = -f'(t_0)\delta(t - t_0) + f(t_0)\delta'(t - t_0) \tag{1-5-32}$$

2)抽样特性

$$\int_{-\infty}^{+\infty} f(t)\delta'(t - t_0)\mathrm{d}t = -f'(t_0) \tag{1-5-33}$$

式中, $f'(t_0)$ 为 $f(t)$ 在 t_0 点的导数值。

3) 尺度特性

$$\delta'(at) = \frac{1}{a \mid a \mid}\delta'(t), \quad a \neq 0 \tag{1-5-34}$$

4) 奇偶特性

$$\delta'(-t) = -\delta'(t) \tag{1-5-35}$$

5) 冲激偶信号与冲激信号的关系

$$\delta(t) = \int_{-\infty}^{t} \delta'(\tau)\mathrm{d}\tau \tag{1-5-36}$$

$$\delta'(t) = \frac{\mathrm{d}\delta(t)}{\mathrm{d}t} \tag{1-5-37}$$

推广: (1) $$\int_{-\infty}^{+\infty} f(t)\delta'(t)\mathrm{d}t = -f'(0) \tag{1-5-38}$$

(2) $$\int_{-\infty}^{+\infty} \delta'(t)\mathrm{d}t = 0 \tag{1-5-39}$$

(3) $$\delta'(t-t_0) = -\delta'(t_0-t) \tag{1-5-40}$$

(4) $$f(t)\delta'(t) = -f'(0)\delta(t) + f(0)\delta'(t) \tag{1-5-41}$$

例 1-7　计算下列各式的值。

(1) $y_1 = \int_{-\infty}^{+\infty}(t^2+2t+1)\delta'(1-t)\mathrm{d}t$ 　　(2) $y_2 = \int_{-\infty}^{t}2e^{-\tau}\delta'(\tau)\mathrm{d}\tau$

(3) $y_3 = \int_{-4}^{5}t^2\delta'(-4t+1)\mathrm{d}t$ 　　　　　(4) $y_4 = t\dfrac{\mathrm{d}}{\mathrm{d}t}[e^{-t}\delta(t)]$

解: (1) $y_1 = -\int_{-\infty}^{+\infty}(t^2+2t+1)\delta'(t-1)\mathrm{d}t = (t^2+2t+1)' \mid_{t=1} = 4$

(2) $y_2 = \int_{-\infty}^{t}2e^{-\tau}\delta'(\tau)\mathrm{d}\tau = 2\int_{-\infty}^{t}[e^{-0}\delta'(\tau) + e^{-0}\delta(\tau)]\mathrm{d}\tau = 2[\delta(t) + u(t)]$

(3) $y_3 = \int_{-4}^{5}t^2\delta'(-4t+1)\mathrm{d}t = \int_{-4}^{5}\dfrac{t^2}{4(-4)}\delta'\left(t-\dfrac{1}{4}\right)\mathrm{d}t = \dfrac{1}{32}$

(4) $y_4 = t\dfrac{\mathrm{d}}{\mathrm{d}t}[e^{-t}\delta(t)] = t[e^{-t}\delta'(t) - e^{-t}\delta(t)]$

$\qquad = -(te^{-t})' \mid_{t=0}\delta(t) + te^{-t} \mid_{t=0}\delta'(t) = -\delta(t)$

1.5.6　符号信号

符号信号用 $\mathrm{sgn}(t)$ 表示, 其函数定义式为

$$\mathrm{sgn}(t) = \begin{cases} 1, & t > 0 \\ -1, & t < 0 \end{cases} \tag{1-5-42}$$

或用阶跃信号表示为

$$\mathrm{sgn}(t) = u(t) - u(-t) = 2u(t) - 1 \tag{1-5-43}$$

其波形如图 1-5-11 所示。符号信号也称正负号信号。

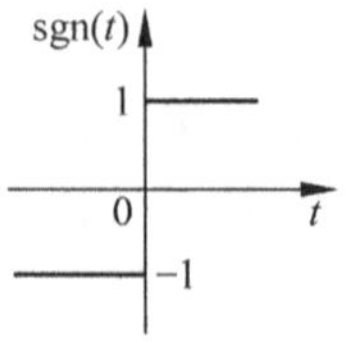

图 1-5-11　符号信号

1.5.7 MATLAB 实现

1. 符号函数

在 MATLAB 中符号函数 sgn(t) 用 sign 来实现。输入如下程序,即可得如图 1-5-12 所示波形。

```
t = - 5:0.05:5;
f = sign(t);
plot(t,f);
axis([ - 5,5, - 1.1,1.1])
```

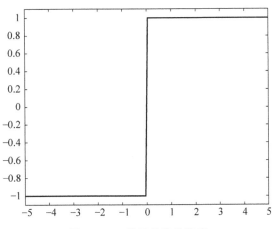

图 1-5-12　符号函数的波形

2. 单位阶跃信号

在 MATLAB 中,单位阶跃信号有 3 种产生方式,下面分别介绍。

(1) 在工作目录 work 下创建函数 heaviside 的 M 文件(注意:所有自己编写的函数都必须放在 work 库中),其内容为

```
function f = heaviside(t)              % t > 0 时 f 为 1,否则为 0
```

在命令窗口输入:

```
t = - 1:0.01:3;
f = heaviside(t);
plot(t,f);
axis([ - 1,3, - 0.2,1.2])
```

则得到如图 1-5-13 所示的波形。

(2) 用向量 f 和 t 分别表示信号的样值及对应时刻值来产生单位阶跃信号。下面就是表示和绘制单位阶跃信号的子程序,其包含信号的移位。

```
function jieyao(t1,t2,t0)
t = t1:0.01: - t0;                     % t0 时刻前时间样本向量
tt = - t0:0.01:t2;                     % t0 时刻后时间样本向量
n = length(t);                         % t0 前时间样本点向量长度
nn = length(tt)                        % t0 后样本点向量长度
```

```
u = zeros(1,n);                          % t0 前各样本点信号值赋值为零
uu = ones(1,nn);                         % t0 后各样本点信号值赋值为一
plot(tt,uu)                              % 绘出 t0 时刻后波形
hold on                                  % 允许在同一坐标系中添加图形
plot(t,u)                                % 绘出 t0 时刻前波形
plot([-t0,-t0],[0,1])                    % 添加直线
hold off                                 % 关闭添加命令
title('单位阶跃信号')                       % 图形标题
axis([t1,t2,-0.2,1.5])                   % 限制坐标范围
```

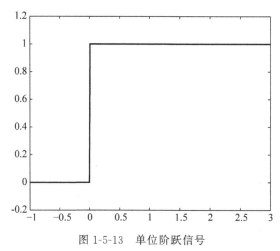

图 1-5-13　单位阶跃信号

(3) 用符号函数来生成单位阶跃信号,即 $u(t)=\dfrac{1}{2}+\dfrac{1}{2}\mathrm{Sa}(t)$。而 $\mathrm{Sa}(t)$ 包含在 MATLAB 库中为 sgn(t)。

3. 单位冲激信号

以下给出单位冲激信号的通用的生成函数。

```
function chongji(t1,t2,t0)
dt = 0.01;
t = t1:dt:t2;
n = length(t);
x = zeros(1,n);
x(1,(-t0-t1)/dt+1) = 1/dt;               % 在时间 t = t0 处,给样本点赋值为 1/dt
stairs(t,x);
axis([t1,t2,0,1.2/dt])
title('单位冲激信号 δ(t))')
```

例如,绘制 $-1\leqslant t\leqslant 5$ 区间的冲激信号,只需输入如下程序,就可得如图 1-5-14 所示的波形。

```
chongji(-1,5,0)
```

4. 矩形脉冲信号

矩形脉冲信号在 MATLAB 中用 rectpuls 函数表示,其调用形式为

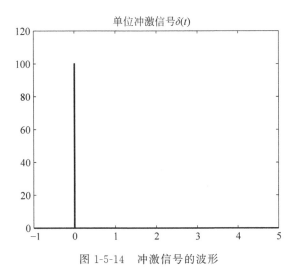

图 1-5-14 冲激信号的波形

```
y = rectpuls(t,width)
```

用来产生一个幅度为 1，宽度为 width 以 $t=0$ 为对称的矩形波。width 的默认值为 1。输入如下程序，可得如图 1-5-15 所示的矩形波。

```
t = 0:0.001:4;
T = 1;
ft = rectpuls(t - 2 * T, T);
plot(t,ft)
```

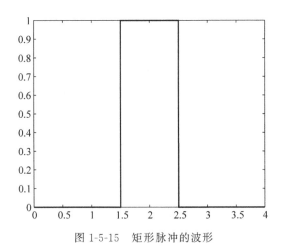

图 1-5-15 矩形脉冲的波形

1.6 系统的定义与描述

1.6.1 系统的定义

系统是一个较为广义的概念。从一般意义上说，系统是指相互依赖、相互作用的若干个相互关联的单元组成的具有特定功能的有机整体。它广泛存在于自然界、人类社会和工程技术等各个领域。如脑、躯干、四肢、内脏等组成了人体系统；发电、输变电、配电、用电等设备组成了电力系统。再如通信系统、自动控制系统、交通运输系统、机械系统、化工系统、生产管理系统等都是由若干相互联系的部分构成的有特定功能的整体。在各种系统中，电系统具有特殊的重要作用。这是因为电路元件便于安装，易于测量和成本低廉，更重要的是大多数的非电系统可以用电系统来模拟和仿真。因此，我们主要分析电系统。在电子技术领域中，"系统""电路""网络"三个名词常常是通用的，虽然它们之间有一些细微的差别。

任何一个大系统都可分解为若干个相互联系、相互作用的子系统。各子系统之间通过信号联系，信号在系统内部及各子系统之间流动。

1.6.2 系统的数学模型

为了分析一个系统，首先要根据所研究的系统遵循的物理或数学规律建立描述该系统的数学模型，然后用数学方法或计算机仿真方法求出它的解答，并对所得结果做出物理解释、赋予实际物理意义。

所谓系统的数学模型，是指对实际系统基本特性的一种抽象描述。根据不同需要，系统的数学模型往往具有不同的形式。

当系统的激励是连续信号时，若响应也是连续信号，则称为连续系统。当系统的激励是离散信号时，若响应也是离散信号，则称为离散系统。连续系统与离散系统组合起来，则称为混合系统。

描述连续系统的数学模型是微分方程(详细内容见第 2 章)，而描述离散系统的数学模型是差分方程(详细内容见第 5 章)。在复频域中，连续系统的数学模型可以是系统函数 $H(s)$(详细内容见第 4 章)；在 z 域中，离散系统的数学模型可以是系统函数 $H(z)$(详细内容见第 6 章)。

如果系统只有一个输入和一个输出信号，则称为单输入-单输出系统；如果系统含有多个输入多个输出信号，则称为多输入-多输出系统。

在描述系统时，通常采用输入输出描述法或状态空间描述法。输入输出描述法着眼于系统输入与输出之间的关系，适用于单输入-单输出系统。状态空间描述法除了可以描述输入与输出之间的关系，还可以描述系统内部的状态，既可用于单输入-单输出系统，又可用于多输入-多输出系统(详细内容见第 7 章)。

1.6.3 系统的框图表示

系统的数学模型是系统特性的一种描述形式。系统的框图是系统描述的另一种形式，它用若干基本运算单元的相互连接反映系统变量之间的运算关系。基本运算单元用方框、圆圈等图形符号表示，它代表一个部件或子系统的某种运算功能，即该部件或子系统的输入输出关系。

数学模型直接反映系统变量之间的关系，便于数学分析和计算。系统框图除反映变量关系之外，还以图形方式直观地表示各单元在系统中的地位和作用。两种描述形式可以相互转换，可以从系统方程画出系统框图，也可以由系统框图写出系统方程。表 1-6-1 给出了连续系统常用的基本运算单元的框图符号和输入输出关系，表 1-6-2 给出了离散系统常用的基本运算单元的框图符号和输入输出关系。

表 1-6-1　连续系统常用的基本运算单元

名　　称	框图符号	输入输出关系
加法器	$f_1(t)$, $f_2(t)$ → Σ → $y(t)$	$y(t)=f_1(t)+f_2(t)$
数乘器	$f(t)$ →a→ $y(t)$	$y(t)=af(t)$
乘法器	$f_1(t)$, $f_2(t)$ → $\otimes$ → $y(t)$	$y(t)=f_1(t)f_2(t)$
延时器	$f(t)$ → D → $y(t)$	$y(t)=f(t-T)$
积分器	$f(t)$ → ∫ → $y(t)$	$y(t)=\int_{-\infty}^{t}f(\tau)\mathrm{d}\tau$

表 1-6-2　离散系统常用的基本运算单元

名　　称	框图符号	输入输出关系
加法器	$f_1(n)$, $f_2(n)$ → Σ → $y(n)$	$y(n)=f_1(n)+f_2(n)$
数乘器	$f(n)$ →a→ $y(n)$	$y(n)=af(n)$
乘法器	$f_1(n)$, $f_2(n)$ → $\otimes$ → $y(n)$	$y(n)=f_1(n)f_2(n)$
延时器	$f(n)$ → D → $y(n)$	$y(n)=f(n-1)$

例 1-8　某连续系统的输入输出方程为

$$y''(t)+a_1y'(t)+a_0y(t)=f(t)$$

试画出该系统的框图。

解：将输入输出方程改写为

$$y''(t)=f(t)-a_1y'(t)-a_0y(t) \tag{1-6-1}$$

由于系统是二阶的,故系统框图中应有两个积分器、一个加法器和两个数乘器。由此组成该系统的框图如图 1-6-1 所示。

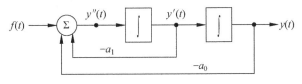

图 1-6-1　例 1-8 的系统框图

1.7　系统的性质与分类

系统在信号传输、变换和处理过程中具有一些基本特性。应用这些基本特性,不仅可以为系统的分类和解决某些具体信号通过系统的分析问题提供方便,更重要的是,可以为推导一般系统分析方法提供基本的理论根据。

1.7.1　系统的性质

1. 线性

系统的线性特性包括齐次性和叠加性。

对于一个系统,若激励 $f(t)$ 产生的响应为 $y(t)$,则激励 $Af(t)$ 产生的响应即为 $Ay(t)$,此性质称为齐次性(也称均匀性),如图 1-7-1 所示。其中,A 为任意常数。

对于一个系统,若激励 $f_1(t)$ 和 $f_2(t)$ 产生的响应分别为 $y_1(t)$ 和 $y_2(t)$,则激励 $f_1(t)+f_2(t)$ 产生的响应即为 $y_1(t)+y_2(t)$,此性质称为叠加性,如图 1-7-2 所示。

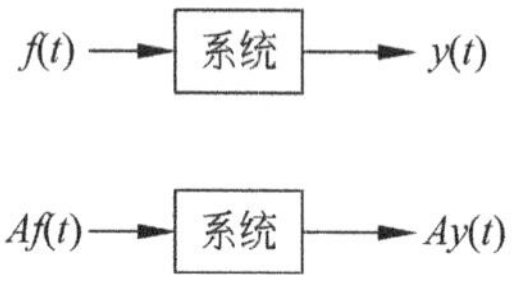

图 1-7-1　齐次性

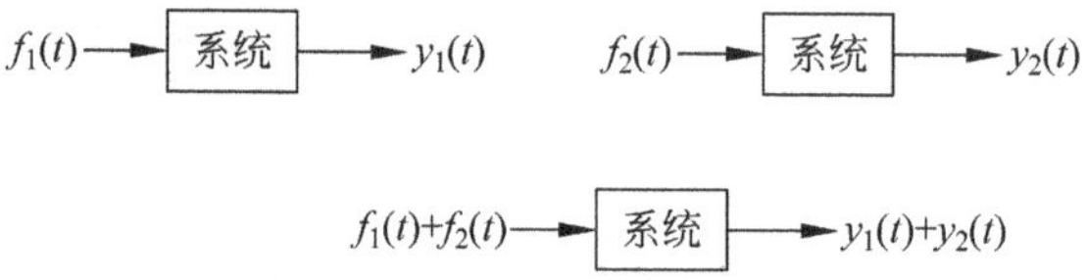

图 1-7-2　叠加性

如果系统同时具有齐次性和叠加性,就称系统具有线性特性。也就是说,对于一个系统,若激励 $f_1(t)$ 和 $f_2(t)$ 产生的响应分别为 $y_1(t)$ 和 $y_2(t)$,则激励 $A_1f_1(t)+A_2f_2(t)$ 产生的响应即为 $A_1y_1(t)+A_2y_2(t)$,此性质称为线性,如图 1-7-3 所示。

2. 时不变性

对于一个系统,若激励 $f(t)$ 产生的响应为 $y(t)$,则激励 $f(t-t_0)$ 产生的响应即为 $y(t-t_0)$,此性质称为时不变性,也称定常性或延时性。时不变性说明,当激励 $f(t)$ 延时 t_0 时,其产生的响应为 $y(t)$ 也延时 t_0,且波形不变,如图 1-7-4 所示。

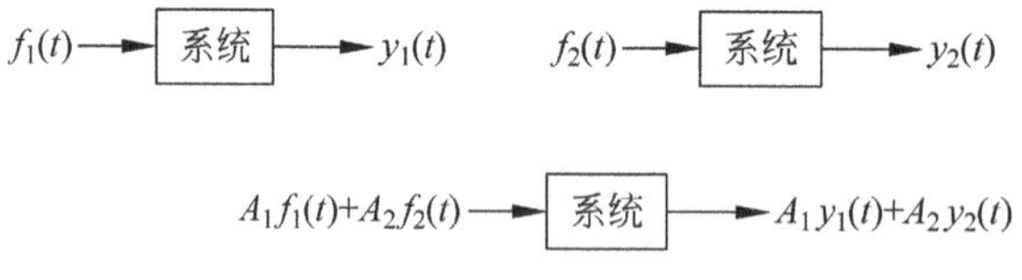

图 1-7-3　线性

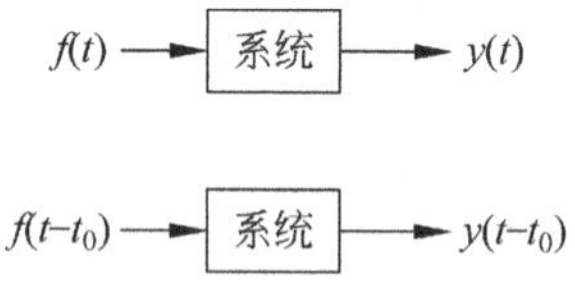

图 1-7-4　时不变性

3. 因果性

如果把系统激励看成是引起响应的原因,响应看成是激励作用于系统的结果,那么,对于一个系统,若激励在 $t<t_0$ (或 $n<n_0$)时为零,相应的零状态响应在 $t<t_0$ (或 $n<n_0$)时也恒为零,就称该系统具有因果性,并称该系统为因果系统;否则,称该系统为非因果系统。

在因果系统中,原因决定结果,结果不会出现在原因之前。因此,系统在任意时刻的响应只与该时刻以及该时刻以前的激励有关,而与该时刻以后的激励无关。所谓激励,可以是当前输入,也可以是历史输入或等效的初始状态。由于因果系统没有预测未来输入的能力,因而也称为不可预测系统。

4. 稳定性

一个系统,如果它对任何有界的激励 $f(\cdot)$ 所产生的零状态响应 $y_{zs}(\cdot)$ 也为有界时,就称该系统为有界输入/有界输出稳定,简称稳定。

一个系统,如果它的零输入响应 $y_{zi}(\cdot)$ 随变量增大而无限增大,就称该系统为零输入不稳定的;若 $y_{zi}(\cdot)$ 总是有界的,则称系统是临界稳定的;若 $y_{zi}(\cdot)$ 随变量增大而衰减为零,则称系统是渐近稳定的。

1.7.2　系统的分类

系统的分类方法很多,可以从不同的角度对系统进行分类。在信号与系统分析中,常以系统的数学模型和基本特性分类。系统可分为连续时间系统与离散时间系统;线性系统与非线性系统;时变系统与时不变系统;因果系统与非因果系统;动态系统与静态系统;稳定系统与非稳定系统;集总参数系统与分布参数系统等。

1. 连续时间系统与离散时间系统

如果系统的输入信号与输出信号均为连续时间信号,则该系统称为连续时间系统,也称为模拟系统,简称连续系统。由 R、L、C 等元件组成的电路都是连续时间系统。连续时间激励信号 $f(t)$ 通过系统产生的响应 $y(t)$ 记为

$$y(t) = T[f(t)] \tag{1-7-1}$$

如果系统的输入信号与输出信号均为离散时间信号,则该系统称为离散时间系统,简称离散系统。离散时间激励信号 $f(n)$ 通过系统产生的响应 $y(n)$ 记为

$$y(n) = T[f(n)] \tag{1-7-2}$$

由连续时间系统与离散时间系统组合而成的系统称为混合系统。

2. 时不变系统与时变系统

一个连续时间系统,如果在零状态条件下,其输出响应与输入激励的关系不随输入激励作用于系统的时间起点而改变,则称之为时不变系统;否则,该系统就称为时变系统。时不变特性可表示为

若

$$y_{zs}(t) = T[f(t)] \tag{1-7-3}$$

则

$$T[f(t - t_0)] = y_{zs}(t - t_0) \tag{1-7-4}$$

式中,t_0 为任意值。

同样,对于时不变离散时间系统,可以表示为

若

$$y_{zs}(n) = T[f(n)] \tag{1-7-5}$$

则

$$T[f(n - k)] = y_{zs}(n - k) \tag{1-7-6}$$

例 1-9　判断下列系统是否为时不变系统。

(1) $y_1(t) = \sin[f(t)]$　　　　　(2) $y_2(t) = \cos t \cdot f(t)$

(3) $y_3(t) = 3f^2(t) + 2f(t)$　　　　(4) $y_4(t) = 5t \cdot f(t)$

(5) $y_5(n) = f(2n)$　　　　　　　　(6) $y_6(n) = nf(n)$

解：判断一个系统是否为时不变系统，只需判断当输入激励 $f(t)$ 变为 $f(t-t_0)$ 时，相应的输出是否也由 $y(t)$ 变为 $y(t-t_0)$。因为只涉及系统的零状态响应，所以无须考虑系统的初始状态。

(1) 当 $f(t)$ 变为 $f(t-t_0)$ 时，$y_1(t) = T[f(t-t_0)] = \sin[f(t-t_0)]$ 恰好等于 $y_1(t-t_0) = \sin[f(t-t_0)]$，所以该系统为时不变系统。

(2) 当 $f(t)$ 变为 $f(t-t_0)$ 时，$y_2(t) = T[f(t-t_0)] = \cos t \cdot f(t-t_0)$，而 $y_2(t-t_0) = \cos(t-t_0) \cdot f(t-t_0)$，两者不相等，所以该系统为时变系统。

(3) 当 $f(t)$ 变为 $f(t-t_0)$ 时，$y_3(t) = T[f(t-t_0)] = 3f^2(t-t_0) + 2f(t-t_0)$ 恰好等于 $y_3(t-t_0) = 3f^2(t-t_0) + 2f(t-t_0)$，所以该系统为时不变系统。

(4) 当 $f(t)$ 变为 $f(t-t_0)$ 时，$y_4(t) = T[f(t-t_0)] = 5t \cdot f(t-t_0)$，而 $y_4(t-t_0) = 5(t-t_0) \cdot f(t-t_0)$，两者不相等，所以该系统为时变系统。

(5) 当 $f(n)$ 变为 $f(n-n_0)$ 时，$y_5(n) = T[f(n-n_0)] = f(2n-n_0)$，而 $y_5(n-n_0) = f[2(n-n_0)]$，两者不相等，所以该系统为时变系统。

(6) 当 $f(n)$ 变为 $f(n-n_0)$ 时，$y_6(n) = T[f(n-n_0)] = nf(n-n_0)$，而 $y_6(n-n_0) = (n-n_0)f(n-n_0)$，两者不相等，所以该系统为时变系统。

3. 线性系统与非线性系统

凡是能同时满足齐次性与叠加性的系统为线性系统。凡是不能同时满足齐次性与叠加性的系统为非线性系统。

若电路中的无源元件全部是线性元件，则这样的电路系统一定是线性系统，但不能说，含有非线性元件的电路系统就一定是非线性系统。

例 1-10　判断下列系统是否是线性系统（$y(0)$ 为初始状态）。

(1) $y(t) = e^{f(t)}$　　　　　　　　(2) $y'(t) + y(t) = f(t)$

(3) $y(t) = 5y(0) + 4\dfrac{\mathrm{d}f(t)}{\mathrm{d}t}$　　　(4) $y(t) = f(2t)$

解：一个线性系统必须满足 3 个条件：

① 可分解性，即全响应可分解为零输入响应和零状态响应；

② 零输入响应满足线性性；

③ 零状态响应满足线性性。线性性是指同时满足叠加性和齐次性。若系统起始状态为零，则零输入响应为零，系统的输入和输出满足线性关系。

(1) 设 $y_1(t) = e^{f_1(t)}$，$y_2(t) = e^{f_2(t)}$，则

$$y_1(t) + y_2(t) = e^{f_1(t)} + e^{f_2(t)} \neq e^{f_1(t)+f_2(t)}$$

而且

$$Ay(t) = Ae^{f(t)} \neq e^{Af(t)}$$

它既不满足叠加性，又不满足齐次性，所以该系统为非线性系统。

(2) 设 $y_1'(t) + y_1(t) = f_1(t)$，$y_2'(t) + y_2(t) = f_2(t)$，则

$$y_1'(t) + y_1(t) + y_2'(t) + y_2(t) = \frac{\mathrm{d}}{\mathrm{d}t}[y_1(t) + y_2(t)] + [y_1(t) + y_2(t)]$$

$$= f_1(t) + f_2(t)$$

而且

$$Ay'(t) + Ay(t) = A[y'(t) + y(t)] = Af(t)$$

它既满足叠加性，又满足齐次性，所以该系统为线性系统。

（3）有系统的方程可知，该系统具有分解性，零输入响应 $y_{zi}(t) = 5y(0)$ 具有线性特性。

对零状态响应 $y_{zs}(t) = 4\dfrac{\mathrm{d}f(t)}{\mathrm{d}t}$，设输入 $f(t) = A_1 f_1(t) + A_2 f_2(t)$，则

$$y_{zs}(t) = 4\frac{\mathrm{d}[A_1 f_1(t) + A_2 f_2(t)]}{\mathrm{d}t} = 4A_1\frac{\mathrm{d}f_1(t)}{\mathrm{d}t} + 4A_2\frac{\mathrm{d}f_2(t)}{\mathrm{d}t}$$

也具有线性特性，所以该系统为线性系统。

（4）设 $y_1(t) = f_1(2t)$，$y_2(t) = f_2(2t)$，则

$$A_1 y_1(t) + A_2 y_2(t) = A_1 f_1(2t) + A_2 f_2(2t)$$

它既满足叠加性，又满足齐次性，所以该系统为线性系统。

4. 因果系统与非因果系统

凡具有因果性的系统称为因果系统。凡不具有因果性的系统称为非因果系统。

任何时间系统都具有因果性，因而都是因果系统。这是因为时间具有单方向性，时间是一去不复返的。非时间系统是否具有因果性，则要看它的自变量是否具有单方向性。一个较复杂的光学系统，即使其输入物是单侧的，其输出的像也可能是双侧的，它就不具有因果性。

5. 动态系统与静态系统

如果系统在 t_0 时刻的响应 $y(t_0)$，不仅与 t_0 时刻作用于系统的激励有关，而且与区间 $(-\infty, t_0)$ 内作用于系统的激励有关，这样的系统称为动态系统，也称为记忆系统。凡含有记忆元件（如电感、电容等）与记忆电路（如延时器）的系统均为动态系统。

如果系统在 t_0 时刻的响应 $y(t_0)$，只与 t_0 时刻作用于系统的激励有关，而与区间 $(-\infty, t_0)$ 内作用于系统的激励无关，这样的系统称为静态系统或非动态系统，也称为无记忆系统或即时系统。只含有电阻元件的电路即为静态系统。

本书重点讨论线性时不变（LTI）的连续时间系统与线性时不变的离散时间系统，它们也是系统理论的核心与基础。在后续内容中，凡不做特别说明的系统，都是指线性时不变系统。

1.8 典型例题解析

例 1-11 判断下列信号是否为周期信号，若是，确定其基波周期。

(1) $f_1(t) = t^2 + 2t + 1$　　　　　　(2) $f_2(t) = 10\cos(2\pi t)u(t)$

(3) $f_3(n) = \cos\left(\dfrac{n\pi}{4}\right)\sin\left(\dfrac{n}{4}\right)$　　　(4) $f_4(n) = 2\cos\left(\dfrac{n\pi}{4}\right) + \sin\left(\dfrac{n\pi}{8}\right) - \cos\left(\dfrac{n\pi}{2} - \dfrac{\pi}{3}\right)$

解：周期信号具有 3 个特点：

① 周期信号必须在时间上是无始无终的；

② 随时间变化的规律必须具有周期性，其周期为 T；

③ 在各周期内信号的波形完全一样。

(1) $f_1(t) = t^2 + 2t + 1$ 虽然在时间上是无始无终的信号,但不具有周期性,故为非周期信号。

(2) $f_2(t) = 10\cos(2\pi t)u(t)$ 不是无始无终的信号,而是有始无终的信号,故为非周期信号。

(3) $f_3(n) = \cos\left(\dfrac{n\pi}{4}\right)\sin\left(\dfrac{n}{4}\right)$ 中,$\cos\left(\dfrac{n\pi}{4}\right)$ 是周期信号,其周期 $N = 8$,但 $\sin\left(\dfrac{n}{4}\right)$ 是无周期信号,所以二者的乘积为非周期信号。

(4) $f_4(n) = 2\cos\left(\dfrac{n\pi}{4}\right) + \sin\left(\dfrac{n\pi}{8}\right) - \cos\left(\dfrac{n\pi}{2} - \dfrac{\pi}{3}\right)$ 是 3 个周期信号代数和组成的信号,所以它是周期信号,其基波周期是这 3 个周期信号周期的最小公倍数。

$$\cos\left(\frac{n\pi}{4}\right) \text{ 是周期信号,其周期 } N_1 = 8$$

$$\sin\left(\frac{n\pi}{8}\right) \text{ 是周期信号,其周期 } N_2 = 16$$

$$\cos\left(\frac{n\pi}{2} - \frac{\pi}{3}\right) \text{ 是周期信号,其周期 } N_3 = 4$$

N_1、N_2、N_3 的最小公倍数是 16,所以 $f_4(n)$ 的基波周期 $N = 16$。

例 1-12 设周期信号 $f_1(t)$、$f_2(t)$ 的周期分别为 T_1、T_2,欲使和信号

$$y(t) = f_1(t) + f_2(t)$$

也是周期信号,问 T_1、T_2 间应满足什么关系? 如果 $T_1 = 3$,$T_2 = 4$,试确定和信号 $y(t)$ 的基波周期 T。

解:因 $f_1(t)$、$f_2(t)$ 是周期信号,所以有

$$f_1(t + mT_1) = f_1(t)$$

$$f_2(t + nT_2) = f_2(t)$$

欲使 $y(t)$ 是周期的,应有

$$y(t + T) = f_1(t + T) + f_2(t + T) = f_1(t) + f_2(t) = y(t)$$

所以

$$T = mT_1 = nT_2 \rightarrow \frac{T_1}{T_2} = \frac{n}{m} \quad m, n \text{ 均为整数}$$

上式表明,只要 $f_1(t)$、$f_2(t)$ 是周期信号,它们的和信号当满足 T_1/T_2 是有理数时也是周期信号,其基波周期 T 是 T_1、T_2 的最小公倍数。故由已知条件可得 T_1、T_2 的基波周期 $T = 12$。

例 1-13 已知信号 $f(t) = u(t^2 - 3t + 2)$,试画出该信号的波形。

解:由单位阶跃信号的定义可知,当 $t^2 - 3t + 2 > 0$ 时,即 $(t - 2)(t - 1) > 0$,也就是 $t > 2$,$t < 1$ 时,$u(t^2 - 3t + 2) = 1$,即 $f(t) = 1$。

当 $t^2 - 3t + 2 < 0$ 时,即 $(t - 2)(t - 1) < 0$,也就是 $1 < t < 2$ 时,$u(t^2 - 3t + 2) = 0$,即 $f(t) = 0$。

由此得到 $f(t)$ 的波形如图 1-8-1 所示。

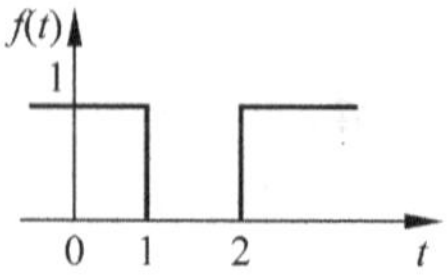

图 1-8-1 例 1-13 图

例 1-14 已知信号 $f\left(-\dfrac{1}{2}t\right)$ 的波形如图 1-8-2(a)所示,试画出

$f(t+1)u(-t)$的波形。

解：由$f\left(-\dfrac{1}{2}t\right)$反折变换得$f\left(\dfrac{1}{2}t\right)$，如图1-8-2(b)所示；由$f\left(\dfrac{1}{2}t\right)$进行尺度变换

$f\left(\dfrac{1}{2}at\right)\Big|_{a=2}=f(t)$，如图1-8-2(c)所示；$f(t)$左移1位得$f(t+1)$，如图1-8-2(d)所示；将

$f(t+1)$与$u(-t)$相乘得$f(t+1)u(-t)$，如图1-8-2(e)所示。

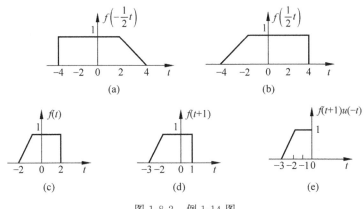

图1-8-2　例1-14图

例1-15　已知$f(6-2t)$的波形如图1-8-3(a)所示，试画出$f(t)$的波形。

解：$f(6-2t)$无疑是将$f(t)$经过反折、时移、尺度3种变换后而得到的。但3种变换的次序可以是任意的，故共有6种途径。下面用其中的4种方法求解。在求解过程中要特别注意冲激函数的尺度变换。

方法一　时移→反折→尺度

$$f(6-2t)=f[-2(t-3)]\xrightarrow{\text{左时移3}}f[-2(t+3-3)]=f(-2t)=f[2(-t)]$$

$\xrightarrow{\text{反折}}f(2t)\xrightarrow{\text{尺度1倍}}f\left(2\times\dfrac{1}{2}t\right)=f(t)$，其波形依次如图1-8-3(b)、图1-8-3(c)、图1-8-3(d)

所示。

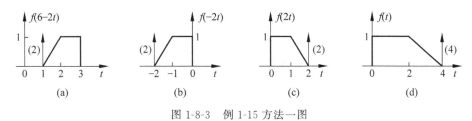

图1-8-3　例1-15方法一图

方法二　反折→时移→尺度

$$f(6-2t)\xrightarrow{\text{反折}}f(6+2t)=f[2(t+3)]\xrightarrow{\text{右时移3}}f[2(t+3-3)]=f(2t)$$

$\xrightarrow{\text{尺度1倍}}f\left(2\times\dfrac{1}{2}t\right)=f(t)$，其波形依次如图1-8-4(a)、图1-8-4(b)、图1-8-4(c)所示。

方法三　尺度→反折→时移

$$f(6-2t)\xrightarrow{\text{尺度1倍}}f\left(6-\dfrac{1}{2}\times2t\right)=f(6-t)\xrightarrow{\text{反折}}f(t+6)\xrightarrow{\text{右时移6}}$$

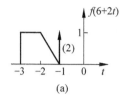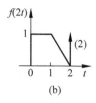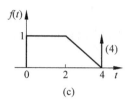

图 1-8-4 例 1-15 方法二图

$f[(t-6)+6]=f(t)$，其波形依次如图 1-8-5(a)、图 1-8-5(b)、图 1-8-5(c)所示。

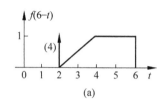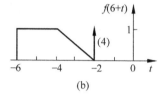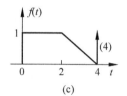

图 1-8-5 例 1-15 方法三图

方法四 时移→尺度→反折

$$f(6-2t)=f[-2(t-3)] \xrightarrow{\text{左时移}3} f[-2(t+3-3)]=f(-2t) \xrightarrow{\text{尺度}1\text{倍}}$$

$$f\left(-2\times\frac{1}{2}t\right)=f(-t)\xrightarrow{\text{反折}}f(t)$$，其波形依次如图 1-8-6(a)、图 1-8-6(b)、图 1-8-6(c)所示。

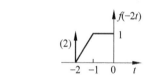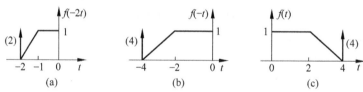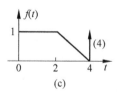

图 1-8-6 例 1-15 方法四图

例 1-16 求下列各积分。

(1) $y_1(t)=\displaystyle\int_{-5}^{5}(3t-2)[\delta(t)+\delta(t-2)]\mathrm{d}t$

(2) $y_2(t)=\displaystyle\int_{-\infty}^{+\infty}(2-t)[\delta'(t)+\delta(t)]\mathrm{d}t$

(3) $y_3(t)=\displaystyle\int_{-5}^{1}[\delta(t-2)+\delta(t+4)]\cos\left(\frac{\pi}{2}t\right)\mathrm{d}t$

(4) $y_4(t)=\displaystyle\int_{-\infty}^{+\infty}\left[1+2t^2+\sin\left(\frac{\pi}{3}t\right)\right]\delta(1-2t)\mathrm{d}t$

解：(1) $y_1(t)=\displaystyle\int_{-5}^{5}(3t-2)[\delta(t)+\delta(t-2)]\mathrm{d}t$

$$=\int_{-5}^{5}(3t-2)\delta(t)\mathrm{d}t+\int_{-5}^{5}(3t-2)\delta(t-2)\mathrm{d}t=-2+(3\times2-2)=2$$

(2) $y_2(t)=\displaystyle\int_{-\infty}^{+\infty}(2-t)[\delta'(t)+\delta(t)]\mathrm{d}t$

$$=\int_{-\infty}^{+\infty}(2-t)\delta'(t)\mathrm{d}t+\int_{-\infty}^{+\infty}(2-t)\delta(t)\mathrm{d}t=1+2=3$$

(3) $y_3(t) = \int_{-5}^{1} [\delta(t-2) + \delta(t+4)] \cos\left(\frac{\pi}{2}t\right) dt$

$$= \int_{-5}^{1} \cos\left(\frac{\pi}{2}t\right) \delta(t-2) dt + \int_{-5}^{1} \cos\left(\frac{\pi}{2}t\right) \delta(t+4) dt = 0 + 1 = 1$$

(4) 因为

$$\delta(1-2t) = \delta(2t-1) = \delta\left[2\left(t-\frac{1}{2}\right)\right] = \frac{1}{2}\delta\left(t-\frac{1}{2}\right)$$

所以

$$y_4(t) = \int_{-\infty}^{+\infty} \left[1 + 2t^2 + \sin\left(\frac{\pi}{3}t\right)\right] \delta(1-2t) dt$$

$$= \int_{-\infty}^{+\infty} \left[1 + 2t^2 + \sin\left(\frac{\pi}{3}t\right)\right] \frac{1}{2}\delta\left(t-\frac{1}{2}\right) dt$$

$$= \int_{-\infty}^{+\infty} \frac{1}{2}\delta\left(t-\frac{1}{2}\right) dt + \int_{-\infty}^{+\infty} t^2 \delta\left(t-\frac{1}{2}\right) dt + \int_{-\infty}^{+\infty} \frac{1}{2}\sin\left(\frac{\pi}{3}t\right)\delta\left(t-\frac{1}{2}\right) dt$$

$$= \frac{1}{2} + \frac{1}{4} + \frac{1}{2} \times \frac{1}{2}$$

$$= 1$$

例 1-17 某系统的输入为 $f(t)$,输出为 $y(t)$,且输出与输入满足

$$y(t) = \sum_{n=-\infty}^{+\infty} f(t)\delta(t-nT)$$

试判别该系统是否是线性系统? 是否是时不变系统?

解:设输入 $f_1(t)$、$f_2(t)$ 时系统输出分别为

$$y_1(t) = \sum_{n=-\infty}^{+\infty} f_1(t)\delta(t-nT) = \sum_{n=-\infty}^{+\infty} f_1(nT)\delta(t-nT) \tag{1-8-1}$$

$$y_2(t) = \sum_{n=-\infty}^{+\infty} f_2(t)\delta(t-nT) = \sum_{n=-\infty}^{+\infty} f_2(nT)\delta(t-nT) \tag{1-8-2}$$

另设

$$f_3(t) = af_1(t) + bf_2(t), \quad a,b \text{ 为实常数}$$

则输出

$$y_3(t) = \sum_{n=-\infty}^{+\infty} [af_1(t) + bf_2(t)]\delta(t-nT)$$

$$= \sum_{n=-\infty}^{+\infty} af_1(t)\delta(t-nT) + \sum_{n=-\infty}^{+\infty} bf_2(t)\delta(t-nT) \tag{1-8-3}$$

比较式(1-8-3)与式(1-8-1)、式(1-8-2),可知

$$y_3(t) = ay_1(t) + by_2(t)$$

所以该系统是线性系统。

设 $f_4(t) = f_1(t-t_0)$,则

$$y_4(t) = \sum_{n=-\infty}^{+\infty} f_1(t-t_0)\delta(t-nT) = \sum_{n=-\infty}^{+\infty} f_1(nT-t_0)\delta(t-nT) \tag{1-8-4}$$

比较式(1-8-4)与式(1-8-1),可知

$$y_4(t) \neq y_1(t - t_0)$$

所以该系统是时变系统。

1.9 习题

1.9.1 自测题

一、填空题

1. 描述信号的基本方法有_____、_____。

2. $\mathrm{Sa}(t)$信号又称为_____。

3. $\dfrac{\mathrm{d}u(t)}{\mathrm{d}t} = $_____。

4. $\delta(-t) = $_____(用单位冲激函数表示)。

5. 对于一个自变量无穷但能量有限的信号,其平均功率为_____。

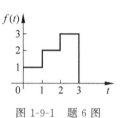

图 1-9-1 题 6 图

6. 如图 1-9-1 所示波形可用单位阶跃函数表示为_____。

7. $\displaystyle\int_{-\infty}^{+\infty}(3t^2 + 2t + 1)\delta(1 - t)\mathrm{d}t = $_____。

8. $\displaystyle\int_{-5}^{5}(t^2 - 3t + 2)\delta(t - 1)\mathrm{d}t = $_____。

9. $\displaystyle\int_{-\infty}^{+\infty}\delta(t - t_0)u(t - 2t_0)\mathrm{d}t = $_____(已知 $t_0 > 0$)。

10. $\displaystyle\int_{0_-}^{t}\delta\left(\dfrac{\tau}{3}\right)(\tau - 2)\mathrm{d}\tau = $_____。

11. $\displaystyle\int_{0_-}^{+\infty}\sin\left(\dfrac{\pi}{2}t\right)\left[\delta(t - 1) + \delta(t + 1)\right]\mathrm{d}t = $_____。

12. $\displaystyle\int_{0}^{+\infty}\sin\left(\dfrac{\pi}{2}t\right)\delta(t - 1)\mathrm{d}t = $_____。

13. 系统的数学描述方法有_____和_____。

14. 满足_____和_____条件的系统称为线性系统。

15. 若某系统是时不变的,则当 $f(t) \xrightarrow{\text{系统}} y_{zs}(t)$,应有 $f(t - t_d) \xrightarrow{\text{系统}}$_____。

16. 系统对 $f(t)$ 的响应为 $y(t)$,若系统对 $f(t - t_0)$ 的响应为 $y(t - t_0)$,则该系统为_____系统。

17. 连续系统模拟中常用的理想运算器有_____、_____、_____、_____和_____。

18. 离散系统模拟中常用的理想运算器有_____、_____、_____和_____。

二、单项选择题

1. 连续时间信号 $f(t) = \left[5\sin(8t)\right]^2$ 的周期是( )。

A. π 　　　　B. $\dfrac{\pi}{4}$ 　　　　C. $\dfrac{\pi}{8}$ 　　　　D. $\dfrac{\pi}{2}$

2. 连续时间信号 $f(t) = \cos\left(\dfrac{\pi}{4}t + \dfrac{\pi}{5}\right)$ 的周期是（　　）。

　　A. 4　　　　　　　　B. $\dfrac{\pi}{4}$　　　　　　　　C. $\dfrac{\pi}{8}$　　　　　　　　D. 8

3. 已知信号 $y(t) = \cos(\omega t)$，该信号的功率为（　　）。

　　A. $\dfrac{1}{2}$　　　　　　　　B. 1　　　　　　　　C. $+\infty$　　　　　　　　D. 0

4. 下列各式中正确的是（　　）。

　　A. $\delta(2t) = \delta(t)$　　　　　　　　　　　　　B. $\delta(2t) = \dfrac{1}{2}\delta(t)$

　　C. $\delta(2t) = 2\delta(t)$　　　　　　　　　　　　D. $2\delta(2t) = \dfrac{1}{2}\delta(t)$

5. 下列等式成立的是（　　）。

　　A. $\delta(at) = a\delta(t)$　　　　　　　　　　　　B. $\delta'(-t) = -\delta'(t)$

　　C. $\displaystyle\int_{-\infty}^{\infty}(t^2+t)\delta(t-1)\mathrm{d}t = 3$　　　　　D. $t\delta'(t) = t\delta(t)$

6. 积分 $\displaystyle\int_{0_-}^{t}(\tau-2)\delta(\tau)\mathrm{d}\tau$ 等于（　　）。

　　A. $-2\delta(t)$　　　　　B. $-2u(t)$　　　　　C. $u(t-2)$　　　　　D. $2\delta(t-2)$

7. $\displaystyle\int_{-\infty}^{+\infty}\mathrm{e}^{-t}\delta(t+3)\mathrm{d}t = （　　）$。

　　A. 1　　　　　　　　B. e^{3t}　　　　　　　　C. e^3　　　　　　　　D. e^{-3}

8. $\displaystyle\int_{-\infty}^{+\infty}\dfrac{\sin(\pi t)}{t}\delta(t)\mathrm{d}t = （　　）$。

　　A. π　　　　　　　　B. 1　　　　　　　　C. $\delta(t)$　　　　　　　　D. $\sin t$

9. $\displaystyle\int_{-\infty}^{+\infty}(t+\sin t)\delta'\left(t-\dfrac{\pi}{6}\right)\mathrm{d}t = （　　）$。

　　A. $\dfrac{\pi}{6}+\dfrac{\sqrt{2}}{3}$　　　　　B. $-1-\dfrac{\sqrt{3}}{2}$　　　　　C. $1+\dfrac{\sqrt{3}}{2}$　　　　　D. $\sqrt{3}$

10. 积分 $\displaystyle\int_{-\infty}^{+\infty}f(t)\delta(t)\mathrm{d}t$ 的结果为（　　）。

　　A. $f(0)$　　　　　　B. $f(t)$　　　　　　C. $f(t)\delta(t)$　　　　　D. $f(0)\delta(t)$

11. $\displaystyle\int_{-4}^{4}(t^2+3t+2)[\delta(t)+2\delta(t-2)]\mathrm{d}t$ 的积分结果是（　　）。

　　A. 14　　　　　　　B. 24　　　　　　　C. 26　　　　　　　D. 28

12. $\dfrac{\mathrm{d}}{\mathrm{d}t}[\mathrm{e}^{-t}u(t)] = （　　）$。

　　A. $-\mathrm{e}^{-t}u(t)$　　　　　　　　　　　　B. $\delta(t)$

　　C. $-\mathrm{e}^{-t}u(t)+\delta(t)$　　　　　　　　　D. $-\mathrm{e}^{-t}u(t)-\delta(t)$

13. $\displaystyle\int_{-\infty}^{+\infty}\delta'(t)\mathrm{e}^{-\mathrm{j}\omega t}\mathrm{d}t = （　　）$。

　　A. $\mathrm{j}\omega$　　　　　　　B. $2\pi\delta(\omega)$　　　　　　　C. $2\pi\delta(t)$　　　　　　　D. $\mathrm{j}t$

14. $\int_{-\infty}^{t} e^{-2\tau}\delta'(\tau)d\tau = ($)。

    A. $\delta(t)$ B. $u(t)$ C. $2u(t)$ D. $\delta(t)+2u(t)$

15. 已知信号 $y(t)=\cos(\omega t)$，该信号的能量为( )。

    A. $\dfrac{1}{2}$ B. 1   C. $+\infty$ D. 0

16. 如图 1-9-2 所示信号，信号 $f(t)$ 的数学表达式为( )。

    A. $f(t)=tu(t)-tu(t-1)$

    B. $f(t)=tu(t)-(t-1)u(t-1)$

    C. $f(t)=(1-t)u(t)-(t-1)u(t-1)$

    D. $f(t)=(1+t)u(t)-(t+1)u(t+1)$

17. 设两信号 $f_1(t)$ 和 $f_2(t)$ 如图 1-9-3 所示，则 $f_1(t)$ 与 $f_2(t)$ 间的变换关系为( )。

    A. $f_2(t)=f_1\left(\dfrac{1}{2}t+3\right)$ B. $f_2(t)=f_1(2t+3)$

    C. $f_2(t)=f_1(2t+5)$ D. $f_2(t)=f_1\left(\dfrac{1}{2}t+5\right)$

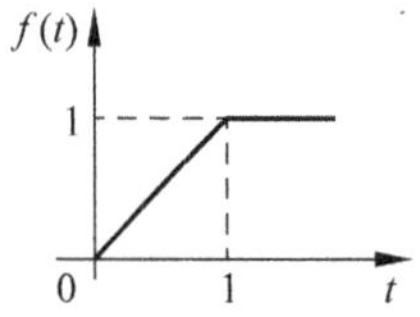

图 1-9-2 题 16 图 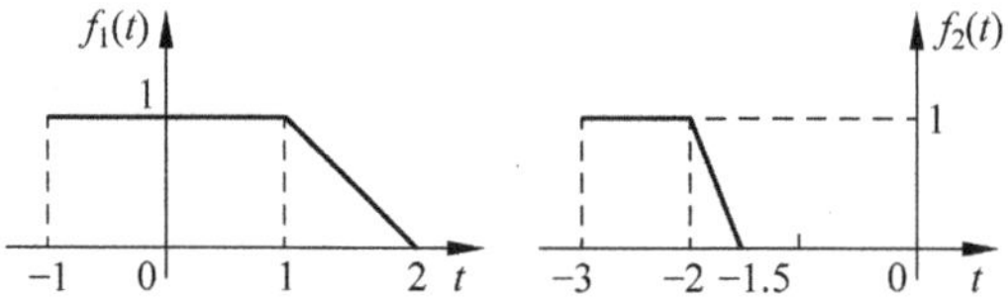   图 1-9-3 题 17 图

18. $f(6-3t)$ 是下面哪种运算的结果？( )

    A. $f(-3t)$ 左移 6   B. $f(-3t)$ 右移 6

    C. $f(-3t)$ 左移 2   D. $f(-3t)$ 右移 2

19. 已知 $f(t)$，为求 $f(t_0-at)$ 应按下列哪种运算求得正确结果(式中 t_0,a 都为正值)？( )

    A. $f(-at)$ 左移 t_0 B. $f(at)$ 右移 t_0

    C. $f(at)$ 左移 $\dfrac{t_0}{a}$ D. $f(-at)$ 右移 $\dfrac{t_0}{a}$

20. 信号 $f(-t+2)$ 是下列哪种运算的结果？( )

    A. 是 $f(t)$ 向左平移 2 个单位   B. 是 $f(-t)$ 向右平移 2 个单位

    C. 是 $f(-2t)$ 向右平移 1 个单位   D. 是 $f(t)$ 向右平移 2 个单位

21. 信号 $f(2t)$ 是下列哪种运算的结果？( )

    A. 是 $f(t)$ 向左平移 2 个单位   B. 是 $f(-t)$ 向右平移 2 个单位

    C. 是 $f(t)$ 压缩 1 倍   D. 是 $f(t)$ 扩展 1 倍

22. 已知信号 $f(t)$ 的波形如图 1-9-4 所示，则 $f(t)$ 的表达式为( )。

    A. $f(t)=tu(t)$ B. $f(t)=(t-1)u(t-1)$

    C. $f(t)=tu(t-1)$ D. $f(t)=2(t-1)u(t-1)$

23. 已知 $f(t)$ 的波形如图 1-9-5 所示,则 $f(5-2t)$ 的波形为(　　)。

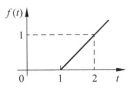

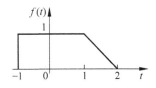

图 1-9-4　题 22 图　　　　　　图 1-9-5　题 23 图

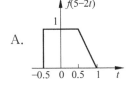

A.

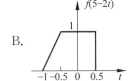

B.

C.

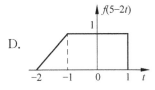

D.

24. 对信号 $y(t)=tx(t)$ 说法正确的是(　　)。

　　A. 线性、时不变　　　　　　　　　B. 线性、时变
　　C. 非线性、时不变　　　　　　　　D. 非线性、时变

25. 若 $f(t)$ 是系统激励,$y(t)$ 是系统响应,根据其输入输出关系,下列系统中线性系统是(　　)。

　　A. $y(t)=k\sin[f(t)]u(t)$　　　　　B. $y(t)=f^2(t)+f(t)$
　　C. $y(t)=f''(t)+f'(t)$　　　　　　D. $y(t)=e^{f(t)}$

26. 下列系统中时不变系统是(　　)。

　　A. $y(t)=2\dfrac{\mathrm{d}f(t)}{\mathrm{d}t}$　　　　　　B. $y(t)=f(t)\sin(n_0t)$(n_0 为常数)
　　C. $y(t)=f(2t)$　　　　　　　　　D. $y(k)=kf(k)$ (k 为常数)

27. 已知 $f(t)$ 是已录制的声音磁带信号,则下列叙述错误的是(　　)。

　　A. $f(-t)$ 表示将磁带倒转播放产生的信号
　　B. $f(2t)$ 表示磁带以二倍的速度加快播放
　　C. $f(2t)$ 表示磁带放音速度降低一半播放
　　D. $2f(t)$ 表示将磁带音量放大一倍播放

28. 已知系统的激励 $f(t)$ 与响应 $y(t)$ 的关系为 $y(t)=\displaystyle\int_{-\infty}^{t}f(\tau)e^{\tau}\mathrm{d}\tau$,则该系统为(　　)。

　　A. 线性时不变系统　　　　　　　　B. 线性时变系统
　　C. 非线性时不变系统　　　　　　　D. 非线性时变系统

1.9.2　基础题

1. 试画出下列信号的波形。

(1) $f_1(t)=(2-3e^{-t})u(t)$

(2) $f_2(t) = e^{-|t|}$

(3) $f_3(t) = \cos\pi(t-1)u(t+1)$

(4) $f_4(t) = \sin\dfrac{\pi}{2}(1-t)u(t-1)$

(5) $f_5(t) = e^{-t}\cos(10\pi t)[u(t-1)-u(t-2)]$

(6) $f_6(t) = \left(1-\dfrac{|t|}{2}\right)[u(t+2)-u(t-2)]$

(7) $f_7(t) = u(t)-2u(t-1)+u(t-2)$

(8) $f_8(t) = t[u(t)-u(t-1)]+u(t-1)$

2. 判断下列信号是否为周期信号,若是周期信号,求其周期。

(1) $f_1(t) = \cos(10t)+\cos(30t)$

(2) $f_2(t) = e^{j4t}$

(3) $f_3(t) = \left[\sin\left(t-\dfrac{\pi}{3}\right)\right]^2$

(4) $f_4(t) = 5\cos(2\pi t)u(t)$

(5) $f_5(t) = \displaystyle\sum_{n=0}^{+\infty}(-1)^n - [u(t-nT)-u(t-nT-T)]$ (n 为整数)

(6) $f_6(n) = \sin\left(\dfrac{\pi}{7}n+\dfrac{\pi}{12}\right)$

3. 写出如图 1-9-6 所示各信号的时域表达式。

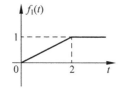 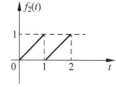 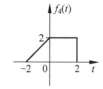

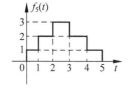 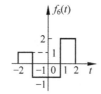

图 1-9-6 题 3 图

4. 已知信号 $f(t)$ 的波形如图 1-9-7 所示,试画出下列信号的波形。

(1) $f_1(t) = f(2t+4)$

(2) $f_2(t) = f(-2t+4)$

(3) $f_3(t) = f\left(\dfrac{t}{2}+1\right)$

(4) $f_4(t) = f\left(-\dfrac{t}{2}+1\right)$

(5) $f_5(t) = f(t)-u(t-1)$

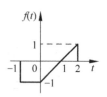

图 1-9-7 题 4 图

(6) $f_6(t) = f(t)u(1-t)$

(7) $f_7(t) = f(t)\delta(t+1)$

(8) $f_8(t) = f'(t)$

5. 计算下列各式。

(1) $f_1(t) = t\delta(t)$

(2) $f_2(t) = t\delta(t-1)$

(3) $f_3(t) = e^t\delta(t-1)$

(4) $f_4(t) = \int_{-\infty}^{t} \delta(2\tau-1)d\tau$

(5) $f_5(t) = \dfrac{d}{dt}\left[\cos\left(t+\dfrac{\pi}{4}\right)\delta(t)\right]$

(6) $f_6(t) = \int_{-\infty}^{+\infty} \dfrac{d}{dt}\left[\cos t\delta(t)\right]\sin t\,dt$

(7) $f_7(t) = t\dfrac{d}{dt}\left[e^{-t}u(t)\right]$

(8) $f_8(t) = (t^3+t^2+1)\delta(t-2)$

(9) $f_9(t) = e^{-2t}\delta(2t+2)$

(10) $f_{10}(t) = \dfrac{d}{dt}\left[\cos tu(t)\right]$

6. 求下列各式的积分。

(1) $f_1(t) = \int_{-\infty}^{+\infty} 2\delta(t)\dfrac{\sin(2t)}{t}dt$

(2) $f_2(t) = \int_{-\infty}^{+\infty} 2\delta(t-8)u(t-4)dt$

(3) $f_3(t) = \int_{-\infty}^{+\infty} (t^3+4)\delta(1-t)dt$

(4) $f_4(t) = \int_{-\infty}^{+\infty} e^{-t}\delta(t+3)dt$

(5) $f_5(t) = \int_{-\infty}^{+\infty} 2u(4t-4)\delta(t-1)dt$

(6) $f_6(t) = \int_{-\infty}^{t} e^{-\tau}\delta'(\tau)d\tau$

(7) $f_7(t) = \int_{-1}^{3} \delta'(t-2)\cos\left(\dfrac{\pi}{4}t\right)dt$

(8) $f_8(t) = \int_{-\infty}^{+\infty} A\sin t\delta'(t)dt$

(9) $f_9(t) = \int_{-\infty}^{+\infty} \sin 2t\delta\left(t+\dfrac{\pi}{4}\right)dt$

(10) $f_{10}(t) = \int_{-6}^{4} e^{-2t}\delta(t+8)dt$

(11) $f_{11}(t) = \int_{-1}^{+\infty} e^{-t}\delta(2-2t)dt$

(12) $f_{12}(t) = \int_{-\infty}^{+\infty} e^{t}\left[\delta(t)-\delta'(t)\right]dt$

(13) $f_{13}(t) = \int_{-\infty}^{t} (4+\tau^2)\delta(1-\tau)d\tau$

(14) $f_{14}(t) = \int_{-\infty}^{t} (e^{-\tau}+\tau)\delta\left(\dfrac{\tau}{2}\right)d\tau$

7. 判断下列系统是否为线性系统(其中 $y(0)$ 为系统的初始状态，$f(t)$ 为系统的输入激励，$y(t)$ 为系统的输出响应)。

(1) $y(t) = 3y(0) + 4f(t)$

(2) $y(t) = 5y(0) + 6f^2(t)$

(3) $y(t) = 2y(0)f(t) + 3f(t)$

(4) $y(t) = 2t^2y(0) + 4\dfrac{df(t)}{dt}$

(5) $y(t) = 3y(0) + 4t\int_0^t f(\tau)d\tau$

(6) $y(t) = 6y^2(0) + 6f(t)\dfrac{df(t)}{dt}$

(7) $y(t) = y(0) + 3f(t) + 4\dfrac{df(t)}{dt}$

(8) $y(t) = y(0) + 3y^2(0) + f(t) + t^2\dfrac{df(t)}{dt}$

8. 判断下列系统是否为时不变系统。

(1) $y_1(t) = a\cos[f(t)]$

(2) $y_2(t) = \sin tf(t)$

(3) $y_3(t) = f(3t)$

(4) $y_4(t) = af^2(t) + bf(t)$

9. 设连续信号 $f(t)$ 无间断点，试证明：

(1) 若 $f(t)$ 为偶函数，则其一阶导数 $f'(t)$ 为奇函数；

(2) 若 $f(t)$ 为奇函数,则其一阶导数 $f'(t)$ 为偶函数。

1.9.3　MATLAB 习题

1. 试用 MATLAB 画出信号 $f(t)=t+\sin t$ 的波形。

2. 调用阶跃函数,绘出单位阶跃信号在 $-1\leqslant t\leqslant 3$ 的波形。

3. 试用符号函数来生成单位阶跃信号的方法,绘出符号函数及单位阶跃信号的波形。

4. 调用冲激函数绘制 $\delta(t)$,$-1\leqslant t\leqslant 4$ 的波形。

5. 用 MATLAB 命令绘制单边指数函数信号 $e^{-2t}u(t)$ 在时间 $0\leqslant t\leqslant 3$ 区间的波形。

6. 用 MATLAB 绘制正弦信号 $f(t)=4\sin(\omega t)$,在 $\omega=\dfrac{\pi}{2}$,$\omega=\pi$ 和 $\omega=\dfrac{3\pi}{2}$ 的时域波形。本任务要求用 subs 函数。试着绘出初相位不同的时域波形。

7. 用 MATLAB 绘制实指数信号 $f(t)=e^{at}$ 当 $a=-1,0,1$ 时的时域波形。本任务要求用 subs 函数。试从得出的波形验证实指数信号的性质。

8. 试用 MATLAB 画出信号 $f(t)=3e^{j\frac{\pi}{4}t}$ 的时域波形,并观察该信号的时域特性。

9. 画出复指数信号 $f(t)=e^{-t}e^{j10t}$ 的实部、虚部、模及相角随时间变化的曲线,并观察其特性(改变实部、虚部的值,并画出其时域特性,对照所得图形,得出复指数信号的特性)。

10. 设信号 $f(t)=\left(1-\dfrac{t}{3}\right)[u(t+3)-u(t-3)]$,用 MATLAB 求 $f(t+2)$,$f(t-2)$,$f(-t)$,$f(2t)$,$-f(t)$,并绘出其时域波形。这里要用到单位脉冲子函数 heaviside。

11. 已知信号 $f_1(t)=(-t+5)[u(t)-u(t-5)]$ 及信号 $f_2(t)=\cos(2\pi t)$,用 MATLAB 绘出满足下列要求的信号波形。

(1) $f_3(t)=f_1(-t)+f_1(t)$　　　　　　(2) $f_4(t)=-[f_1(-t)+f_1(t)]$

(3) $f_5(t)=f_2(t)\times f_3(t)$　　　　　　(4) $f_6(t)=f_1(t)+f_2(t)$

第 1 章小结

第 1 章提高题

连续时间系统的时域分析

本章要点：

（1）连续时间系统的数学模型及其时域模拟。

（2）连续时间系统响应的时域求解，包括自由响应、强迫响应、零输入响应、零状态响应、全响应、冲激响应和阶跃响应。

（3）卷积积分及其应用。

（4）典型例题分析。

学习目标：

（1）了解连续时间系统的数学模型和时域模拟的概念，并会建立描述系统激励 $f(t)$ 与响应 $y(t)$ 关系的微分方程。

（2）理解系统的特征方程、特征根的意义，并会求解。

（3）理解系统的全响应可分解为自由响应和强迫响应、零输入响应和零状态响应、瞬态响应和稳态响应；并会根据微分方程的特征根与已知的系统起始条件，求系统的响应。

（4）掌握系统单位冲激响应和单位阶跃响应的意义，并会求解。

（5）理解卷积积分的定义、运算规律及主要性质，掌握求解卷积积分的方法，并会应用卷积积分法求线性时不变系统的零状态响应。

本章重点：

（1）连续时间系统数学模型的建立和时域模拟。

（2）时域经典法求系统的零输入响应。

（3）系统的单位冲激响应及其求解方法。

（4）卷积积分的定义、性质、运算及用卷积积分法求系统的零状态响应。

2.1 连续时间系统的数学描述

连续时间系统处理连续时间信号，在时域中通常用微分方程和方框图来描述这类系统。在系统的微分方程中包含有激励和响应的时间函数以及它们对时间的各阶导数的线性组合，它描述了系统的响应与激励之间的数学运算关系，便于数学分析和计算，称为系统的输入输出描述法模型。微分方程的阶数就是系统的阶数。系统也可以用传输算子来描述，这种方法比微分方程表示法在数学模型的建立、书写和运算上都更简便（由于篇幅的关系，本书不做介绍)。有时为了分析研究问题具体形象,也可以借助方框图表示系统模型。在这种方法中,各单元和子系统在系统中的作用和地位、系统输入输出之间的关系直观明了、便于系统的功能分解和合成以及软件设计模块化。这种系统的描述方法称为连续时间系统的时域模拟。系统的各种描述方法之间可以相互转换。

2.1.1　连续时间系统的数学模型——微分方程

视频讲解

在时域中分析连续时间系统,首先需建立系统的微分方程。对于电路系统,建立其微分方程的依据是:元件的约束特性即电压电流的关系(VAR)和网络的约束特性,即基尔霍夫电流定律(KCL)与基尔霍夫电压定律(KVL)。

例 2-1　电路如图 2-1-1 所示,已知 $R_1 = 1\Omega$, $L = \dfrac{1}{4}$H, $R_2 = \dfrac{3}{2}\Omega$, $C = 1$F,建立以电压 $e(t)$ 作为激励,电流 $i(t)$ 作为响应的微分方程。

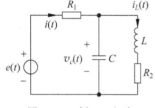

图 2-1-1　例 2-1 电路

解：根据 KVL、KCL 和 VAR 列回路方程和节点方程

$$R_1 i(t) + v_c(t) = e(t)$$

$$v_c(t) = L\frac{\mathrm{d}}{\mathrm{d}t}i_L(t) + i_L(t)R_2$$

$$i(t) = C\frac{\mathrm{d}}{\mathrm{d}t}v_c(t) + i_L(t)$$

消去变量 $v_c(t)$、$i_L(t)$ 并代入电路参数得到描述系统的微分方程为

$$\frac{\mathrm{d}^2}{\mathrm{d}t^2}i(t) + 7\frac{\mathrm{d}}{\mathrm{d}t}i(t) + 10i(t) = \frac{\mathrm{d}^2}{\mathrm{d}t^2}e(t) + 6\frac{\mathrm{d}}{\mathrm{d}t}e(t) + 4e(t)$$

一般情况,设激励信号为 $f(t)$,系统响应为 $y(t)$,则描述 n 阶复杂系统的微分方程的一般表达式为

$$C_0\frac{\mathrm{d}^n}{\mathrm{d}t^n}y(t) + C_1\frac{\mathrm{d}^{n-1}}{\mathrm{d}t^{n-1}}y(t) + \cdots + C_{n-1}\frac{\mathrm{d}}{\mathrm{d}t}y(t) + C_n y(t)$$

$$= E_0\frac{\mathrm{d}^m}{\mathrm{d}t^m}f(t) + E_1\frac{\mathrm{d}^{m-1}}{\mathrm{d}t^{m-1}}f(t) + \cdots + E_{m-1}\frac{\mathrm{d}}{\mathrm{d}t}f(t) + E_m f(t) \tag{2-1-1}$$

式中,$C_n, C_{n-1}, \cdots, C_1, C_0$ 和 $E_m, E_{m-1}, \cdots, E_1, E_0$ 均为常数。对于线性时不变系统,其微分方程是常系数线性微分方程。

2.1.2　连续时间系统的时域模拟——方框图

连续时间系统的方框图,是用方框(或圆圈)等图形符号表示一个具有某种数学运算功能的基本运算单元(也可以表示一个子系统),并将各个基本运算单元(或子系统)按它们之间的运算关系和输入输出关系连接起来得到的模型。这种描述系统的方法称为连续时间系统的时域模拟。

在 n 阶常系数线性微分方程中的基本运算单元有微分运算、加法运算、数乘运算,积分运算是微分运算的逆运算。在实际应用中,因为积分器比微分器的抗干扰性能好,所以往往选用积分单元。如图 2-1-2(a)~图 2-1-2(c)所示,表出积分、相加、数乘 3 种基本运算单元的方框图及其运算功能,其中箭头所指方向为信号的流向。

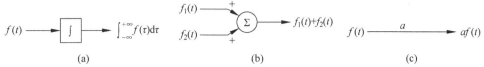

图 2-1-2 三种基本运算单元的方框图

1. 已知连续时间系统的方框图,写出系统的微分方程

方框图中积分器的个数 n 即为描述该系统的微分方程的阶数。若方框图中只有 n 条负反馈支路,无数乘前馈支路及输出加法器,则描述该系统的微分方程只与输出变量、输出变量的各阶导数以及输入信号有关,与输入信号的各阶导数无关;若方框图中不仅有 n 条负反馈支路,还有 m 条数乘前馈支路及输出加法器,则描述该系统的微分方程不仅与输出变量、输出变量的各阶导数以及输入信号有关,还与输入信号的各阶导数有关。其一般分析步骤如下。

(1)若方框图中有数乘前馈支路及输出加法器,则设方框图最右端积分器的输出为中间变量 $x(t)$,此积分器的输入为 $x(t)$ 的一阶导数,简写为 $x'(t)$,其左边的积分器的输入为 $x(t)$ 的二阶导数 $x''(t)$,以此类推;若无数乘前馈支路及输出加法器,则无须另设中间变量。

(2)写出每个加法器的输出信号方程。

(3)消去中间变量 $x(t)$,整理成标准的输入输出微分方程。

例 2-2 已知系统的方框图如图 2-1-3 所示,写出该系统的微分方程。

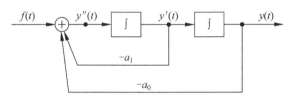

图 2-1-3 例 2-2 方框图

解:系统方框图中有两个积分器,所以描述该系统的方程是二阶微分方程。方框图最右端积分器的输出为输出变量 $y(t)$,则此积分器的输入为 $y(t)$ 的一阶导数 $y'(t)$,其左边的积分器的输入为 $y(t)$ 的二阶导数 $y''(t)$,写出加法器的输出信号方程为

$$y''(t) = f(t) - a_1 y'(t) - a_0 y(t)$$

移项整理得到描述该系统的微分方程为

$$y''(t) + a_1 y'(t) + a_0 y(t) = f(t)$$

例 2-3 已知系统的方框图如图 2-1-4 所示,写出该系统的微分方程。

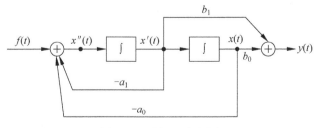

图 2-1-4 例 2-3 方框图

解：设方框图最右端积分器的输出为中间变量 $x(t)$，则此积分器的输入为 $x(t)$ 的一阶导数 $x'(t)$，其左边的积分器的输入为 $x(t)$ 的二阶导数 $x''(t)$，写出两个加法器的输出信号方程为

$$x''(t) = f(t) - a_1 x'(t) - a_0 x(t) \tag{2-1-2}$$

$$y(t) = b_1 x'(t) + b_0 x(t) \tag{2-1-3}$$

因为系统是二阶的，所以微分方程应包括 $y'(t)$、$y''(t)$ 项，由式(2-1-2)及式(2-1-3)可得

$$y'(t) = b_1 x''(t) + b_0 x'(t) \tag{2-1-4}$$

$$y''(t) = b_1 x'''(t) + b_0 x''(t) \tag{2-1-5}$$

$$x'''(t) = f'(t) - a_1 x''(t) - a_0 x'(t) \tag{2-1-6}$$

整理式(2-1-5)，将式(2-1-6)、式(2-1-2)、式(2-1-3)和式(2-1-4)代入，消去中间变量 $x(t)$ 及其各阶导数项，得

$$
\begin{aligned}
y''(t) &= b_1 x'''(t) + b_0 x''(t) \\
&= b_1 [f'(t) - a_1 x''(t) - a_0 x'(t)] + b_0 [f(t) - a_1 x'(t) - a_0 x(t)] \\
&= b_1 f'(t) + b_0 f(t) - a_1 [b_1 x''(t) + b_0 x'(t)] - a_0 [b_1 x'(t) + b_0 x(t)] \\
&= b_1 f'(t) + b_0 f(t) - a_1 y'(t) - a_0 y(t)
\end{aligned}
$$

移项整理得到描述该系统的微分方程为

$$y''(t) + a_1 y'(t) + a_0 y(t) = b_1 f'(t) + b_0 f(t)$$

将上述结论推广应用于 n 阶连续系统。设 n 阶系统的方框图如图 2-1-5 所示，则系统的输入输出微分方程为

$$y^{(n)} + a_{n-1} y^{(n-1)} + \cdots + a_1 y' + a_0 y = b_m f^{(m)} + b_{m-1} f^{(m-1)} + \cdots + b_1 f' + b_0 f \tag{2-1-7}$$

式(2-1-7)中 $m < n$。

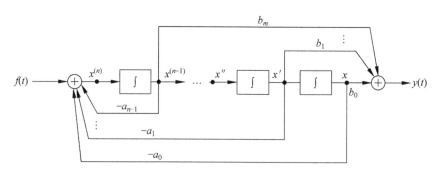

图 2-1-5　n 阶系统方框图

2. 已知连续时间系统的微分方程，画出系统的方框图

例 2-4　已知某连续时间系统的微分方程为

$$y''(t) + a_1 y'(t) + a_0 y(t) = f(t)$$

画出该系统的方框图。

解：将微分方程改写为

$$y''(t) = f(t) - a_1 y'(t) - a_0 y(t) \tag{2-1-8}$$

因为系统是二阶系统，所以在系统的方框图中应使用两个积分器。以输出信号的最高阶导

数 $y''(t)$ 作为起始信号,经过两个积分器后分别得到 $y'(t)$ 和 $y(t)$。再根据式(2-1-8),将信号 $y'(t)$ 和 $y(t)$ 分别数乘 $-a_1$ 和 $-a_0$ 后与激励一起作为加法器的输入信号,其输出就是起始信号 $y''(t)$。将上述过程用基本运算单元连接即可画出该系统的方框图,如图 2-1-3 所示。

例 2-5　已知某连续时间系统的输入输出微分方程为

$$y''(t) + a_1 y'(t) + a_0 y(t) = b_1 f'(t) + b_0 f(t)$$

画出该系统的方框图。

解：此系统的输入输出方程是一个一般的二阶微分方程。方程中包含有激励及其各阶导数。对于这类系统,可以通过引用中间变量的方法画出系统方框图。

设中间变量满足方程

$$x''(t) + a_1 x'(t) + a_0 x(t) = f(t) \tag{2-1-9}$$

将式(2-1-9)及其微分式代入已知方程

$$
\begin{aligned}
y''(t) + a_1 y'(t) + a_0 y(t) &= b_1 [x''(t) + a_1 x'(t) + a_0 x(t)]' + \\
&\quad b_0 [x''(t) + a_1 x'(t) + a_0 x(t)] \\
&= [b_1 x'(t) + b_0 x(t)]'' + a_1 [b_1 x'(t) + b_0 x(t)]' + \\
&\quad a_0 [b_1 x'(t) + b_0 x(t)]
\end{aligned}
$$

得到输出信号满足的方程为

$$y(t) = b_1 x'(t) + b_0 x(t) \tag{2-1-10}$$

注意：在中间变量方程中,中间变量及其各阶导数的系数与微分方程中输出信号及其各阶导数的系数相同；在输出信号方程中,中间变量及其各阶导数的系数与微分方程中激励信号及其各阶导数的系数相同。

因为系统是二阶系统,所以在系统的方框图中应使用两个积分器。以中间变量的最高阶导数 $x''(t)$ 作为起始信号,经过两个积分器后分别得到 $x'(t)$ 和 $x(t)$。根据式(2-1-9),将信号 $x'(t)$ 和 $x(t)$ 分别数乘 $-a_1$ 和 $-a_0$ 后与激励一起作为输入端加法器的输入信号,其输出就是起始信号 $x''(t)$；再根据式(2-1-10),将信号 $x'(t)$ 和 $x(t)$ 分别数乘 b_1 和 b_0 后一起作为输出端加法器的输入信号,其输出就是输出信号 $y(t)$。将上述过程用基本运算单元连接即可画出该系统的方框图,如图 2-1-4 所示。

同理,若对方程为式(2-1-7)的一般 n 阶系统进行模拟,图 2-1-5 表示该 n 阶系统 $m = n-1$ 时的方框图。若 $m < n-1$,或 y 的导数中有若干缺项,只要在方框图中把相应的标量乘法器去掉即可得到相应的系统方框图。

有了系统方框图,就可以利用计算机组成模拟系统,进行各种模拟试验。例如,可以利用计算机的输出装置实时观察当系统参数不变、输入信号改变时,或输入信号不变、系统参数改变时,系统输出将如何变化,系统工作是否稳定,系统性能是否满足要求,等等,从而便于选择系统的最佳参数、工作条件等。

2.2　连续时间系统的响应

建立了连续时间系统的微分方程后,主要任务之一就是求解这个微分方程,从而获得连续时间系统的响应。

2.2.1 微分方程的经典解

微分方程的经典解法是将微分方程的完全解 $y(t)$ 分解为齐次解 $y_h(t)$ 和特解 $y_p(t)$ 分别求解。即

$$y(t) = y_h(t) + y_p(t) \tag{2-2-1}$$

1. 齐次解

n 阶线性时不变系统的微分方程的一般表达式为

$$C_0 \frac{\mathrm{d}^n}{\mathrm{d}t^n} y(t) + C_1 \frac{\mathrm{d}^{n-1}}{\mathrm{d}t^{n-1}} y(t) + \cdots + C_{n-1} \frac{\mathrm{d}}{\mathrm{d}t} y(t) + C_n y(t)$$

$$= E_0 \frac{\mathrm{d}^m}{\mathrm{d}t^m} f(t) + E_1 \frac{\mathrm{d}^{m-1}}{\mathrm{d}t^{m-1}} f(t) + \cdots + E_{m-1} \frac{\mathrm{d}}{\mathrm{d}t} f(t) + E_m f(t) \tag{2-2-2}$$

齐次解满足方程(2-2-2)右端的激励及其各阶导数项为零的齐次方程,即

$$C_0 \frac{\mathrm{d}^n}{\mathrm{d}t^n} y(t) + C_1 \frac{\mathrm{d}^{n-1}}{\mathrm{d}t^{n-1}} y(t) + \cdots + C_{n-1} \frac{\mathrm{d}}{\mathrm{d}t} y(t) + C_n y(t) = 0 \tag{2-2-3}$$

齐次解的形式是形如 $A\mathrm{e}^{\alpha t}$ 的函数的线性组合,设 $y(t) = A\mathrm{e}^{\alpha t}$,代入式(2-2-3)并化简得式(2-2-2)微分方程的特征方程

$$C_0 \alpha^n + C_1 \alpha^{n-1} + \cdots + C_{n-1} \alpha + C_n = 0 \tag{2-2-4}$$

特征方程的 n 个根 $\alpha_k (k=1, 2, \cdots, n)$ 称为微分方程的特征根。

(1) 特征根均为单根。

$$y_h(t) = A_1 \mathrm{e}^{\alpha_1 t} + A_2 \mathrm{e}^{\alpha_2 t} + \cdots + A_n \mathrm{e}^{\alpha_n t} = \sum_{i=1}^{n} A_i \mathrm{e}^{\alpha_i t} \tag{2-2-5}$$

(2) 特征根有重根。

若 α_m 是微分方程的 k 阶重根,则重根部分用 k 项表示为

$$(A_1 t^{k-1} + A_2 t^{k-2} + \cdots + A_{k-1} t + A_k) \mathrm{e}^{\alpha_m t} = \left(\sum_{i=1}^{k} A_i t^{k-i} \right) \mathrm{e}^{\alpha_m t} \tag{2-2-6}$$

齐次解中的待定常数 A_i 在求得完全解后,将由初始条件确定。

例 2-6 求微分方程 $\dfrac{\mathrm{d}^3}{\mathrm{d}t^3} y(t) + 5 \dfrac{\mathrm{d}^2}{\mathrm{d}t^2} y(t) + 7 \dfrac{\mathrm{d}}{\mathrm{d}t} y(t) + 3y(t) = f(t)$ 的齐次解。

解:系统的特征方程为

$$\alpha^3 + 5\alpha^2 + 7\alpha + 3 = 0$$

$$(\alpha + 1)^2 (\alpha + 3) = 0$$

特征根为

$$\alpha_1 = -1(\text{重根}), \quad \alpha_2 = -3$$

微分方程的齐次解为

$$y_h(t) = (A_1 t + A_2) \mathrm{e}^{-t} + A_3 \mathrm{e}^{-3t}$$

2. 特解

特解的函数形式与激励的函数形式有关。将激励代入方程(2-2-2)的右端,经过化简得到的函数式称为自由项,根据自由项的函数形式,选择对应的特解函数形式。将其代入微分方程右端,根据等式两端同类项系数相等的原则求出特解函数式中的待定系数,即可得到方

程的特解。

表 2-2-1 列出了几种典型的自由项函数对应的特解函数式，其中 B、D 是待定系数。

表 2-2-1　几种典型自由项函数对应的特解

自由项函数	特解函数式
E（常数）	B
t^p	$B_0 t^p + B_1 t^{p-1} + \cdots + B_{p-1} t + B_p$
e^{at}	$B\mathrm{e}^{at}$（α 不等于特征根）
	$(B_0 t^k + B_1 t^{k-1} + \cdots + B_k)\mathrm{e}^{at}$（$\alpha$ 等于 k 重特征根）
$\cos(\omega t)$	$B_1 \cos(\omega t) + B_2 \sin(\omega t)$
$\sin(\omega t)$	
$t^p \mathrm{e}^{at} \cos(\omega t)$	$(B_0 t^p + B_1 t^{p-1} + \cdots + B_p)\mathrm{e}^{at}\cos(\omega t) + (D_0 t^p + D_1 t^{p-1} + \cdots + D_p)\mathrm{e}^{at}\sin(\omega t)$
$t^p \mathrm{e}^{at} \sin(\omega t)$	

例 2-7　求微分方程 $\dfrac{\mathrm{d}^2}{\mathrm{d}t^2}y(t) + 3\dfrac{\mathrm{d}}{\mathrm{d}t}y(t) + 2y(t) = f(t)$ 在下列两种情况下的特解。

(1) $f(t) = \mathrm{e}^{-t}$；

(2) $f(t) = t^2$。

解：(1) 将 $f(t) = \mathrm{e}^{-t}$ 代入方程右端，自由项函数为 e^{-t}。而该方程有一个特征根为 -1，α 等于特征根，由表 2-2-1，该方程特解的函数式应为

$$y_\mathrm{p}(t) = (B_0 t + B_1)\mathrm{e}^{-t}$$

将特解代入微分方程，得

$$\frac{\mathrm{d}^2}{\mathrm{d}t^2}[(B_0 t + B_1)\mathrm{e}^{-t}] + 3\frac{\mathrm{d}}{\mathrm{d}t}[(B_0 t + B_1)\mathrm{e}^{-t}] + 2[(B_0 t + B_1)\mathrm{e}^{-t}] = \mathrm{e}^{-t}$$

解得待定系数 $B_0 = 1$，因此特解

$$y_\mathrm{p}(t) = t\mathrm{e}^{-t}$$

(2) 将 $f(t) = t^2$ 代入方程右端，自由项函数为 t^2。由表 2-2-1，该方程特解的函数式应为

$$y_\mathrm{p}(t) = B_0 t^2 + B_1 t + B_2$$

将特解代入微分方程，得

$$\frac{\mathrm{d}^2}{\mathrm{d}t^2}(B_0 t^2 + B_1 t + B_2) + 3\frac{\mathrm{d}}{\mathrm{d}t}(B_0 t^2 + B_1 t + B_2) + 2(B_0 t^2 + B_1 t + B_2) = t^2$$

解得待定系数 $B_0 = \dfrac{1}{2}$，$B_1 = -\dfrac{3}{2}$，$B_2 = \dfrac{7}{4}$，因此特解为

$$y_\mathrm{p}(t) = \frac{1}{2}t^2 - \frac{3}{2}t + \frac{7}{4}$$

3. 完全解

将齐次解和特解相加，可得到有待定系数的微分方程的完全解，即

$$y(t) = \sum_{i=1}^{n} A_i \mathrm{e}^{a_i t} + y_\mathrm{p}(t) \tag{2-2-7}$$

其中的待定系数将根据系统的初始条件求出。

　　微分方程是描述系统输入输出关系的方程,微分方程的完全解是系统的完全响应;齐次解是系统的自由响应,其函数形式只取决于系统的特性,其中特征方程的特征根称为系统的固有频率,而系统自由响应的幅度由初始条件与激励共同决定;特解是系统的强迫响应,其函数形式只取决于激励函数。因此系统的完全响应可以分解为

完全响应＝自由响应＋强迫响应

视频讲解

2.2.2　起始点的跃变——0_- 到 0_+ 状态的转换

　　通常将激励信号接入系统的时刻作为 $t=0$ 时刻,系统的响应区间即微分方程求解的区间为 $0_+ \leqslant t < +\infty$,则称 $t=0$ 时刻系统换路。换路之前的终了时刻(0_- 时刻)系统的状态称为起始状态(0_- 状态)。对于 n 阶线性微分方程,用 n 个起始条件 $y^{(k)}(0_-)$($k=0,1,\cdots,n-1$)表示系统的起始状态,即

$$y(0_-),\frac{\mathrm{d}}{\mathrm{d}t}y(0_-),\frac{\mathrm{d}^2}{\mathrm{d}t^2}y(0_-),\cdots,\frac{\mathrm{d}^{n-1}}{\mathrm{d}t^{n-1}}y(0_-)$$

起始条件描述的是系统的起始储能情况,包含了为计算 $0_+ \leqslant t < +\infty$ 区间内系统未来响应的全部过去信息。在换路的瞬间,这组状态有可能发生跃变。换路之后的最初时刻(0_+ 时刻)系统的状态称为初始状态(0_+ 状态)。对于 n 阶线性微分方程,用 n 个初始条件 $y^{(k)}(0_+)$($k=0,1,\cdots,n-1$)表示系统的初始状态,即

$$y(0_+),\frac{\mathrm{d}}{\mathrm{d}t}y(0_+),\frac{\mathrm{d}^2}{\mathrm{d}t^2}y(0_+),\cdots,\frac{\mathrm{d}^{n-1}}{\mathrm{d}t^{n-1}}y(0_+)$$

用这 n 个初始条件即可确定完全解中齐次解的待定系数。

　　在换路的瞬间,这组状态是否发生跃变,根据换路定律确定。在换路的瞬间,根据电容元件、电感元件的电压与电流的约束关系可知,如果没有冲激电流或阶跃电压强迫作用于电容,则电容电压不会发生跃变;如果没有冲激电压或者阶跃电流强迫作用于电感,则电感电流不会发生跃变。其他变量有可能发生跃变。总之,若没有奇异信号作用于系统,则电容电压和电感电流不会发生跃变;若有冲激信号及其各阶导数作用于系统,则系统的响应变量及其各阶导数在换路的瞬间有可能发生跃变。

　　对于 n 阶线性微分方程,代入 $t=0$ 时的等效激励后,若方程右端的自由项中包含有冲激信号及其各阶导数,则由于冲激信号及其各阶导数仅在 $t=0$ 瞬间作用于系统,而在 $t>0$ 时为零,因此可以认为,正是由于冲激信号及其各阶导数的作用,系统的响应变量及其各阶导数在换路的瞬间有可能发生跃变。采用奇异函数系数平衡法或称为冲激函数匹配法可以求出跃变量。

　　例 2-8　微分方程 $\dfrac{\mathrm{d}^2}{\mathrm{d}t^2}i(t)+7\dfrac{\mathrm{d}}{\mathrm{d}t}i(t)+10i(t)=\dfrac{\mathrm{d}^2}{\mathrm{d}t^2}e(t)+6\dfrac{\mathrm{d}}{\mathrm{d}t}e(t)+4e(t)$ 在 $t=0$ 时接入激励 $e(t)=2u(t)$,求 $i(t),i'(t)$ 在换路瞬间的跃变值。

　　解:将激励代入微分方程,得方程式(2-2-8)。根据在 $t=0$ 时微分方程左右两端的 $\delta(t)$ 及其各阶导数应该平衡相等的原理,方程右端存在 $2\delta'(t)$,因此方程左端也必有 $2\delta'(t)$,而且一定是在最高阶导数 $\dfrac{\mathrm{d}^2}{\mathrm{d}t^2}i(t)$ 中,则其降阶导数 $\dfrac{\mathrm{d}}{\mathrm{d}t}i(t)$ 中就会有 $2\delta(t)$,响应变量 $i(t)$ 中则有 $2u(t)$,即在换路的瞬间响应变量 $i(t)$ 有 2 个跃变,如式(2-2-9)所示。为了配平方程两端

的 $\delta(t)$ 函数,方程左端必须有 $-2\delta(t)$,也一定是在最高阶导数 $\dfrac{\mathrm{d}^2}{\mathrm{d}t^2}i(t)$ 中,同理,$\dfrac{\mathrm{d}}{\mathrm{d}t}i(t)$ 中会

有 $-2u(t)$,即在换路的瞬间响应变量的一阶导数 $\dfrac{\mathrm{d}}{\mathrm{d}t}i(t)$ 有 -2 个跃变,如式(2-2-9)所示。

$$\frac{\mathrm{d}^2}{\mathrm{d}t^2}i(t) + 7\frac{\mathrm{d}}{\mathrm{d}t}i(t) + 10i(t) = 2\delta'(t) + 12\delta(t) + 8u(t) \tag{2-2-8}$$

$$2\delta'(t) \rightarrow 7[2\delta(t)] \rightarrow 10[2u(t)]$$

$$-2\delta(t) \rightarrow 7[-2u(t)]$$

即

$$\begin{cases} i(0_+) - i(0_-) = 2A \\ i'(0_+) - i'(0_-) = -2A \end{cases} \tag{2-2-9}$$

例 2-9 电路如图 2-2-1 所示,已知 $R_1 = 1\Omega$,$L = \dfrac{1}{4}$H,

$R_2 = \dfrac{3}{2}\Omega$,$C = 1$F,$e_1(t) = 2$V,$e_2(t) = 4$V,$t < 0$ 开关 S 处

于 1 的位置而且电路已经达到稳态;当 $t = 0$ 时,S 由 1 转

向 2。求解 $i(t)$ 在 $t \geq 0_+$ 时的响应。

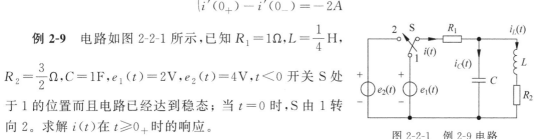

图 2-2-1 例 2-9 电路

解:例 2-1 中,已经建立了系统的微分方程为

$$\frac{\mathrm{d}^2}{\mathrm{d}t^2}i(t) + 7\frac{\mathrm{d}}{\mathrm{d}t}i(t) + 10i(t) = \frac{\mathrm{d}^2}{\mathrm{d}t^2}e(t) + 6\frac{\mathrm{d}}{\mathrm{d}t}e(t) + 4e(t) \tag{2-2-10}$$

(1) 求齐次解。

系统的齐次方程为

$$\frac{\mathrm{d}^2}{\mathrm{d}t^2}i_h(t) + 7\frac{\mathrm{d}}{\mathrm{d}t}i_h(t) + 10i_h(t) = 0$$

系统的特征方程为

$$\alpha^2 + 7\alpha + 10 = 0$$

特征根为

$$\alpha_1 = -2, \quad \alpha_2 = -5$$

则齐次解为

$$i_h(t) = A_1 \mathrm{e}^{-2t} + A_2 \mathrm{e}^{-5t}$$

(2) 求特解。

特解满足的微分方程为

$$\frac{\mathrm{d}^2}{\mathrm{d}t^2}i_p(t) + 7\frac{\mathrm{d}}{\mathrm{d}t}i_p(t) + 10i_p(t) = \frac{\mathrm{d}^2}{\mathrm{d}t^2}e(t) + 6\frac{\mathrm{d}}{\mathrm{d}t}e(t) + 4e(t) \tag{2-2-11}$$

当 $t \geq 0_+$ 时,$e(t) = 4$V,因此设特解 $i_p(t) = B$,代入方程式(2-2-11),解得特解为

$$i_p(t) = \frac{8}{5}$$

系统的完全响应为

$$i(t) = A_1 e^{-2t} + A_2 e^{-5t} + \frac{8}{5} \tag{2-2-12}$$

（3）求初始条件。

换路前

$$i(0_-) = i_L(0_-) = \frac{e_1(t)}{R_1 + R_2} = \frac{2}{1 + 3/2} = \frac{4}{5} \mathrm{A}$$

$$\frac{\mathrm{d}}{\mathrm{d}t} i(0_-) = 0$$

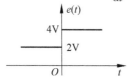

图 2-2-2　例 2-9 激励源信号

在换路过程中激励信号的变化量，从换路前 $t < 0$ 时的 2V 变为换路后 $t > 0$ 时的 4V，即系统在 $t = 0$ 时的等效激励，如图 2-2-2 所示为 $e(t) = 2u(t)$，代入式（2-2-10），所得微分方程同例 2-8。

由例 2-8 的结果式（2-2-9）得到初始条件为

$$\begin{cases} i(0_+) = i(0_-) + 2 = \frac{4}{5} + 2 = \frac{14}{5} \\ i'(0_+) = i'(0_-) - 2 = 0 - 2 = -2 \end{cases}$$

代入式（2-2-12）中，得到以待定系数为未知数的方程组

$$\begin{cases} i(0_+) = A_1 + A_2 + \frac{8}{5} = \frac{14}{5} \\ i'(0_+) = -2A_1 - 5A_2 = -2 \end{cases}$$

解得待定系数为

$$\begin{cases} A_1 = \frac{4}{3} \\ A_2 = -\frac{2}{15} \end{cases}$$

将待定系数代入式（2-2-12）中，得电路的完全响应为

$$i(t) = \left(\frac{4}{3} e^{-2t} - \frac{2}{15} e^{-5t} + \frac{8}{5} \right) \mathrm{A}, \quad t \geqslant 0_+$$

2.2.3　零输入响应和零状态响应

LTI 连续时间系统的完全响应 $y(t)$ 也可以分解为零输入响应 $y_{zi}(t)$ 和零状态响应 $y_{zs}(t)$，即

$$y(t) = y_{zi}(t) + y_{zs}(t) \tag{2-2-13}$$

1. 零输入响应

零输入响应是输入也就是激励为零时，仅由起始时刻系统的储能引起的响应。

n 阶线性时不变系统的零输入响应满足的微分方程一般表达式为

$$C_0 \frac{\mathrm{d}^n}{\mathrm{d}t^n} y_{zi}(t) + C_1 \frac{\mathrm{d}^{n-1}}{\mathrm{d}t^{n-1}} y_{zi}(t) + \cdots + C_{n-1} \frac{\mathrm{d}}{\mathrm{d}t} y_{zi}(t) + C_n y_{zi}(t) = 0 \tag{2-2-14}$$

及起始条件 $y^{(k)}(0_-)(k = 0, 1, \cdots, n-1)$，与式（2-2-3）比较可以看出，零输入响应的形式与自由响应的形式相同，是自由响应中的一部分，即

$$y_{zi}(t) = A_{zi1}e^{\alpha_1 t} + A_{zi2}e^{\alpha_2 t} + \cdots + A_{zin}e^{\alpha_n t} = \sum_{k=1}^{n} A_{zik}e^{\alpha_k t}$$

式中的待定系数 A_{zik} 由 $y_{zi}^{(k)}(0_+)$ 确定。

对于 n 阶线性微分方程，因为没有外接激励的作用，所以

$$y_{zi}^{(k)}(0_+) = y_{zi}^{(k)}(0_-) = y^{(k)}(0_-)$$

对于具体电路，如果响应变量是电容电压（电感电流），若没有冲激电流（冲激电压）或阶跃电压（阶跃电流）强迫作用于电容（电感），则电容电压（电感电流）不会发生跃变，初始状态等于起始状态，此时亦有 $y_{zi}^{(k)}(0_+) = y_{zi}^{(k)}(0_-) = y^{(k)}(0_-)$；如果响应变量是除了电容电压或电感电流之外的变量，则初始状态有可能发生跃变，这要看换路时即 $t=0$ 时方程右端的自由项中是否出现 $\delta(t)$ 函数及其各阶导数项，在一般情况下，$y_{zi}^{(k)}(0_-) = y^{(k)}(0_-)$，但 $y_{zi}^{(k)}(0_+) \neq y_{zi}^{(k)}(0_-)$。

例 2-10 求解例 2-9 中 $i(t)$ 在 $t \geqslant 0_+$ 时的零输入响应。

解：在 $-\infty < t < +\infty$ 时间内描述系统的微分方程为

$$\frac{\mathrm{d}^2}{\mathrm{d}t^2}i(t) + 7\frac{\mathrm{d}}{\mathrm{d}t}i(t) + 10i(t) = \frac{\mathrm{d}^2}{\mathrm{d}t^2}e(t) + 6\frac{\mathrm{d}}{\mathrm{d}t}e(t) + 4e(t) \tag{2-2-15}$$

零输入响应满足的微分方程为

$$\frac{\mathrm{d}^2}{\mathrm{d}t^2}i_{zi}(t) + 7\frac{\mathrm{d}}{\mathrm{d}t}i_{zi}(t) + 10i_{zi}(t) = 0 \tag{2-2-16}$$

零输入响应表达式为

$$i_{zi}(t) = A_{zi1}e^{-2t} + A_{zi2}e^{-5t} \tag{2-2-17}$$

换路前起始状态

$$i(0_-) = i_L(0_-) = \frac{e_1(t)}{R_1 + R_2} = \frac{2}{1 + 3/2} = \frac{4}{5}\mathrm{A}$$

$$\frac{\mathrm{d}}{\mathrm{d}t}i(0_-) = 0$$

所以 $i_{zi}(0_-) = i(0_-) = \dfrac{4}{5}\mathrm{A}$，$\dfrac{\mathrm{d}}{\mathrm{d}t}i_{zi}(0_-) = \dfrac{\mathrm{d}}{\mathrm{d}t}i(0_-) = 0$。

换路后令外接激励 $e(t) = 0\mathrm{V}$，电路将在起始状态的作用下工作，即电路无外接输入，由电路在 $t = 0_-$ 时刻的初始储能造成响应。

激励信号在换路过程中的变化由换路前 $t < 0$ 时的 2V 变化到换路后 $t > 0$ 时的 0V，因此在 $t = 0$ 时的等效激励为 $e(t) = -2u(t)\mathrm{V}$，代入式（2-2-15）得到

$$\frac{\mathrm{d}^2}{\mathrm{d}t^2}i(t) + 7\frac{\mathrm{d}}{\mathrm{d}t}i(t) + 10i(t) = -2\delta'(t) - 12\delta(t) - 8u(t) \tag{2-2-18}$$

$$-2\delta'(t) \rightarrow 7[-2\delta(t)] \rightarrow 10[-2u(t)]$$

$$2\delta(t) \rightarrow 7[2u(t)]$$

用冲激函数匹配法得到零输入响应的初始条件为

$$\begin{cases} i_{zi}(0_+) = i_{zi}(0_-) - 2 = \dfrac{4}{5} - 2 = -\dfrac{6}{5} \\ i'_{zi}(0_+) = i'_{zi}(0_-) + 2 = 0 + 2 = 2 \end{cases}$$

代入式(2-2-17)中求出待定系数,得电路的零输入响应为

$$i_{zi}(t) = -\frac{4}{3}e^{-2t} + \frac{2}{15}e^{-5t}A, \quad t \geqslant 0_+$$

2. 零状态响应

零状态响应是系统的起始状态等于零,即起始时刻系统的储能为零,由系统的外加激励信号所产生的响应。

n 阶线性时不变系统的零状态响应满足的微分方程一般表达式为

$$C_0 \frac{d^n}{dt^n} y_{zs}(t) + C_1 \frac{d^{n-1}}{dt^{n-1}} y_{zs}(t) + \cdots + C_{n-1} \frac{d}{dt} y_{zs}(t) + C_n y_{zs}(t)$$

$$= E_0 \frac{d^m}{dt^m} f(t) + E_1 \frac{d^{m-1}}{dt^{m-1}} f(t) + \cdots + E_{m-1} \frac{d}{dt} f(t) + E_m f(t) \tag{2-2-19}$$

及起始条件 $y^{(k)}(0_-) = 0 (k = 0, 1, \cdots, n-1)$,与式(2-2-7)比较可以看出,零状态响应的形式与完全响应的形式相同。零状态响应是强迫响应与一部分自由响应的合成,即

$$y_{zs}(t) = \sum_{i=1}^{n} A_{zsi} e^{\alpha_i t} + y_p(t) \tag{2-2-20}$$

且 $y_{zs}^{(k)}(0_-) = y^{(k)}(0_-) = 0$,式中的待定系数 A_{zsi} 由 $y_{zs}^{(k)}(0_+)$ 确定。

初始状态有可能发生跃变,这取决于换路时,即 $t=0$ 时方程右端的自由项中是否出现 $\delta(t)$ 函数及其各阶导数项,以及响应变量是什么量。只有在没有冲激电流或者阶跃电压强迫作用于电容、没有冲激电压或者阶跃电流强迫作用于电感时,作为响应变量的电容电压、电感电流是不会发生跃变的。

例 2-11 求解例 2-9 中 $i(t)$ 在 $t \geqslant 0_+$ 时的零状态响应。

解:在 $-\infty < t < +\infty$ 时间内描述系统的微分方程为

$$\frac{d^2}{dt^2} i(t) + 7 \frac{d}{dt} i(t) + 10 i(t) = \frac{d^2}{dt^2} e(t) + 6 \frac{d}{dt} e(t) + 4 e(t) \tag{2-2-21}$$

零状态响应满足微分方程

$$\frac{d^2}{dt^2} i_{zs}(t) + 7 \frac{d}{dt} i_{zs}(t) + 10 i_{zs}(t) = \frac{d^2}{dt^2} e(t) + 6 \frac{d}{dt} e(t) + 4 e(t) \tag{2-2-22}$$

零状态响应表达式为

$$i_{zs}(t) = A_{zs1} e^{-2t} + A_{zs2} e^{-5t} + r_p(t) \tag{2-2-23}$$

由例 2-9 可知,特解 $i_p(t) = \dfrac{8}{5}$。

起始状态为零,即 $i_{zs}(0_-) = i(0_-), \dfrac{d}{dt} i_{zs}(0_-) = \dfrac{d}{dt} i(0_-) = 0$

激励信号在换路过程中的变化量从换路前 $t < 0$ 时的 0V 变为换路后 $t > 0$ 时的 4V,因此在 $t = 0$ 时的等效激励为 $e(t) = 4u(t)$V,代入式(2-2-21)得到

$$\frac{\mathrm{d}^2}{\mathrm{d}t^2}i(t) + 7\frac{\mathrm{d}}{\mathrm{d}t}i(t) + 10i(t) = 4\delta'(t) + 24\delta(t) + 16u(t) \qquad (2\text{-}2\text{-}24)$$

$$4\delta'(t) \rightarrow 7[4\delta(t)] \rightarrow 10[4u(t)]$$

$$-4\delta(t) \rightarrow 7[-4u(t)]$$

用冲激函数匹配法得到零状态响应的初始条件为

$$\begin{cases} i_{zs}(0_+) = i_{zs}(0_-) + 4 = 0 + 4 = 4 \\ i'_{zs}(0_+) = i'_{zs}(0_-) - 4 = 0 - 4 = -4 \end{cases}$$

将初始条件及特解 $i_p(t) = \dfrac{8}{5}$，代入式(2-2-23)解得零状态响应为

$$i_{zs}(t) = \left(\frac{8}{3}\mathrm{e}^{-2t} - \frac{4}{15}\mathrm{e}^{-5t} + \frac{8}{5}\right)\mathrm{A}, \quad t \geqslant 0_+$$

完全响应的另一种重要的分解方法是将完全响应分解为暂态响应和稳态响应，即

完全响应＝暂态响应＋稳态响应

暂态响应是随时间的增加响应强度衰减，并最终完全消失的响应分量，而最终保留下来的且为稳定有界函数的响应分量称为稳态响应。如 $y_1(t) = \mathrm{e}^{-t} + 3$，$y_2(t) = \mathrm{e}^{-t} + 10\cos(5t)$，3 和 $10\cos(5t)$ 分别称为 $y_1(t)$ 和 $y_2(t)$ 的稳态响应。又如某系统的完全响应为 $y(t) = \mathrm{e}^{-t} + 2t^2$，当 $t \rightarrow +\infty$ 时，$\mathrm{e}^{-t} \rightarrow 0$，$2t^2$ 依然存在，但能把 $2t^2$ 称为稳态响应吗？显然，它永远稳定不了，只能称它为强迫响应。对于例 2-9，其中的齐次解部分是暂态响应分量，特解是稳态响应分量。

2.2.4 MATLAB 实现

MATLAB 的 lsim() 函数能计算并绘制连续时间系统在指定的任意时间范围内，给定任意输入的响应，其调用格式为：

lsim(sys,x,t)——求零状态响应，其中 sys 可以是利用命令 tf、zpk 或 ss 建立的系统函数，x 是系统的输入，t 定义的是时间范围。

lsim(sys,x,t,zi)——求零输入响应或全响应，其中 sys 必须是状态空间形式的系统函数，zi 是系统的起始状态。

例 2-12 已知系统的微分方程

$$\frac{\mathrm{d}^2}{\mathrm{d}t^2}y(t) + 3\frac{\mathrm{d}}{\mathrm{d}t}y(t) + 2y(t) = 2\frac{\mathrm{d}}{\mathrm{d}t}f(t) + f(t)$$

当激励 $f(t) = \sin(4\pi t)u(t)$，起始值 $y(0_-) = 1$，$y'(0_-) = 2$ 时，求系统的零输入响应、零状态响应和全响应。

解：MATLAB 程序如下：

```
a = [1,3,2];
b = [2,1];
[A B C D] = tf2ss(b,a);          % 将传递函数模型转换为状态空间模型
```

```
sys = ss(A,B,C,D);              % 由函数 ss 构造的状态空间模型
t = 0:0.01:3;
e = zeros(1,length(t));
zi = [2 1];
y1 = lsim(sys,e,t,zi);          % 系统的零输入响应
f = sin(4 * pi * t);
y2 = lsim(sys,f,t);             % 系统的零状态响应
y3 = lsim(sys,f,t,zi);          % 系统的全响应
subplot(3,1,1);
plot(t,y1);
subplot(3,1,2);
plot(t,y2);
subplot(3,1,3);
plot(t,y3);
```

运行结果如图 2-2-3 所示。

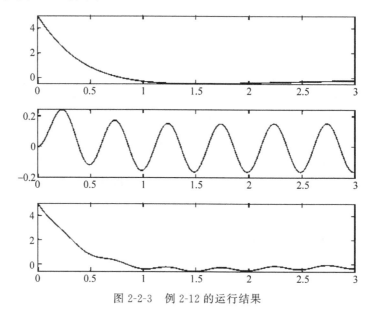

图 2-2-3　例 2-12 的运行结果

视频讲解

2.3　冲激响应和阶跃响应

2.3.1　冲激响应

冲激响应 $h(t)$ 是在单位冲激信号 $\delta(t)$ 作用下 LTI 连续系统的零状态响应。

n 阶线性时不变系统的冲激响应 $h(t)$ 满足的微分方程的一般表达式为

$$C_0 \frac{\mathrm{d}^n}{\mathrm{d}t^n}h(t) + C_1 \frac{\mathrm{d}^{n-1}}{\mathrm{d}t^{n-1}}h(t) + \cdots + C_{n-1} \frac{\mathrm{d}}{\mathrm{d}t}h(t) + C_n h(t)$$

$$= E_0 \delta^{(m)}(t) + E_1 \delta^{(m-1)}(t) + \cdots + E_{m-1}\delta'(t) + E_m \delta(t) \tag{2-3-1}$$

及起始条件 $h^{(k)}(0_-)=0(k=0,1,\cdots,n-1)$。当 $t>0$ 时，激励 $\delta(t)$ 及其各阶导数为零，等式右端为零，系统的冲激响应 $h(t)$ 的形式与自由响应相同。

（1）$n > m$ 时，

$$h(t) = \left(\sum_{i=1}^{n} A_i e^{\alpha_i t} \right) u(t)$$

在这种情况下，比较式(2-3-1)两端可知，冲激响应中不包含冲激函数项。若冲激响应中包含冲激函数项，方程左端的冲激函数的导数的最高阶次 n 将会大于方程右端的冲激函数的导数的最高阶次 m。

（2）$n = m$ 时，

$$h(t) = \left(\sum_{i=1}^{n} A_i e^{\alpha_i t} \right) u(t) + B\delta(t)$$

在这种情况下，比较式(2-3-1)两端可知，只有响应中包含冲激函数项，方程左、右两端的冲激函数的最高阶导数项的阶次才能相同。

（3）$n < m$ 时，

$$h(t) = \left(\sum_{i=1}^{n} A_i e^{\alpha_i t} \right) u(t) + \sum_{k=0}^{m-n} B_k \delta^{(k)}(t)$$

在这种情况下，比较式(2-3-1)两端可知，冲激响应中不仅包含冲激函数项，还包含冲激函数的导数项，只有导数项的最高阶次为 $m-n$，方程左、右两端的冲激函数的最高阶导数项的阶次才能相同。

冲激响应中的待定系数可用冲激函数匹配法求解。

作为零状态响应，系统的起始状态为零，而单位冲激信号 $\delta(t)$ 仅在 $t=0$ 时作用于系统，由 2.2.2 节可知，这一瞬间的冲激使系统的初始状态发生了跃变，建立起了非零的初始状态，即将冲激信号的作用等效转换为非零的初始条件。当 $t > 0$ 时，激励 $\delta(t)$ 及其各阶导数为零，系统的冲激响应 $h(t)$ 为自由响应，完全取决于系统的结构和参数。结构和参数不同的系统，将具有不同的冲激响应，因此冲激响应 $h(t)$ 可以表征系统本身的特性，所以常用 $h(t)$ 代表一个系统。

例 2-13 已知系统的微分方程

$$\frac{d^2}{dt^2} y(t) + 3\frac{d}{dt} y(t) + 2y(t) = 2\frac{d}{dt} f(t) + f(t)$$

求该系统的冲激响应。

解：系统的冲激响应满足微分方程

$$\frac{d^2}{dt^2} h(t) + 3\frac{d}{dt} h(t) + 2h(t) = 2\delta'(t) + \delta(t)$$

系统的特征方程

$$\alpha^2 + 3\alpha + 2 = 0$$

特征根

$$\alpha_1 = -1, \quad \alpha_2 = -2$$

已知微分方程的 $n > m$，系统的冲激响应的形式为

$$h(t) = (A_1 e^{-t} + A_2 e^{-2t}) u(t) \tag{2-3-2}$$

用冲激函数匹配法

$$\frac{d^2}{dt^2}h(t) + 3\frac{d}{dt}h(t) + 2h(t) = 2\delta'(t) + \delta(t)$$

$$2\delta'(t) \rightarrow 3[2\delta(t)] \rightarrow 2[2u(t)]$$

$$-5\delta(t) \rightarrow 3[-5u(t)]$$

得到初始条件为

$$\begin{cases} i(0_+) = i(0_-) + 2 = 0 + 2 = 2 \\ i'(0_+) = i'(0_-) - 5 = 0 - 5 = -5 \end{cases}$$

将初始条件代入式(2-3-2)得冲激响应

$$h(t) = (-e^{-t} + 3e^{-2t})u(t)$$

例 2-14 求解例 2-9 中 $i(t)$ 的冲激响应。

解：电路的微分方程

$$\frac{d^2}{dt^2}i(t) + 7\frac{d}{dt}i(t) + 10i(t) = \frac{d^2}{dt^2}e(t) + 6\frac{d}{dt}e(t) + 4e(t)$$

已知微分方程的 $n = m$，系统的冲激响应的形式为

$$h(t) = (A_1 e^{-2t} + A_2 e^{-5t})u(t) + B\delta(t) \tag{2-3-3}$$

用冲激函数匹配法

$$\frac{d^2}{dt^2}h(t) + 7\frac{d}{dt}h(t) + 10h(t) = \delta''(t) + 6\delta'(t) + 4\delta(t)$$

$$\delta''(t) \rightarrow 7[\delta'(t)] \rightarrow 10[\delta(t)]$$

$$-\delta'(t) \rightarrow 7[-\delta(t)] \rightarrow 10[-u(t)]$$

$$\delta(t) \rightarrow 7[u(t)]$$

得到初始条件为

$$\begin{cases} i(0_+) = i(0_-) - 1 = 0 - 1 = -1 \\ i'(0_+) = i'(0_-) + 1 = 0 + 1 = 1 \end{cases}$$

系数

$$B = 1$$

将初始条件、系数代入式(2-3-3)得冲激响应

$$h(t) = \left(-\frac{4}{3}e^{-2t} + \frac{1}{3}e^{-5t}\right)u(t) + \delta(t)$$

2.3.2 阶跃响应

阶跃响应 $g(t)$ 是在单位阶跃信号 $u(t)$ 作用下 LTI 连续系统的零状态响应。

n 阶线性时不变系统的阶跃响应 $g(t)$ 满足的微分方程的一般表达式为

$$C_0 \frac{\mathrm{d}^n}{\mathrm{d}t^n}g(t) + C_1 \frac{\mathrm{d}^{n-1}}{\mathrm{d}t^{n-1}}g(t) + \cdots + C_{n-1} \frac{\mathrm{d}}{\mathrm{d}t}g(t) + C_n g(t)$$

$$= E_0 u^{(m)}(t) + E_1 u^{(m-1)}(t) + \cdots + E_{m-1} u'(t) + E_m u(t) \qquad (2\text{-}3\text{-}4)$$

及起始条件 $g^{(k)}(0_-)=0(k=0,1,\cdots,n-1)$。当 $t>0$ 时，激励 $u(t)$ 的各阶导数为零，但 $E_m u(t)$ 不为零，等式右端为常数 E_m，因此，系统的阶跃响应 $g(t)$ 的形式为齐次解加特解。

（1）当 $n \geqslant m$ 时，

$$g(t) = \left(\sum_{i=1}^{n} A_i \mathrm{e}^{\alpha_i t} + B \right) u(t)$$

（2）当 $n < m$ 时，

$$g(t) = \left(\sum_{i=1}^{n} A_i \mathrm{e}^{\alpha_i t} + B \right) u(t) + \sum_{k=1}^{m-n} B_k \delta^{(k-1)}(t)$$

此时系统的阶跃响应 $g(t)$ 中还有可能包含冲激函数及其各阶导数项。

阶跃响应中的待定系数可用冲激函数匹配法求解。

例 2-15 求解例 2-9 中 $i(t)$ 的阶跃响应。

解：电路的微分方程

$$\frac{\mathrm{d}^2}{\mathrm{d}t^2}i(t) + 7\frac{\mathrm{d}}{\mathrm{d}t}i(t) + 10i(t) = \frac{\mathrm{d}^2}{\mathrm{d}t^2}e(t) + 6\frac{\mathrm{d}}{\mathrm{d}t}e(t) + 4e(t) \qquad (2\text{-}3\text{-}5)$$

已知微分方程的 $n=m$，系统的阶跃响应的形式为

$$g(t) = (A_1 \mathrm{e}^{-2t} + A_2 \mathrm{e}^{-5t} + B)u(t) \qquad (2\text{-}3\text{-}6)$$

用冲激函数匹配法

$$\frac{\mathrm{d}^2}{\mathrm{d}t^2}g(t) + 7\frac{\mathrm{d}}{\mathrm{d}t}g(t) + 10g(t) = \delta'(t) + 6\delta(t) + 4u(t)$$

$$\delta'(t) \rightarrow 7[\delta(t)] \rightarrow 10[u(t)]$$

$$-\delta(t) \rightarrow 7[-u(t)]$$

得到初始条件为

$$\begin{cases} i(0_+) = i(0_-) + 1 = 0 + 1 = 1 \\ i'(0_+) = i'(0_-) - 1 = 0 - 1 = -1 \end{cases}$$

对式(2-3-5)，由于 $e(t)=u(t)$，方程右端为常数，故设特解为 B，将其代入方程 $10B=4$，得到

$$B = \frac{2}{5}$$

将初始条件、特解代入式(2-3-6)，得阶跃响应

$$g(t) = \left(\frac{2}{3}\mathrm{e}^{-2t} - \frac{1}{15}\mathrm{e}^{-5t} + \frac{2}{5} \right) u(t)$$

阶跃响应和冲激响应一样完全由系统本身决定。已知其中的一个，另一个即可确定。单位阶跃信号和单位冲激信号之间互为微分与积分关系，根据 LTI 连续时间系统的线性特

性可知,阶跃响应和冲激响应之间也同样互为微分与积分关系,即

$$g(t) = \int_{-\infty}^{t} h(\tau)\mathrm{d}\tau \tag{2-3-7}$$

$$h(t) = \frac{\mathrm{d}}{\mathrm{d}t}g(t) \tag{2-3-8}$$

2.3.3 MATLAB 实现

MATLAB 中的 impulse()函数和 step()函数分别用来求连续时间系统的冲激响应和阶跃响应,其调用格式为:

impulse(b,a)或 step(b,a)——以默认方式绘出向量 a 和 b 定义的连续系统的冲激响应或阶跃响应的时域波形。

impulse(b,a,t) 或 step(b,a,t)——绘出由向量 a 和 b 定义的连续系统在 0~t 时间范围内冲激响应或阶跃响应的时域波形。

impulse(b,a,t1:p:t2)或 step(b,a,t1:p:t2)——绘出由向量 a 和 b 定义的连续系统在 t1~t2 时间范围内,且以时间间隔 p 均匀抽样的冲激响应或阶跃响应的时域波形。

例 2-16 已知系统的微分方程(见例 2-13)

$$\frac{\mathrm{d}^2}{\mathrm{d}t^2}y(t) + 3\frac{\mathrm{d}}{\mathrm{d}t}y(t) + 2y(t) = 2\frac{\mathrm{d}}{\mathrm{d}t}f(t) + f(t)$$

求系统的冲激响应、阶跃响应。

解:MATLAB 程序如下:

```
a = [1,3,2];
b = [2,1];
subplot(1,2,1),impulse(b,a)
subplot(1,2,2),step(b,a)
```

运行结果如图 2-3-1(a)为冲激响应,图 2-3-1(b)为阶跃响应。

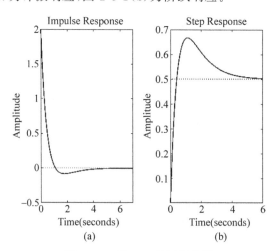

图 2-3-1 例 2-16 的运行结果

例 2-17 已知系统的微分方程(见例 2-14 和例 2-15)

$$\frac{d^2}{dt^2}i(t) + 7\frac{d}{dt}i(t) + 10i(t) = \frac{d^2}{dt^2}e(t) + 6\frac{d}{dt}e(t) + 4e(t)$$

求系统的冲激响应、阶跃响应。

解：MATLAB 程序如下：

```
a = [1,7,10];
b = [1,6,4];
subplot(1,2,1),impulse(b,a)
subplot(1,2,2),step(b,a)
```

运行结果如图 2-3-2(a)为冲激响应，图 2-3-2(b)为阶跃响应。

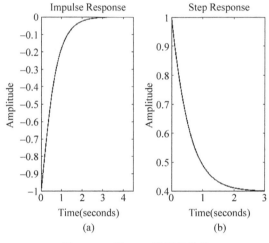

图 2-3-2　例 2-17 的运行结果

2.4　卷积积分

视频讲解

卷积积分简称卷积，是一种数学运算。给定两个可积信号，卷积运算能产生出一个新的信号，这在连续时间系统的分析中有重要的应用。

2.4.1　卷积积分的定义

卷积积分是两函数间的一种运算。卷积的数学定义如下。

设 $f_1(t)$ 和 $f_2(t)$ 是定义在区间 $(-\infty,+\infty)$ 上的两个连续时间信号，将积分

$$\int_{-\infty}^{+\infty} f_1(\tau)f_2(t-\tau)d\tau$$

定义为 $f_1(t)$ 和 $f_2(t)$ 的卷积，记作 $f_1(t)*f_2(t)$，即

$$f_1(t)*f_2(t) = \int_{-\infty}^{+\infty} f_1(\tau)f_2(t-\tau)d\tau \tag{2-4-1}$$

其中，* 号为卷积积分的运算符号。卷积的结果是产生一个新的时间信号。

2.4.2 卷积的图示

用图示方式描述卷积运算的过程非常直观,有助于理解卷积的概念和卷积的计算过程。当两个信号仅以波形的形式给出时,用图解的方法求解卷积非常方便。根据卷积的定义式,信号 $f_1(t)$ 和 $f_2(t)$ 的卷积图示运算步骤如下。

(1) 画出 $f_1(t)$ 和 $f_2(t)$ 的波形,将波形中的自变量 t 改为 τ,分别得到 $f_1(\tau)$ 和 $f_2(\tau)$ 的波形。

(2) 把信号 $f_2(\tau)$ 的波形反折,得到 $f_2(-\tau)$ 的波形。此时为了后面计算时确定积分限方便,要标出 $f_2(-\tau)$ 的边界点的坐标。

(3) 把 $f_2(-\tau)$ 的波形从 $-\infty$ 经 $f_1(\tau)$ 的横轴向 $+\infty$ 作移位,移位量是从 $-\infty$ 到 $+\infty$ 的变化量,用参变量 t 来表示,这样就得到了 $f_1(\tau)$ 和 $f_2(t-\tau)$ 在同一个坐标平面上的波形。标出 $f_2(t-\tau)$ 的边界点的坐标,即原 $f_2(-\tau)$ 的边界点的坐标值加移位量 t。

(4) 分段对 $f_1(\tau)f_2(t-\tau)$,即对 $f_1(\tau)$ 和 $f_2(t-\tau)$ 的重叠部分的乘积进行积分,不同的积分段配合不同的移位量 t 的波形图来表示,积分限的确定取决于两个图形交叠部分的范围。特别要注意积分限的确定。

(5) 完成积分运算,把卷积积分的结果用分段函数表示,得到一个新的时间信号,这个信号所占有的时间宽度等于两个函数各自占有的时间宽度的总和。画出这个信号的波形。

例 2-18 已知信号

$$f_1(t) = u(t) - u(t-3), \quad f_2(t) = e^{-t}u(t)$$

求 $y(t) = f_1(t) * f_2(t)$。

解: $f_1(t)$ 和 $f_2(t)$ 的波形如图 2-4-1(a)和(b)所示。

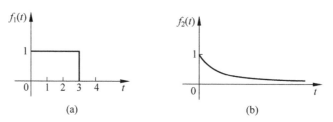

图 2-4-1　$f_1(t)$ 和 $f_2(t)$ 的波形

$f_1(\tau)$ 和 $f_2(-\tau)$ 的波形如图 2-4-2(a)和(b)所示。

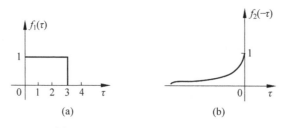

图 2-4-2　$f_1(\tau)$ 和 $f_2(-\tau)$ 的波形

把 $f_2(-\tau)$ 的波形从 $-\infty$ 经 $f_1(\tau)$ 的横轴向 $+\infty$ 作移位,分 3 段对 $f_1(\tau)$ 和 $f_2(t-\tau)$ 的重叠部分的乘积进行积分,如图 2-4-3(a)、(b)和(c)所示。

$t<0$ 时,如图 2-4-3(a)所示,有

$$f_1(t) * f_2(t) = 0$$

当 $0 \leqslant t \leqslant 3$ 时,如图 2-4-3(b)所示,有

$$f_1(t) * f_2(t) = \int_0^t f_1(\tau) f_2(t-\tau) \mathrm{d}\tau$$

$$= \int_0^t 1 \times \mathrm{e}^{-(t-\tau)} \mathrm{d}\tau = \mathrm{e}^{-t} \int_0^t \mathrm{e}^{\tau} \mathrm{d}\tau = 1 - \mathrm{e}^{-t}$$

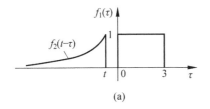 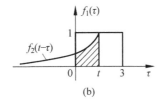

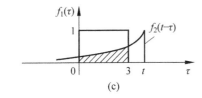 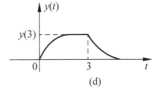

图 2-4-3 $f_1(\tau)$ 和 $f_2(t-\tau)$ 的分段卷积波形

当 $t>3$ 时,如图 2-4-3(c)所示,有

$$f_1(t) * f_2(t) = \int_0^3 f_1(\tau) f_2(t-\tau) \mathrm{d}\tau$$

$$= \int_0^3 1 \times \mathrm{e}^{-(t-\tau)} \mathrm{d}\tau = \mathrm{e}^{-t} \int_0^3 \mathrm{e}^{\tau} \mathrm{d}\tau = \mathrm{e}^{-t}(\mathrm{e}^3 - 1)$$

卷积结果用分段函数表示,如图 2-4-3(d)所示,有

$$y(t) = f_1(t) * f_2(t) = \begin{cases} 0, & t < 0 \\ 1 - \mathrm{e}^{-t}, & 0 \leqslant t \leqslant 3 \\ \mathrm{e}^{-t}(\mathrm{e}^3 - 1), & t > 3 \end{cases}$$

用开关函数表示为

$$y(t) = f_1(t) * f_2(t) = (1 - \mathrm{e}^{-t})u(t) - [1 - \mathrm{e}^{-(t-3)}]u(t-3)$$

2.4.3 卷积积分的性质

卷积作为一种数学运算,具有一些基本性质,即运算规则,利用这些性质能简化卷积运算。

1. 卷积的代数运算

卷积运算和乘积运算类似,遵从基本的代数定律。

(1) 交换律

$$f_1(t) * f_2(t) = f_2(t) * f_1(t) \tag{2-4-2}$$

证明: 令 $\tau = t - \lambda$

$$f_1(t) * f_2(t) = \int_{-\infty}^{+\infty} f_1(\tau) f_2(t-\tau) \mathrm{d}\tau = \int_{-\infty}^{+\infty} f_2(\lambda) f_1(t-\lambda) \mathrm{d}\lambda = f_2(t) * f_1(t)$$

交换律用于系统分析表明:

① 不论 $f_1(t)$ 和 $f_2(t)$ 哪一个作为输入信号,另一个作为系统的单位冲激响应,结果相同,如图 2-4-4 所示。

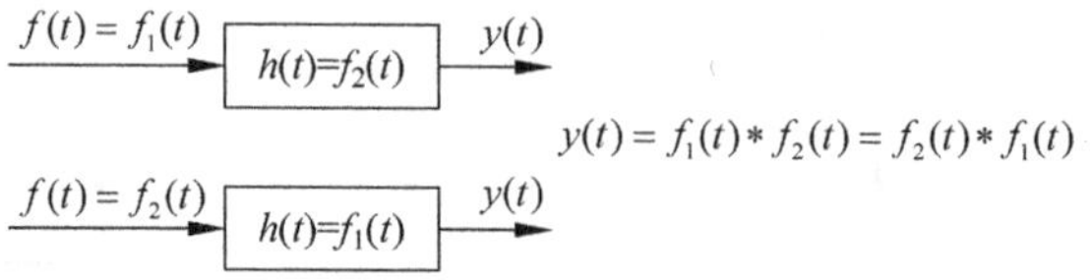

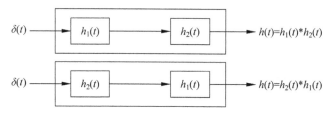

$$y(t) = f_1(t) * f_2(t) = f_2(t) * f_1(t)$$

图 2-4-4　卷积的交换律

② 当单位冲激信号作为输入信号时,系统级联满足交换律,如图 2-4-5 所示。

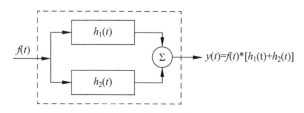

图 2-4-5　系统级联满足交换律

(2) 分配律

$$f_1(t) * [f_2(t) + f_3(t)] = f_1(t) * f_2(t) + f_1(t) * f_3(t) \tag{2-4-3}$$

直接用卷积定义及乘法的分配律即可证明。

分配律用于系统分析表明:若干个子系统并联的复合系统,其总的单位冲激响应是各个子系统单位冲激响应之和,如图 2-4-6 所示。

图 2-4-6　卷积的分配律

(3) 结合律

$$f_1(t) * [f_2(t) * f_3(t)] = [f_1(t) * f_2(t)] * f_3(t) \tag{2-4-4}$$

这个性质的证明包含两次卷积运算,是一个二重积分,改换积分次序即可证明。

$$\begin{aligned}
[f_1(t) * f_2(t)] * f_3(t) &= \int_{-\infty}^{+\infty} \left[\int_{-\infty}^{+\infty} f_1(\lambda) f_2(\tau-\lambda) \mathrm{d}\lambda \right] f_3(t-\tau) \mathrm{d}\tau \\
&= \int_{-\infty}^{+\infty} f_1(\lambda) \left[\int_{-\infty}^{+\infty} f_2(\tau-\lambda) f_3(t-\tau) \mathrm{d}\tau \right] \mathrm{d}\lambda \\
&= \int_{-\infty}^{+\infty} f_1(\lambda) \left[\int_{-\infty}^{+\infty} f_2(\gamma) f_3(t-\lambda-\gamma) \mathrm{d}\gamma \right] \mathrm{d}\lambda
\end{aligned}$$

$$= \int_{-\infty}^{+\infty} f_1(\lambda) \big[f_2(t-\lambda) * f_3(t-\lambda) \big] \mathrm{d}\lambda$$

$$= f_1(t) * \big[f_2(t) * f_3(t) \big]$$

结合律用于系统分析表明：若干个子系统级联的复合系统，其总的单位冲激响应是各个子系统单位冲激响应的卷积，如图 2-4-7 所示。

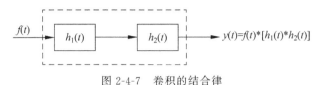

图 2-4-7　卷积的结合律

2. 函数与奇异函数的卷积

（1）与冲激函数的卷积

$$f(t) * \delta(t) = f(t) \tag{2-4-5}$$

函数与冲激函数的卷积是函数本身。如果把冲激函数看作激励，函数 $f(t)$ 作为系统的单位冲激响应，也有此结论。

利用冲激函数为偶函数的性质可以证明。

$$f(t) * \delta(t) = \int_{-\infty}^{+\infty} f(\tau)\delta(t-\tau)\mathrm{d}\tau = \int_{-\infty}^{+\infty} f(\tau)\delta(\tau-t)\mathrm{d}\tau = f(t)$$

推广

$$f(t) * \delta(t \pm t_0) = f(t \pm t_0) \tag{2-4-6}$$

函数与延时的冲激函数的卷积相当于把函数本身作相同的延时。

（2）与冲激偶函数的卷积

$$f(t) * \delta'(t) = f'(t) \tag{2-4-7}$$

函数与冲激偶函数的卷积相当于求函数本身的一阶微分。

利用卷积定义、卷积交换律及冲激偶函数的抽样特性可以证明。

$$f(t) * \delta'(t) = \int_{-\infty}^{+\infty} f(t-\tau)\delta'(\tau)\mathrm{d}\tau = -\frac{\mathrm{d}f(t-\tau)}{\mathrm{d}\tau}\bigg|_{\tau=0} = f'(t)$$

（3）与单位阶跃函数的卷积

$$f(t) * u(t) = \int_{-\infty}^{t} f(\tau)\mathrm{d}\tau \tag{2-4-8}$$

证明：

$$f(t) * u(t) = \int_{-\infty}^{t} f(\tau)u(t-\tau)\mathrm{d}\tau = \int_{-\infty}^{t} f(\tau)\mathrm{d}\tau$$

函数与单位阶跃函数的卷积相当于求函数本身的积分。

（4）推广到一般情况

$$f(t) * \delta^{(k)}(t) = f^{(k)}(t) \tag{2-4-9}$$

$$f(t) * \delta^{(k)}(t \pm t_0) = f^{(k)}(t \pm t_0) \tag{2-4-10}$$

k 表示求导或重积分的次数，当 k 取正整数时表示导数阶次，k 取负整数时表示重积分的次数。

例 2-19 已知 $f_1(t)=u(t+1)-u(t-1)$，$f_2(t)=\delta(t+3)+\delta(t-3)$，求：

(1) $s_1(t)=f_1(t)*f_2(t)$；

(2) $s_2(t)=s_1(t)*f_2(t)$。

解：(1) $s_1(t)=f_1(t)*f_2(t)=[u(t+1)-u(t-1)]*[\delta(t+3)+\delta(t-3)]$

$$=[u(t+1)-u(t-1)]*\delta(t+3)+[u(t+1)-u(t-1)]*\delta(t-3)$$

$$=[u(t+4)-u(t+2)]+[u(t-2)-u(t-4)]$$

(2) $s_2(t)=s_1(t)*f_2(t)$

$$=\{[u(t+4)-u(t+2)]+[u(t-2)-u(t-4)]\}*[\delta(t+3)+\delta(t-3)]$$

$$=[u(t+4)-u(t+2)]*[\delta(t+3)+\delta(t-3)]+$$

$$[u(t-2)-u(t-4)]*[\delta(t+3)+\delta(t-3)]$$

$$=[u(t+7)-u(t+5)]+2[u(t+1)-u(t-1)]+[u(t-5)-u(t-7)]$$

图解过程如图 2-4-8 所示。

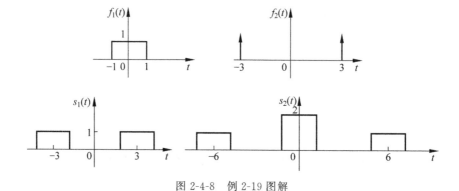

图 2-4-8 例 2-19 图解

3. 卷积的微分与积分

(1) 卷积的微分

$$\frac{\mathrm{d}}{\mathrm{d}t}[f_1(t)*f_2(t)]=\frac{\mathrm{d}f_1(t)}{\mathrm{d}t}*f_2(t)=f_1(t)*\frac{\mathrm{d}f_2(t)}{\mathrm{d}t} \qquad (2\text{-}4\text{-}11)$$

两个函数卷积后的导数，等于先对其中一个函数求导数后再与另一个函数求卷积。

证明：

$$\frac{\mathrm{d}}{\mathrm{d}t}[f_1(t)*f_2(t)]=\frac{\mathrm{d}}{\mathrm{d}t}[f_1(t)*f_2(t)]*\delta(t)$$

$$=[f_1(t)*f_2(t)]*\delta'(t)$$

$$=f_1(t)*[f_2(t)*\delta'(t)]$$

$$=f_1(t)*\frac{\mathrm{d}f_2(t)}{\mathrm{d}t}$$

同理可以证明

$$\frac{\mathrm{d}}{\mathrm{d}t}[f_1(t)*f_2(t)]=\frac{\mathrm{d}f_1(t)}{\mathrm{d}t}*f_2(t)$$

（2）卷积的积分

$$\int_{-\infty}^{t} [f_1(\tau) * f_2(\tau)] \mathrm{d}\tau = \left[\int_{-\infty}^{t} f_1(\tau)\mathrm{d}\tau\right] * f_2(t)$$

$$= f_1(t) * \int_{-\infty}^{t} f_2(\tau)\mathrm{d}\tau \tag{2-4-12}$$

两个函数卷积后的积分,等于先对其中一个函数积分以后再与另一个函数求卷积。

证明:

$$\int_{-\infty}^{t} [f_1(\tau) * f_2(\tau)] \mathrm{d}\tau = \left[\int_{-\infty}^{t} [f_1(\tau) * f_2(\tau)]\mathrm{d}\tau\right] * \delta(t)$$

$$= [f_1(t) * f_2(t)] * u(t)$$

$$= f_1(t) * [f_2(t) * u(t)]$$

$$= f_1(t) * \int_{-\infty}^{t} f_2(\tau)\mathrm{d}\tau$$

同理可以证明

$$\int_{-\infty}^{t} [f_1(\tau) * f_2(\tau)] \mathrm{d}\tau = \left[\int_{-\infty}^{t} f_1(\tau)\mathrm{d}\tau\right] * f_2(t)$$

（3）推论

卷积的微分与积分特性可以推广用于卷积的高阶微分或多重积分的运算,运算规则如下。

若 $f_1(t)$、$f_2(t)$ 为时限有界函数,设 $s(t) = f_1(t) * f_2(t)$,则

$$s^{(n)}(t) = f_1^{(k)}(t) * f_2^{(n-k)}(t) \tag{2-4-13}$$

其中,当 n、k、$(n-k)$ 取正整数时为导数的阶次,取负整数时为重积分的次数。

例如,在式(2-4-13)中,若取 $n=0,k=1$,则

$$f_1(t) * f_2(t) = \frac{\mathrm{d}f_1(t)}{\mathrm{d}t} * \int_{-\infty}^{t} f_2(\tau)\mathrm{d}\tau$$

上式中,$f_1(t)$ 和 $f_2(t)$ 应满足时间受限条件,当 $t \to -\infty$ 时函数值应等于零。

在式(2-4-13)中,若取 $n=2,k=1$,则

$$\frac{\mathrm{d}^2[f_1(t) * f_2(t)]}{\mathrm{d}t^2} = \frac{\mathrm{d}f_1(t)}{\mathrm{d}t} * \frac{\mathrm{d}f_2(t)}{\mathrm{d}t} = \frac{\mathrm{d}^2 f_1(t)}{\mathrm{d}t^2} * f_2(t) = f_1(t) * \frac{\mathrm{d}^2 f_2(t)}{\mathrm{d}t^2}$$

式(2-4-13)成立是有约束条件的。若 $n=1,k=1$ 或 $n=1,k=-1$,则约束条件为 $f_1(-\infty)\int_{-\infty}^{+\infty} f_2(t)\mathrm{d}t = f_2(-\infty)\int_{-\infty}^{+\infty} f_1(t)\mathrm{d}t = 0$。试想 $s(t) = f_1(t) * f_2(t) = 1 * \mathrm{e}^t u(t)$,式(2-4-13)能成立吗?

例 2-20 计算下列卷积积分

（1）$u(t-t_0) * u(t+t_0)$;

（2）$tu(t-1) * u(t-2)$。

解:（1）$u(t-t_0) * u(t+t_0) = \left[\int_{-\infty}^{t} u(\tau-t_0)\mathrm{d}\tau\right] * \delta(t+t_0)$

$$= \left[\int_{t_0}^{t} \mathrm{d}\tau\right] u(t-t_0) * \delta(t+t_0)$$

$$= (t-t_0)u(t-t_0) * \delta(t+t_0) = tu(t)$$

(2) $tu(t-1) * u(t-2) = \left[\int_{-\infty}^{t} \tau u(\tau-1)\mathrm{d}\tau\right] * \delta(t-2)$

$\qquad = \left[\int_{1}^{t} \tau \mathrm{d}\tau\right] u(t-1) * \delta(t-2)$

$\qquad = \frac{1}{2}(t^2-1)u(t-1) * \delta(t-2)$

$\qquad = \frac{1}{2}\left[(t-2)^2-1\right]u(t-3)$

例 2-21 计算卷积积分 $\mathrm{e}^{-t}u(t) * \left[u(t)-u(t-3)\right]$。

解：

$\mathrm{e}^{-t}u(t) * \left[u(t)-u(t-3)\right] = \left[\int_{-\infty}^{t} \mathrm{e}^{-\tau}u(\tau)\mathrm{d}\tau\right] * \left[\delta(t)-\delta(t-3)\right]$

$\qquad = \left[\int_{0}^{t} \mathrm{e}^{-\tau}\mathrm{d}\tau\right]u(t) * \left[\delta(t)-\delta(t-3)\right]$

$\qquad = (1-\mathrm{e}^{-t})u(t) * \left[\delta(t)-\delta(t-3)\right]$

$\qquad = (1-\mathrm{e}^{-t})u(t) - \left[1-\mathrm{e}^{-(t-3)}\right]u(t-3)$

2.4.4 求系统零状态响应的卷积积分法

在信号分析与系统分析时,常常需要将信号分解为基本信号的形式。这样,对信号与系统的分析就变为对基本信号的分析,从而将复杂问题简单化,且可以使信号与系统分析的物理过程更加清晰。信号分解为冲激信号的叠加就是其中的一个实例。

单位冲激信号是连续时间信号中最基本的信号之一,当系统输入单位冲激信号时,系统的零状态响应定义为系统的单位冲激响应。如果任意的连续时间信号可以分解为许多冲激信号的叠加,将这些冲激信号输入到线性时不变系统,那么它们各自在系统的输出端产生的零状态响应相叠加就是系统在输入任意信号时的零状态响应。

一个信号可以近似分解为许多矩形脉冲分量之和,所取脉冲宽度越窄,近似程度越高,误差越小,极限情况是信号可以用许多冲激信号的叠加来精确表示。

如图 2-4-9 所示信号 $f(t)$,将函数 $f(t)$ 分解为许多等宽的矩形窄脉冲,设在 τ 时刻被分解的矩形脉冲高度为 $f(\tau)$,宽度为 $\Delta\tau$,则此窄脉冲的表达式为

$$f(\tau)\left[u(t-\tau)-u(t-\tau-\Delta\tau)\right]$$

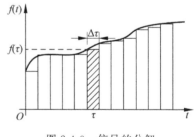

图 2-4-9 信号的分解

将从 $-\infty$ 到 $+\infty$ 所有的矩形脉冲叠加,得 $f(t)$ 的近似表达式为

$$f(t) \approx \sum_{\tau=-\infty}^{+\infty} f(\tau)\left[u(t-\tau)-u(t-\tau-\Delta\tau)\right]$$

$$= \sum_{\tau=-\infty}^{+\infty} f(\tau) \frac{\left[u(t-\tau)-u(t-\tau-\Delta\tau)\right]}{\Delta\tau} \cdot \Delta\tau$$

取 $\Delta\tau \to 0$ 的极限,则约等号变为等号,即

$$f(t) = \lim_{\Delta\tau \to 0} \sum_{\tau=-\infty}^{+\infty} f(\tau) \frac{\left[u(t-\tau) - u(t-\tau-\Delta\tau)\right]}{\Delta\tau} \cdot \Delta\tau$$

$$= \int_{-\infty}^{+\infty} f(\tau) \frac{\mathrm{d}u(t-\tau)}{\mathrm{d}\tau} \mathrm{d}\tau$$

$$= \int_{-\infty}^{+\infty} f(\tau) \delta(t-\tau) \mathrm{d}\tau$$

若将积分式中的变量 t 和 τ 互换来表示，并且利用冲激函数的偶函数性质，则

$$f(\tau) = \int_{-\infty}^{+\infty} f(t) \delta(t-\tau) \mathrm{d}t \tag{2-4-14}$$

式(2-4-14)与冲激信号的抽样特性完全一致。

对于线性时不变连续时间系统，当激励为单位冲激信号 $\delta(t)$ 时，系统的零状态响应是单位冲激响应 $h(t)$，如图 2-4-10(a)所示；当激励是强度为 $f(\tau)$、移位量为 τ 的冲激信号 $f(\tau)\delta(t-\tau)$ 时，根据线性时不变系统的线性和时不变特性，系统的零状态响应是 $f(\tau)h(t-\tau)$，如图 2-4-10(b)所示。当激励为任意信号 $f(t)$ 时，可以分解为一系列冲激信号的和，即

$$f(t) = \int_{-\infty}^{+\infty} f(\tau) \delta(t-\tau) \mathrm{d}\tau$$

将这一系列冲激信号的和作用于这个线性时不变系统，根据线性时不变系统的叠加特性，所得零状态响应如图 2-4-10(c)所示。即有

$$y_{\mathrm{zs}}(t) = \int_{-\infty}^{+\infty} f(\tau) h(t-\tau) \mathrm{d}\tau$$

简写为

$$y_{\mathrm{zs}}(t) = f(t) * h(t)$$

即线性时不变连续时间系统在一般信号激励下产生的零状态响应等于激励与冲激响应的卷积积分，如图 2-4-10(d)所示。

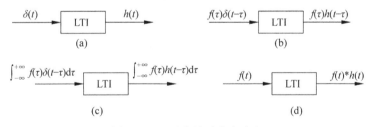

图 2-4-10　系统的零状态响应

2.4.5　MATLAB 实现

MATLAB 中求解两个连续时间信号的卷积可以用 conv() 函数实现，其调用格式为

y = conv(f1,f2)

例 2-22　已知两个信号(见例 2-18)

$$f_1(t) = u(t) - u(t-3), \quad f_2(t) = \mathrm{e}^{-t} u(t)$$

求 $y(t) = f_1(t) * f_2(t)$。

解：MATLAB 程序如下：

```
t1 = 0:0.01:3;
f1 = ones(size(t1)). * (t1 > 0&t1 < 3);
t2 = 0:0.01:6;
f2 = exp( - 1 * t2). * (t2 > 0);
y = conv(f1,f2);
t3 = 0:0.01:9;
subplot(3,1,1),plot(t1,f1);
subplot(3,1,2),plot(t2,f2);
subplot(3,1,3),plot(t3,y);
```

卷积结果如图 2-4-11 所示。

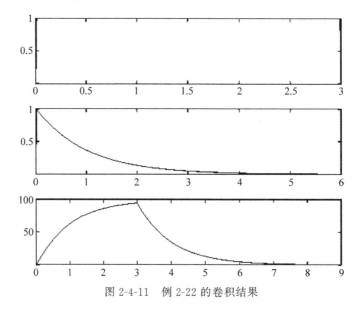

图 2-4-11　例 2-22 的卷积结果

例 2-23　已知某 LTI 连续时间系统的激励为 $f(t) = u(t-1) - u(t-2)$，单位冲激响应为 $h(t) = u(t-2) - u(t-3)$，求系统的零状态响应 $y(t) = f(t) * h(t)$。

解：MATLAB 程序如下：

```
t1 = 0.5:0.01:2.5;
f = ones(size(t1)). * (t1 > 1&t1 < 2);
t2 = 1.5:0.01:3.5;
h = ones(size(t2)). * (t2 > 2&t2 < 3);
y = conv(f,h);
t3 = 2:0.01:6;
subplot(3,1,1),plot(t1,f);
subplot(3,1,2),plot(t2,h);
subplot(3,1,3),plot(t3,y);
```

卷积结果如图 2-4-12 所示。

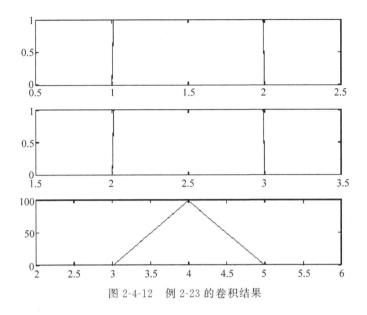

图 2-4-12　例 2-23 的卷积结果

2.5　典型例题解析

例 2-24　（1）求如图 2-5-1 所示系统的微分方程；

（2）求该系统的冲激响应；

（3）求激励为 $e^{-at}u(t)$ 时的零状态响应。

解：（1）从图 2-5-1 可知，经过两个积分器后的输出

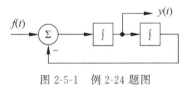

图 2-5-1　例 2-24 题图

为 $\int_{-\infty}^{t} y(\tau)\mathrm{d}\tau$，加法器的输出为 $y'(t)$，写出加法器的输

出信号方程为

$$y'(t) = f(t) - \int_{-\infty}^{t} y(\tau)\mathrm{d}\tau$$

将方程两端微分并整理得微分方程

$$y''(t) + y(t) = f'(t)$$

（2）将冲激激励代入方程并用冲激函数匹配法得

$$h''(t) + h(t) = \delta'(t)$$

$$\delta'(t) \rightarrow [u(t)]$$

因此 $h(t)$ 在 $t=0$ 时有一个跃变

$$h(0_+) - h(0_-) = 1$$

$h'(t)$ 在 $t=0$ 时不发生跃变，即

$$h'(0_+) - h'(0_-) = 0$$

整理得到初始值

$$h(0_+) = h(0_-) + 1 = 1$$

$$h'(0_+) = h'(0_-) + 0 = 0$$

特征方程

$$\alpha^2 + 1 = 0$$

特征根

$$\alpha_1 = \mathrm{j}, \quad \alpha_2 = -\mathrm{j}$$

因为 $n > m$ 方程的冲激响应形式为

$$h(t) = A_1 \mathrm{e}^{\mathrm{j}t} + A_2 \mathrm{e}^{-\mathrm{j}t}$$

将初始值代入得到冲激响应为

$$h(t) = \frac{1}{2} \mathrm{e}^{\mathrm{j}t} + \frac{1}{2} \mathrm{e}^{-\mathrm{j}t} = \cos t u(t)$$

（3）激励为 $\mathrm{e}^{-at} u(t)$ 时的零状态响应,利用卷积的定义

$$
\begin{aligned}
y_{\mathrm{zs}}(t) &= f(t) * h(t) = \int_{-\infty}^{+\infty} \mathrm{e}^{-a(t-\tau)} u(t-\tau) \cos \tau u(\tau) \mathrm{d}\tau \\
&= \frac{1}{2} \left[\int_0^t \mathrm{e}^{-a(t-\tau)} (\mathrm{e}^{\mathrm{j}\tau} + \mathrm{e}^{-\mathrm{j}\tau}) \mathrm{d}\tau \right] u(t) \\
&= \frac{1}{2} \mathrm{e}^{-at} \left[\int_0^t (\mathrm{e}^{(a+\mathrm{j})\tau} + \mathrm{e}^{(a-\mathrm{j})\tau}) \mathrm{d}\tau \right] u(t) \\
&= \frac{1}{2} \mathrm{e}^{-at} \left[\frac{\mathrm{e}^{(a+\mathrm{j})t} - 1}{a + \mathrm{j}} + \frac{\mathrm{e}^{(a-\mathrm{j})t} - 1}{a - \mathrm{j}} \right] u(t) \\
&= \frac{1}{2} \mathrm{e}^{-at} \left[\frac{(a-\mathrm{j})[\mathrm{e}^{(a+\mathrm{j})t} - 1] + (a+\mathrm{j})(\mathrm{e}^{(a-\mathrm{j})t} - 1)}{a^2 + 1} \right] u(t) \\
&= \frac{\sin t + a \cos t - a \mathrm{e}^{-at}}{a^2 + 1} u(t)
\end{aligned}
$$

例 2-25 某连续系统的框如图 2-5-2 所示,写出该系统的微分方程。

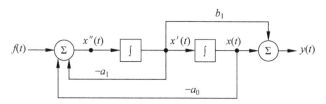

图 2-5-2 例 2-25 的系统框图

解:由图 2-5-2 可知,该系统为二阶系统。设右积分器的输出为 $x(t)$,那么各积分器的输入分别为 $x'(t)$、$x''(t)$。

左端加法器的输出为

$$x''(t) = -a_1 x'(t) - a_0 x(t) + f(t)$$

即

$$f(t) = x''(t) + a_1 x'(t) + a_0 x(t) \tag{2-5-1}$$

右端加法器的输出为

$$y(t) = b_1 x'(t) + x(t) \tag{2-5-2}$$

为求得响应 $y(t)$ 与激励 $f(t)$ 之间关系的方程,应从式(2-5-1)、式(2-5-2)中消去中间变量 $x(t)$ 及其导数。由式(2-5-2)可以看出,$y(t)$ 是 $x(t)$ 及其导数的线性组合,因而以 $y(t)$ 为未

知变量的微分方程左端的系数应与式(2-5-1)相同。由式(2-5-2)可得

$$a_0 y(t) = b_1 [a_0 x'(t)] + a_0 x(t)$$

$$a_1 y'(t) = b_1 [a_1 x'(t)]' + [a_1 x(t)]'$$

$$y''(t) = b_1 [x'(t)]'' + [x(t)]''$$

将以上三式相加,得

$$y''(t) + a_1 y'(t) + a_0 y(t)$$

$$= b_1 [x''(t) + a_1 x'(t) + a_0 x(t)]' + [x''(t) + a_1 x'(t) + a_0 x(t)]$$

将式(2-5-1)代入上式右端,得

$$y''(t) + a_1 y'(t) + a_0 y(t) = b_1 f'(t) + f(t) \tag{2-5-3}$$

式(2-5-3)即为图 2-5-2 所示系统的微分方程。

例 2-26 某连续系统的输入输出方程为

$$y''(t) + a_1 y'(t) + a_0 y(t) = b_2 f''(t) + b_1 f'(t) + f(t)$$

试画出该系统的框图。

解:选取一个中间变量 $x(t)$,它与激励 $f(t)$ 满足方程

$$x''(t) + a_1 x'(t) + a_0 x(t) = f(t)$$

将上式两边分别乘以 b_1 求一阶导数、乘以 b_2 求二阶导数,得

$$b_1 [x''(t)]' + a_1 [b_1 x'(t)]' + a_0 [b_1 x(t)]' = b_1 f'(t)$$

$$[b_2 x''(t)]'' + a_1 [b_2 x'(t)]'' + a_0 [b_2 x(t)]^n = b_2 f''(t)$$

将上述三式相加,得

$$[b_2 x''(t) + b_1 x'(t) + x(t)]'' + a_1 [b_2 x''(t) + b_1 x'(t) + x(t)]' +$$

$$a_0 [b_2 x''(t) + b_1 x'(t) + x(t)]$$

$$= b_2 f''(t) + b_1 f'(t) + f(t)$$

于是可知

$$y(t) = b_2 x''(t) + b_1 x'(t) + x(t)$$

由此可得该系统的框图如图 2-5-3 所示。

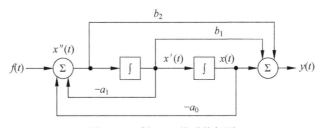

图 2-5-3 例 2-26 的系统框图

例 2-27 某离散系统框图如图 2-5-4 所示,试写出描述该系统输入输出关系的差分方程。

解:由图 2-5-4 可知,该系统框图中有两个延时器,故该系统为二阶系统。在左边延时器的输入端引入中间变量 $x(n)$,则该延时器的输出为 $x(n-1)$,右边延时器的输出为 $x(n-2)$。左端加法器的输出为

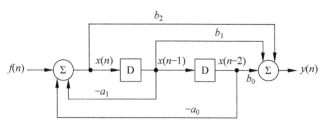

图 2-5-4 例 2-27 的系统框图

$$x(n) = f(n) - a_1 x(n-1) - a_0 x(n-2) \tag{2-5-4}$$

即

$$x(n) + a_1 x(n-1) + a_0 x(n-2) = f(n) \tag{2-5-5}$$

右端加法器的输出为

$$y(n) = b_2 x(n) + b_1 x(n-1) + b_0 x(n-2) \tag{2-5-6}$$

为了消去中间变量 $x(n)$,分别由式(2-5-5)和式(2-5-6)写出

$$\left.\begin{array}{l} x(n-1) = f(n-1) - a_1 x(n-2) - a_0 x(n-3) \\ x(n-2) = f(n-2) - a_1 x(n-3) - a_0 x(n-4) \end{array}\right\} \tag{2-5-7}$$

$$\left.\begin{array}{l} y(n-1) = b_2 x(n-1) + b_1 x(n-2) + b_0 x(n-3) \\ y(n-2) = b_2 x(n-2) + b_1 x(n-3) + b_0 x(n-4) \end{array}\right\} \tag{2-5-8}$$

将式(2-5-4)和式(2-5-7)代入式(2-5-6),并结合式(2-5-8),可得

$$y(n) = b_2[f(n) - a_1 x(n-1) - a_0 x(n-2)] + b_1[f(n-1) - a_1 x(n-2) - a_0 x(n-3)] +$$
$$\quad b_0[f(n-2) - a_1 x(n-3) - a_0 x(n-4)$$
$$\quad = b_2 f(n) + b_1 f(n-1) + b_0 f(n-2) - a_1[b_2 x(n-1) + b_1 x(n-2) + b_0(n-3)] -$$
$$\quad a_0[b_2 x(n-2) + b_1 x(n-3) + b_0 x(n-4)]$$
$$\quad = b_2 f(n) + b_1 f(n-1) + b_0 f(n-2) - a_1 y(n-1) - a_0 y(n-2)$$

因此,系统的差分方程为

$$y(n) + a_1 y(n-1) + a_0 y(n-2) = b_2 f(n) + b_1 f(n-1) + b_0(n-2) \tag{2-5-9}$$

如已知描述系统的框图,求其微分方程或差分方程的一般步骤是:

(1) 选取中间变量 $x(\cdot)$。对于连续系统,设其最右端积分器的输出为 $x(t)$;对于离散系统,设其最左端延时器的输入为 $x(n)$。

(2) 写出各加法器输出信号的方程。

(3) 消去中间变量 $x(\cdot)$。

例 2-28 一个线性时不变系统,在以下 3 种激励下,其初始状态均相同:当激励 $f_1(t) = \delta(t)$ 时,其全响应 $y_1(t) = \delta(t) + e^{-t} u(t)$;当激励 $f_2(t) = u(t)$ 时,其全响应 $y_2(t) = 3e^{-t} u(t)$;求当激励 $f_3(t) = t[u(t) - u(t-1)]$ 时,求 $y_3(t)$。

解:因为初始状态相同,所以

$$y_{zi1}(t) = y_{zi2}(t) = y_{zi}(t)$$

因为 $f_1(t) = \dfrac{\mathrm{d} f_2(t)}{\mathrm{d}t}$,根据线性时不变系统的性质

$$y_{zs1}(t) = \frac{\mathrm{d}y_{zs2}(t)}{\mathrm{d}t}$$

$$y_1(t) - y_{zi}(t) = \frac{\mathrm{d}[y_2(t) - y_{zi}(t)]}{\mathrm{d}t} = \frac{\mathrm{d}y_2(t)}{\mathrm{d}t} - \frac{\mathrm{d}y_{zi}(t)}{\mathrm{d}t}$$

$$\frac{\mathrm{d}y_{zi}(t)}{\mathrm{d}t} - y_{zi}(t) = \frac{\mathrm{d}y_2(t)}{\mathrm{d}t} - y_1(t) = 2\delta(t) - 4\mathrm{e}^{-t}u(t) \qquad (2\text{-}5\text{-}10)$$

零输入响应的形式同自由响应,由其可以断定此系统是一阶系统。

设 $y_{zi}(t) = B\mathrm{e}^{-t}u(t)$,代入式(2-5-10)得到

$$y_{zi}(t) = 2\mathrm{e}^{-t}u(t)$$

$$h(t) = y_{zs1}(t) = y_1(t) - y_{zi}(t) = \delta(t) - \mathrm{e}^{-t}u(t)$$

$$y_{zs3}(t) = f_3(t) * h(t) = \{t[u(t) - u(t-1)]\} * [\delta(t) - \mathrm{e}^{-t}u(t)]$$

$$= u(t) - u(t-1) - \mathrm{e}^{-t}u(t)$$

$$y_3(t) = y_{zs3}(t) + y_{zi}(t) = u(t) - u(t-1) + \mathrm{e}^{-t}u(t)$$

例 2-29 已知一线性系统的输入 $f(t)$ 及其响应 $y(t)$ 的波形如图 2-5-5(a)、图 2-5-5(b)所示,求 $h(t)$。

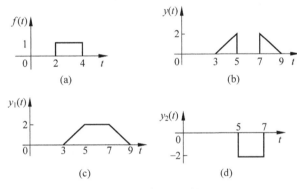

图 2-5-5 例 2-29 题图

解:由题图 2-5-5(b)、图 2-5-5(c)、图 2-5-5(d),将 $y(t)$ 看成是 $y_1(t)$ 和 $y_2(t)$ 相加,即

$$y(t) = y_1(t) + y_2(t)$$

因为

$$y_2(t) = f(t) * h_2(t)$$

由图 2-5-5(a)、图 2-5-5(d),可知

$$y_2(t) = -2f(t-3)$$

所以

$$h_2(t) = -2\delta(t-3)$$

由图 2-5-5(a)、图 2-5-5(c)以及 $y_1(t) = f(t) * h_1(t)$ 得

$$h_1(t) = u(t) - u(t-5)$$

因此

$$h(t) = h_1(t) + h_2(t) = u(t) - u(t-5) - 2\delta(t-3)$$

2.6 习题

2.6.1 自测题

一、填空题

1. 冲激响应是指_____。

2. 阶跃响应是指_____。

3. 零状态响应是指_____。

4. 零输入响应是指_____。

5. 系统的初始状态为零,仅由_____引起的响应叫作零状态响应。

6. $h(t) * f(t) = $ _____。

7. $f(t-2) * \delta(t+3) = $ _____。

8. 卷积积分 $e^{-2t} * \delta'(t) = $ _____。

二、单项选择题

1. 零输入响应是( )。

    A. 全部自由响应   B. 部分自由响应

    C. 部分零状态响应   D. 全响应与强迫响应之差

2. 暂态响应分量应是( )。

    A. 零输入响应的全部

    B. 零状态响应的全部

    C. 全部的零输入响应和部分的零状态响应

    D. 全部的零输入响应和全部的零状态响应

3. 若系统的冲激响应为 $h(t)$,输入信号为 $f(t)$,系统的零状态响应是( )。

    A. $h(t)f(t)$ B. $f(t)\delta(t)$

    C. $\int_0^t f(\tau)h(t-\tau)\mathrm{d}\tau$ D. $\int_0^\tau f(t)h(t-\tau)\mathrm{d}t$

4. 卷积 $\delta(t) * f(t) * \delta(t)$ 的结果是( )。

    A. $f(t)$ B. $\delta(t)$ C. $2\delta(t)$ D. $f^2(t)$

5. 卷积积分 $e^{-2t} * \delta(t)$ 等于( )。

    A. $\delta'(t)$ B. $-2\delta'(t)$ C. e^{-2t} D. $-2e^{2t}$

6. 已知系统微分方程为 $y'(t)+2y(t)=f(t)$,若 $y(0_+)=1$, $f(t)=\sin 2tu(t)$,解得全响应为 $y(t)=\frac{5}{4}e^{-2t}+\frac{\sqrt{2}}{4}\sin(2t-45°)$, $t \geqslant 0$。全响应中 $\frac{\sqrt{2}}{4}\sin(2t-45°)$ 为( )。

    A. 零输入响应分量   B. 零状态响应分量

    C. 自由响应分量   D. 稳态响应分量

7. 某系统结构框图如图 2-6-1 所示,该系统的单位冲激响应 $h(t)$ 满足的方程式为( )。

    A. $y'(t)+y(t)=f(t)$ B. $h(t)=f(t)-y(t)$

    C. $h'(t)+h(t)=\delta(t)$ D. $h(t)=\delta(t)-y(t)$

8. 信号 $f_1(t)$，$f_2(t)$波形如图 2-6-2 所示，设 $f(t)=f_1(t)*f_2(t)$，则 $f(0)$ 为（ ）。

A. 1   B. 2   C. 3   D. 4

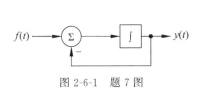

图 2-6-1 题 7 图

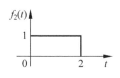

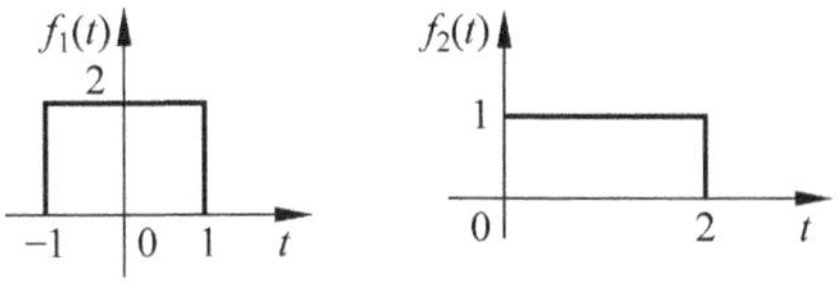

图 2-6-2 题 8 图

9. 在卷积 $f(t)=f_1(t)*f_2(t)$ 中，当 $f_1(t)$ 和 $f_2(t)$ 都是从 0_- 开始的函数时，积分限应为（ ）。

A. $\int_{-\infty}^{+\infty}$ B. $\int_{0_-}^{+\infty}$ C. $\int_{0_-}^{t}$ D. $\int_{-\infty}^{0}$

10. 信号 $f_1(t)$ 和 $f_2(t)$ 的波形如图 2-6-3 所示，设 $f(t)=f_1(t)*f_2(t)$，则 $f(5)=$ （ ）。

A. 0   B. 1   C. 2   D. 3

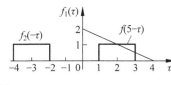

图 2-6-3 题 10 图

2.6.2 基础题

1. 如图 2-6-4 所示电路，激励 $e(t)=\sin 2t$，初始条件为 $v_1(0_+)=v_2(0_+)=0$，$R_1=\dfrac{1}{3}\Omega$，

$R_2=\dfrac{1}{2}\Omega$，$C_1=C_2=1\text{F}$，求 $t>0$ 时 $v_2(t)$ 的表达式。

2. 已知系统的微分方程 $y'(t)+2y(t)=f(t)$，求：

(1) $y(0_-)=2$，$f(t)=e^{-t}u(t)$ 的全响应；

(2) $y(0_-)=2$，$f(t)=5e^{-t}u(t)$ 的全响应；

(3) $y(0_-)=4$，$f(t)=5e^{-t}u(t)$ 的全响应；

(4) 从这道题中对于系统的线性性质可以得出怎样的结论？

3. 一个线性时不变连续时间系统，如果系统在起始时刻无储能，则

(1) 当激励 $f_1(t)=u(t)$ 时，响应 $y_1(t)=2e^{-t}u(t)$，此响应为系统的什么响应？

(2) 当激励 $f_2(t)=\delta(t)$ 时，求响应 $y_2(t)$ 的表达式，此响应为系统的什么响应？

(3) 当激励 $f_3(t)=e^{-2t}u(t)$ 时，求响应 $y_3(t)$ 的表达式，此响应为系统的什么响应？

4. 已知两信号 $f(t)=u(t)-u(t-1)$，$h(t)=\dfrac{1}{2}t[u(t)-u(t-2)]$ 分别如图 2-6-5(a)、图 2-6-5(b)所示。试用图解法求两信号的卷积。

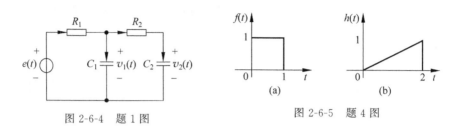

图 2-6-4　题 1 图　　　　　图 2-6-5　题 4 图

5. 求下列两个函数的卷积。

(1) $u(t) * u(t)$

(2) $u(t-a) * u(t)$

(3) $[tu(t)] * u(t)$

(4) $[tu(t)] * u(t+a)$

(5) $[tu(t-b)] * u(t+a)$

(6) $[\mathrm{e}^{-at}u(t)] * u(t)$

6. 如图 2-6-6 所示的复合系统,各子系统的冲激响应分别为 $h_1(t)=u(t)$, $h_2(t)=-\delta(t)$, $h_3(t)=\delta(t-1)$,求复合系统的 $h(t)$。

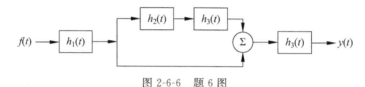

图 2-6-6　题 6 图

7. 某线性系统当激励为 $u(t)$ 时,全响应为 $y_1(t)=2\mathrm{e}^{-t}u(t)$; 当激励为 $\delta(t)$ 时,全响应为 $y_2(t)=\delta(t)$,求:

(1) 系统的零输入响应;

(2) 当激励为 $\mathrm{e}^{-t}u(t)$ 时的全响应。

8. 某线性时不变系统在激励 $f(t)=4u(t-1)$ 的作用下,系统的零状态响应为 $y_{zs}(t)=\mathrm{e}^{-2(t-2)}u(t-2)+4u(t-3)$,求系统的冲激响应。

9. 某系统的冲激响应为 $h(t)=4\mathrm{e}^{-2t}u(t)-3\delta(t)$,求描述该系统的微分方程。

10. 如图 2-6-7 所示的系统,当输入为 $f(t)=\mathrm{e}^{-t}u(t)$ 时,求系统的零状态响应。

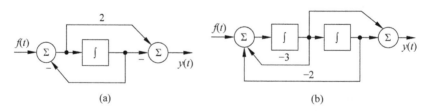

图 2-6-7　题 10 图

11. 描述某系统的微分方程为: $y'(t)+a_0 y(t)=b_1 f'(t)+b_0 f(t)$,试画出这个系统的方框图。

12. 求下列两个函数的卷积,并画出结果图。

(1) $f(t)=u(t)-u(t-1)$, $h(t)=u(t)-u(t-1)$;

(2) $f(t)=u\left(t+\dfrac{\tau}{2}\right)-u\left(t-\dfrac{\tau}{2}\right)$, $h(t)=u\left(t+\dfrac{\tau}{2}\right)-u\left(t-\dfrac{\tau}{2}\right)$;

(3) $f(t)=u(t-2)-u(t-4)$，$h(t)=u(t-1)-u(t-5)$。

2.6.3 MATLAB 习题

1. 已知两个连续时间信号：$f_1(t)=\dfrac{1}{2}t[u(t)-u(t-2)]$，$f_2(t)=u(t)-u(t-2)$，试用 MATLAB 求 $f(t)=f_1(t)*f_2(t)$，并绘出 $f(t)$ 的时域波形图。

2. 已知两个连续时间信号：$f_1(t)=2[u(t+1)-u(t-1)]$，$f_2(t)=u(t+2)-u(t-2)$，试用 MATLAB 求 $f(t)=f_1(t)*f_2(t)$，并绘出 $f(t)$ 的时域波形图。

3. 已知描述某连续系统的微分方程为：$y''(t)+5y'(t)+6y(t)=f'(t)+2f(t)$，试用 MATLAB 绘出该系统的冲激响应的波形。

4. 已知某连续系统的微分方程为：$2y''(t)+y'(t)+6y(t)=f(t)$，试用 MATLAB 绘出该系统的冲激响应和阶跃响应的波形。

5. 已知描述某连续系统的微分方程为：$y''(t)+2y'(t)+y(t)=3f'(t)+2f(t)$，若输入信号为 $f(t)=\mathrm{e}^{2t}u(t)$，求该系统的零状态响应。

第 2 章小结

第 2 章提高题

连续时间信号与系统的频域分析

本章要点：

（1）连续周期信号的傅里叶级数及其基本性质。

（2）连续周期信号和非周期信号频谱的概念。

（3）连续非周期信号和周期信号的傅里叶变换及傅里叶变换的基本性质。

（4）连续系统频率响应的概念及其频域分析方法。

（5）无失真传输系统和理想滤波器。

（6）信号的抽样定理，调制与解调。

（7）典型例题解析。

学习目标：

（1）理解周期信号的频谱、频谱宽度和频谱图，掌握周期信号频谱的特点。

（2）理解非周期信号的频谱、频谱宽度和频谱图，掌握信号的正、反傅里叶变换。

（3）理解非周期信号激励下系统的零状态响应与全响应。

（4）掌握周期信号的傅里叶变换及周期信号与非周期信号傅里叶变换之间的关系。

（5）掌握频域系统函数的定义、物理意义、求法与应用。

（6）掌握理想低通滤波器的定义、传输特性。

（7）了解信号无失真传输的条件。

（8）掌握抽样信号的频谱及其求解。

（9）掌握抽样定理。

（10）了解调制与解调的基本原理与应用。

本章重点：

（1）周期信号的频谱分析及其频谱的特点。

（2）傅里叶变换的定义、性质及其正反傅里叶变换的求解。

（3）周期信号的傅里叶变换，频域系统函数的定义与求解。

（4）非周期信号激励下系统的零状态响应的求解。

（5）理想低通滤波器的定义及其传输特性。

（6）信号无失真传输的条件，抽样信号和抽样定理。

（7）调制与解调的基本原理与应用。

在第 2 章中讨论了连续时间系统的时域分析，以冲激函数为基本信号，任意输入信号都可分解为一系列冲激函数,而系统的零状态响应是输入信号与系统冲激响应的卷积。本章将以正弦函数(正弦和余弦函数可统称为正弦函数)或虚指数函数 $e^{j\omega t}$ 为基本信号,将任意信号表示为不同频率的正弦函数或虚指数函数之和(对于周期信号)或积分(对于非周期信号)。把信号表示为不同频率正弦分量或虚指数分量的和称为信号的频域分析,也称信号的谱分析。用频谱分析的观点来分析系统,称为系统的频域分析。

3.1 周期信号的傅里叶级数分析

周期信号是定义在 $(-\infty,+\infty)$ 区间,每隔一定时间 T,按相同规律重复变化的信号,如图 3-1-1 所示。周期信号可以表示为

$$f(t) = f(t+mT) \qquad (3\text{-}1\text{-}1)$$

式中,m 为任意整数。时间 T 称为该信号的重复周期,简称周期。周期的倒数称为该信号的频率。

周期信号 $f(t)$ 在区间 (t_0,t_0+T) 可以展开成在完备正交信号空间中的无穷级数。如果完备的正交函数集是三角函数集或指数函数集,那么,周期信号所展开的无穷级数就分别称为"三角形傅里叶级数"或"指数形傅里叶级数",统称傅里叶级数。

需要指出,只有当周期信号满足狄里赫利条件时,才能展开成傅里叶级数。通常遇到的周期信号都满足该条件,以后不再特别说明。

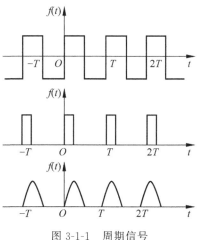

图 3-1-1 周期信号

3.1.1 周期信号的分解

1. 信号分解为正交函数

信号分解为正交函数的原理与向量分解为正交向量的概念相似。例如,在平面上的向量 $\boldsymbol{A}$ 在直角坐标中可以分解为 x 方向分量和 y 方向分量,如图 3-1-2(a)所示。如令 $\boldsymbol{v}_x$、$\boldsymbol{v}_y$,为各相应方向的正交单位向量,则向量 $\boldsymbol{A}$ 可写为

$$\boldsymbol{A} = C_1\boldsymbol{v}_x + C_2\boldsymbol{v}_y \qquad (3\text{-}1\text{-}2)$$

为了便于研究向量分解,将相互正交的单位向量组成一个二维"正交向量集"。这样,在此平面上的任意向量都可用正交向量集的分量组合表示。

对于一个三维空间的向量 $\boldsymbol{A}$,可以用一个三维正交向量集 $\{\boldsymbol{v}_x,\boldsymbol{v}_y,\boldsymbol{v}_z\}$ 的分量组合表示,如图 3-1-2(b)所示,它可写为

$$\boldsymbol{A} = C_1\boldsymbol{v}_x + C_2\boldsymbol{v}_y + C_3\boldsymbol{v}_z \qquad (3\text{-}1\text{-}3)$$

空间向量正交分解的概念可以推广到信号空间,在信号空间找到若干个相互正交的信号作为基本信号,使得信号空间中的任一信号均可表示为它们的线性组合。

空间向量正交分解的概念可以推广到信号空间,在信号空间找到若干个相互正交的信号作为基本信号,使得信号空间中任一信号均可表示为它们的线性组合。

如有定义在 (t_1,t_2) 区间的两个函数 $\varphi_1(t)$ 和 $\varphi_2(t)$,若满足

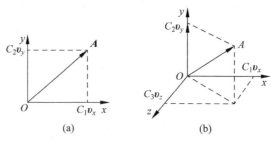

图 3-1-2 向量分解

$$\int_{t_1}^{t_2} \varphi_1(t)\varphi_2(t)\mathrm{d}t = 0 \tag{3-1-4}$$

则称 $\varphi_1(t)$ 和 $\varphi_2(t)$ 在区间 (t_1,t_2) 内正交。

如有 n 个函数 $\varphi_1(t),\varphi_2(t),\cdots,\varphi_n(t)$ 构成一个函数集,当这些函数在区间 (t_1,t_2) 内满足

$$\int_{t_1}^{t_2} \phi_i(t)\phi_j(t) = \begin{cases} 0, & i \neq j \\ K_i \neq 0, & i = j \end{cases} \tag{3-1-5}$$

式中, K_i 为常数,则称此函数集为在区间 (t_1,t_2) 的正交函数集。在区间 (t_1,t_2) 内相互正交的 n 个函数构成正交信号空间。

如果在正交函数集 $\{\varphi_1(t),\varphi_2(t),\cdots,\varphi_n(t)\}$ 之外,不存在函数 $\psi(t)$ 满足等式

$$\int_{t_1}^{t_2} \psi(t)\varphi_i(t)\mathrm{d}t = 0, \quad i = 1,2,3,\cdots,n \tag{3-1-6}$$

则此函数集称为完备正交函数集。也就是说,如能找到一个函数 $\psi(t)$,使得式(3-1-6)成立,即 $\psi(t)$ 与函数集 $\{\varphi_i(t)\}$ 的每个函数都正交,那么它本身就应属于此函数集。显然,不包含 $\psi(t)$ 的集是不完备的。

例如,三角函数集 $\{1,\cos(\Omega t),\cdots,\cos(m\Omega t),\cdots,\sin(\Omega t),\cdots,\sin(n\Omega t),\cdots\}$ 在区间 $(t_0,t_0+T)\left(T = \dfrac{2\pi}{\Omega}\right)$ 组成正交函数集,而且是完备的正交函数集。这是因为

$$\int_{t_0}^{t_0+T} \cos(m\Omega t)\cos(n\Omega t)\mathrm{d}t = \begin{cases} 0, & m \neq n \\ \dfrac{T}{2}, & m = n \neq 0 \\ T, & m = n = 0 \end{cases}$$

$$\int_{t_0}^{t_0+T} \sin(m\Omega t)\sin(n\Omega t)\mathrm{d}t = \begin{cases} 0, & m \neq n \\ \dfrac{T}{2}, & m = n \neq 0 \end{cases}$$

$$\int_{t_0}^{t_0+T} \sin(m\Omega t)\cos(n\Omega t)\mathrm{d}t = 0, \quad 对于所有的 m 和 n \tag{3-1-7}$$

集合 $\{\sin(\Omega t),\sin(2\Omega t),\cdots,\sin(n\Omega t),\cdots\}$ 在区间 (t_0,t_0+T) 内也是正交函数集,但它是不完备的,因为还有许多函数,如 $\cos(\Omega t),\cos(2\Omega t),\cdots$,也与此集合中的函数正交。

如果是复函数集,则正交的定义如下。

若复函数集 $\{\varphi_i(t)\}(i=1,2,\cdots,n)$ 在区间 (t_1,t_2) 满足

$$\int_{t_1}^{t_2} \varphi_i(t) \varphi_j^*(t) \mathrm{d}t = \begin{cases} 0, & i \neq j \\ K_i \neq 0, & i = j \end{cases} \tag{3-1-8}$$

则称此复函数集为正交函数集。式中，$\varphi_j^*(t)$为函数$\varphi_j(t)$的共轭复函数。

复函数集$\{\mathrm{e}^{\mathrm{j}n\Omega t}\}(n=0,\pm 1,\pm 2,\cdots)$在区间$(t_0,t_0+T)$内是完备的正交函数集，式中，$T=\dfrac{2\pi}{\Omega}$。它在区间$(t_0,t_0+T)$内满足

$$\int_{t_0}^{t_0+T} \mathrm{e}^{\mathrm{j}m\Omega t}(\mathrm{e}^{\mathrm{j}n\Omega t})^* \mathrm{d}t = \int_{t_0}^{t_0+T} \mathrm{e}^{\mathrm{j}(m-n)\Omega t}\mathrm{d}t = \begin{cases} 0, & m \neq n \\ T, & m = n \end{cases} \tag{3-1-9}$$

设有n个函数$\varphi_1(t),\varphi_2(t),\cdots,\varphi_n(t)$在区间$(t_1,t_2)$构成一个正交函数空间。将任一函数$f(t)$用这$n$个正交函数的线性组合来近似，可表示为

$$f(t) \approx C_1\varphi_1(t) + C_2\varphi_2(t) + \cdots + C_n\varphi_n(t) = \sum_{j=1}^{n} C_j\varphi_j(t) \tag{3-1-10}$$

这里的问题是，如何选择C_j才能得到最佳近似。显然，应选取各系数C_j使实际函数与近似函数之间误差在区间(t_1,t_2)内为最小。这里"误差最小"不是指平均误差最小，因为在平均误差很小甚至等于零的情况下，也可能有较大的正误差和负误差在平均过程中相互抵消，以致不能正确反映两函数的近似程度。通常选择误差的均方值（或称方均值）最小，这时，可以认为已经得到了最好的近似。误差的均方值也称为均方误差，用符号$\overline{\varepsilon^2}$表示。

$$\overline{\varepsilon^2} = \frac{1}{t_2-t_1}\int_{t_1}^{t_2}\left[f(t) - \sum_{j=1}^{n}C_j\varphi_j(t)\right]^2\mathrm{d}t \tag{3-1-11}$$

在$j=1,2,\cdots,i,\cdots,n$时，为求得使均方误差最小的第i个系数C_i，必须使

$$\frac{\partial \overline{\varepsilon^2}}{\partial C_i} = 0$$

即

$$\frac{\partial}{\partial C_i}\left\{\int_{t_1}^{t_2}\left[f(t) - \sum_{j=1}^{n}C_j\varphi_j(t)\right]^2\mathrm{d}t\right\} = 0 \tag{3-1-12}$$

展开上式的被积函数，注意到由序号不同的正交函数相乘的各项，其积分均为零，而且所有不包含C_i的各项对C_i求导也等于零。这样，式(3-1-12)中只有两项不为零，它可以写为

$$\frac{\partial}{\partial C_i}\left\{\int_{t_1}^{t_2}\left[-2C_i f(t)\varphi_i(t) + C_i^2\varphi_i^2(t)\right]\mathrm{d}t\right\} = 0$$

交换微分与积分次序，得

$$-2\int_{t_1}^{t_2}f(t)\varphi_i(t)\mathrm{d}t + 2C_i\int_{t_1}^{t_2}\varphi_i^2(t)\mathrm{d}t = 0$$

于是可求得

$$C_i = \frac{\displaystyle\int_{t_1}^{t_2}f(t)\varphi_i(t)\mathrm{d}t}{\displaystyle\int_{t_1}^{t_2}\varphi_i^2(t)\mathrm{d}t} = \frac{1}{K_i}\int_{t_1}^{t_2}f(t)\varphi_i(t)\mathrm{d}t \tag{3-1-13}$$

在式(3-1-13)中，

$$K_i = \int_{t_1}^{t_2}\varphi_i^2(t)\mathrm{d}t \tag{3-1-14}$$

这就是在满足最小均方误差的条件下,式(3-1-10)中系数 C_i 的表示式。此时,$f(t)$ 能获得最佳近似。

当按式(3-1-13)选取系数 C_i 时,将 C_i 代入式(3-1-10),可以求得最佳近似条件下的均方误差为

$$\overline{\varepsilon^2} = \frac{1}{t_2 - t_1} \int_{t_1}^{t_2} \left[f(t) - \sum_{j=1}^{n} C_j \varphi_j(t) \right]^2 \mathrm{d}t$$

$$= \frac{1}{t_2 - t_1} \left[\int_{t_1}^{t_2} f^2(t) \mathrm{d}t + \sum_{j=1}^{n} C_j^2 \int_{t_1}^{t_2} \varphi_j^2(t) \mathrm{d}t - 2 \sum_{j=1}^{n} C_j \int_{t_1}^{t_2} f(t) \varphi_j(t) \mathrm{d}t \right]$$

考虑到 $K_j = \int_{t_1}^{t_2} \varphi_j^2(t) \mathrm{d}t$,$C_j = \frac{1}{K_j} \int_{t_1}^{t_2} f(t) \varphi_j(t) \mathrm{d}t$,得

$$\overline{\varepsilon^2} = \frac{1}{t_2 - t_1} \left[\int_{t_1}^{t_2} f^2(t) \mathrm{d}t + \sum_{j=1}^{n} C_j^2 K_j - 2 \sum_{j=1}^{n} C_j^2 K_j \right]$$

$$= \frac{1}{t_2 - t_1} \left[\int_{t_1}^{t_2} f^2(t) \mathrm{d}t - \sum_{j=1}^{n} C_j^2 K_j \right] \tag{3-1-15}$$

利用式(3-1-15)可直接求得在给定项数 n 的条件下的最小均方误差。

由均方误差的定义式(3-1-11)可见,由于函数平方后再积分,因而 $\overline{\varepsilon^2}$ 不可能为负,即恒有 $\overline{\varepsilon^2} \geqslant 0$。由式(3-1-15)可见,在用正交函数去近似(或逼真)$f(t)$ 时,所取的项数愈多,即 n 愈大,则均方误差愈小。当 $n \to \infty$ 时,$\overline{\varepsilon^2} = 0$。由式(3-1-15)可得,如 $\overline{\varepsilon^2} = 0$,则有

$$\int_{t_1}^{t_2} f^2(t) \mathrm{d}t = \sum_{j=1}^{\infty} C_j^2 K_j \tag{3-1-16}$$

式(3-1-16)称为帕斯瓦尔(Parseval)方程。

如果信号 $f(t)$ 是电压或电流,那么,式(3-1-16)等号左端就是在 (t_1, t_2) 区间信号的能量,等号右端是在 (t_1, t_2) 区间信号各正交分量的能量之和。式(3-1-16)表明,在区间 (t_1, t_2) 信号所含能量恒等于此信号在完备正交函数集中各正交分量能量的总和。与此相反,如果信号在正交函数集中的各正交分量能量总和小于信号本身的能量,这时式(3-1-16)不成立,则该正交函数集是不完备的。

这样,当 $n \to \infty$ 时,均方误差 $\overline{\varepsilon^2} = 0$,式(3-1-10)可写为

$$f(t) = \sum_{j=1}^{+\infty} C_j \varphi_j(t) \tag{3-1-17}$$

即函数 $f(t)$ 在区间 (t_1, t_2) 可分解为无穷多项正交函数之和。

2. 周期信号的分解

设有周期信号 $f(t)$,它的周期是 T,角频率 $\Omega = 2\pi F = \frac{2\pi}{T}$,它可以分解为

$$f(t) = \frac{a_0}{2} + a_1 \cos(\Omega t) + a_2 \cos(2\Omega t) + \cdots + b_1 \sin(\Omega t) + b_2 \sin(2\Omega t) + \cdots$$

$$= \frac{a_0}{2} + \sum_{n=1}^{+\infty} a_n \cos(n\Omega t) + \sum_{n=1}^{+\infty} b_n \sin(n\Omega t) \tag{3-1-18}$$

式(3-1-18)中的系数 a_n 和 b_n 称为傅里叶系数。可由式(3-1-9)求得。为简便,式(3-1-12)的

积分区间 (t_0,t_0+T) 取为 $\left(-\dfrac{T}{2},\dfrac{T}{2}\right)$ 或 $(0,T)$。考虑到正、余弦函数的正交条件,由式(3-1-7)可得傅里叶系数

$$a_n=\frac{2}{T}\int_{-\frac{T}{2}}^{\frac{T}{2}}f(t)\cos(n\Omega t)\mathrm{d}t,\quad n=0,1,2,\cdots \tag{3-1-19}$$

$$b_n=\frac{2}{T}\int_{-\frac{T}{2}}^{\frac{T}{2}}f(t)\sin(n\Omega t)\mathrm{d}t,\quad n=1,2,\cdots \tag{3-1-20}$$

式中,T 为函数 $f(t)$ 的周期,$\Omega=\dfrac{2\pi}{T}$ 为角频率。由式(3-1-19)和式(3-1-20)可见,傅里叶系数 a_n 和 b_n 都是 n(或 $n\Omega$)的函数,其中 a_n 是 n 的偶函数,即有 $a_{-n}=a_n$;而 b_n 是 n(或 $n\Omega$)的奇函数,即有 $b_{-n}=-b_n$。

将式(3-1-18)中同频率项合并,可写成如下形式

$$\begin{aligned}f(t)&=\frac{A_0}{2}+A_1\cos(\Omega t+\varphi_1)+A_2\cos(2\Omega t+\varphi_2)+\cdots\\&=\frac{A_0}{2}+\sum_{n=1}^{+\infty}A_n\cos(n\Omega t+\varphi_n)\end{aligned} \tag{3-1-21}$$

式中

$$\begin{aligned}A_0&=a_0\\A_n&=\sqrt{a_n^2+b_n^2},\quad n=1,2,\cdots\\\varphi_n&=-\arctan\left(\frac{b_n}{a_n}\right),\quad n=1,2,\cdots\end{aligned} \tag{3-1-22}$$

如将式(3-1-21)的形式化为式(3-1-18)的形式,其系数之间的关系为

$$\begin{aligned}a_0&=A_0\\a_n&=A_n\cos\varphi_n,\quad n=1,2,\cdots\\b_n&=-A_n\sin\varphi_n,\quad n=1,2,\cdots\end{aligned} \tag{3-1-23}$$

由式(3-1-22)可见,A_n 是 n(或 $n\Omega$)的偶函数,即有 $A_{-n}=A_n$;而 φ_n 是 n(或 $n\Omega$)的奇函数,即有 $\varphi_{-n}=-\varphi_n$。

式(3-1-21)表明,任何满足狄里赫利条件的周期函数可分解为直流和许多余弦(或正弦)分量。其中第一项 $\dfrac{A_0}{2}$ 是常数项,是周期信号中所包含的直流分量;第二项 $A_1\cos(\Omega t+\varphi_1)$ 称为基波或一次谐波,其角频率与原周期信号相同,A_1 是基波振幅,φ_1 是基波初始相角;第三项 $A_2\cos(2\Omega t+\varphi_2)$ 称为二次谐波,其频率是基波频率的二倍,A_2 是二次谐波振幅,φ_2 是其初始相角。以此类推,还有三次、四次等谐波。因此,式(3-1-21)表明,周期信号可以分解为各次谐波分量之和。

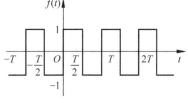

图 3-1-3 例 3-1 图

例 3-1 将图 3-1-3 所示的方波信号 $f(t)$ 展开为傅里叶级数。

解:由式(3-1-19)和式(3-1-20)可得

$$a_n = \frac{2}{T} \int_{-\frac{T}{2}}^{\frac{T}{2}} f(t) \cos(n\Omega t) \, dt$$

$$= \frac{2}{T} \int_{-\frac{T}{2}}^{0} (-1) \cos(n\Omega t) \, dt + \frac{2}{T} \int_{0}^{\frac{T}{2}} (1) \cos(n\Omega t) \, dt$$

$$= \frac{2}{T} \frac{1}{n\Omega} [-\sin(n\Omega t)] \Big|_{-\frac{T}{2}}^{0} + \frac{2}{T} \frac{1}{n\Omega} [\sin(n\Omega t)] \Big|_{0}^{\frac{T}{2}}$$

考虑到 $\Omega = \frac{2\pi}{T}$，可得

$$a_n = 0$$

$$b_n = \frac{2}{T} \int_{-\frac{T}{2}}^{0} -\sin(n\Omega t) \, dt + \frac{2}{T} \int_{0}^{\frac{T}{2}} \sin(n\Omega t) \, dt$$

$$= \frac{2}{T} \frac{1}{n\Omega} \cos(n\Omega t) \Big|_{-\frac{T}{2}}^{0} + \frac{2}{T} \frac{1}{n\Omega} [-\cos(n\Omega t)] \Big|_{0}^{\frac{T}{2}}$$

$$= \frac{2}{n\pi} [1 - \cos(n\pi)] = \begin{cases} 0, & n = 2,4,6,\cdots \\ \dfrac{4}{n\pi}, & n = 1,3,5,\cdots \end{cases}$$

将它们代入式(3-1-18)，得到如图 3-1-3 所示信号的傅里叶级数展开式为

$$f(t) = \frac{4}{\pi} \left[\sin(\Omega t) + \frac{1}{3} \sin(3\Omega t) + \frac{1}{5} \sin(5\Omega t) + \cdots + \frac{1}{n} \sin(n\Omega t) + \cdots \right], \quad n = 1,3,5,\cdots$$

$$(3-1-24)$$

它只含有一次、三次、五次等奇次谐波分量。

这里顺便计算用有限项级数逼近 $f(t)$ 引起的均方误差。根据式(3-1-15)，对于本例，考虑到 $t_2 = \dfrac{T}{2}, t_1 = -\dfrac{T}{2}, K_j = \dfrac{T}{2}$，均方误差为

$$\overline{\varepsilon^2} = \frac{1}{T} \left[\int_{-\frac{T}{2}}^{\frac{T}{2}} f^2(t) \, dt - \sum_{j=1}^{n} b_j^2 \frac{T}{2} \right] = \frac{1}{T} \left[\int_{-\frac{T}{2}}^{\frac{T}{2}} dt - \frac{T}{2} \sum_{j=1}^{n} b_j^2 \right]$$

$$= 1 - \frac{1}{2} \sum_{j=1}^{n} b_j^2 \tag{3-1-25}$$

当只取基波时

$$\overline{\varepsilon_1^2} = 1 - \frac{1}{2} \left(\frac{4}{\pi} \right)^2 = 0.189$$

当取基波和三次谐波时

$$\overline{\varepsilon_2^2} = 1 - \frac{1}{2} \left(\frac{4}{\pi} \right)^2 - \frac{1}{2} \left(\frac{4}{3\pi} \right)^2 = 0.0994$$

当取一次、三次、五次谐波时

$$\overline{\varepsilon_2^2} = 1 - \frac{1}{2} \left(\frac{4}{\pi} \right)^2 - \frac{1}{2} \left(\frac{4}{3\pi} \right)^2 - \frac{1}{2} \left(\frac{4}{5\pi} \right)^2 = 0.0669$$

当取一次、三次、五次、七次谐波时

$$\overline{\varepsilon_2^2} = 1 - \frac{1}{2} \left(\frac{4}{\pi} \right)^2 - \frac{1}{2} \left(\frac{4}{3\pi} \right)^2 - \frac{1}{2} \left(\frac{4}{5\pi} \right)^2 - \frac{1}{2} \left(\frac{4}{7\pi} \right)^2 = 0.0504$$

图 3-1-4 画出了一个周期的方波组成情况,其中图 3-1-4(a)为基波,图 3-1-4(b)为基波+三次谐波,图 3-1-4(c)为基波+三次谐波+五次谐波,图 3-1-4(d)为基波+三次谐波+五次谐波+七次谐波。由图 3-1-4 可见,当它包含的谐波分量越多时,波形越接近于原来的方波信号 $f(t)$(如图 3-1-4 中的虚线所示),其均方误差越小。可以看出,频率较低的谐波其振幅较大,它们组成方波的主体,而频率较高的高次谐波振幅较小,它们主要影响波形的细节。波形中所含的高次谐波越多,波形的边缘越陡峭。

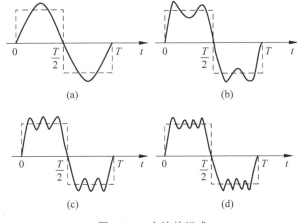

图 3-1-4 方波的组成

由图 3-1-4 还可以看到,合成波形所包含的谐波分量越多时,除间断点附近外,它越接近于原方波信号。在间断点附近,随着所含谐波次数的增高,合成波形的尖峰越接近间断点,但尖峰幅度并未明显减小。可以证明,即使合成波形所含谐波次数 $n \rightarrow +\infty$ 时,在间断点处仍有约 9% 的偏差,这种现象称为吉布斯(Gibbs)现象。在傅里叶级数的项数取得很大时,间断点处尖峰下的面积非常小以至于趋近于零,因而在均方的意义上合成波形同原方波的真值之间没有区别。

3.1.2 奇、偶函数的傅里叶级数

若给定的函数 $f(t)$ 具有某些特点,那么,有些傅里叶系数将等于零,从而使傅里叶系数的计算较为简便。

1. $f(t)$ 为偶函数

若函数 $f(t)$ 是时间 t 的偶函数,即 $f(-t) = f(t)$,则波形对称于纵坐标轴,如图 3-1-5 所示。

视频讲解

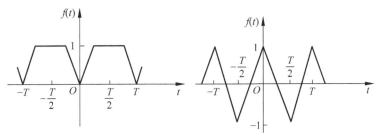

图 3-1-5 偶函数

当 $f(t)$ 是 t 的偶函数时,式(3-1-19)、式(3-1-20)中被积函数 $f(t)\cos(n\Omega t)$ 是 t 的偶函数,而 $f(t)\sin(n\Omega t)$ 是 t 的奇函数。当被积函数为偶函数时,在对称区间 $\left(-\dfrac{T}{2},\dfrac{T}{2}\right)$ 的积分等于其半区间 $\left(0,\dfrac{T}{2}\right)$ 积分的二倍;而当被积函数为奇函数时,在对称区间的积分为零,故由式(3-1-19)、式(3-1-20),得

$$\left.\begin{aligned}a_n &= \frac{4}{T}\int_0^{\frac{T}{2}} f(t)\cos(n\Omega t)\,\mathrm{d}t,\\ b_n &= 0,\end{aligned}\right\} \quad n=0,1,2,\cdots \tag{3-1-26}$$

进而由式(3-1-22),有

$$\left.\begin{aligned}A_n &= |a_n|,\\ \varphi_n &= m\pi, \quad m\ 为整数,\end{aligned}\right\} \quad n=0,1,2,\cdots \tag{3-1-27}$$

2. $f(t)$ 为奇函数

若函数 $f(t)$ 是时间 t 的奇函数,即 $f(-t)=-f(t)$,则波形对称于原点,如图 3-1-6 所示。

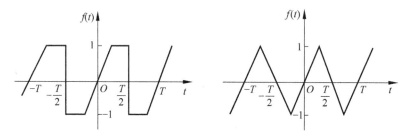

图 3-1-6 奇函数

这时有

$$\left.\begin{aligned}a_n &= 0,\\ b_n &= \frac{4}{T}\int_0^{\frac{T}{2}} f(t)\sin(n\Omega t)\,\mathrm{d}t,\end{aligned}\right\} \quad n=0,1,2,\cdots \tag{3-1-28}$$

进而有

$$\left.\begin{aligned}A_n &= |b_n|,\\ \varphi_n &= \frac{(2m+1)\pi}{2}, m\ 为整数,\end{aligned}\right\} \quad n=0,1,2,\cdots \tag{3-1-29}$$

实际上,任意函数 $f(t)$ 都可分解为奇函数和偶函数两部分,即

$$f(t) = f_{\mathrm{od}}(t) + f_{\mathrm{ev}}(t)$$

式中,$f_{\mathrm{od}}(t)$ 表示奇函数部分,$f_{\mathrm{ev}}(t)$ 表示偶函数部分。由于

$$f(-t) = f_{\mathrm{od}}(-t) + f_{\mathrm{ev}}(-t) = -f_{\mathrm{od}}(t) + f_{\mathrm{ev}}(t)$$

所以有

$$f_{\mathrm{od}}(t) = \frac{f(t)-f(-t)}{2} \quad f_{\mathrm{ev}}(t) = \frac{f(t)+f(-t)}{2} \tag{3-1-30}$$

需要注意,某函数是否为奇(或偶)函数不仅与周期函数 $f(t)$ 的波形有关,而且与时间

坐标原点的选择有关。

3.1.3 傅里叶级数的指数形式

三角函数形式的傅里叶级数含义比较明确,但运算不方便,因而经常采用指数形式的傅里叶级数。

由于

$$\cos x = \frac{e^{jx} + e^{-jx}}{2}$$

所以式(3-1-21)可写为

$$f(t) = \frac{A_0}{2} + \sum_{n=1}^{+\infty} \frac{A_n}{2} \left[e^{j(n\Omega t + \varphi_n)} + e^{-j(n\Omega t + \varphi_n)} \right]$$

$$= \frac{A_0}{2} + \frac{1}{2} \sum_{n=1}^{+\infty} A_n e^{j\varphi_n} e^{jn\Omega t} + \frac{1}{2} \sum_{n=1}^{+\infty} A_n e^{-j\varphi_n} e^{-jn\Omega t}$$

将上式第三项中的 n 用 $-n$ 代换,并考虑到 A_n 是 n 的偶函数,即 $A_{-n} = A_n$; φ_n 是 n 的奇函数,即 $\varphi_{-n} = -\varphi_n$,则上式可写为

$$f(t) = \frac{A_0}{2} + \frac{1}{2} \sum_{n=1}^{+\infty} A_n e^{j\varphi_n} e^{jn\Omega t} + \frac{1}{2} \sum_{n=-1}^{-\infty} A_{-n} e^{-j\varphi_{-n}} e^{jn\Omega t}$$

$$= \frac{A_0}{2} + \frac{1}{2} \sum_{n=1}^{+\infty} A_n e^{j\varphi_n} e^{jn\Omega t} + \frac{1}{2} \sum_{n=-1}^{-\infty} A_n e^{j\varphi_n} e^{jn\Omega t}$$

如将上式中的 A_0 写成 $A_0 e^{j\varphi_n} e^{j0\Omega t}$(其中,$\varphi_n = 0$),则上式可以写为

$$f(t) = \frac{1}{2} \sum_{n=-\infty}^{+\infty} A_n e^{j\varphi_n} e^{jn\Omega t} \tag{3-1-31}$$

令复数量 $\frac{1}{2} A_n e^{j\varphi_n} = |F_n| e^{j\varphi_n} = F_n$,称其为复傅里叶系数,简称傅里叶系数,其模为 $|F_n|$,相角为 φ_n,则得傅里叶级数的指数形式为

$$f(t) = \sum_{n=-\infty}^{+\infty} F_n e^{jn\Omega t} \tag{3-1-32}$$

根据式(3-1-23),傅里叶系数

$$F_n = \frac{1}{2} A_n e^{j\varphi_n} = \frac{1}{2} [A_n \cos\varphi_n + jA_n \sin\varphi_n] = \frac{1}{2}(a_n - jb_n) \tag{3-1-33}$$

将式(3-1-19)和式(3-1-20)代入式(3-1-33),得

$$F_n = \frac{1}{T} \int_{-\frac{T}{2}}^{\frac{T}{2}} f(t)\cos(n\Omega t)dt - j\frac{1}{T} \int_{-\frac{T}{2}}^{\frac{T}{2}} f(t)\sin(n\Omega t)dt$$

$$= \frac{1}{T} \int_{-\frac{T}{2}}^{\frac{T}{2}} f(t)\cos(n\Omega t)dt - j\frac{1}{T} \int_{-\frac{T}{2}}^{\frac{T}{2}} f(t)\sin(n\Omega t)dt$$

$$= \frac{1}{T} \int_{-\frac{T}{2}}^{\frac{T}{2}} f(t) e^{-jn\Omega t}dt, n = 0, \pm 1, \pm 2, \cdots \tag{3-1-34}$$

这就是求指数形式傅里叶级数的复系数 F_n 的公式。

式(3-1-32)表明,任意周期信号 $f(t)$ 可分解为许多不同频率的虚指数信号($e^{jn\Omega t}$)之和,

其各分量的复数幅度(或相量)为 F_n。

3.1.4 典型周期信号的傅里叶级数

先讨论一些常用周期信号的傅里叶级数。

1. 周期矩形脉冲信号

设周期矩形脉冲信号 $f(t)$ 的脉冲宽度为 τ，脉冲幅度为 1，重复周期为 T，如图 3-1-7 所示。

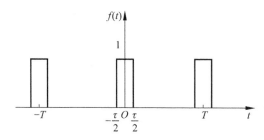

图 3-1-7　周期矩形信号的波形

信号在一个周期内 $\left(-\dfrac{T}{2} \leqslant t \leqslant \dfrac{T}{2}\right)$ 的表示式为

$$f(t) = u\left(t + \frac{\tau}{2}\right) - u\left(t - \frac{\tau}{2}\right)$$

经计算，可以把周期矩形信号 $f(t)$ 展成三角形式的傅里叶级数

$$f(t) = a_0 + \sum_{n=1}^{+\infty}\left[a_n \cos(n\Omega t) + b_n \sin(n\Omega t)\right]$$

可以求出各系数，其中直流分量

$$a_0 = \frac{1}{T}\int_{-\frac{T}{2}}^{\frac{T}{2}} f(t)\mathrm{d}t = \frac{1}{T}\int_{-\frac{\tau}{2}}^{\frac{\tau}{2}}\mathrm{d}t = \frac{\tau}{T} \tag{3-1-35}$$

余弦分量的幅度为

$$a_n = \frac{2}{T}\int_{-\frac{T}{2}}^{\frac{T}{2}} f(t)\cos(n\Omega t)\mathrm{d}t = \frac{2}{T}\int_{-\frac{\tau}{2}}^{\frac{\tau}{2}}\cos\left(n\frac{2\pi}{T}t\right)\mathrm{d}t = \frac{2}{n\pi}\sin\left(\frac{n\pi\tau}{T}\right)$$

或写成

$$a_n = \frac{2\tau}{T}\mathrm{Sa}\left(\frac{n\pi\tau}{T}\right) = \frac{\tau\Omega}{\pi}\mathrm{Sa}\left(\frac{n\Omega\tau}{2}\right) \tag{3-1-36}$$

其中，Sa 为抽样函数，且

$$\mathrm{Sa}\left(\frac{n\pi\tau}{T}\right) = \frac{\sin\left(\dfrac{n\pi\tau}{T}\right)}{\dfrac{n\pi\tau}{T}}$$

由于 $f(t)$ 是偶函数，可得 $b_n = 0$。这样，周期矩形信号的三角形式的傅里叶级数为

$$f(t) = \frac{\tau}{T} + \frac{2\tau}{T}\sum_{n=1}^{+\infty}\mathrm{Sa}\left(\frac{n\pi\tau}{T}\right)\cos(n\Omega t)$$

或写成

$$f(t) = \frac{\tau}{T} + \frac{\tau\Omega}{\pi} \sum_{n=1}^{+\infty} \mathrm{Sa}\left(\frac{n\Omega\tau}{2}\right) \cos(n\Omega t) \tag{3-1-37}$$

若将 $f(t)$ 展开成指数形式的傅里叶级数,可得

$$F_n = \frac{1}{T} \int_{-\frac{\tau}{2}}^{\frac{\tau}{2}} \mathrm{e}^{-\mathrm{j}n\Omega t} \, \mathrm{d}t = \frac{\tau}{T} \mathrm{Sa}\left(\frac{n\Omega\tau}{2}\right)$$

所以

$$f(t) = \sum_{n=-\infty}^{+\infty} F_n \mathrm{e}^{\mathrm{j}n\Omega t} = \frac{\tau}{T} \sum_{n=-\infty}^{\infty} \mathrm{Sa}\left(\frac{n\Omega\tau}{2}\right) \mathrm{e}^{\mathrm{j}n\Omega t} \tag{3-1-38}$$

对称方波信号如图 3-1-8 所示,对称方波信号是矩形的一种特殊情况,两者相比较,对称方波信号有两个特点:

(1) 它是正负交替的信号,其直流分量(a_0)等于零。

(2) 它的脉冲恰等于周期的一半,即 $\tau = \dfrac{T}{2}$。

这样,可以直接得到方波的傅里叶级数,即

$$f(t) = \frac{2}{\pi}\left[\cos(\Omega t) - \frac{1}{3}\cos(3\Omega t) + \frac{1}{5}\cos(5\Omega t) - \cdots\right]$$

$$= \frac{2}{\pi} \sum_{n=1}^{+\infty} \frac{1}{n} \sin\left(\frac{n\pi}{2}\right) \cos(n\Omega t) \tag{3-1-39}$$

或写成

$$f(t) = \frac{2}{\pi}\left[\cos(\Omega t) + \frac{1}{3}\cos(3\Omega t + \pi) + \frac{1}{5}\cos(5\Omega t) + \cdots\right]$$

其波形如图 3-1-8 所示。

对称方波的傅里叶级数只包含基波和奇次谐波,也称奇谐函数。

2. 周期锯齿脉冲信号

周期锯齿脉冲信号如图 3-1-9 所示,显然它是奇函数,因而 $a_n = 0$,并可求出傅里叶级数的系数 b_n。这样,便可得到周期锯齿脉冲信号的傅里叶级数为

$$f(t) = \frac{1}{\pi}\left[\sin(\Omega t) - \frac{1}{2}\sin(2\Omega t) + \frac{1}{3}\sin(3\Omega t) - \frac{1}{4}\sin(4\Omega t) + \cdots\right]$$

$$= \frac{1}{\pi} \sum_{n=1}^{+\infty} (-1)^{n+1} \frac{1}{n} \sin(n\Omega t) \tag{3-1-40}$$

周期锯齿脉冲信号的频谱只包含正弦分量,谐波的幅度以 $\dfrac{1}{n}$ 的规律收敛。

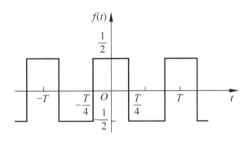

图 3-1-8　对称方波信号的波形

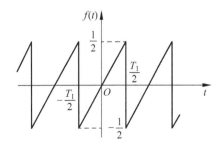

图 3-1-9　周期锯齿脉冲信号的波形

3. 周期三角脉冲信号

周期三角脉冲信号如图 3-1-10 所示,显然它是偶函数,因而 $b_n = 0$,可以求出傅里叶级数的系数 a_n。这样,便可得到该信号的傅里叶级数为

$$f(t) = \frac{1}{2} + \frac{4}{\pi^2}\left[\cos(\Omega t) + \frac{1}{3^2}\cos(3\Omega t) + \frac{1}{5^2}\cos(5\Omega t) + \cdots\right]$$

$$= \frac{1}{2} + \frac{4}{\pi^2}\sum_{n=1}^{+\infty}\frac{1}{n^2}\sin^2\left(\frac{n\pi}{2}\right)\cos(n\Omega t) \tag{3-1-41}$$

周期三角脉冲的频谱只包含直流、基波和奇次波频率分量,谐波的幅度以 $\frac{1}{n^2}$ 的规律收敛。

4. 周期半波余弦信号

周期半波余弦信号如图 3-1-11 所示。显然它是偶函数,因而 $b_n = 0$,可以求出傅里叶级数的系数 a_n。这样便可得到该信号的傅里叶级数为

$$f(t) = \frac{1}{\pi} + \frac{1}{2}\left[\cos(\Omega t) + \frac{4}{3\pi}\cos(2\Omega t) - \frac{4}{15\pi}\cos(4\Omega t) + \cdots\right]$$

$$= \frac{1}{\pi} + \frac{2}{\pi}\sum_{n=1}^{+\infty}\frac{1}{(n^2-1)}\cos\left(\frac{n\pi}{2}\right)\cos(n\Omega t) \tag{3-1-42}$$

其中,

$$\Omega = \frac{2\pi}{T}$$

周期半波余弦信号的频谱只含有直流,基波和偶次谐波分量。谐波的幅度以 $\frac{1}{n^2}$ 规律收敛。

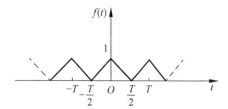

图 3-1-10　周期三角脉冲信号的波形

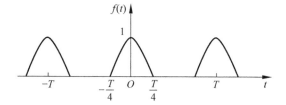

图 3-1-11　周期半波余弦信号的波形

5. 周期全波余弦信号

令余弦信号为

$$f_1(t) = \cos(\Omega t)$$

其中,

$$\Omega = \frac{2\pi}{T}$$

此时,全波余弦信号 $f(t)$ 为

$$f(t) = |f_1(t)| = |\cos(\Omega t)|$$

由图 3-1-12 可见,$f(t)$ 周期是 $f_1(t)$ 的一半。因为 $f(t)$ 是偶函数,所以 $b_n = 0$,可以求

出傅里叶级数的系数 $a_0 \sim a_n$。这样便可得到周期全波余弦信号的傅里叶级数为

$$f(t) = \frac{2}{\pi} + \frac{4}{3\pi}\cos(\Omega_1 t) - \frac{4}{15\pi}\cos(2\Omega_1 t) + \frac{4}{35\pi}\cos(3\Omega_1 t) - \cdots$$

$$= \frac{2}{\pi} + \frac{4}{3\pi}\left[\frac{1}{3}\cos(2\Omega t) - \frac{1}{15\pi}\cos(4\Omega t) + \frac{1}{35\pi}\cos(6\Omega t) - \cdots\right]$$

$$= \frac{2}{\pi} + \frac{4}{\pi}\sum_{n=1}^{+\infty}(-1)^{n+1}\frac{1}{(4n^2-1)}\cos(2n\Omega t) \tag{3-1-43}$$

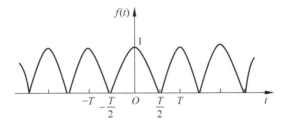

图 3-1-12　周期全波余弦信号的波形

可见，周期全波余弦信号的频谱包含直流分量及 Ω_1 的基波和各次谐波分量，或者说，只包含直流分量及 Ω 的偶次谐波分量。谐波的幅度以 $\dfrac{1}{n^2}$ 规律收敛。

3.1.5　MATLAB 实现

各种周期信号的傅里叶级数展开可以运用 MATLAB 来实现。

例 3-2　周期矩形脉冲信号。

解：对于周期为 4，脉宽为 2，幅度为 1 的周期信号，首先建立 fourier.m 文件函数，其 MATLAB 程序为：

```
function F = fourier
syms x;
T = input('T = ');
n = 10;
t = 0:0.001:16;
f = max(square(pi * 0.5 * t,50),0);
plot(t,f);
grid on;
hold on;
axis([0 4 * pi - 0.5 1.5]);
A0 = 1/2;
F = 0;
Fx = 0;
for i = 1:n
        As = int(2 * cos(2 * pi * i * x/T)/T,x,0,T/2);
        Bs = int(2 * sin(2 * pi * i * x/T)/T,x,0,T/2);
        F = F + As * cos(2 * pi * i * t/T) + Bs * sin(2 * pi * i * t/T);
        Fx = Fx + As * cos(2 * pi * i * x/T) + Bs * sin(2 * pi * i * x/T);
end
F = F + A0;
Fx = Fx + A0;
```

```
Fx
plot(t,F)
```

单击运行 fourier.m 文件函数,在命令行窗口中输入 T=4,输出为:

```
Fx = (2 * sin((pi * x)/2))/pi + (2 * sin((3 * pi * x)/2))/(3 * pi) + (2 * sin((5 * pi * x)/2))/
(5 * pi) + (2 * sin((7 * pi * x)/2))/(7 * pi) + (2 * sin((9 * pi * x)/2))/(9 * pi) + 1/2
```

即

$$\mathrm{Fx} = \frac{2\sin\dfrac{\pi x}{2}}{\pi} + \frac{2\sin\dfrac{3\pi x}{2}}{3\pi} + \frac{2\sin\dfrac{5\pi x}{2}}{5\pi} + \frac{2\sin\dfrac{7\pi x}{2}}{7\pi} + \frac{2\sin\dfrac{9\pi x}{2}}{9\pi} + \frac{1}{2}$$

则得到的波形如图 3-1-13 所示。

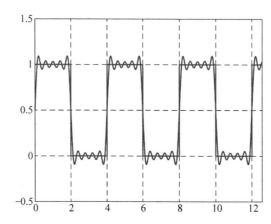

图 3-1-13 周期矩形脉冲信号傅里叶级数

视频讲解

3.2 周期信号的频谱

3.2.1 周期信号的频谱概述

周期信号可以分解成一系列正弦信号或虚指数信号之和,即

$$f(t) = \frac{A_0}{2} + \sum_{n=1}^{+\infty} A_n \cos(n\Omega t + \varphi_n) \tag{3-2-1}$$

或写成

$$f(t) = \sum_{n=-\infty}^{+\infty} F_n \mathrm{e}^{\mathrm{j}n\Omega t} \tag{3-2-2}$$

其中,$F_n = \dfrac{1}{2} A_n \mathrm{e}^{\mathrm{j}\varphi_n} = |F_n| \mathrm{e}^{\mathrm{j}\varphi_n}$。为了直观地表示信号所含各分量的振幅,以频率(或角频率)为横坐标,以各谐波的振幅 A_n 或虚指数函数的幅度 $|F_n|$ 为纵坐标,可画出如图 3-2-1(a)、(b)所示的线图,称为幅度(振幅)频谱,或称幅度谱。图 3-2-1 中每条竖线代表该频率分量的幅度,称为谱线。连接各谱线顶点的曲线(见图 3-2-1 中虚线),称为包络线,它反映了各分量幅度随频率变化的情况。需要说明的是,在图 3-2-1(a)中,信号分解为各余弦分量,图中的每一条谱线表示该次谐波的振幅(称为单边幅度谱),而在图 3-2-1(b)中,信号分解为各

虚指数函数,图中的每一条谱线表示各分量的幅度 $|F_n|$ $\left($ 称为双边幅度谱,其中,$|F_n| = |F_{-n}| = \dfrac{1}{2} A_n\right)$。

类似地,也可画出各谐波初相角 φ_n 与频率(或角频率)的线图,如图 3-2-1(c)、(d)所示,称为相位频谱。如果 F_n 为实数,那么可用 F_n 的正负来表示 φ_n 为 0 或 π。

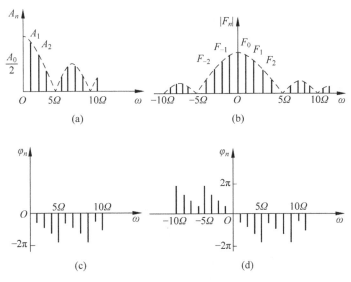

图 3-2-1 周期信号的频谱

由图 3-2-1 可见,周期信号的谱线只出现在频率为 $0,\Omega,2\Omega,\cdots\cdots$ 的离散频率上,即周期信号的频谱是离散谱。

3.2.2 周期矩形脉冲信号的频谱

设有一幅度为 1,脉冲宽度为 τ 的周期性矩形脉冲,其周期为 T,如图 3-1-7 可以求得其傅里叶系数,如式(3-1-38)。

图 3-2-2 中画出了 $T=10\tau$ 的周期性矩形脉冲的频谱,由于本例中的 F_n 为实数,其相位为 0 或 π,故没有另外画出其相位谱。

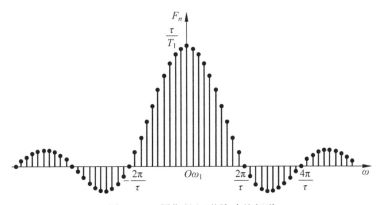

图 3-2-2 周期性矩形脉冲的频谱

由图 3-2-2 可见,周期性矩形脉冲信号的频谱具有一般周期信号频谱的共同特点,它们的频谱都是离散的。它仅含有 $\omega = n\Omega$ 各分量,其相邻两谱线的间隔是 $\Omega\left(\Omega = \dfrac{2\pi}{T}\right)$,脉冲周期 T 越长,谱线间隔越小,频谱越稠密;反之,则越稀疏。

对于周期矩形脉冲而言,其各谱线的幅度按包络线 $\mathrm{Sa}\left(\dfrac{\omega\tau}{2}\right)$ 的规律变化。在 $\dfrac{\omega\tau}{2} = m\pi$($m = \pm 1, \pm 2, \cdots$)各处,即 $\omega = \dfrac{2m\pi}{\tau}$ 的各处包络为零,其相应的谱线,即相应的频率分量也等于零。

周期矩形脉冲信号包括无限多条谱线,也就是说,它可分为无限多个频率分量。实际上,由于各分量的幅度随频率增高而减小,其信号的能量主要集中在第一个零点以内,在允许一定失真的条件下,只需要传送频率较低的那些分量就够了。通常把 $0 \leqslant f \leqslant \dfrac{1}{\tau}\left(0 \leqslant \omega < \dfrac{2\pi}{\tau}\right)$ 这段频率范围称为周期矩形脉冲信号的频带宽度或信号的带宽,用符号 ΔF 表示,即周期矩形脉冲信号频带宽度(带宽)为

$$\Delta F = \frac{1}{\tau} \tag{3-2-3}$$

图 3-2-3 画出了周期相同、脉冲宽度不同的信号及其频谱。由图 3-2-3 可见,由于周期相同,因而相邻谱线的间隔相同;脉冲宽度越窄,其频谱包络线第一个零点的频率越高,即信号带宽越宽,频带内所含的分量越多。可见,信号的频带宽度与脉冲宽度成反比。由式(3-2-3)可见,信号周期不变而脉冲宽度减小时,频谱的幅度也相应地减小,图 3-2-3 中未按比例画出这种关系。

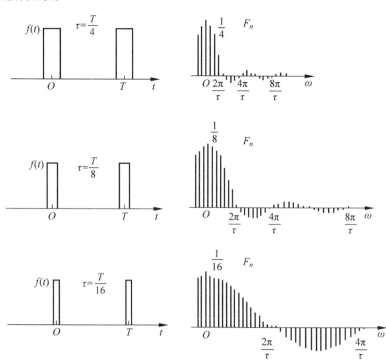

图 3-2-3 脉冲宽度与频谱的关系

图 3-2-4 画出了脉冲宽度相同而周期不同的信号及其频谱。可见,这时频谱包络线的零点所在位置不变,而当周期增长时,相邻谱线的间隔减小,频谱变密。如果周期无限增长,那么,相邻谱线的间隔将趋近于零,周期信号的离散频谱就过渡到非周期信号的连续频谱。

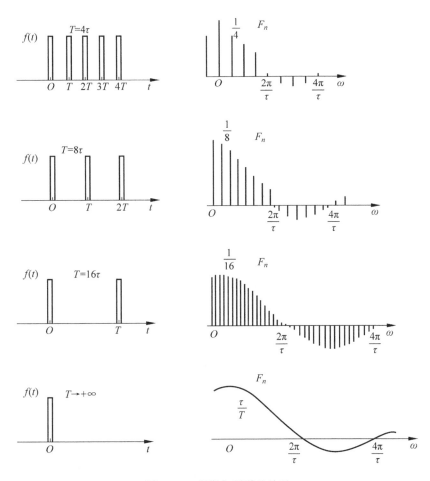

图 3-2-4 周期与频谱的关系

随着周期的增长,各谐波分量的幅度也相应减小,图 3-2-4 为示意图,未按比例画出这种关系。

3.2.3 周期信号的功率

周期信号是功率信号。为了方便,研究周期信号在 1Ω 电阻上消耗的平均功率,称为归一化平均功率。如果周期信号 $f(t)$ 是实数,那么无论它是电压信号还是电流信号,其平均功率都为

$$P = \frac{1}{T} \int_{-\frac{T}{2}}^{\frac{T}{2}} f^2(t) \mathrm{d}t \tag{3-2-4}$$

将 $f(t)$ 的傅里叶级数展开式代入式(3-2-4),得

$$P = \frac{1}{T}\int_{-\frac{T}{2}}^{\frac{T}{2}} \left[\frac{A_0}{2} + \sum_{n=1}^{+\infty} A_n \cos(n\Omega t + \varphi_n) \right]^2 \mathrm{d}t \qquad (3\text{-}2\text{-}5)$$

将式(3-2-5)中的被积函数展开,在展开式中具有 $\cos(n\Omega t + \varphi_n)$ 形式的余弦项,其中一个周期内的积分等于零;具有 $A_n \cos(n\Omega t + \varphi_n) A_m \cos(m\Omega t + \varphi_m)$ 形式的项,当 $m \neq n$ 时,其积分值为零,对于 $m=n$ 的项,其积分值为 $\frac{T}{2}A_n^2$,因此,式(3-2-5)的积分为

$$P = \frac{1}{T}\int_{-\frac{T}{2}}^{\frac{T}{2}} f^2(t)\,\mathrm{d}t = \left(\frac{A_0}{2}\right)^2 + \sum_{n=1}^{\infty} \frac{1}{2}A_n^2 \qquad (3\text{-}2\text{-}6)$$

式(3-2-6)等号右端的第一项为直流功率,第二项为各次谐波的功率之和。式(3-2-6)表明,周期信号的功率等于直流功率与各次谐波功率之和。由于 $|F_n|$ 是 n 的偶函数,且 $|F_n| = \frac{1}{2}A_n$,式(3-2-6)可改为

$$P = \frac{1}{T}\int_{-\frac{T}{2}}^{\frac{T}{2}} f^2(t)\,\mathrm{d}t = |F_0|^2 + 2\sum_{n=1}^{+\infty} |F_n|^2 = \sum_{n=-\infty}^{+\infty} |F_n|^2 \qquad (3\text{-}2\text{-}7)$$

式(3-2-6)、式(3-2-7)称为帕斯瓦尔恒等式。帕斯瓦尔恒等式表明,对于周期信号,在时域中求得的信号功率与在频域中求得的信号功率相等。

例 3-3 试计算图 3-2-5 所示信号在频谱第一个零点以内各分量的功率所占总功率的百分比。

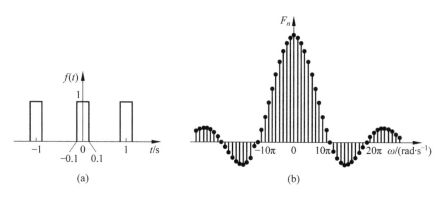

图 3-2-5 例 3-3 图

解:由图 3-2-5(a)可求得信号 $f(t)$ 的功率

$$P = \frac{1}{T}\int_{-\frac{T}{2}}^{\frac{T}{2}} f^2(t)\,\mathrm{d}t = \frac{1}{1}\int_{-0.1}^{0.1} (1)^2\,\mathrm{d}t = 0.2$$

将 $f(t)$ 展开为指数形式傅里叶级数

$$f(t) = \sum_{n=-\infty}^{n=+\infty} F_n \mathrm{e}^{jn\Omega t}$$

由式(3-1-38)知,其傅里叶系数

$$F_n = \frac{\tau}{T}\mathrm{Sa}\left(\frac{n\pi\tau}{T}\right) = 0.2\mathrm{Sa}(0.2n\pi)$$

其频谱如图 3-2-5(b)所示,频谱的第一个零点在 $n=5$,这时

$$\omega = 5\Omega = \frac{10\pi}{T} = 10\pi\mathrm{rad/s}$$

根据式(3-2-7),在频谱第一个零点内的各分量的功率和为

$$P_{10\pi} = |F_0|^2 + 2\sum_{n=1}^{5}|F_n|^2$$

将 $|F_n|$ 代入,得

$$P_{10\pi} = (0.2)^2 + 2(0.2)^2\left[\mathrm{Sa}^2(0.2\pi) + \mathrm{Sa}^2(0.4\pi) + \mathrm{Sa}^2(0.6\pi) + \mathrm{Sa}^2(0.8\pi) + \mathrm{Sa}^2(\pi)\right]$$
$$= 0.04 + 0.08(0.8751 + 0.5728 + 0.2546 + 0.05470 + 0)$$
$$= 0.1806$$

$$\frac{P_{10\pi}}{P} = \frac{0.1806}{0.2} = 90.3\%$$

即频谱第一个零点以内各分量的功率占总功率的 90.3%。

3.2.4 MATLAB 实现

实现周期矩形脉冲信号频谱分析的程序如下:

```
t = -10:0.01:10;
y = 0.5 * (square(0.4 * pi * (t + 0.5),20) + 1);
plot(t,y);
grid;
axis([-10,10, -0.1,1.2]);
title('矩形脉冲周期信号'),xlabel('t'),ylabel('f(t)');
n = -30:30;
e = 1;tao = 2;
zq = 5;
w = (2 * pi)/zq;
xr = (e * tao/zq). * sinc(n. * tao./zq);
xi = zeros(61,1);
figure(2)
subplot(2,1,1),stem(n,xr,'.');
grid;
title('矩形脉冲周期信号频谱:实部'),xlabel('k'),ylabel('Real Part of X(k)');
subplot(2,1,2),stem(n,xi,'.');grid;
title('矩形脉冲周期信号频谱:虚部'),xlabel('k'),ylabel('Imaginary Part of X(k)');
n = -30:30;
e = 1;
tao = 2;
zq = 5;
w = (2 * pi)/zq;
x = abs((e * tao/zq). * sinc(n. * tao./zq));
```

```
y = atan2(0,(e * tao/zq). * sinc(n. * tao./zq));
figure(3)
subplot(2,1,1),stem(n,x,'.');grid;
xlabel('k'),ylabel('Magnitude Part of X(k)');
title('矩形脉冲周期信号频谱：幅值') ;
subplot(2,1,2),stem(n,y,'.');grid;
xlabel('k'),ylabel('Phase Part of X(k)');
title('矩形脉冲周期信号频谱：相位') ;
```

执行该程序,运行结果如图 3-2-6～图 3-2-8 所示。

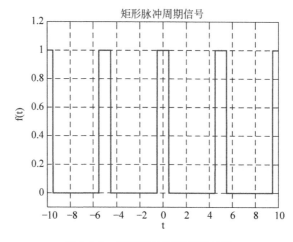

图 3-2-6　矩形脉冲周期信号波形

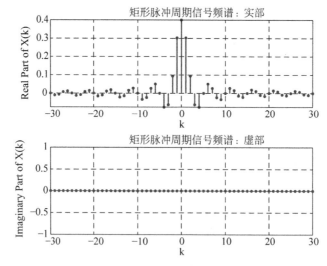

图 3-2-7　矩形脉冲周期信号频谱

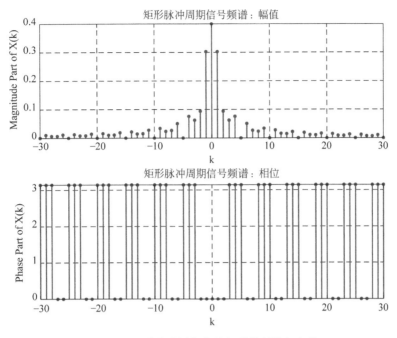

图 3-2-8 矩形脉冲周期信号频谱的幅值与相位

3.3 非周期信号的频谱

3.3.1 傅里叶变换

视频讲解

以周期矩形信号为例,如图 3-3-1 所示,当周期 T 增大时,谱线间隔 $\Omega = \dfrac{2\pi}{T}$ 变小,若周期 T 趋于无穷大,则谱线间隔趋于无穷小,此时,可以将周期信号视为非周期信号,离散频谱变为连续频谱。

周期信号 $f(t)$ 的复指数形式傅里叶级数为

$$f(t) = \sum_{n=-\infty}^{+\infty} F_n \mathrm{e}^{\mathrm{j}n\Omega t}$$

其傅里叶系数为

$$F_n = \frac{1}{T} \int_T f(t) \mathrm{e}^{-\mathrm{j}n\Omega t} \, \mathrm{d}t$$

可见,周期 T 趋于无穷大时,频谱的谱线长度 F_n 趋于零,但从物理意义上考虑,无论信号怎样分解,其所含能量是不变的,所以无论周期增大到什么程度,频谱依然存在。为了表达非周期信号的频谱,下面引入"频谱密度函数"的概念。

令

$$F(\mathrm{j}\omega) = \lim_{T \to +\infty} \frac{F_n}{1/T} = \lim_{T \to +\infty} \int_T f(t) \mathrm{e}^{-\mathrm{j}n\Omega t} \, \mathrm{d}t \tag{3-3-1}$$

当 T 趋于无穷大时,$F(\mathrm{j}\omega)$ 不趋于零而趋于有限值。在上式中 $\dfrac{F_n}{\Omega}$ 表示单位频带的频谱值,

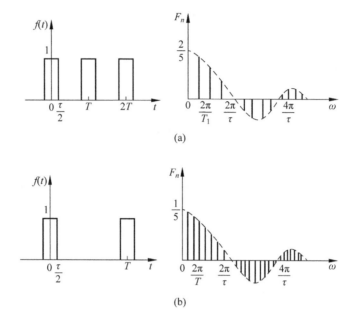

图 3-3-1 T 取不同值时矩形周期信号的频谱比较

即频谱密度的概念。因此，$F(\mathrm{j}\omega)$ 称为原函数 $f(t)$ 的频谱密度函数，或简称为频谱函数。于是有

$$F(\mathrm{j}\omega) = \lim_{T \to \infty} \int_{-\frac{T}{2}}^{\frac{T}{2}} f(t) \mathrm{e}^{-\mathrm{j}n\Omega t} \,\mathrm{d}t$$

即

$$F(\mathrm{j}\omega) = \int_{-\infty}^{+\infty} f(t) \mathrm{e}^{-\mathrm{j}\omega t} \,\mathrm{d}t \tag{3-3-2}$$

同样，考虑当 T 趋于无穷大的情况下，Ω 趋于无穷小，取其为 $\mathrm{d}\omega$，而 $\dfrac{1}{T} = \dfrac{\Omega}{2\pi}$ 趋近于 $\dfrac{\mathrm{d}\omega}{2\pi}$。$n\Omega$ 是变量，当 Ω 趋于无穷小时它就称为连续变量，取为 ω，同时求和改为积分。即

$$\Delta(n\Omega) \to \mathrm{d}\omega$$

$$n\Omega \to \omega$$

$$\sum_{-\infty}^{+\infty} \to \int_{-\infty}^{+\infty}$$

于是，傅里叶级数变成积分形式，即

$$f(t) = \frac{1}{2\pi} \int_{-\infty}^{+\infty} F(\mathrm{j}\omega) \mathrm{e}^{\mathrm{j}\omega t} \,\mathrm{d}\omega \tag{3-3-3}$$

这样，由周期信号的傅里叶级数通过极限的方法导出的非周期信号频谱的表达式为式(3-3-2)和式(3-3-3)所示，此过程称为傅里叶变换。通常，式(3-3-2)称为傅里叶正变换，即 $F(\mathrm{j}\omega)$ 是 $f(t)$ 傅里叶变换；式(3-3-3)称为傅里叶逆(反)变换，即 $f(t)$ 是 $F(\mathrm{j}\omega)$ 的原函数或傅里叶逆变换。

傅里叶正变换

$$F(\mathrm{j}\omega) = \mathcal{F}[f(t)] = \int_{-\infty}^{+\infty} f(t) \mathrm{e}^{-\mathrm{j}\omega t} \,\mathrm{d}t$$

傅里叶逆变换

$$f(t) = \mathcal{F}^{-1}\big[F(j\omega)\big] = \frac{1}{2\pi}\int_{-\infty}^{+\infty} F(j\omega)\,\mathrm{e}^{j\omega t}\,\mathrm{d}\omega$$

式中,$F(j\omega)$ 是 $f(t)$ 的频谱函数,一般为复函数,可以写成

$$F(j\omega) = |F(j\omega)|\,\mathrm{e}^{j\varphi(\omega)} = R(\omega) + jX(\omega)$$

其中,$|F(j\omega)|$ 是 $F(j\omega)$ 的模,代表信号中各频率分量的相对大小;$\varphi(\omega)$ 是 $F(j\omega)$ 的相位函数,代表信号中各频率分量之间的相位关系。$|F(j\omega)|\sim\omega$ 与 $\varphi(\omega)\sim\omega$ 曲线分别称为非周期信号的幅度频谱与相位频谱,它们都是频率 ω 的连续函数,其形状与相应的周期信号频谱包络线相同。

与周期信号相同,可将式(3-3-3)改写为三角函数形式,即

$$f(t) = \frac{1}{2\pi}\int_{-\infty}^{+\infty} F(j\omega)\,\mathrm{e}^{j\omega t}\,\mathrm{d}\omega = \frac{1}{2\pi}\int_{-\infty}^{+\infty} |F(j\omega)|\,\mathrm{e}^{j[\omega t+\varphi(\omega)]}\,\mathrm{d}\omega$$

$$= \frac{1}{2\pi}\int_{-\infty}^{+\infty} |F(j\omega)|\cos[\omega t+\varphi(\omega)]\mathrm{d}\omega + \frac{j}{2\pi}\int_{-\infty}^{+\infty} |F(j\omega)|\sin[\omega t+\varphi(\omega)]\mathrm{d}\omega$$

当 $f(t)$ 是实函数时,由式(3-3-2)可知,$F(j\omega)$ 和 $\varphi(\omega)$ 分别为频率 ω 的偶函数与奇函数,则上式简化为

$$f(t) = \frac{1}{2\pi}\int_{-\infty}^{+\infty} |F(j\omega)|\cos[\omega t+\varphi(\omega)]\mathrm{d}\omega$$

$$= \frac{1}{\pi}\int_{0}^{+\infty} |F(j\omega)|\cos[\omega t+\varphi(\omega)]\mathrm{d}\omega$$

显然,非周期信号和周期信号一样,也可以分解为许多不同频率的余弦分量。它包含了频率从零至无限大的一切频率分量。

与周期信号一样,从理论上讲,上述傅里叶变换也必须满足一定条件。这种条件类似于狄里赫利条件,不同之处在于非周期信号的时间范围由一个周期变成无限的区间,即傅里叶变换存在的充分条件是,在无限区间内满足绝对可积条件,即

$$\int_{-\infty}^{+\infty} |f(t)|\,\mathrm{d}t < \infty$$

大部分常用的能量信号都满足上述条件,都存在傅里叶变换。而很多信号,如周期信号、阶跃信号、符号函数等,虽然不满足绝对可积条件,但在变换过程中借助奇异函数(如冲激函数)就能使这些不满足条件的信号存在傅里叶变换。这样,就有可能把傅里叶级数和傅里叶变换结合在一起。

3.3.2 典型非周期信号的傅里叶变换

1. 单边指数信号
已知单边指数信号的表示式为

$$f(t) = \mathrm{e}^{-at}u(t),\quad \alpha > 0 \tag{3-3-4}$$

$$F(j\omega) = \int_{-\infty}^{+\infty} f(t)\mathrm{e}^{-j\omega t}\,\mathrm{d}t = \int_{0}^{+\infty} \mathrm{e}^{-at}\,\mathrm{e}^{-j\omega t}\,\mathrm{d}t = \frac{1}{\alpha+j\omega} \tag{3-3-5}$$

幅度频谱为

$$|F(j\omega)| = \frac{1}{\sqrt{\alpha^2+\omega^2}} \tag{3-3-6}$$

相位频谱为

$$\varphi(\omega) = -\arctan\left(\frac{\omega}{\alpha}\right) \tag{3-3-7}$$

单边指数信号的波形、幅度频谱和相位频谱如图 3-3-2 所示。

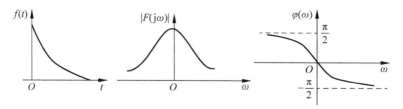

图 3-3-2 单边指数信号的波形及频谱

2. 偶双边指数信号

已知双边偶指数信号的表示式为

$$f(t) = e^{-\alpha|t|}, \quad \alpha > 0 \tag{3-3-8}$$

$$
\begin{aligned}
F(j\omega) &= \int_{-\infty}^{+\infty} f(t) e^{-j\omega t} \, dt \\
&= \int_{-\infty}^{0} e^{\alpha t} e^{-j\omega t} \, dt + \int_{0}^{+\infty} e^{-\alpha t} e^{-j\omega t} \, dt \\
&= \frac{1}{\alpha - j\omega} e^{(\alpha - j\omega)t} \Big|_{-\infty}^{0} - \frac{1}{\alpha + j\omega} e^{(\alpha + j\omega)t} \Big|_{0}^{+\infty} \\
&= \frac{2\alpha}{\alpha^2 + \omega^2} \tag{3-3-9}
\end{aligned}
$$

幅度频谱为

$$|F(j\omega)| = \frac{2\alpha}{\alpha^2 + \omega^2} \tag{3-3-10}$$

相位频谱为

$$\varphi(\omega) = 0 \tag{3-3-11}$$

双边偶指数信号的波形和幅度频谱如图 3-3-3 所示。

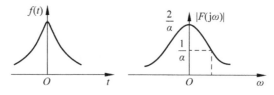

图 3-3-3 双边偶指数信号的波形及频谱

3. 奇双边指数信号

例 3-4 求图 3-3-4(a)所示信号的频谱函数。

解：图 3-3-4(a)的信号可写为

$$f(t) = \begin{cases} -e^{\alpha t}, & t < 0 \\ e^{-\alpha t}, & t > 0 \end{cases} \quad (\text{其中 } \alpha > 0)$$

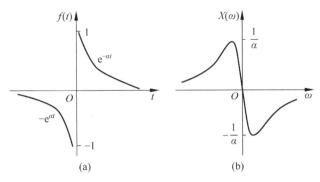

图 3-3-4 例 3-4 图

由式(3-3-9)可得其频谱函数为

$$F(j\omega) = -\int_{-\infty}^{0} e^{at} e^{-j\omega t} dt + \int_{0}^{+\infty} e^{-at} e^{-j\omega t} dt$$

$$= -\frac{1}{\alpha - j\omega} + \frac{1}{\alpha + j\omega} = -j\frac{2\omega}{\alpha^2 + \omega^2}$$

$F(j\omega)$ 的实部 $R(\omega)$ 和虚部 $X(\omega)$ 分别为

$$\left.\begin{array}{l} R(\omega) = 0 \\[2mm] X(\omega) = -\dfrac{2\omega}{\alpha^2 + \omega^2} \end{array}\right\} \tag{3-3-12}$$

$X(\omega)$ 曲线如图 3-3-4(b)所示。

由上可见,例 3-4 中 $f(t)$ 的相位频谱等于 $\dfrac{3\pi}{2}$(当 $\omega > 0$ 时)或 $\dfrac{\pi}{2}$(当 $\omega < 0$ 时),因而只用一幅图就可表明其频谱特性。

4. 矩形脉冲信号

已知矩形脉冲信号的表达式为

$$f(t) = u\left(t + \frac{\tau}{2}\right) - u\left(t - \frac{\tau}{2}\right)$$

其中,脉冲幅度为 $1,\tau$ 为脉冲宽度。矩形脉冲信号的傅里叶变换为

$$F(j\omega) = \int_{-\frac{\tau}{2}}^{\frac{\tau}{2}} e^{-j\omega t} dt = \frac{1}{-j\omega} e^{-j\omega t} \Big|_{-\frac{\tau}{2}}^{\frac{\tau}{2}}$$

$$= \frac{\tau}{\omega\frac{\tau}{2}} \frac{e^{j\omega\frac{\tau}{2}} - e^{-j\omega\frac{\tau}{2}}}{2j} = \tau\frac{\sin\left(\dfrac{\omega\tau}{2}\right)}{\dfrac{\omega\tau}{2}} = \tau\,\mathrm{Sa}\left(\dfrac{\omega\tau}{2}\right)$$

所以,矩形脉冲信号的频谱为

$$F(j\omega) = \tau\,\mathrm{Sa}\left(\frac{\omega\tau}{2}\right) \tag{3-3-13}$$

因此,矩形脉冲信号的幅度谱和相位谱分别为

$$|F(j\omega)| = \tau\left|\mathrm{Sa}\left(\frac{\omega\tau}{2}\right)\right|$$

$$\varphi(\omega) = \begin{cases} 0, & \dfrac{4n\pi}{\tau} < \mid \omega \mid < \dfrac{2(2n+1)\pi}{\tau} \\ \pm\pi, & \dfrac{2(2n+1)\pi}{\tau} < \mid \omega \mid < \dfrac{2(2n+2)\pi}{\tau} \end{cases} \quad n=0,1,2,\cdots$$

因为 $F(\mathrm{j}\omega)$ 是实函数,通常用一条 $F(\mathrm{j}\omega)$ 曲线同时表示幅度谱 $F(\omega)$ 和相位谱 $\varphi(\omega)$,如图 3-3-5 所示。

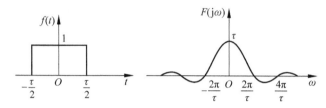

图 3-3-5　矩形脉冲信号的波形及频谱

由以上分析可见,虽然矩形脉冲信号在时域集中于有限的范围内,然而它的频谱却以 $\mathrm{Sa}\left(\dfrac{\omega\tau}{2}\right)$ 的规律变化,分布在无限宽的频率范围上,但是其信号能量主要集中于 $f=0\sim\dfrac{1}{\tau}$ 范围内。因而,通常认为这种信号所占有的频率范围(频带)B 近似为 $\dfrac{1}{\tau}$,即

$$B = \frac{1}{\tau} \tag{3-3-14}$$

5. 升余弦脉冲信号

升余弦脉冲信号的表示式为

$$f(t) = \frac{1}{2}\left[1+\cos\left(\frac{\pi t}{\tau}\right)\right], \quad 0 \leqslant \mid t \mid \leqslant \tau \tag{3-3-15}$$

其波形如图 3-3-6(a)所示。

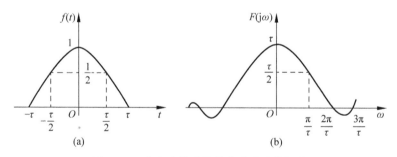

图 3-3-6　升余弦脉冲信号的波形及其频谱

因为

$$F(\mathrm{j}\omega) = \int_{-\infty}^{+\infty} f(t)\mathrm{e}^{-\mathrm{j}\omega t}\,\mathrm{d}t = \int_{-\tau}^{\tau} \frac{1}{2}\left[1+\cos\left(\frac{\pi t}{\tau}\right)\right]\mathrm{e}^{-\mathrm{j}\omega t}\,\mathrm{d}t$$

$$= \frac{1}{2}\int_{-\tau}^{\tau} \mathrm{e}^{-\mathrm{j}\omega t}\,\mathrm{d}t + \frac{1}{4}\int_{-\tau}^{\tau} \mathrm{e}^{\mathrm{j}\frac{\pi}{\tau}t}\mathrm{e}^{-\mathrm{j}\omega t}\,\mathrm{d}t + \frac{1}{4}\int_{-\tau}^{\tau} \mathrm{e}^{-\mathrm{j}\frac{\pi}{\tau}t}\mathrm{e}^{-\mathrm{j}\omega t}\,\mathrm{d}t$$

$$= \tau\mathrm{Sa}(\omega\tau) + \frac{\tau}{2}\mathrm{Sa}\left[\left(\omega-\frac{\pi}{\tau}\right)\tau\right] + \frac{\tau}{2}\mathrm{Sa}\left[\left(\omega+\frac{\pi}{\tau}\right)\tau\right]$$

显然 $F(\mathrm{j}\omega)$ 是由 3 项构成的，它们都是矩形脉冲的频谱，只是有两项沿频率轴左、右平移了 $\omega=\dfrac{\pi}{\tau}$。把上式化简，则可以得到

$$F(\mathrm{j}\omega)=\frac{\sin(\omega\tau)}{\omega\left[1-\left(\dfrac{\omega\tau}{\pi}\right)^{2}\right]}=\frac{\tau\mathrm{Sa}(\omega\tau)}{1-\left(\dfrac{\omega\tau}{\pi}\right)^{2}} \tag{3-3-16}$$

其频谱如图 3-3-6(b)所示。

由上可见，升余弦脉冲信号的频谱比矩形脉冲的频谱更加集中。对于半幅度宽度为 τ 的升余弦脉冲信号，它的绝大部分能量集中在 ω 为 $0\sim\dfrac{2\pi}{\tau}\left(即\ f\ 为\ 0\sim\dfrac{1}{\tau}\right)$ 范围内。

3.3.3　奇异函数傅里叶变换

1. 冲激函数

单位冲激函数 $\delta(t)$ 的傅里叶变换 $F(\mathrm{j}\omega)$ 为

$$F(\mathrm{j}\omega)=\mathcal{F}\left[f(t)\right]=\int_{-\infty}^{+\infty}\delta(t)\mathrm{e}^{-\mathrm{j}\omega t}\mathrm{d}t=1$$

可见，单位冲激函数的频谱等于常数，也就是说，在整个频率范围内频谱是均匀分布的。因此，这种频谱通常称为"均匀谱"或"白色谱"，如图 3-3-7 所示。

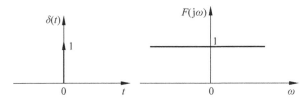

图 3-3-7　单位冲激函数及其频谱

2. 直流信号

直流信号的表达式为

$$f(t)=1,\quad -\infty<t<+\infty$$

利用冲激函数的抽样特性求出的 $\delta(t)$ 频谱及傅里叶反变换公式得

$$\delta(t)=\frac{1}{2\pi}\int_{-\infty}^{+\infty}\mathrm{e}^{\mathrm{j}\omega t}\mathrm{d}\omega \tag{3-3-17}$$

由于 $\delta(t)$ 是 t 的偶函数，所以式(3-3-17)可等价为

$$\delta(t)=\delta(-t)=\frac{1}{2\pi}\int_{-\infty}^{+\infty}\mathrm{e}^{-\mathrm{j}\omega t}\mathrm{d}\omega \tag{3-3-18}$$

作变量代换 $\omega\Leftrightarrow t$，则式(3-3-18)可写为

$$\delta(\omega)=\frac{1}{2\pi}\int_{-\infty}^{+\infty}\mathrm{e}^{-\mathrm{j}\omega t}\mathrm{d}t=\frac{1}{2\pi}\int_{-\infty}^{+\infty}1\times\mathrm{e}^{-\mathrm{j}\omega t}\mathrm{d}t$$

因此有

$$F(\mathrm{j}\omega)=\mathcal{F}^{-1}\left[1\right]=\int_{-\infty}^{+\infty}1\times\mathrm{e}^{-\mathrm{j}\omega t}\mathrm{d}t=2\pi\delta(\omega) \tag{3-3-19}$$

直流信号 $f(t)=1,-\infty<t<+\infty$ 及其频谱如图 3-3-8 所示。由图 3-3-8 可知，直流信号的

频谱只在 $\omega=0$ 处有一冲激。

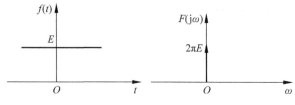

图 3-3-8 直流信号及其频谱

3. 符号函数

符号函数 $\mathrm{sgn}(t)$ 的定义为

$$
\mathrm{sgn}(t)=\begin{cases}-1, & t<0 \\ 0, & t=0 \\ 1, & t>0\end{cases}
$$

虽然符号函数不满足狄里赫利条件,但其傅里叶变换存在。因为

$$
\mathrm{sgn}(t)=\lim_{\alpha\to 0}\mathrm{sgn}(t)\mathrm{e}^{-\alpha|t|}
$$

因此可以借助符号函数与双边指数衰减函数相乘,先得乘积信号的频谱,然后取极限,从而得到符号函数的频谱。

下面先求乘积信号 $f_1(t)=\mathrm{sgn}(t)\mathrm{e}^{-\alpha|t|}$ 的频谱 $F_1(\mathrm{j}\omega)$。因为

$$
F_1(\mathrm{j}\omega)=\int_{-\infty}^{+\infty}f_1(t)\mathrm{e}^{-\mathrm{j}\omega t}\mathrm{d}t=\int_{-\infty}^{0}-\mathrm{e}^{at}\mathrm{e}^{-\mathrm{j}\omega t}\mathrm{d}t+\int_{0}^{+\infty}\mathrm{e}^{-at}\mathrm{e}^{-\mathrm{j}\omega t}\mathrm{d}t
$$

$$
=\frac{-1}{\alpha-\mathrm{j}\omega}+\frac{1}{\alpha+\mathrm{j}\omega}=\frac{-\mathrm{j}2\omega}{\alpha^2+\omega^2}
$$

所以,符号函数的频谱为

$$
F(\mathrm{j}\omega)=\lim_{\alpha\to 0}F_1(\mathrm{j}\omega)=\lim_{\alpha\to 0}\frac{-\mathrm{j}2\omega}{\alpha^2+\omega^2}=\frac{2}{\mathrm{j}\omega} \tag{3-3-20}
$$

幅度频谱

$$
|F(\mathrm{j}\omega)|=\frac{2}{|\omega|}=\frac{2\mathrm{sgn}(\omega)}{\omega} \tag{3-3-21}
$$

相位频谱

$$
\varphi(\omega)=\begin{cases}\pi/2, & \omega<0 \\ -\pi/2, & \omega>0\end{cases}=-\frac{\pi}{2}\mathrm{sgn}(\omega) \tag{3-3-22}
$$

符号函数的幅度频谱和相位频谱如图 3-3-9 所示。

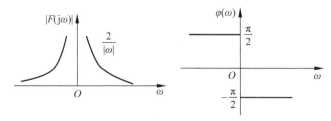

图 3-3-9 符号函数的幅度频谱和相位频谱

4. 单位阶跃信号

单位阶跃信号也不满足狄里赫利条件,但其傅里叶变换同样存在。可以利用符号函数和直流信号的频谱来求单位阶跃信号的频谱。单位阶跃信号可用直流信号和符号函数表示为

$$u(t) = \frac{1}{2}[u(t) + u(-t)] + \frac{1}{2}[u(t) - u(-t)] = \frac{1}{2} + \frac{1}{2}\text{sgn}(t)$$

因此,单位阶跃信号的频谱函数为

$$\mathcal{F}[u(t)] = \pi\delta(\omega) + \frac{1}{j\omega} \tag{3-3-23}$$

单位阶跃信号的幅度频谱和相位频谱如图 3-3-10 所示。

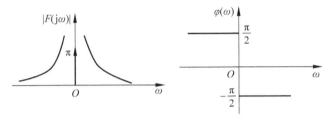

图 3-3-10 阶跃信号的幅度频谱和相位频谱

熟悉上述常用信号的傅里叶变换对进一步掌握信号与系统的频域分析将会带来很大的方便。

表 3-3-1 列出了常用傅里叶变换的形式。

表 3-3-1 部分常用傅里叶变换对

编号	名 称	$f(t)$	$F(j\omega)$
1	冲激函数	$\delta(t)$	1
2	直流信号	1	$2\pi\delta(\omega)$
3	矩形脉冲	$\begin{cases} 1, & \lvert t\rvert < \dfrac{\tau}{2} \\ 0, & \lvert t\rvert > \dfrac{\tau}{2} \end{cases}$	$\tau\text{Sa}\left(\dfrac{\omega\tau}{2}\right)$
4	抽样脉冲	$\text{Sa}(\omega_c t)$	$\begin{cases} \dfrac{\pi}{\omega_c}, & \lvert\omega\rvert < \omega_c \\ 0, & \lvert\omega\rvert > \omega_c \end{cases}$
5	单边指数脉冲	$e^{-\alpha t}u(t)(\alpha>0)$	$\dfrac{1}{\alpha+j\omega}$
6	双边指数脉冲	$e^{-\alpha\lvert t\rvert}u(t)(\alpha>0)$	$\dfrac{2\alpha}{\alpha^2+\omega^2}$
7	阶跃函数	$u(t)$	$\pi\delta(\omega) + \dfrac{1}{j\omega}$
8	符号函数	$\text{sgn} = \begin{cases} 1, & t>0 \\ -1, & t<0 \end{cases}$	$\dfrac{2}{j\omega}$
9	余弦函数	$\cos(\omega_0 t)$	$\pi[\delta(\omega+\omega_0) + \delta(\omega-\omega_0)]$
10	正弦函数	$\sin(\omega_0 t)$	$j\pi[\delta(\omega+\omega_0) - \delta(\omega-\omega_0)]$

续表

编号	名　称	$f(t)$	$F(j\omega)$
11	复指数函数	$e^{j\omega_0 t}$	$2\pi\delta(\omega - \omega_0)$
12	线性信号	$tu(t)$	$j\pi\delta'(\omega) - \dfrac{1}{\omega^2}$
13	冲激序列	$\delta_T(t) = \displaystyle\sum_{n=-\infty}^{\infty} \delta(t - nT_1)$	$\omega_1 \displaystyle\sum_{n=-\infty}^{\infty} \delta(\omega - n\omega_1)\left(\omega_1 = \dfrac{2\pi}{T_1}\right)$

3.3.4　MATLAB 实现

例 3-5　绘制信号 $f(t) = u(t+1) - u(t-1)$ 的频谱图。

解：编写的程序如下：

```
R = 0.02;
t = - 2:R:2;
f = heaviside(t + 1) - heaviside(t - 1);
W1 = 2 * pi * 5
N = 500;k = 0:N;W = k * W1/N;
F = f * exp( - j * t' * W) * R;
F = real(F);
W = [ - fliplr(W),W(2:501)];
F = [fliplr(F),F(2:501)];
subplot(2,1,1);plot(t,f);
xlabel('t');ylabel('f(t)');
title('f(t) = u(t + 1) - u(t - 1)');
subplot(2,1,2);plot(W,F);
xlabel('w');ylabel('F(w)');
title('f(t)的傅里叶变换 F(w)');
```

执行该程序，运行结果如图 3-3-11 所示。

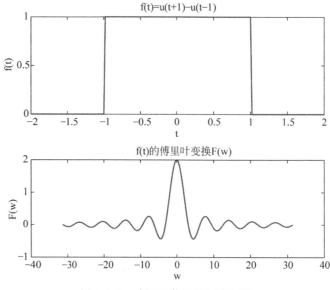

图 3-3-11　例 3-5 信号的幅度频谱

3.4 傅里叶变换的性质

3.4.1 傅里叶变换的性质概述

时间函数(信号)$f(t)$可以用频谱函数(频谱密度)$F(j\omega)$表示,或者反之。也就是说,任一信号可以有两种描述方法,即时域的描述和频域的描述。本节将研究在某一域中对函数进行某种运算,在另一域中所引起的效应。譬如,在时域中信号延迟一定的时间,它的频谱将发生何种变化,等等。

为简便计,用 $f(t) \leftrightarrow F(j\omega)$ 表示时域与频域之间的对应关系,它们二者之间的关系为

$$F(j\omega) = \mathcal{F}[f(t)] = \int_{-\infty}^{+\infty} f(t) e^{-j\omega t} dt \tag{3-4-1}$$

$$f(t) = \mathcal{F}^{-1}[F(j\omega)] = \frac{1}{2\pi} \int_{-\infty}^{+\infty} F(j\omega) e^{j\omega t} d\omega \tag{3-4-2}$$

1. 线性

若

$$f_1(t) \leftrightarrow F_1(j\omega), \quad f_2(t) \leftrightarrow F_2(j\omega)$$

则对任意常数 a_1 和 a_2,有

$$a_1 f_1(t) + a_2 f_2(t) \leftrightarrow a_1 F_1(j\omega) + a_2 F_2(j\omega) \tag{3-4-3}$$

以上关系很容易证明,这里从略。傅里叶变换的上述线性性质不难推广到有多个信号的情况。

线性性质有两个含义。

(1) 齐次性:它表明若信号 $f(t)$ 乘以常数 a(即信号增大 a 倍),则其频谱函数也乘以相同的常数 a(即其频谱函数也增大 a 倍)。

(2) 叠加性:它表明几个信号之和的频谱函数等于各个信号的频谱函数之和。

在求单位阶跃函数 $u(t)$ 的频谱函数时已经利用了线性性质。

2. 奇偶性

通常遇到的实际信号都是实信号,即它们是时间的实函数。现在研究时间函数 $f(t)$ 与其频谱 $F(j\omega)$ 的奇偶虚实关系。

如果 $f(t)$ 是时间 t 的实函数,那么根据 $e^{-j\omega t} = \cos(\omega t) - j\sin(\omega t)$,式(3-4-1)可写为

$$F(j\omega) = \mathcal{F}[f(t)] = \int_{-\infty}^{+\infty} f(t) e^{-j\omega t} dt = \int_{-\infty}^{+\infty} f(t)\cos(\omega t) dt - j\int_{-\infty}^{+\infty} f(t)\sin(\omega t) dt$$

$$= R(\omega) + jX(\omega) = |F(j\omega)| e^{j\varphi(\omega)} \tag{3-4-4}$$

式中,频谱函数的实部和虚部分别为

$$R(\omega) = \int_{-\infty}^{+\infty} f(t)\cos(\omega t) dt$$

$$X(\omega) = -\int_{-\infty}^{+\infty} f(t)\sin(\omega t) dt \tag{3-4-5}$$

频谱函数的模和相角分别为

$$|F(j\omega)| = \sqrt{R(\omega)^2 + X(\omega)^2}$$

$$\varphi(\omega) = \arctan\left(\frac{X(\omega)}{R(\omega)}\right) \qquad (3\text{-}4\text{-}6)$$

由式(3-4-5)可见,由于 $\cos(-\omega t) = \cos(\omega t)$, $\sin(-\omega t) = -\sin(\omega t)$,故若 $f(t)$ 是时间 t 的实函数,则频谱函数 $F(j\omega)$ 的实部 $R(\omega)$ 是角频率 ω 的偶函数,虚部 $X(\omega)$ 是 ω 的奇函数。进而由式(3-4-6)可知, $|F(j\omega)|$ 是 ω 的偶函数,而 $\varphi(\omega)$ 是 ω 的奇函数。

由式(3-4-5)还可以看出,如果 $f(t)$ 是时间 t 的实函数并且是偶函数,则 $f(t)\sin(\omega t)$ 是 t 的奇函数,因此式(3-4-4)中第二个积分为零,即 $X(\omega) = 0$; 而 $f(t)\cos(\omega t)$ 是 t 的偶函数,于是有

$$F(j\omega) = R(\omega) = \int_{-\infty}^{+\infty} f(t)\cos(\omega t)\,\mathrm{d}t = 2\int_{0}^{+\infty} f(t)\cos(\omega t)\,\mathrm{d}t$$

这时频谱函数 $F(j\omega)$ 等于 $R(\omega)$,它是 ω 的实函数和偶函数。

如果 $f(t)$ 是时间 t 的实函数并且是奇函数,则 $f(t)\cos(\omega t)$ 是 t 的奇函数,从而式(3-4-5)中的第一个积分为零,即 $R(\omega) = 0$; 而 $f(t)\sin(\omega t)$ 是 t 的偶函数,于是有

$$F(j\omega) = jX(\omega) = -j\int_{-\infty}^{+\infty} f(t)\sin(\omega t)\,\mathrm{d}t = -j2\int_{0}^{+\infty} f(t)\sin(\omega t)\,\mathrm{d}t$$

这时频谱函数 $F(j\omega)$ 等于 $jX(\omega)$,它是 ω 的虚函数和奇函数。

此外,由式(3-4-1)还可求得 $f(-t)$ 的傅里叶变换为

$$\mathcal{F}[f(-t)] = \int_{-\infty}^{+\infty} f(-t)\mathrm{e}^{-j\omega t}\,\mathrm{d}t$$

令 $\tau = -t$,得

$$\mathcal{F}[f(-t)] = \int_{+\infty}^{-\infty} f(\tau)\mathrm{e}^{j\omega\tau}\,\mathrm{d}(-\tau) = \int_{-\infty}^{+\infty} f(\tau)\mathrm{e}^{j\omega\tau}\,\mathrm{d}\tau = F(-j\omega)$$

考虑到 $R(\omega)$ 是 ω 的偶函数, $X(\omega)$ 是 ω 的奇函数,故有

$$F(-j\omega) = R(-\omega) + jX(-\omega) = R(\omega) - jX(\omega) = F^{*}(j\omega)$$

式中, $F^{*}(j\omega)$ 是 $F(j\omega)$ 的共轭复函数。于是 $f(-t)$ 的傅里叶变换为

$$\mathcal{F}[f(-t)] = F(-j\omega) = F^{*}(j\omega)$$

将以上结论归纳起来如下。

如果 $f(t)$ 是 t 的实函数,且设

$$f(t) \leftrightarrow F(j\omega) = |F(j\omega)|\mathrm{e}^{j\varphi(\omega)} = R(\omega) + jX(\omega)$$

则有:

(1)
$$R(\omega) = R(-\omega), \quad X(\omega) = -X(-\omega)$$
$$|F(j\omega)| = |F(-j\omega)|, \quad \varphi(\omega) = -\varphi(-\omega) \qquad (3\text{-}4\text{-}7)$$

(2)
$$f(-t) \leftrightarrow F(-j\omega) = F^{*}(j\omega) \qquad (3\text{-}4\text{-}8)$$

(3) 如 $f(t) = f(-t)$,则
$$X(\omega) = 0, \quad F(j\omega) = R(\omega) \qquad (3\text{-}4\text{-}9)$$

(4) 如 $f(t) = -f(-t)$,则
$$R(\omega) = 0, \quad F(j\omega) = jX(\omega) \qquad (3\text{-}4\text{-}10)$$

前面的许多实例可以作为以上性质的证明,这里不再重复。

以上结论适用于 $f(t)$ 是时间 t 的实函数情况。如 $f(t)$ 是 t 的虚函数,则有:

(1)

$$R(\omega) = -R(-\omega), \quad X(\omega) = X(-\omega)$$
$$|F(\mathrm{j}\omega)| = |F(-\mathrm{j}\omega)|, \quad \varphi(\omega) = -\varphi(-\omega) \tag{3-4-11}$$

(2)

$$f(-t) \leftrightarrow F(-\mathrm{j}\omega) = -F^*(\mathrm{j}\omega) \tag{3-4-12}$$

根据以上分析,读者不难推出 $f(t)$ 为复函数的一般情况。

3. 对称性

若 $f(t) \leftrightarrow F(\mathrm{j}\omega)$,则

$$F(\mathrm{j}t) \leftrightarrow 2\pi f(-\omega) \tag{3-4-13}$$

式(3-4-13)表明,如果函数 $f(t)$ 的频谱函数为 $F(\mathrm{j}\omega)$,那么时间函数 $F(\mathrm{j}t)$ 的频谱函数是 $2\pi f(-\omega)$,这称为傅里叶变换的对称性,证明如下。

傅里叶逆变换式

$$f(t) = \frac{1}{2\pi} \int_{-\infty}^{+\infty} F(\mathrm{j}\omega) \mathrm{e}^{\mathrm{j}\omega t} \, \mathrm{d}\omega$$

将上式中的自变量 t 换为 $-t$,得

$$f(-t) = \frac{1}{2\pi} \int_{-\infty}^{+\infty} F(\mathrm{j}\omega) \mathrm{e}^{-\mathrm{j}\omega t} \, \mathrm{d}\omega$$

将上式中的 t 换为 ω,将原有的 ω 换为 t,得

$$f(-\omega) = \frac{1}{2\pi} \int_{-\infty}^{+\infty} F(\mathrm{j}t) \mathrm{e}^{-\mathrm{j}\omega t} \, \mathrm{d}t$$

或

$$2\pi f(-\omega) = \int_{-\infty}^{+\infty} F(\mathrm{j}t) \mathrm{e}^{-\mathrm{j}\omega t} \, \mathrm{d}t$$

上式表明,时间函数 $F(\mathrm{j}t)$ 的傅里叶变换为 $2\pi f(-\omega)$,即式(3-4-13)。

例如,时域冲激函数 $\delta(t)$ 的傅里叶变换为频域的常数 $1(-\infty < t < +\infty)$;由对称性可得,时域的常数 $1(-\infty < t < +\infty)$ 的傅里叶变换为 $2\pi\delta(-\omega)$,由于 $\delta(\omega)$ 是 ω 的偶函数,即 $\delta(\omega) = \delta(-\omega)$,故有

$$\delta(t) \leftrightarrow 1$$
$$1(-\infty < t < +\infty) \leftrightarrow 2\pi\delta(\omega)$$

例 3-6　求抽样函数 $\mathrm{Sa}(t) = \dfrac{\sin t}{t}$ 的频谱函数。

解:直接利用式(3-4-1)不易求出 $\mathrm{Sa}(t)$ 的傅里叶变换,利用对称性则较为方便。从前面可知,宽度为 τ,幅度为 1 的门函数 $g_\tau(t)$ 的频谱函数为 $\tau\mathrm{Sa}\left(\dfrac{\omega\tau}{2}\right)$,即

$$g_\tau(t) \leftrightarrow \tau\mathrm{Sa}\left(\frac{\omega\tau}{2}\right)$$

取 $\dfrac{\tau}{2} = 1$,即 $\tau = 2$,且幅度为 $\dfrac{1}{2}$。根据傅里叶变换的线性性质,脉宽为 2,幅度为 $\dfrac{1}{2}$ 的门函数(如图 3-4-1(a)所示)的傅里叶变换为

$$\mathcal{F}\left[\frac{1}{2}g_2(t)\right]=\frac{1}{2}\times 2\mathrm{Sa}(\omega)=\mathrm{Sa}(\omega)$$

即

$$\frac{1}{2}g_2(t)\leftrightarrow \mathrm{Sa}(\omega)$$

注意到 $g_2(t)$ 是偶函数，根据对称性可得

$$\mathrm{Sa}(t)\leftrightarrow 2\pi\times\frac{1}{2}g_2(\omega)=\pi\times g_2(\omega) \tag{3-4-14}$$

即

$$\mathcal{F}\left[\mathrm{Sa}(t)\right]=\pi g_2(\omega)=\begin{cases}\pi, & |\omega|<1\\ 0, & |\omega|>1\end{cases}$$

其波形如图 3-4-1(b)所示。

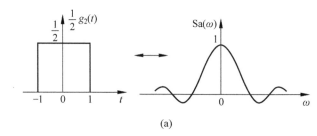

(a)

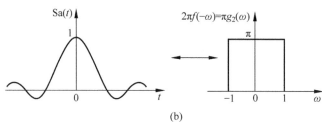

(b)

图 3-4-1 函数 $\mathrm{Sa}(t)$ 及其频谱

例 3-7 求函数 t 和 $\dfrac{1}{t}$ 的频谱函数。

解：(1) 函数 t

由前面的内容可知

$$\delta'(t)\leftrightarrow \mathrm{j}\omega$$

由对称性并考虑到 $\delta'(\omega)$ 是 ω 的奇函数，即 $\delta'(-\omega)=-\delta'(\omega)$，可得

$$\mathrm{j}t\leftrightarrow 2\pi\delta'(-\omega)=-2\pi\delta'(\omega)$$

根据线性性质，在时域乘以 $(-\mathrm{j})$，相应的频域也乘以 $(-\mathrm{j})$，得

$$t\leftrightarrow \mathrm{j}2\pi\delta'(\omega) \tag{3-4-15}$$

(2) 函数 $\dfrac{1}{t}$

$$\mathrm{sgn}(t)\leftrightarrow \frac{2}{\mathrm{j}\omega}$$

由对称性并考虑到

$$\mathrm{sgn}(-\omega) = -\mathrm{sgn}(\omega)$$

$$\frac{2}{\mathrm{j}t} \leftrightarrow 2\pi\mathrm{sgn}(-\omega) = -2\pi\mathrm{sgn}(\omega)$$

根据线性性质,时域、频域分别乘以 $\mathrm{j}\dfrac{1}{2}$,得

$$\frac{1}{t} \leftrightarrow -\mathrm{j}\pi\mathrm{sgn}(\omega) \tag{3-4-16}$$

4. 尺度变换

某信号 $f(t)$ 的波形如图 3-4-2(a)所示,若将该信号波形沿时间轴压缩到原来的 $\dfrac{1}{a}$ $\left(\text{例如}\dfrac{1}{3}\right)$,就成为图 3-4-2(c)所示的波形,它可表示为 $f(at)$,这里 a 是常数。如果 $a>1$,则波形压缩;如果 $1>a>0$,则波形展宽。如果 $a<0$,则波形反转并压缩或展宽。

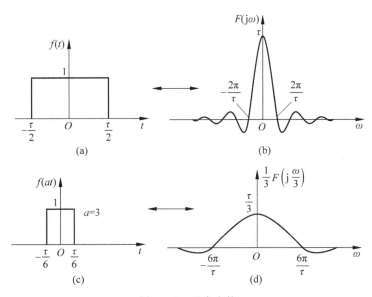

图 3-4-2　尺度变换

尺度变换特性:若 $f(t) \leftrightarrow F(\mathrm{j}\omega)$,则对于实常数 $a(a \neq 0)$,有

$$f(at) \leftrightarrow \frac{1}{|a|}F\left(\mathrm{j}\frac{\omega}{a}\right) \tag{3-4-17}$$

式(3-4-17)表明,若信号 $f(t)$ 在时间坐标上压缩所到原来的 $\dfrac{1}{a}$,那么其频谱函数在频率坐标上将展宽 a 倍,同时其幅度减小到原来的 $\dfrac{1}{|a|}$。也就是说,在时域中信号占据时间的压缩对应于其频谱在频域中的扩展,或者反之,信号在时域中的扩展对应于其频谱在频域中的压缩。这一规律称为尺度变换特性或时频展缩特性。图 3-4-2 画出了 $f(t)$ 为门函数,$a=3$ 时的时域波形及频谱图。

式(3-4-17)可证明如下。

设 $f(t) \leftrightarrow F(j\omega)$，则展缩后的信号 $f(at)$ 的傅里叶变换为

$$\mathcal{F}[f(at)] = \int_{-\infty}^{+\infty} f(at) e^{-j\omega t} dt$$

令 $x = at$，则 $t = \dfrac{x}{a}$，$dt = \dfrac{1}{a} dx$

当 $a > 0$ 时，

$$\mathcal{F}[f(at)] = \int_{-\infty}^{+\infty} f(x) e^{-j\omega \frac{x}{a}} \frac{1}{a} dx = \frac{1}{a} \int_{-\infty}^{+\infty} f(x) e^{-j\frac{\omega}{a}x} dx = \frac{1}{a} F\left(j\frac{\omega}{a}\right)$$

当 $a < 0$ 时，

$$\mathcal{F}[f(at)] = \int_{-\infty}^{+\infty} f(x) e^{-j\omega \frac{x}{a}} \frac{1}{a} dx = \frac{1}{a} \int_{-\infty}^{+\infty} f(x) e^{-j\frac{\omega}{a}x} dx = -\frac{1}{a} F\left(j\frac{\omega}{a}\right)$$

综合以上两种情况，即得式(3-4-17)。

由尺度变换特性可知，信号的持续时间与信号的占有频带成反比。例如，对于门函数 $g_\tau(t)$，其频带宽度 $\Delta f = \dfrac{1}{\tau}$。在电子技术中，有时需要将信号持续时间缩短，以加快信息传输速度，这就不得不在频域内展宽频带。

顺便提及，式(3-4-17)中若令 $a = -1$，得

$$f(-t) \leftrightarrow F(-j\omega)$$

这正是式(3-4-8)的左边。

5. 时移特性

时移特性也称为延时特性，它表述如下。

若 $f(t) \leftrightarrow F(j\omega)$，且 t_0 为常数，则有

$$f(t \pm t_0) \leftrightarrow e^{\pm j\omega t_0} F(j\omega) \tag{3-4-18}$$

式(3-4-18)表示，在时域中信号沿时间轴右移(即延时) t_0，其在频域中所有频率"分量"相应落后相位 ωt_0，而其幅度保持不变。

这可证明如下。

若 $f(t) \leftrightarrow F(j\omega)$，则迟延信号的傅里叶变换为

$$\mathcal{F}[f(t - t_0)] = \int_{-\infty}^{+\infty} f(t - t_0) e^{-j\omega t} dt$$

令 $x = t - t_0$，则上式可写为

$$\mathcal{F}[f(t - t_0)] = \int_{-\infty}^{+\infty} f(x) e^{-j\omega(x + t_0)} dx = e^{-j\omega t_0} \int_{-\infty}^{+\infty} f(x) e^{-j\omega x} dx = e^{-j\omega t_0} F(j\omega)$$

同理，可得

$$\mathcal{F}[f(t + t_0)] = e^{j\omega t_0} F(j\omega)$$

不难证明，如果信号既有时移，又有尺度变换，则有如下结论。

若 $f(t) \leftrightarrow F(j\omega)$，$a$ 和 b 为实常数，但 $a \neq 0$，则

$$f(at - b) \leftrightarrow \frac{1}{|a|} e^{-j\frac{b}{a}\omega} F\left(j\frac{\omega}{a}\right) \tag{3-4-19}$$

显然，尺度变换和时移特性是上式的两种特殊情况，当 $b = 0$ 时，得式(3-4-17)，当 $a = 1$ 时，得式(3-4-18)。

例 3-8 如已知图 3-4-3(a)的函数是宽度为 2 的门函数，即 $f_1(t) = g_2(t)$，其傅里叶变换 $F_1(j\omega) = 2\mathrm{Sa}(\omega) = \dfrac{2\sin\omega}{\omega}$，求图 3-4-3(b)和(c)中函数 $f_2(t)$、$f_3(t)$ 的傅里叶变换。

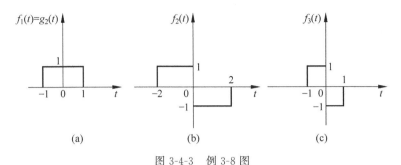

图 3-4-3 例 3-8 图

解：(1) 图 3-4-3(b)中函数 $f_2(t)$ 可写为时移信号 $f_1(t+1)$ 与 $f_1(t-1)$ 之差，即

$$f_2(t) = f_1(t+1) - f_1(t-1)$$

由傅里叶变换的线性和时移性可得 $f_2(t)$ 的傅里叶变换

$$F_2(j\omega) = F_1(j\omega)e^{j\omega} - F_1(j\omega)e^{-j\omega} = \frac{2\sin\omega}{\omega}(e^{j\omega} - e^{-j\omega}) = j4\frac{\sin^2(\omega)}{\omega}$$

(2) 图 3-4-3(c)中的函数 $f_3(t)$ 是 $f_2(t)$ 的压缩，可写为

$$f_3(t) = f_2(2t)$$

由尺度变换可得

$$F_3(j\omega) = \frac{1}{2}F_2\left(j\frac{\omega}{2}\right) = \frac{1}{2}j4\frac{\sin^2\left(\dfrac{\omega}{2}\right)}{\dfrac{\omega}{2}} = j4\frac{\sin^2\left(\dfrac{\omega}{2}\right)}{\omega}$$

显然 $f_3(t)$ 也可写为

$$f_3(t) = f_1(2t+1) - f_1(2t-1)$$

由式(3-4-19)也可得到相同的结果。

例 3-9 若有 5 个波形相同的脉冲，其相邻间隔为 T，如图 3-4-4(a)所示，求其频谱函数。

解：设位于坐标原点的单个脉冲表示式为 $f_a(t)$，其频谱函数为 $F_a(j\omega)$，则图 3-4-4(a) 中的信号可表示为

$$f(t) = f_a(t+2T) + f_a(t+T) + f_a(t) + f_a(t-T) + f_a(t-2T)$$

根据线性和时移特性，它的频谱函数为

$$F(j\omega) = F_a(j\omega)\left[e^{j2\omega T} + e^{j\omega T} + 1 + e^{-j\omega T} + e^{-j2\omega T}\right] \tag{3-4-20}$$

上式为等比数列，利用等比数列求和公式和欧拉公式得

$$F(j\omega) = F_a(j\omega)\frac{e^{j2\omega T} - e^{-j3\omega T}}{1 - e^{-j\omega T}} = F_a(j\omega)\frac{\sin\left(\dfrac{5\omega T}{2}\right)}{\sin\left(\dfrac{\omega T}{2}\right)} \tag{3-4-21}$$

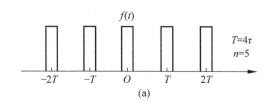

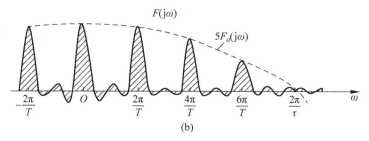

图 3-4-4　5 个矩形脉冲的波形及其频谱

由式(3-4-21)可以看出,当 $\omega = \dfrac{2m\pi}{T}$($m = 0, \pm 1, \pm 2, \cdots$)时

$$\lim_{\omega \to \frac{2m\pi}{T}} \frac{\sin\left(\dfrac{5\omega T}{2}\right)}{\sin\left(\dfrac{\omega T}{2}\right)} = 5$$

也就是说,在 $\omega = \dfrac{2m\pi}{T}$ 处,其频谱函数的幅度是 $F_a(j\omega)$ 在该处幅度的 5 倍。这是由于在这些频率处 5 个单个脉冲的各频率"分量"同相的缘故。这只要将 $\omega = \dfrac{2m\pi}{T}$ 代入到式(3-4-20)就可明显地看出。

由式(3-4-21)还可看出,当 $\omega = \dfrac{2m\pi}{5T}$($m$ 为正数,但不为 5 的整数倍)时,式中分子为零,从而 $F(j\omega) = 0$,这是由于 5 个单个脉冲的各频率"分量"相互抵消的缘故。图 3-4-4(b)中画出了脉冲个数 $n = 5$,相邻脉冲间隔 $T = 4\tau$ 时的频谱图。由图可见,当多个脉冲间隔为 T 重复排列时,信号的能量将向 $\omega = \dfrac{2m\pi}{T}$ 处集中,在该频率处频谱函数的幅度增大,而在其他频率处幅度减小,甚至等于零。当脉冲个数无限增多时(这时就成为周期信号),则除 $\omega = \dfrac{2m\pi}{T}$ 的各谱线外,其余频率"分量"均等于零,从而变成离散频谱。

顺便指出,若有 N 各波形相同的脉冲$\left(N \text{ 为奇数,中间一个,即第} \dfrac{N+1}{2} \text{个位于原点}\right)$,其相邻间隔为 T,则其频谱函数为

$$F(j\omega) = F_a(j\omega) \frac{\sin\left(\dfrac{N\omega T}{2}\right)}{\sin\left(\dfrac{\omega T}{2}\right)} \tag{3-4-22}$$

式中,$F(j\omega)$ 为单个脉冲的频谱函数。

6. 频移特性

频移特性也称为调制特性,可表述如下。

若 $f(t) \leftrightarrow F(j\omega)$,且 ω_0 为常数,则

$$f(t)e^{\pm j\omega_0 t} \leftrightarrow F[j(\omega \mp \omega_0)] \tag{3-4-23}$$

式(3-4-23)表明,将信号 $f(t)$ 乘以因子 $e^{j\omega_0 t}$,对应于将频谱函数沿 ω 右移 ω_0;将信号 $f(t)$ 乘以因子 $e^{-j\omega_0 t}$,对应于将频谱函数左移 ω_0。式(3-4-23)容易证明,这里从略。

例 3-10 如已知信号 $f(t)$ 的傅里叶变换为 $F(j\omega)$,求信号 $e^{j4t}f(3-2t)$ 的傅里叶变换。

解:由已知 $f(t) \leftrightarrow F(j\omega)$,利用时移特性有

$$f(t+3) \leftrightarrow F(j\omega)e^{j3\omega}$$

根据尺度变换,另 $a = -2$,得

$$f(-2t+3) \leftrightarrow \frac{1}{|2|}F\left(-j\frac{\omega}{2}\right)e^{j3\left(\frac{\omega}{-2}\right)} = \frac{1}{2}F\left(j\frac{\omega}{2}\right)e^{-j\frac{3\omega}{2}}$$

由频移特性,得

$$e^{j4t}f(-2t+3) \leftrightarrow \frac{1}{2}F\left(-j\frac{\omega-4}{2}\right)e^{-j\frac{3(\omega-4)}{2}}$$

频移特性在各类电子系统中应用广泛,如调幅、同步解调等都是在频谱搬移基础上实现的。

7. 卷积定理

卷积定理在信号和系统分析中占有重要地位。它说明的是两个函数在时域(或频域)中的卷积积分,对应于频域(或时域)中二者的傅里叶变换(或逆变换)应具有的关系。

1)时域卷积定理

若 $f_1(t) \leftrightarrow F_1(j\omega)$,$f_2(t) \leftrightarrow F_2(j\omega)$,则

$$f_1(t) * f_2(t) \leftrightarrow F_1(j\omega)F_2(j\omega) \tag{3-4-24}$$

式(3-4-24)表明,在时域中两个函数的卷积积分,对应于在频域中两个函数频谱的乘积。

2)频域卷积定理

若 $f_1(t) \leftrightarrow F_1(j\omega)$,$f_2(t) \leftrightarrow F_2(j\omega)$,则

$$f_1(t)f_2(t) \leftrightarrow \frac{1}{2\pi}F_1(j\omega) * F_2(j\omega) \tag{3-4-25}$$

其中

$$F_1(j\omega) * F_2(j\omega) = \int_{-\infty}^{+\infty} F_1(j\eta)F_2(j\omega - j\eta)d\eta \tag{3-4-26}$$

式(3-4-25)表明,在时域中两个函数的乘积,对应于在频域中两个频谱函数之卷积积分的 $\frac{1}{2\pi}$ 倍。

时域卷积定理证明如下。

根据卷积积分的定义

$$f_1(t) * f_2(t) = \int_{-\infty}^{+\infty} f_1(\tau)f_2(t-\tau)d\tau$$

其傅里叶变换为

$$\mathcal{F}\big[f_1(t) * f_2(t)\big] = \int_{-\infty}^{+\infty}\left[\int_{-\infty}^{+\infty}f_1(\tau)f_2(t-\tau)\,\mathrm{d}\tau\right]\mathrm{e}^{-\mathrm{j}\omega t}\,\mathrm{d}t$$

$$= \int_{-\infty}^{+\infty}f_1(\tau)\left[\int_{-\infty}^{+\infty}f_2(t-\tau)\mathrm{e}^{-\mathrm{j}\omega t}\,\mathrm{d}t\right]\mathrm{d}\tau \tag{3-4-27}$$

由时移特性知

$$\int_{-\infty}^{+\infty}f_2(t-\tau)\mathrm{e}^{-\mathrm{j}\omega t}\,\mathrm{d}t = F_2(\mathrm{j}\omega)\mathrm{e}^{-\mathrm{j}\omega\tau}$$

将它代入到式(3-4-27),得

$$\mathcal{F}\big[f_1(t) * f_2(t)\big] = \int_{-\infty}^{+\infty}f_1(\tau)F_2(\mathrm{j}\omega)\mathrm{e}^{-\mathrm{j}\omega\tau}\,\mathrm{d}\tau = F_2(\mathrm{j}\omega)\int_{-\infty}^{+\infty}f_1(\tau)\mathrm{e}^{-\mathrm{j}\omega\tau}\,\mathrm{d}\tau$$

$$= F_1(\mathrm{j}\omega)F_2(\mathrm{j}\omega)$$

频域卷积定理的证明类似,这里从略。

例 3-11 求三角形脉冲的频谱函数。

$$f_\Delta(t) = \begin{cases} 1 - \dfrac{2}{\tau}\,|\,t\,|, & |\,t\,| < \dfrac{\tau}{2} \\[2mm] 0, & |\,t\,| > \dfrac{\tau}{2} \end{cases}$$

解:两个完全相同的门函数卷积可得到三角形脉冲。这里三角形脉冲的宽度为 τ,幅度为 1,为此选宽度为 $\dfrac{\tau}{2}$,幅度为 $\sqrt{\dfrac{2}{\tau}}$ 的门函数,即令 $f(t) = \sqrt{\dfrac{2}{\tau}}\,g_{\frac{\tau}{2}}(t)$,如图 3-4-5(a)所示,即 $f(t) * f(t) = f_\Delta(t)$。

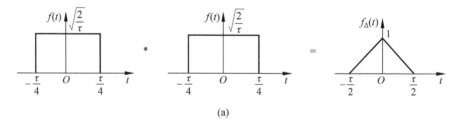

(a)

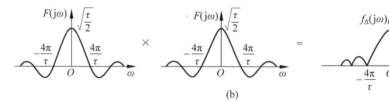

(b)

图 3-4-5 例 3-11 图

由于门函数 $g_\tau(t)$ 与其频谱函数的对应关系为

$$g_\tau(t) \leftrightarrow \tau\mathrm{Sa}\left(\frac{\omega\tau}{2}\right)$$

利用尺度变换特性,令 $a = 2$,将 $g_\tau(t)$ 压缩,得

$$g_{\frac{\tau}{2}}(t) \leftrightarrow \frac{\tau}{2}\mathrm{Sa}\left(\frac{\omega\tau}{4}\right)$$

于是得到信号 $f(t)$ 的频谱函数

$$F(j\omega) = \mathcal{F}\left[\sqrt{\frac{2}{\tau}}g_\tau(t)\right] = \sqrt{\frac{\tau}{2}}Sa\left(\frac{\omega\tau}{4}\right)$$

最后由时域卷积定理可得三角形脉冲 $f_\Delta(t)$ 的频谱函数

$$F_\Delta(j\omega) = FT[f_\Delta(t)] = FT[f(t) * f(t)]$$

$$= F(j\omega)F(j\omega) = \frac{\tau}{2}Sa^2\left(\frac{\omega\tau}{4}\right) \tag{3-4-28}$$

其频谱如图 3-4-5(b)所示。

例 3-12 求斜升函数 $r(t) = tu(t)$ 和函数 $|t|$ 的频谱函数。

解：(1) 求 $r(t) = tu(t)$ 的频谱函数。

由式(3-4-15)知

$$t \leftrightarrow j2\pi\delta'(\omega)$$

根据频域卷积定理,并利用卷积运算的规则,可得 $tu(t)$ 的频谱函数

$$\mathcal{F}[tu(t)] = \frac{1}{2\pi}\mathcal{F}[t] * \mathcal{F}[u(t)] = \frac{1}{2\pi}j2\pi\delta'(\omega) * \left[\pi\delta(\omega) + \frac{1}{j\omega}\right]$$

$$= j\pi\delta'(\omega) * \delta(\omega) + \delta'(\omega) * \frac{1}{\omega} = j\pi\delta'(\omega) - \frac{1}{\omega^2}$$

即

$$tu(t) \leftrightarrow -\frac{1}{\omega^2} + j\pi\delta'(\omega) \tag{3-4-29}$$

(2) 求 $|t|$ 的频谱函数。

由于 t 的绝对值可写为

$$|t| = tu(t) + (-t)u(-t)$$

对式(3-4-29)利用奇偶性中的式(3-4-8),有

$$(-t)u(-t) \leftrightarrow -\frac{1}{\omega^2} - j\pi\delta'(\omega)$$

利用线性性质可得函数 $|t|$ 与其频谱函数的对应关系为

$$|t| \leftrightarrow -\frac{2}{\omega^2} \tag{3-4-30}$$

8. 时域微分和积分

这里研究信号 $f(t)$ 对时间 t 的导数和积分的傅里叶变换。$f(t)$ 的导数和积分可用下述符号表示。

$$f^n(t) = \frac{d^n f(t)}{dt^n} \tag{3-4-31}$$

$$f^{(-1)}(t) = \int_{-\infty}^{t} f(x)dx \tag{3-4-32}$$

(1) 时域微分(定理)。

若 $f(t) \leftrightarrow F(j\omega)$,则

$$f^{(n)}(t) \leftrightarrow (j\omega)^n F(j\omega) \tag{3-4-33}$$

(2) 时域积分(定理)

若 $f(t) \leftrightarrow F(j\omega)$,则

$$f^{(-1)}(t) \leftrightarrow \pi F(0)\delta(\omega) + \frac{F(j\omega)}{j\omega} \tag{3-4-34}$$

其中，$F(0) = F(j\omega)|_{\omega=0}$，它也可以根据傅里叶变换定义(见式(3-4-1))令 $\omega=0$ 得到，即

$$F(0) = F(j\omega)|_{\omega=0} = \int_{-\infty}^{+\infty} f(t)\mathrm{d}t \tag{3-4-35}$$

如果 $F(0)=0$，则式(3-4-34)为

$$f^{(-1)}(t) \leftrightarrow \frac{F(j\omega)}{j\omega} \tag{3-4-36}$$

式(3-4-33)、式(3-4-34)可证明如下。

由第 2 章卷积的微分运算知，$f(t)$ 的一阶导数可写为

$$f'(t) = f'(t) * \delta(t) = f(t) * \delta'(t)$$

根据时域卷积定理，考虑到 $\delta'(t) \leftrightarrow j\omega$，有

$$\mathcal{F}[f'(t)] = \mathcal{F}[f(t)]\mathcal{F}[\delta'(t)] = j\omega F(j\omega)$$

重复运用以上结果，得

$$\mathcal{F}[f^{(n)}(t)] = (j\omega)^n F(j\omega)$$

即式(3-4-33)得证。

函数 $f(t)$ 的积分可写为

$$f^{-1}(t) = f^{(-1)}(t) * \delta(t) = f(t) * u(t)$$

根据时域卷积定理并考虑到冲激函数的抽样性质，得

$$\mathcal{F}[f^{-1}(t)] = \mathcal{F}[f(t)]\mathcal{F}[u(t)] = F(j\omega)\left[\pi\delta(\omega) + \frac{1}{j\omega}\right]$$

$$= \pi F(0)\delta(\omega) + \frac{F(j\omega)}{j\omega}$$

即式(3-4-34)得证。

例 3-13 求三角形脉冲的频谱函数。

$$f_{\triangle}(t) = \begin{cases} 1 - \dfrac{2}{\tau}|t|, & |t| < \dfrac{\tau}{2} \\ 0, & |t| > \dfrac{\tau}{2} \end{cases}$$

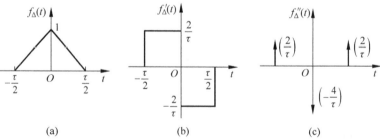

(a)　　　　　　　(b)　　　　　　　(c)

图 3-4-6　$f_{\triangle}(t)$ 及其导数

解：三角形脉冲 $f_{\triangle}(t)$ 及其一阶、二阶导数如图 3-4-6(a)、图 3-4-6(b)、图 3-4-6(c)所示。若令 $f(t) = f_{\triangle}''(t)$，则三角形脉冲 $f_{\triangle}(t)$ 是函数 $f(t)$ 的二重积分，即

$$f_\Delta(t) = \int_{-\infty}^{t} \int_{-\infty}^{x} f(y)\,\mathrm{d}y\,\mathrm{d}x$$

式中 x 和 y 都是时间变量,引用它们是为了避免把积分限与被积函数相混淆。

图 3-4-6(c)的函数由 3 个冲激函数组成,它可以写为

$$f(t) = \frac{2}{\tau}\delta\left(t + \frac{\tau}{2}\right) - \frac{4}{\tau}\delta(t) + \frac{2}{\tau}\delta\left(t - \frac{\tau}{2}\right)$$

由于 $\mathcal{F}[\delta(t)]=1$,根据时移特性,$f(t)$ 的频谱函数可以写为

$$F(\mathrm{j}\omega) = \frac{2}{\tau}\mathrm{e}^{\mathrm{j}\frac{\omega\tau}{2}} - \frac{4}{\tau} + \frac{2}{\tau}\mathrm{e}^{-\mathrm{j}\frac{\omega\tau}{2}} = \frac{2}{\tau}(\mathrm{e}^{\mathrm{j}\frac{\omega t}{2}} - 2 + \mathrm{e}^{-\mathrm{j}\frac{\omega\tau}{2}})$$

$$= \frac{4}{\tau}\left[\cos\left(\frac{\omega\tau}{2}\right) - 1\right] = -\frac{8\sin^2\left(\frac{\omega\tau}{4}\right)}{\tau}$$

由图 3-4-6(b)、图 3-4-6(c)可见,显然有 $\int_{-\infty}^{+\infty} f(t)\,\mathrm{d}t = 0$ 和 $\int_{-\infty}^{+\infty} f_\Delta'(t)\,\mathrm{d}t = 0$,利用式(3-4-36),得 $f_\Delta(t)$ 的频谱函数

$$F_\Delta(\mathrm{j}\omega) = \frac{1}{(\mathrm{j}\omega)^2}F(\mathrm{j}\omega) = \frac{8\sin^2\left(\frac{\omega\tau}{4}\right)}{\omega^2\tau} = \frac{\tau}{2}\frac{\sin^2\left(\frac{\omega\tau}{4}\right)}{\left(\frac{\omega\tau}{4}\right)^2} = \frac{\tau}{2}\mathrm{Sa}^2\left(\frac{\omega\tau}{4}\right)$$

可见结果与例 3-11 相同。

例 3-14 求门函数 $g_\tau(t)$ 积分的频谱函数。

$$f(t) = \frac{1}{\tau}\int_{-\infty}^{t} g_\tau(x)\,\mathrm{d}x$$

解:门函数 $g_\tau(t)$ 及其积分 $\frac{1}{\tau}g_\tau^{-1}(t)$ 的波形如图 3-4-7 所示。门函数的频谱为

$$\mathcal{F}[g_\tau(t)] = \tau\,\mathrm{Sa}\left(\frac{\omega\tau}{2}\right)$$

由于 $\mathrm{Sa}(0)=1$,由式(3-4-34)得到 $f(t)$ 的频谱函数为

$$\mathcal{F}[f(t)] = \mathcal{F}\left[\frac{1}{\tau}g_\tau^{-1}(t)\right] = \pi\mathrm{Sa}(0)\delta(\omega) + \frac{1}{\mathrm{j}\omega}\mathrm{Sa}\left(\frac{\omega\tau}{2}\right)$$

$$= \pi\delta(\omega) + \frac{1}{\mathrm{j}\omega}\mathrm{Sa}\left(\frac{\omega\tau}{2}\right) \tag{3-3-37}$$

需要指出的是,在欲求某函数 $g(t)$ 的傅里叶变换时,常可根据其导数的变换,利用积分特性求得 $\mathcal{F}[g(t)]$,如例 3-13、例 3-14。需要注意的是,对某些函数,虽然有 $f(t)=g'(t)$,但有

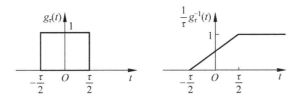

图 3-4-7 门函数 $g_\tau(t)$ 及其积分 $\frac{1}{\tau}g_\tau^{-1}(t)$ 的波形

可能 $g(t) \neq f^{-1}(t) = \int_{-\infty}^{t} f(x)\mathrm{d}x$，这是因为若设 $f(t) = \dfrac{\mathrm{d}g(t)}{\mathrm{d}t}$，则有

$$\mathrm{d}g(t) = f(t)\mathrm{d}t$$

对上式从 $-\infty$ 到 t 积分，有

$$g(t) - g(-\infty) = \int_{-\infty}^{t} f(x)\mathrm{d}x$$

即

$$g(t) = \int_{-\infty}^{t} f(x)\mathrm{d}x + g(-\infty) \tag{3-4-38}$$

式(3-4-38)表明，式(3-4-32)的约定中隐含着 $f^{-1}(-\infty) = 0$。当常数 $g(-\infty) \neq 0$ 时，对式(3-4-38)进行傅里叶变换，得

$$G(\mathrm{j}\omega) = \pi F(0)\delta(\omega) + \frac{F(\mathrm{j}\omega)}{\mathrm{j}\omega} + 2\pi g(-\infty)\delta(\omega) \tag{3-4-39}$$

例 3-15　求图 3-4-8(a)、图 3-4-8(b)所示信号的傅里叶变换。

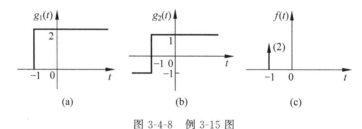

图 3-4-8　例 3-15 图

解：(1) 图 3-4-8(a)的函数可写为

$$g_1(t) = 2u(t+1)$$

其导数 $g_1'(t) = f(t) = 2\delta(t+1)$，如图 3-4-8(c)所示。容易求得

$$f(t) \leftrightarrow F(\mathrm{j}\omega) = 2\mathrm{e}^{\mathrm{j}\omega}, \quad F(0) = 2$$

故可得

$$G_1(\mathrm{j}\omega) = 2\pi\delta(\omega) + \frac{2}{\mathrm{j}\omega}\mathrm{e}^{\mathrm{j}\omega}$$

(2) 图 3-4-8(b)的函数可写为

$$g_2(t) = \mathrm{sgn}(t+1) = 2u(t+1) - 1$$

其导数也是 $f(t) = 2\delta(t+1)$。由图 3-4-8(b)可见，$g_2(-\infty) = -1$，故可得

$$G_2(\mathrm{j}\omega) = 2\pi\delta(\omega) + \frac{2}{\mathrm{j}\omega}\mathrm{e}^{\mathrm{j}\omega} - 2\pi\delta(\omega) = \frac{2}{\mathrm{j}\omega}\mathrm{e}^{\mathrm{j}\omega}$$

9. 频域微分和积分

设

$$F^n(\mathrm{j}\omega) = \frac{\mathrm{d}^n F(\mathrm{j}\omega)}{\mathrm{d}\omega^n} \tag{3-4-40}$$

$$F^{-1}(\mathrm{j}\omega) = \int_{-\infty}^{\omega} F(\mathrm{j}\eta)\mathrm{d}\eta \tag{3-4-41}$$

与前类似，式(3-4-41)也隐含 $F^{-1}(-\infty) = 0$。

1) 频域微分

若 $f(t) \leftrightarrow F(j\omega)$，则

$$(-jt)^n f(t) \leftrightarrow F^n(j\omega) \tag{3-4-42}$$

2) 频域积分

若 $f(t) \leftrightarrow F(j\omega)$，则

$$\pi f(0)\delta(t) + \frac{1}{-jt}f(t) \leftrightarrow F^{-1}(j\omega) \tag{3-4-43}$$

式中

$$f(0) = \frac{1}{2\pi}\int_{-\infty}^{\infty} F(j\omega)\,d\omega \tag{3-4-44}$$

如果 $f(0) = 0$，则有

$$\frac{1}{-jt}f(t) \leftrightarrow F^{-1}(j\omega) \tag{3-4-45}$$

频域微分和积分的结果可用频域卷积定理证明，其方法与时域类似，这里从略。

例 3-16　求斜升函数 $tu(t)$ 的频谱函数。

解：单位阶跃信号 $u(t)$ 及其频谱函数为

$$u(t) \leftrightarrow \pi\delta(\omega) + \frac{1}{j\omega}$$

可得

$$-jtu(t) \leftrightarrow \frac{d}{d\omega}\left[\pi\delta(\omega) + \frac{1}{j\omega}\right] = \pi\delta'(\omega) - \frac{1}{j\omega^2}$$

再根据线性性质，得

$$tu(t) \leftrightarrow -\frac{1}{\omega^2} + j\pi\delta'(\omega)$$

与例 3-12 完全相同。

例 3-17　求函数 $\mathrm{Sa}(t) = \dfrac{\sin t}{t}$ 的频谱函数。

解：首先求 $\sin t$ 的频谱函数，令

$$f(t) = \sin t = \frac{1}{2j}(e^{jt} - e^{-jt})$$

由于 $\mathcal{F}(1) = 2\pi\delta(\omega)$，根据线性和频移特性可得

$$\mathcal{F}(\sin t) = \frac{1}{2j}\left[\mathcal{F}(e^{jt}) - \mathcal{F}(e^{-jt})\right] = \frac{1}{2j}\left[2\pi\delta(\omega-1) - 2\pi\delta(\omega+1)\right]$$

$$= j\pi\left[\delta(\omega+1) - \delta(\omega-1)\right]$$

由于 $f(t) = \sin t$，显然有 $f(0) = 0$，故根据式(3-4-45)有

$$\mathcal{F}\left(\frac{f(t)}{-jt}\right) = \mathcal{F}\left(\frac{\sin t}{-jt}\right) = j\pi\int_{-\infty}^{\omega}\left[\delta(\eta+1) - \delta(\eta-1)\right]d\eta = \begin{cases} 0, & \omega < -1 \\ j\pi, & -1 < \omega < 1 \\ 0, & \omega > 1 \end{cases}$$

在时域、频域分别乘以 $-j$，得

$$\mathcal{F}\left(\frac{\sin t}{t}\right)=\begin{cases}0, & \omega<-1\\ \mathrm{j}\pi, & -1<\omega<1\\ 0, & \omega>1\end{cases}$$

或写为

$$\frac{\sin t}{t}\leftrightarrow \pi g_2(\omega)$$

所得结果与例 3-6 相同。

例 3-18 求 $\displaystyle\int_0^{+\infty}\frac{\sin(a\omega)}{\omega}\mathrm{d}\omega$ 的值。

解：令 $\tau=2a$(显然 $\tau=2a>0$)，可得幅度为 1，宽度为 $2a$ 的门函数 $g_{2a}(t)$ 与其傅里叶变换的对应关系为

$$g_{2a}(t)\leftrightarrow \frac{2\sin(a\omega)}{\omega}$$

根据傅里叶逆变换表示式有

$$g_{2a}(t)=\frac{1}{2\pi}\int_{-\infty}^{+\infty}\frac{\sin(a\omega)}{\omega}\mathrm{e}^{\mathrm{j}\omega t}\mathrm{d}\omega=\frac{1}{\pi}\int_{-\infty}^{+\infty}\frac{\sin(a\omega)}{\omega}\mathrm{e}^{\mathrm{j}\omega t}\mathrm{d}\omega$$

令 $t=0$，注意到 $g_{2a}(0)=1$，以及被积函数是 ω 的偶函数，得

$$1=g_{2a}(0)=\frac{1}{\pi}\int_{-\infty}^{+\infty}\frac{\sin(a\omega)}{\omega}\mathrm{d}\omega=\frac{2}{\pi}\int_0^{+\infty}\frac{\sin(a\omega)}{\omega}\mathrm{d}\omega$$

以上结果也可直接求得。上式为 $a>0$ 的结果；若 $a<0$，则 $\sin(a\omega)=-\sin(|a|\omega)$，于是得到

$$\int_0^{+\infty}\frac{\sin(a\omega)}{\omega}\mathrm{d}\omega=\begin{cases}\dfrac{\pi}{2}, & a>0\\[2mm] -\dfrac{\pi}{2}, & a<0\end{cases}$$

3.4.2 相关定理

通常相关的概念是从研究随机信号的统计特性而引入的。本书从确定信号的相似性引出相关系数与相关函数的概念，为学习后续课程做好准备。

1. 相关系数与相关函数

在信号分析问题中，有时要求比较两个信号波形是否相似，希望给出二者相似程度的统一描述。例如，对于图 3-4-9(a)中的两个波形，从直观上很难说明它们的相似程度，它们在任何瞬间的取值似乎都是彼此不相关的($\rho_{xy}=0$)。图 3-4-9(b)是一对完全相似的波形，它们或是形状完全一致，或是变化规律相同而幅度呈某一倍数关系($\rho_{xy}=1$)。图 3-4-9(c)的两个波形极性相反，二者幅度呈负系数相乘的关系($\rho_{xy}=-1$)。对于这些不同组合的波形如何定量衡量它们之间的相关性，需要引出相关系数的概念。

假定 $f_1(t)$ 和 $f_2(t)$ 是能量有限的实信号，选择适当的系数 c_{12} 使 $c_{12}f_2(t)$ 去逼近 $f_1(t)$，利用方均误差 $\overline{\varepsilon^2}$ 来说明二者的相似程度。令

$$\overline{\varepsilon^2}=\int_{-\infty}^{+\infty}\left[f_1(t)-c_{12}f_2(t)\right]^2\mathrm{d}t$$

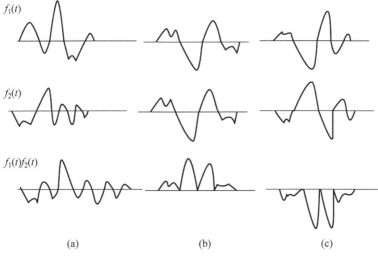

$$f_1(t)$$

$$f_2(t)$$

$$f_1(t)f_2(t)$$

(a) (b) (c)

图 3-4-9　两个不相同、相同及相反波形

选择 c_{12} 是误差 $\overline{\varepsilon^2}$ 最小，即要求

$$\frac{d\overline{\varepsilon^2}}{dc_{12}} = 0$$

于是求得

$$c_{12} = \frac{\int_{-\infty}^{+\infty} f_1(t)f_2(t)dt}{\int_{-\infty}^{+\infty} f_2^2(t)dt}$$

此时，能量误差为

$$\overline{\varepsilon^2} = \int_{-\infty}^{+\infty}\left[f_1(t) - cf_2(t)\frac{\int_{-\infty}^{+\infty} f_1(t)f_2(t)}{\int_{-\infty}^{+\infty} f_2^2(t)dt}\right]^2 dt$$

将被积函数展开并化简，得到

$$\overline{\varepsilon^2} = \int_{-\infty}^{+\infty} f_1^2(t)dt - \frac{\left[\int_{-\infty}^{+\infty} f_1(t)f_2(t)dt\right]^2}{\int_{-\infty}^{+\infty} f_2^2(t)dt}$$

令相对能量误差为

$$\frac{\overline{\varepsilon^2}}{\int_{-\infty}^{+\infty} f_1^2(t)dt} = 1 - \rho_{12}^2$$

式中

$$\rho_{12} = \frac{\int_{-\infty}^{+\infty} f_1(t)f_2(t)dt}{\left[\int_{-\infty}^{+\infty} f_1^2(t)dt \int_{-\infty}^{+\infty} f_2^2(t)dt\right]^{\frac{1}{2}}}$$

通常把 ρ_{12} 称为 $f_1(t)$ 与 $f_2(t)$ 的相关函数。不难发现,借助柯西-施瓦茨不等式可以求得

$$\left|\int_{-\infty}^{+\infty} f_1(t)f_2(t)\mathrm{d}t\right| \leqslant \left[\int_{-\infty}^{+\infty} f_1^2(t)\mathrm{d}t \int_{-\infty}^{+\infty} f_2^2(t)\mathrm{d}t\right]^{\frac{1}{2}}$$

$$|\rho_{12}| \leqslant 1$$

由上述分析可以看出,对于两个能量有限信号,相关系数 ρ_{12} 的大小由两信号的内积所决定。

$$\rho_{12} = \frac{\langle f_1(t),f_2(t)\rangle}{[\langle f_1(t),f_1(t)\rangle\langle f_2(t),f_2(t)\rangle]^{1/2}} = \frac{\langle f_1(t),f_2(t)\rangle}{\parallel f_1(t)\parallel_2 \parallel f_2(t)\parallel_2}$$

对于图 3-4-9(b)、(c)所示的两个相同或相反的波形,由于它们的形状完全一致,内积的绝对值最大,ρ_{12} 分别等于 $+1$ 或 -1,此时 $\overline{\varepsilon^2}$ 等于零。一般情况下,ρ_{12} 取值为 $-1 \sim +1$。当 $f_1(t)$ 与 $f_2(t)$ 为正交函数时 $\rho_{12}=0$,此时 $\overline{\varepsilon^2}$ 最大。相关系数 ρ_{12} 从信号之间能量误差的角度描述了它们的相关特性,利用向量空间的内积运算给出了定量说明。

上面对两个固定信号波形的相关性进行了研究,然而经常会遇到更复杂的情况,信号 $f_1(t)$ 和 $f_2(t)$ 由于某种原因产生了时差,例如,雷达站接收到两个不同距离目标的反射信号,这就需要专门研究两信号在时移过程中的相关性,为此需引出相关函数的概念。

如果 $f_1(t)$ 与 $f_2(t)$ 是能量有限信号且为实函数,它们之间的相关函数定义为

$$R_{12}(\tau) = \int_{-\infty}^{+\infty} f_1(t)f_2(t-\tau)\mathrm{d}t = \int_{-\infty}^{+\infty} f_1(t+\tau)f_2(t)\mathrm{d}t \tag{3-4-46}$$

$$R_{21}(\tau) = \int_{-\infty}^{+\infty} f_1(t-\tau)f_2(t)\mathrm{d}t = \int_{-\infty}^{+\infty} f_1(t)f_2(t+\tau)\mathrm{d}t \tag{3-4-47}$$

显然,相关函数 $R(\tau)$ 是两信号之间时差的函数,注意上两式中下标顺序不能互换,一般情况下,$R_{12}(\tau) \neq R_{21}(\tau)$。不难证明

$$R_{12}(\tau) = R_{21}(-\tau)$$

若 $f_1(t)$ 与 $f_2(t)$ 是同一信号,即 $f_1(t)=f_2(t)=f(t)$,此时相关函数无须加注下标,以 $R(\tau)$ 表示,称为自相关函数。

$$R(\tau) = \int_{-\infty}^{+\infty} f(t)f(t-\tau)\mathrm{d}t = \int_{-\infty}^{+\infty} f(t+\tau)f(t)\mathrm{d}t$$

与自相关函数相对照,一般的两信号之间的相关函数也称为互相关函数。显然,对自相关函数有如下性质

$$R(\tau) = R(-\tau)$$

可见,实函数的自相关函数是时移 τ 的偶函数。

2. 相关与卷积的比较

函数 $f_1(t)$ 与 $f_2(t)$ 的卷积表达式为

$$f_1(t) * f_2(t) = \int_{-\infty}^{+\infty} f_1(\tau)f_2(t-\tau)\mathrm{d}\tau$$

为便于和相关函数表达式相比较,把式(3-4-46)中的变量 t 与 τ 互换,这样,实函数的互相关函数表达式可写作

$$R_{12}(t) = \int_{-\infty}^{+\infty} f_1(\tau)f_2(\tau-t)\mathrm{d}\tau$$

借助变量置换方法容易求得

$$R_{12}(t) = f_1(t) * f_2(-t)$$

可见,将 $f_2(t)$ 反折(变量取负号)与 $f_1(t)$ 卷积积分,即得 $f_1(t)$ 与 $f_2(t)$ 的相关函数 $R_{12}(t)$。

3. 相关定理

在前面已经讨论了傅里叶变换的 9 个性质,这里介绍的相关定理作为其第 10 个性质。

若已知 $\mathcal{F}[f_1(t)] = F_1(j\omega), \mathcal{F}[f_2(t)] = F_2(j\omega)$,则

$$\mathcal{F}[R_{12}(\tau)] = F_1(j\omega) F_2^*(j\omega) \tag{3-4-48}$$

证明:有相关函数定义可知

$$R_{12}(\tau) = \int_{-\infty}^{+\infty} f_1(t) f_2^*(t) dt$$

取傅里叶变换

$$\begin{aligned}
\mathcal{F}[R_{12}(\tau)] &= \int_{-\infty}^{+\infty} R_{12}(\tau) e^{-j\omega\tau} dt \\
&= \int_{-\infty}^{+\infty} \left[\int_{-\infty}^{+\infty} f_1(t) f_2^*(t-\tau) dt \right] e^{-j\omega\tau} dt \\
&= \int_{-\infty}^{+\infty} f_1(t) \left[\int_{-\infty}^{+\infty} f_2^*(t-\tau) e^{-j\omega\tau} d\tau \right] dt \\
&= \int_{-\infty}^{+\infty} f_1(t) F_2^*(\omega) e^{-j\omega\tau} dt
\end{aligned}$$

$$\mathcal{F}[R_{12}(\tau)] = F_1(j\omega) F_2^*(j\omega)$$

同理可得

$$\mathcal{F}[R_{21}(\tau)] = F_1^*(j\omega) F_2(j\omega) \tag{3-4-49}$$

若 $f_1(t) = f_2(t) = f(t), \mathcal{F}[f(t)] = F(j\omega)$,则自相关函数为

$$\mathcal{F}[R(\tau)] = |F(j\omega)|^2 \tag{3-4-50}$$

可见,两信号互相关函数的傅里叶变换等于其中第一个信号的变换与第二个信号变换取共轭二者的乘积,这就是相关定理。

3.4.3 MATLAB 实现

1. 傅里叶变换数值计算

连续时间信号的傅里叶变换涉及函数的数值计算问题。MATLAB 提供了多种计算数值积分的函数,如 quad()、quadl()、dblquad()、triplequad()、inline() 等函数。下面以较常用的 quadl() 函数为例说明其在信号傅里叶变换计算中的应用。

quadl 函数的调用格式有以下两种:

```
y = quadl('F',a,b)
y = quadl('F',a,b,[ ],[ ],P)
```

其中,F 是被积函数的文件名,a、b 是积分的上下限,P 为传给函数 F 的参数。

例 3-19 试用数值计算方法计算非周期矩形脉冲信号 $p_2(t)$ 的频谱。

解:在调用 quadl() 函数之前,需要定义被积函数。对于非周期矩形脉冲信号 $p_2(t)$,其函数定义如下。

```
function y = f1(t,w);
y = (t > = -1&t < = 1). * exp(-j * w * t);
```

上述函数中的参数 w 为角频率,由调用它的程序规定其取值;t 为积分变量。将上述被积函数的 MATLAB 程序用文件名 f1.m 保存在与调用它的程序相同的位置。

计算非周期矩形脉冲信号 $p_2(t)$ 频谱的 MATLAB 程序如下:

```
w = linspace( - 6 * pi,6 * pi,512);
N = length(w);
F = zeros(1,N);
for k = 1:N
    F(k) = quadl('f1', - 1,1,[ ],[ ],w(k));
end
figure(1);
plot(w,real(F));
xlabel('\omega');
ylabel('F(j\omegal)');
```

该程序的运行结果如图 3-4-10 所示。已知脉冲宽度为 2 的非周期矩形脉冲信号 $p_2(t)$ 频谱为 $\mathcal{F}[p_2(t)] = 2\mathrm{Sa}(\omega)$。由此可见,由 MATLAB 程序计算所得频谱与理论频谱是一致的。

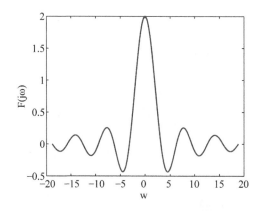

图 3-4-10　用 MATLAB 计算的非周期矩形脉冲信号 $p_2(t)$ 的频谱

2. 傅里叶变换和傅里叶逆变换

例 3-20　已知 $f(t) = \mathrm{e}^{-2|t|}$,求其傅里叶变换。

解：MATLAB 程序如下:

```
syms t;
F = fourier(exp( - 2 * abs(t)))
ezplot(F);
```

执行该程序,运行结果为

```
F =
4/(4 + w^2)
```

即

$$\mathrm{e}^{-2|t|} \leftrightarrow \frac{4}{4 + \omega^2}$$

绘制的图形如图 3-4-11 所示。

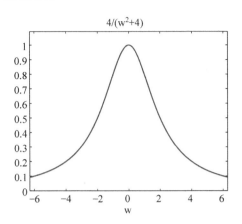

图 3-4-11　信号 $f(t)$ 的傅里叶变换

例 3-21　试画出信号 $f(t)=\dfrac{2}{3}\mathrm{e}^{-3t}u(t)$ 的波形及其幅频特性曲线。

解：MATLAB 程序如下：

```
syms t w f;
f = 2/3 * exp( - 3 * t) * str2sym('heaviside(t)');
F = fourier(f,t,w);
subplot(2,1,1);
ezplot(f);
subplot(2,1,2);
ezplot(abs(F));
```

执行该程序，运行结果如图 3-4-12 所示。

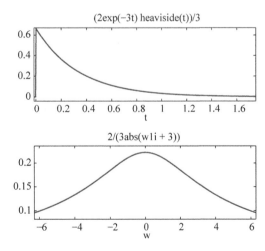

图 3-4-12　信号 $f(t)$ 的波形及其幅频特性曲线

例 3-22　已知 $F(\mathrm{j}\omega)=\dfrac{1}{1+\omega^2}$，求其傅里叶逆变换。

解：MATLAB 程序如下：

```
syms t w;
f = ifourier(1/(1 + w^2),w,t)
```

执行该程序,运行结果为

```
f =
1/2 * exp( - t) * heaviside(t) + 1/2 * exp(t) * heaviside( - t)
```

即

$$\frac{1}{1+\omega^2} \leftrightarrow \left(\frac{1}{2}e^{-t} + \frac{1}{2}e^{t}\right)u(t)$$

3. 傅里叶变换的时移特性

分别绘制信号 $f(t) = \frac{1}{2}e^{-2t}u(t)$ 与信号 $f(t-1)$ 的频谱图,并观察信号时移对信号频谱的影响。

1) 信号 $f(t) = \frac{1}{2}e^{-2t}u(t)$ 的频谱

MATLAB 程序如下:

```
t = - 5:0.02:5;N = 200;W = 2 * pi;k = - N:N;w = k * W/N;
f1 = 1/2 * exp( - 2 * t). * stepfun(t,0);
F = 0.02 * f1 * exp( - j * t' * w);
F1 = abs(F);P1 = angle(F);
subplot(3,1,1);plot(t,f1);grid;
xlabel('t');ylabel('f(t)');title('f(t)');
subplot(3,1,2);plot(w,F1);grid;
xlabel('w');ylabel('F(jw)');title('模');
subplot(3,1,3);plot(w,P1 * 180/pi);grid,
xlabel('w');ylabel('相位');title('相位(度)');
```

执行该程序,运行结果如图 3-4-13 所示。

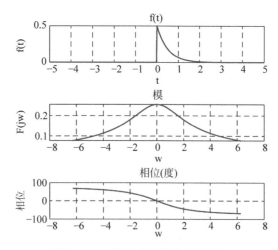

图 3-4-13 傅里叶变换的时移特性

2) 信号 $f(t-1)$ 的频谱

MATLAB 程序如下：

```
t = - 5:0.02:5;N = 200;W = 2 * pi;k = - N:N;w = k * W/N;
f1 = 1/2 * exp( - 2 * (t - 1)). * stepfun(t,1);
F = 0.02 * f1 * exp( - j * t' * w);
F1 = abs(F);P1 = angle(F);
subplot(3,1,1);plot(t,f1);grid on;
xlabel('t');ylabel('f(t)');title('f(t - 1)');
subplot(3,1,2);plot(w,F1);grid on;
xlabel('w');ylabel('F(jw)');title('F(jw)的模');
subplot(3,1,3);plot(w,P1 * 180/pi);grid,
xlabel('w');ylabel('相位');title('相位(度)');
```

执行该程序,运行结果如图 3-4-14 所示。

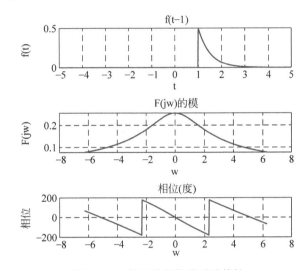

图 3-4-14　傅里叶变换的时移特性

4. 傅里叶变换的频移特性

信号 $f(t)=g_2(t)$ 为门信号,试绘制信号 $f_1(t)=f(t)\mathrm{e}^{-\mathrm{j}10t}$ 以及信号 $f_2(t)=f(t)\mathrm{e}^{\mathrm{j}10t}$ 的频谱图,并与原信号频谱图进行比较。

MATLAB 程序如下：

```
t = - 2:0.02:2;f = stepfun(t, - 1) - stepfun(t,1);
f1 = f. * exp( - j * 10 * t);f2 = f. * exp(j * 10 * t);
W1 = 2 * pi * 5;N = 500;k = - N:N;W = k * W1/N;
F1 = f1 * exp( - j * t' * W) * 0.02;
F2 = f2 * exp( - j * t' * W) * 0.02;
F1 = real(F1);F2 = real(F2);
subplot(2,1,1);plot(W,F1);
xlabel('w');ylabel('F1(jw)');title('F1(jw)频谱');
subplot(2,1,2);plot(W,F2);
xlabel('w');ylabel('F2(jw)');title('F2(jw)频谱');
```

执行该程序,运行结果如图 3-4-15 所示。

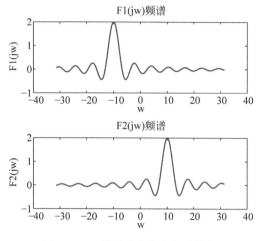

图 3-4-15 傅里叶变换的频移特性

视频讲解

3.5 周期信号的傅里叶变换

在前面讨论周期信号的傅里叶级数和非周期信号的傅里叶变换的基础上,本节将研究周期信号的傅里叶变换,以及傅里叶级数与傅里叶变换之间的关系。这样,就能把周期信号与非周期信号的分析方法统一起来,使傅里叶变换的应用范围更加广泛。

1. 正、余弦函数的傅里叶变换

由于常数1(即幅值为1的直流信号)的傅里叶变换

$$\mathcal{F}(1) = 2\pi\delta(\omega) \tag{3-5-1}$$

根据相移特性可得

$$\mathcal{F}(e^{j\omega_0 t}) = 2\pi\delta(\omega - \omega_0) \tag{3-5-2}$$

$$\mathcal{F}(e^{-j\omega_0 t}) = 2\pi\delta(\omega + \omega_0) \tag{3-5-3}$$

利用式(3-5-2)和式(3-5-3),可得正、余弦函数的傅里叶变换

$$\mathcal{F}[\cos(\omega_0 t)] = \mathcal{F}\left[\frac{1}{2}(e^{j\omega_0 t} + e^{-j\omega_0 t})\right] = \pi[\delta(\omega - \omega_0) + \delta(\omega + \omega_0)] \tag{3-5-4}$$

$$\mathcal{F}[\sin(\omega_0 t)] = \mathcal{F}\left[\frac{1}{2j}(e^{j\omega_0 t} - e^{-j\omega_0 t})\right] = j\pi[\delta(\omega + \omega_0) - \delta(\omega - \omega_0)] \tag{3-5-5}$$

正、余弦信号的波形及频谱如图 3-5-1 所示。

2. 一般周期函数的傅里叶变换

对于一般周期为 T 的周期信号 $f(t)$,其指数型傅里叶级数展开式为

$$f_T(t) = \sum_{n=-\infty}^{+\infty} F_n e^{jn\Omega t} \tag{3-5-6}$$

式中,$\Omega = \dfrac{2\pi}{T}$ 是基波分量,F_n 是傅里叶系数。

$$F_n = \frac{1}{T}\int_{-\frac{T}{2}}^{\frac{T}{2}} f_T(t) e^{-jn\Omega t}\,dt \tag{3-5-7}$$

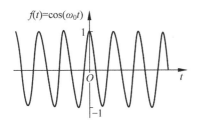 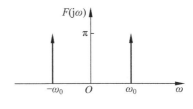

(a)

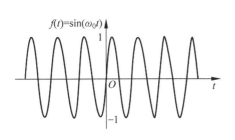 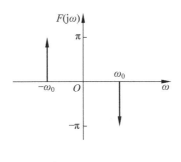

(b)

图 3-5-1 正、余弦函数及其频谱

对式(3-5-6)两边取傅里叶变换,并利用其线性和频移性,且考虑到 F_n 与时间 t 无关,可得

$$\mathcal{F}\left[f_T(t)\right]=\mathcal{F}\left[\sum_{n=-\infty}^{+\infty}F_n\mathrm{e}^{\mathrm{j}n\Omega t}\right]=\sum_{n=-\infty}^{+\infty}F_n\,\mathcal{F}\left[\mathrm{e}^{\mathrm{j}n\Omega t}\right]$$

$$=2\pi\sum_{n=-\infty}^{+\infty}F_n\delta(\omega-n\Omega) \tag{3-5-8}$$

式(3-5-8)表明,一般周期信号的傅里叶变换(频谱函数)是由无穷多个冲激函数组成的,这些冲激函数位于信号的各谐波频率 $n\Omega(n=0,\pm1,\pm2,\cdots)$ 处,其强度为相应傅里叶级数系数 F_n 的 2π 倍。

例 3-23 周期性矩形脉冲信号 $p_T(t)$ 如图 3-5-2(a)所示,其周期为 T,脉冲宽度为 τ,幅度为 1,试求其频谱函数。

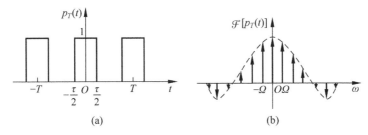

(a)   (b)

图 3-5-2 周期性矩形脉冲信号及其频谱

解:在前面已经求得图 3-5-2(a)所示周期性矩形脉冲信号 $f(t)=p_T(t)$ 的傅里叶系数为

$$F_n=\frac{\tau}{T}\mathrm{Sa}\left(\frac{n\Omega\tau}{2}\right) \tag{3-5-9}$$

代入式(3-5-8),得

$$\mathcal{F}[p_T(t)] = \frac{2\tau\pi}{T} \sum_{n=-\infty}^{+\infty} \mathrm{Sa}\left(\frac{n\Omega\tau}{2}\right)\delta(\omega - n\Omega)$$

$$= \sum_{n=-\infty}^{+\infty} \frac{2\sin\left(\dfrac{n\Omega\tau}{2}\right)}{n}\delta(\omega - n\Omega) \tag{3-5-10}$$

式中,$\Omega = \dfrac{2\pi}{T}$。可见,周期矩形脉冲信号 $p_T(t)$ 的傅里叶变换由位于 $\omega = 0, \pm\Omega, \pm2\Omega, \cdots$ 处

的冲激函数所组成,其在 $\omega = \pm n\Omega$ 处的强度为 $\dfrac{2\sin\left(\dfrac{n\Omega\tau}{2}\right)}{n}$。图 3-5-2(b)给出了 $T = 4\tau$ 情况

下的频谱图。由图 3-5-2(b)可见,周期信号的频谱密度是离散的。

需要注意的是,虽然从频谱的图形看,这里的 $F(\mathrm{j}\omega)$ 与前面的 F_n 是极相似的,但是二者含义不同。当对周期函数进行傅里叶变换时,得到的是频谱;而将该函数展开为傅里叶级数时,得到的是傅里叶系数,它代表虚指数分量的幅度和相位。

在引入了冲激函数以后,对周期函数也能进行傅里叶变换,从而对周期函数和非周期函数可以用相同的观点和方法进行分析运算,这给信号和系统分析带来了很大方便。

例 3-24 图 3-5-3(a)画出了周期为 T 的周期性单位脉冲函数序列 $\delta_T(t)$

$$\delta_T(t) = \sum_{m=-\infty}^{+\infty} \delta(t - mT) \tag{3-5-11}$$

式中,m 为整数。求其傅里叶变换。

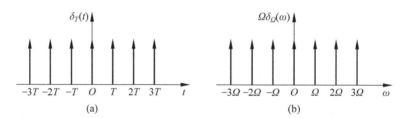

图 3-5-3 周期脉冲序列及其傅里叶变换

解:首先求出周期性脉冲函数序列的傅里叶系数。由式(3-5-7)知

$$F_n = \frac{1}{T}\int_{-\frac{T}{2}}^{\frac{T}{2}} f(t)\mathrm{e}^{-\mathrm{j}n\Omega t}\,\mathrm{d}t = \frac{1}{T}\int_{-\frac{T}{2}}^{\frac{T}{2}} \delta_T(t)\mathrm{e}^{-\mathrm{j}n\Omega t}\,\mathrm{d}t$$

由图 3-5-3(a)可见,函数 $\delta_T(t)$ 在区间 $\left(-\dfrac{T}{2}, \dfrac{T}{2}\right)$ 只有一个冲激函数 $\delta_T(t)$。考虑到冲激函数的抽样性质,上式可写为

$$F_n = \frac{1}{T}\int_{-\frac{T}{2}}^{\frac{T}{2}} \delta(t)\mathrm{e}^{-\mathrm{j}n\Omega t}\,\mathrm{d}t = \frac{1}{T} \tag{3-5-12}$$

将它代入式(3-5-8),得 $\delta_T(t)$ 的傅里叶变换为

$$\mathcal{F}[\delta_T(t)] = \frac{2\pi}{T}\sum_{n=-\infty}^{+\infty} \delta(\omega - n\Omega) = \Omega\sum_{n=-\infty}^{+\infty} \delta(\omega - n\Omega) \tag{3-5-13}$$

令

$$\delta_\Omega(\omega) = \sum_{n=-\infty}^{+\infty} \delta(\omega - n\Omega) \tag{3-5-14}$$

它是在频域内周期为 Ω 的冲激函数序列。这样,时域周期为 T 单位冲激函数序列 $\delta_T(t)$ 有其傅里叶变化的关系为

$$\delta_T(t) \leftrightarrow \Omega \delta_\Omega(\omega) \tag{3-5-15}$$

式(3-5-15)表明,在时域中周期为 T 的单位冲激函数序列 $\delta_T(t)$ 的傅里叶变换是一个在频域中周期为 Ω、强度为 Ω 的冲激序列。图 3-5-3 中画出了 $\delta_T(t)$ 及其频谱函数。

如有周期信号 $f_T(t)$,从该信号中截取一个周期,例 $\left(-\dfrac{T}{2}, \dfrac{T}{2}\right)$,就得到单脉冲信号,令其为 $f_0(t)$,如图 3-5-4 所示。

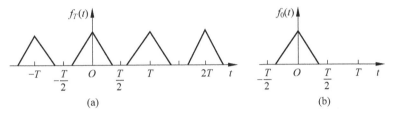

(a)   (b)

图 3-5-4 从周期信号中截取一个周期

由前面的内容可以知道,周期为 T 的周期信号 $f_T(t)$ 可看成 $f_0(t)$ 与周期为 T 的冲激序列 $\delta_T(t)$ 的卷积,即

$$f_T(t) = f_0(t) * \delta_T(t) \tag{3-5-16}$$

式中,$\delta_T(t) = \displaystyle\sum_{n=-\infty}^{\infty} \delta(t - nT)$。设 $f_0(t)$ 的傅里叶变换为 $F_0(j\omega)$,根据时域卷积定理可得到周期信号 $f_T(t)$ 的傅里叶变换

$$\mathcal{F}[f_T(t)] = F_0(j\omega)\Omega\delta_\Omega(\omega) = \Omega \sum_{n=-\infty}^{+\infty} F_0(jn\Omega)\delta(\omega - n\Omega) \tag{3-5-17}$$

式(3-5-17)表明,利用信号 $f_0(t)$ 的傅里叶变换 $F_0(j\omega)$,很容易求得周期信号 $f_T(t)$ 的傅里叶变换。

3. 傅里叶系数与傅里叶变换

式(3-5-8)和式(3-5-17)都是周期信号 $f_T(t)$ 的傅里叶变换表示式,比较两式可得,周期信号 $f_T(t)$ 的傅里叶系数 F_n 与其第一个周期脉冲的单脉冲信号频谱 $F_0(j\omega)$ 的关系为

$$F_n = \frac{1}{T}F_0(jn\Omega) = \frac{1}{T}F_0(j\omega)\,\big|_{\omega=n\Omega} \tag{3-5-18}$$

式(3-5-18)表明,周期信号的傅里叶系数 F_n 等于 $F_0(j\omega)$ 在频率为 $n\Omega$ 处的值乘以 $\dfrac{1}{T}$。

由傅里叶系数的定义式可得

$$F_n = \frac{1}{T}\int_{-\frac{T}{2}}^{\frac{T}{2}} f_T(t)\mathrm{e}^{-jn\Omega t}\,\mathrm{d}t = \frac{1}{T}\int_{-\frac{T}{2}}^{\frac{T}{2}} f_0(t)\mathrm{e}^{-j\omega t}\,\mathrm{d}t$$

由傅里叶变换的定义式可得

$$F_0(j\omega) = \int_{-\infty}^{+\infty} f_0(t)\mathrm{e}^{-j\omega t}\,\mathrm{d}t = \int_{-\frac{T}{2}}^{\frac{T}{2}} f_0(t)\mathrm{e}^{-jn\Omega t}\,\mathrm{d}t$$

比较以上两式可得到式(3-5-18)。这表示，傅里叶变换中的许多性质，定理也可以用于傅里叶级数，这提供了一种求周期信号傅里叶系数的方法。

例 3-25　将如图 3-5-5(a)所示的周期信号 $f_T(t)$ 展成指数形式的傅里叶级数。

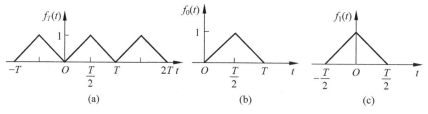

(a)　　　　　　　　　(b)　　　　　　　　　(c)

图 3-5-5　例 3-25 图

解：周期信号 $f_T(t)$ 的一个周期波形 $f_0(t)$ 如图 3-5-5(b)所示。图 3-5-5(c)所示信号 $f_1(t)$ 的傅里叶变换为

$$F_1(\mathrm{j}\omega) = \frac{T}{2}\mathrm{Sa}^2\left(\frac{\omega T}{4}\right)$$

图 3-5-5(b)的信号 $f_0(t)$ 比 $f_1(t)$ 延迟 $\frac{T}{2}$，即

$$f_0(t) = f_1\left(t - \frac{T}{2}\right)$$

根据时移特性，信号 $f_0(t)$ 的傅里叶变换为

$$F_0(\mathrm{j}\omega) = F_1(\mathrm{j}\omega)\mathrm{e}^{-\mathrm{j}\frac{\omega T}{2}} = \frac{T}{2}\mathrm{Sa}^2\left(\frac{\omega T}{4}\right)\mathrm{e}^{-\mathrm{j}\frac{\omega T}{2}}$$

由式(3-5-18)，可得周期信号 $f_T(t)$ 的傅里叶变换为

$$F_n = \frac{1}{2}\mathrm{Sa}^2\left(\frac{n\Omega T}{4}\right)\mathrm{e}^{-\mathrm{j}\frac{n\Omega T}{2}} = \frac{1}{2}\mathrm{Sa}^2\left(\frac{n\pi}{2}\right)\mathrm{e}^{-\mathrm{j}n\pi}$$

即

$$F_n = 2\frac{\sin^2\left(\dfrac{n\pi}{2}\right)}{n^2\pi^2}\mathrm{e}^{-\mathrm{j}n\pi}$$

于是得到周期信号 $f_T(t)$ 的傅里叶展开式为

$$f_T(t) = \sum_{n=-\infty}^{+\infty} 2\frac{\sin^2\left(\dfrac{n\pi}{2}\right)}{n^2\pi^2}\mathrm{e}^{-\mathrm{j}n\pi}\mathrm{e}^{-\mathrm{j}n\Omega t}$$

3.6　抽样定理

视频讲解

抽样定理论述了在一定条件下，一个连续时间信号完全可以用该信号在等时间间隔上的瞬时值(或称样本值)来表示。这些样本值包含了该连续时间信号的全部信息，可以利用这些样本值把信号完全恢复过来。抽样定理为连续时间信号与离散时间信号的相互转换提供了理论依据。由于离散时间信号(或数字信号)的处理更为灵活、方便，在许多实际应用中

（如数字通信系统等），首先将连续信号转换为相应的离散信号，并进行加工处理，然后再将处理后的离散信号转换为连续信号。在数字信号处理技术和计算机广泛应用的今天，连续时间信号的离散处理显得日益重要。

3.6.1　抽样信号的频谱

所谓"抽样"，就是利用抽样脉冲序列 $s(t)$ 从连续时间信号 $f(t)$ 中抽取一系列离散样本值的过程，这样得到的信号为抽样信号，如图 3-6-1 所示。

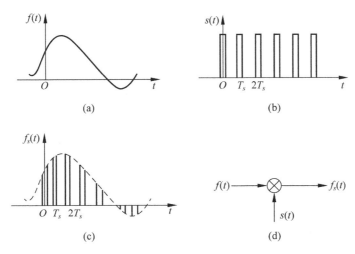

图 3-6-1　信号的抽样

抽样信号 $f_s(t)$ 可写为

$$f_s(t) = f(t)s(t) \tag{3-6-1}$$

若采用均匀抽样，抽样周期为 T_s，则抽样频率为 $\omega_s = 2\pi f_s = \dfrac{2\pi}{T_s}$。

令 $F(j\omega) = \mathcal{F}[f(t)]$，$S(j\omega) = \mathcal{F}[s(t)]$，则根据频域卷积定理得到抽样信号 $f_s(t)$ 的频谱函数为

$$F_s(j\omega) = \frac{1}{2\pi} F(j\omega) * S(j\omega) \tag{3-6-2}$$

1. 冲激抽样

若抽样脉冲取周期为 T_s 的冲激函数序列 $\delta_{T_s}(t)$，则称为冲激抽样。冲激序列的频谱函数也为周期冲激序列，有

$$S(j\omega) = \mathcal{F}[\delta_{T_s}(t)] = \mathcal{F}\left[\sum_{n=-\infty}^{+\infty} \delta(t - nT_s)\right] = \omega_s \sum_{n=-\infty}^{+\infty} \delta(\omega - n\omega_s) \tag{3-6-3}$$

函数 $\delta_{T_s}(t)$ 及其频谱如图 3-6-2（c）、（d）所示。

如果信号 $f(t)$ 的频带是有限的，就是说，信号 $f(t)$ 的频谱只在区间 $(-\omega_m, \omega_m)$ 为有限值，而在此区间外为零，这样的信号称为频带有限信号。

将式（3-6-3）代入式（3-6-2）得

$$F_s(\mathrm{j}\omega)=\frac{1}{2\pi}F(\mathrm{j}\omega)*S(\mathrm{j}\omega)=\frac{1}{T_s}\sum_{n=-\infty}^{+\infty}F(\mathrm{j}\omega)*\delta(\omega-n\omega_s)$$

$$=\frac{1}{T_s}\sum_{n=-\infty}^{+\infty}F[\mathrm{j}(\omega-n\omega_s)] \tag{3-6-4}$$

式(3-6-4)说明 $F_s(\mathrm{j}\omega)$ 以 ω_s 为周期等幅重复,如图 3-6-2 所示。

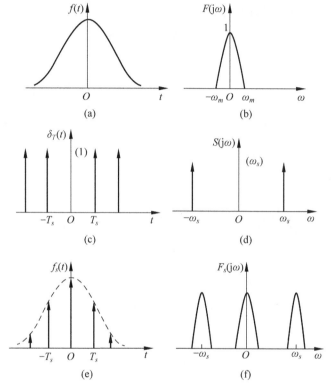

图 3-6-2　冲激抽样

2. 矩形脉冲抽样

若抽样脉冲取幅度为 1,脉宽为 $\tau(\tau<T_s)$ 的单位矩形脉冲序列 $p_{T_s}(t)$,则抽样脉冲的频谱函数为

$$P(\mathrm{j}\omega)=\mathcal{F}[p_{T_s}(t)]=\frac{2\pi\tau}{T_s}\sum_{n=-\infty}^{+\infty}\mathrm{Sa}\left(\frac{n\omega_s\tau}{2}\right)\delta(\omega-n\omega_s) \tag{3-6-5}$$

将式(3-6-5)代入式(3-6-2)得

$$F_s(\mathrm{j}\omega)=\frac{1}{2\pi}F(\mathrm{j}\omega)*S(\mathrm{j}\omega)=\frac{1}{2\pi}F(\mathrm{j}\omega)*\frac{2\pi\tau}{T_s}\sum_{n=-\infty}^{+\infty}\mathrm{Sa}\left(\frac{n\omega_s\tau}{2}\right)\delta(\omega-n\omega_s)$$

$$=\frac{\tau}{T_s}\sum_{n=-\infty}^{+\infty}\mathrm{Sa}\left(\frac{n\omega_s\tau}{2}\right)F[\mathrm{j}(\omega-n\omega_s)] \tag{3-6-6}$$

矩形脉冲抽样信号如图 3-6-3 所示。显然,冲激抽样是矩形脉冲抽样的一种极限情况($\tau\rightarrow0$)。

综上所述,时域抽样在时域使信号离散化,同时,在频域使原信号频谱进行加权的周期延拓,即时域抽样对应着频域的周期重复。

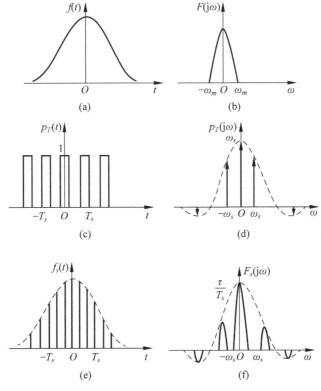

图 3-6-3 矩形脉冲抽样

3.6.2 时域抽样定理

时域抽样定理可表示如下。

若连续信号 $f(t)$ 的频谱占据 $(-\omega_m,\omega_m)$ 的范围,此信号称为频谱受限信号,则用等间隔抽样值唯一表示 $f(t)$ 的条件为,抽样角频率 ω_s 必须大于或等于 $2\omega_m$,即

$$\omega_s \geqslant 2\omega_m \tag{3-6-7}$$

或抽样周期

$$T_s \leqslant \frac{1}{2f_m} \tag{3-6-8}$$

式(3-6-7)可等效为最小抽样角频率或最小抽样频率为

$$\omega_s = 2\omega_m, \quad f_s = 2f_m \tag{3-6-9}$$

式中,$f_s = \dfrac{\omega_s}{2\pi}$,$f_m = \dfrac{\omega_m}{2\pi}$。

从前面的分析结果可知,若信号 $f(t)$ 的频谱 $F(\mathrm{j}\omega)$ 限制在 $(-\omega_m,\omega_m)$ 的范围,则以间隔 $T_s\left($ 或重复角频率 $\omega_s = \dfrac{2\pi}{T_s}\right)$ 对信号进行抽样后,信号 $f_s(t)$ 的频谱 $F_s(\mathrm{j}\omega)$ 是 $F(\mathrm{j}\omega)$ 以 ω_s 为周期重复的频谱。此时,只有满足抽样定理,$F_s(\mathrm{j}\omega)$ 才不会产生频谱的重叠。这样,抽样信号保留了原信号的全部信息,则可以由 $f_s(t)$ 唯一地表示或恢复出 $f(t)$。若 $\omega_s < 2\omega_m$,则频谱产生混叠,如图 3-6-4 所示。

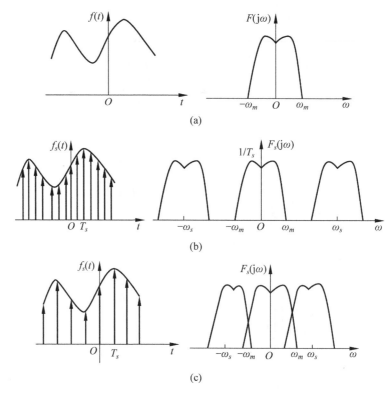

图 3-6-4　抽样定理

通常把最低允许的抽样频率 $f_s = 2f_m$ 称为"奈奎斯特频率",把最大允许的抽样间隔 $T_s = \dfrac{\pi}{\omega_m} = \dfrac{1}{2f_m}$ 称为"奈奎斯特间隔"。

3.6.3　频域抽样定理

根据时域与频域的对称性,可以由时域抽样定理直接推出频域抽样定理。

频域抽样定理表述为:一个时间受限信号 $f(t)$,它集中在 $(-t_m, t_m)$ 的时间范围内,则该信号的频谱 $F(j\omega)$ 在频域中以间隔为 ω_s 的冲激序列进行抽样,抽样后的频谱 $F_s(j\omega)$ 可以唯一表示原信号的条件为重复周期 $T_s \geqslant 2t_m$,或频域间隔 $f_s = \dfrac{\omega_s}{2\pi} \leqslant \dfrac{1}{2t_m}\left($ 其中,$\omega_s = \dfrac{2\pi}{T_s}\right)$。

3.6.4　MATLAB 实现

1. 正弦信号的抽样

MATLAB 程序如下:

```
clf;
t = 0:0.0005:1;f = 13;
xa = cos(2 * pi * f * t);
subplot(2,1,1);plot(t,xa);grid;
xlabel('时间,msec');ylabel('幅值');title('连续时间信号 xa(t)');
axis([0 1 -1.2 1.2]);
```

```
subplot(2,1,2);T = 0.1;n = 0:T:1;
xs = cos(2 * pi * f * n);
k = 0:length(n) - 1;
stem(k,xs);grid;
xlabel('时间,msec');ylabel('幅值');title('离散时间信号 x(n)');
axis([0 (length(n) - 1) - 1.2 1.2]);
```

执行该程序,正弦信号的抽样结果如图 3-6-5 所示。

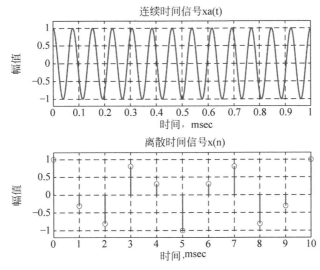

图 3-6-5 正弦信号的抽样

2. 抽样与重构

MATLAB 程序如下:

```
clf;
T = 0.1;f = 13;n = (0:T:1)';
xs = cos(2 * pi * f * n);
t = linspace( - 0.5,1.5,500)';
ya = sinc((1/T) * t(:,ones(size(n))) - (1/T) * n(:,ones(size(t)))') * xs;
plot(n,xs,'o',t,ya);grid;
xlabel('时间,msec');ylabel('幅值');
title('重构连续时间信号 ya(t)');
axis([0 1 - 1.2 1.2]);
```

执行该程序,正弦信号的抽样与重构结果如图 3-6-6 所示。

3. 抽样的性质

MATLAB 程序如下:

```
clf;
t = 0:0.005:10;
xa = 2 * t. * exp( - t);
subplot(2,2,1);plot(t,xa);grid;
xlabel('时间,msec');ylabel('幅值');title('连续时间信号 x_{a}(t)');
subplot(2,2,2);wa = 0:10/511:10;
ha = freqs(2,[1 2 1],wa);
```

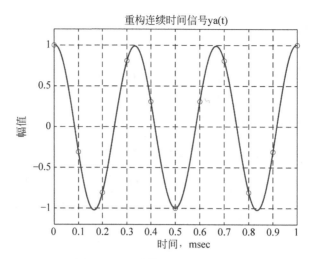

图 3-6-6　正弦信号的抽样与重构

```
plot(wa/(2 * pi),abs(ha));grid;
xlabel('频率,kHz');ylabel('幅值');title('|X_{a}(j\omega)|');
axis([0 5/pi 0 2]);
subplot(2,2,3);T = 1;n = 0:T:10;
xs = 2 * n. * exp( - n);k = 0:length(n) - 1;
stem(k,xs);grid;
xlabel('时间,n');ylabel('幅值');title('离散时间信号 x[n]');
subplot(2,2,4);wd = 0:pi/255:pi;
hd = freqz(xs,1,wd);
plot(wd/(T * pi),T * abs(hd));grid;
xlabel('频率,kHz');ylabel('幅值');title('|X(e^{j\omega})|');
axis([0 1/T 0 2]);
```

执行该程序,信号的抽样性质如图 3-6-7 所示。

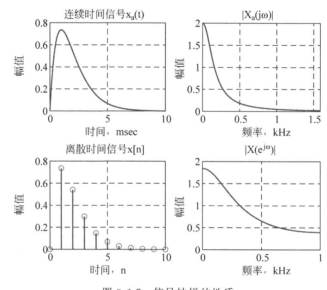

图 3-6-7　信号抽样的性质

4．频域过抽样

MATLAB 程序如下：

```
freq = [0 0.45 0.5 1];
mag = [0 1 0 0];
x = fir2(99,freq,mag);
[Xz,w] = freqz(x,1,512);
subplot(2,1,1);
plot(w/pi,abs(Xz));axis([0 1 0 1]);grid;
title('输入谱');
subplot(2,1,2);
L = input('过抽样因子 = ');
y = x([1:L:length(x)]);
[Yz,w] = freqz(y,1,512);
plot(w/pi,abs(Yz));axis([0 1 0 1]);grid;
title('输出谱');
过抽样因子 = 2
```

执行该程序，信号的频域过抽样结果如图 3-6-8 所示。

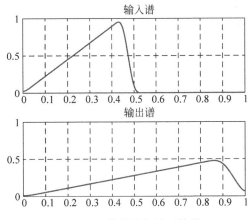

图 3-6-8　信号的频域过抽样

5．频域欠抽样

MATLAB 程序如下：

```
clf;
freq = [0 0.42 0.48 1];
mag = [0 1 0 0];
x = fir2(101,freq,mag);
[Xz,w] = freqz(x,1,512);
subplot(2,1,1);
plot(w/pi,abs(Xz));grid;
title('输入谱');
M = input('欠抽样因子 = ');
y = x([1:M:length(x)]);
[Yz,w] = freqz(y,1,512);
subplot(2,1,2);
plot(w/pi,abs(Yz));grid;
```

```
title('输出谱');
欠抽样因子 = 3
```

执行该程序,信号的频域欠抽样结果如图 3-6-9 所示。

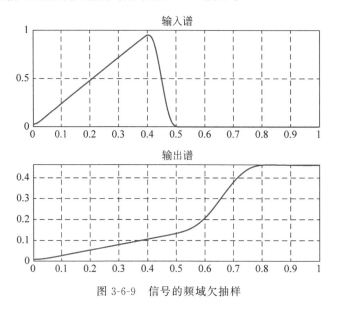

图 3-6-9 信号的频域欠抽样

3.7 连续时间系统的频域分析

线性时不变系统的频域分析法是一种变换域分析法,它把时域中求解响应的问题通过傅里叶变换转换成频域中的问题。整个分析过程在频域内进行,因此它主要是研究信号频谱通过系统后产生的变化,利用频域分析法可分析系统的频率响应、波形失真、物理可实现等实际问题。

3.7.1 频域系统函数

设 LTI 系统的冲激响应为 $h(t)$,当激励是角频率为 ω 的虚指数函数 $f(t)=\mathrm{e}^{\mathrm{j}\omega t}$ 时,其零状态响应为

$$y(t)=h(t)*f(t) \tag{3-7-1}$$

根据卷积的定义得

$$y(t)=\int_{-\infty}^{+\infty}h(\tau)\mathrm{e}^{\mathrm{j}\omega(t-\tau)}\,\mathrm{d}\tau=\int_{-\infty}^{+\infty}h(\tau)\mathrm{e}^{-\mathrm{j}\omega\tau}\,\mathrm{d}\tau \cdot \mathrm{e}^{\mathrm{j}\omega t}$$

令 $H(\mathrm{j}\omega)=\int_{-\infty}^{+\infty}h(\tau)\mathrm{e}^{-\mathrm{j}\omega\tau}\,\mathrm{d}\tau$,则上式写为

$$y(t)=H(\mathrm{j}\omega)\mathrm{e}^{\mathrm{j}\omega t} \tag{3-7-2}$$

式(3-7-2)表明,当激励是幅度为 1 的复指数函数时,系统的响应是系数为 $H(\mathrm{j}\omega)$ 的同频率的复指数函数,$H(\mathrm{j}\omega)$ 反映了响应 $y(t)$ 的幅度和相位。

当激励为任意信号 $f(t)$ 时,可将该信号认为是若干不同频率的虚指数分量的线性组合,即

$$f(t) = \frac{1}{2\pi} \int_{-\infty}^{+\infty} F(j\omega) e^{j\omega t} d\omega = \int_{-\infty}^{+\infty} \frac{F(j\omega)}{2\pi} e^{j\omega t} d\omega$$

由于线性系统满足叠加性与齐次性,因此将所有这些响应分量求和(积分),就得到系统的响应。即

$$y(t) = \frac{1}{2\pi} \int_{-\infty}^{+\infty} F(j\omega) H(j\omega) e^{j\omega t} d\omega$$

令响应 $y(t)$ 的频谱函数为 $Y(j\omega)$,激励的频谱函数为 $F(j\omega)$,则

$$Y(j\omega) = H(j\omega) F(j\omega) \tag{3-7-3}$$

可见,冲激响应 $h(t)$ 反映了系统的时域特性,而频率响应 $H(j\omega)$ 反映了系统的频域特性,$H(j\omega)$ 为系统冲激响应 $h(t)$ 的傅里叶变换。

通常,系统函数(即频率响应函数)可以定义为系统零状态响应的傅里叶变换 $Y(j\omega)$ 与激励的傅里叶变换 $F(j\omega)$ 之比,即

$$H(j\omega) = \frac{Y(j\omega)}{F(j\omega)} \tag{3-7-4}$$

也可以写为

$$H(j\omega) = | H(j\omega) | e^{j\varphi(\omega)} \tag{3-7-5}$$

其中,$| H(j\omega) | = \dfrac{| Y(j\omega) |}{| F(j\omega) |}$,$\varphi(\omega) = \theta_y(\omega) - \theta_f(\omega)$。

可见,$| H(j\omega) |$ 是角频率 ω 的输出与输入信号幅度之比,称为幅频。

3.7.2　系统对非周期信号的响应

通常,非周期信号只是在一定的时间区间内存在。为了说明在非周期信号激励下求解系统响应的方法,假设所有起始状态为零,即讨论零状态响应。

若在图 3-7-1(a)所示的 RC 低通网络的输入端输入一矩形脉冲信号 $u_i(t)$,其波形如图 3-7-1(b)所示。RC 网络的频率响应(电压传输比)可由其阻抗分压比得到,即 $H(j\omega)$ 为

$$H(j\omega) = \frac{\dfrac{1}{j\omega C}}{R + \dfrac{1}{j\omega C}} = \frac{\dfrac{1}{RC}}{j\omega + \dfrac{1}{RC}}$$

若令 $\dfrac{1}{RC} = \alpha$,则

$$H(j\omega) = \frac{\alpha}{\alpha + j\omega} = | H(j\omega) | e^{j\varphi(\omega)}$$

可以得到

$$| H(j\omega) | = \frac{\alpha}{\sqrt{\alpha^2 + \omega^2}}$$

$| H(j\omega) |$ 的波形如图 3-7-1(c)所示。输入信号 $u_i(t)$ 的傅里叶变换可求得为

$$u_i = g_\tau \left(t - \frac{\tau}{2} \right)$$

$$U_i(j\omega) = \frac{1}{j\omega} (1 - e^{-j\omega\tau}) = \tau Sa\left(\frac{\omega\tau}{2} \right) e^{-j\frac{\omega\tau}{2}} \tag{3-7-6}$$

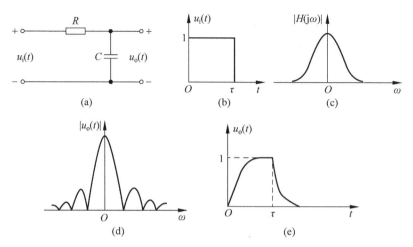

图 3-7-1 矩形脉冲激励下的 RC 网络的响应

于是，$u_o(t)$ 的傅里叶变换 $U_o(j\omega)$ 为

$$U_o(j\omega) = H(j\omega)U_i(j\omega) = \frac{\alpha}{\alpha + j\omega}\left[\tau Sa\left(\frac{\omega\tau}{2}\right)\right]e^{-j\frac{\omega\tau}{2}}$$

其振幅为

$$|U_o(j\omega)| = \frac{\alpha}{\sqrt{\alpha^2 + \omega^2}}\tau\left|Sa\left(\frac{\omega\tau}{2}\right)\right| \tag{3-7-7}$$

$|U_o(j\omega)|$ 的图形如图 3-7-1(d) 所示。为了得到系统的响应 $u_o(t)$，需将 $U_o(j\omega)$ 进行反变换，为便于计算将 $U_o(j\omega)$ 表示为

$$U_o(j\omega) = \frac{\alpha}{\alpha + j\omega}\frac{1}{j\omega}(1 - e^{-j\omega\tau}) = \left(\frac{1}{j\omega} - \frac{1}{\alpha + j\omega}\right)(1 - e^{-j\omega\tau})$$

$$= \frac{1}{j\omega}(1 - e^{-j\omega\tau}) - \frac{1}{\alpha + j\omega}(1 - e^{-j\omega\tau})$$

于是可得到

$$u_o(t) = u(t) - u(t-\tau) - \left[e^{-\alpha t}u(t) - e^{-\alpha(t-\tau)}u(t-\tau)\right]$$

$$= (1 - e^{-\alpha t})u(t) - \left[1 - e^{-\alpha(t-\tau)}\right]u(t-\tau)$$

图 3-7-1(e)示出 $u_o(t)$ 的波形。比较图 3-7-1(e)与图 3-7-1(b)可看出，输出信号的波形与输入信号相比，已产生了失真，输入信号在 $t=0$ 时上升陡峭，在 $t=\tau$ 处急剧下降，这种快速变化的波形表示具有较高的频率分量，由于 RC 网络的低通特性，高频分量有较大的衰减，故输出波形不能迅速变化，不再表现为矩形脉冲信号，而是以指数规律逐渐上升和下降，若减小 RC 时间常数，即增大 α，则 RC 网络的低通带宽增加，允许更多的高频分量通过，输出波形的上升与下降时间缩短，和输入信号波形相比，失真减小。

3.7.3 系统对周期信号的响应

周期信号是在 $(-\infty, +\infty)$ 的时间区间内定义的，因此，当周期信号作用于系统时，可以认为信号是在 $t=-\infty$ 时刻接入系统的，因而在考查系统时认为系统只存在稳态响应。

通常，我们所遇到的周期信号都是满足狄里赫利条件的，因此，可以把它们分解成傅里叶级数。这样,周期性激励信号即可看作由一系列谐波分量所组成。根据叠加原理,周期性激励在系统中产生的响应等于各谐波分量单独作用时所产生的响应之和。如果能求出系统函数 $H(j\omega)$,那么利用式(3-7-4)便可求得各谐波作用时所产生的响应。最后,把各个响应叠加起来,就得到系统对周期性激励的稳态响应。

设激励信号为 $f_0(t) = \sin\omega_0 t$,则

$$\mathcal{F}[f_0(t)] = F_0(j\omega) = j\pi[\delta(\omega + \omega_0) - \delta(\omega - \omega_0)]$$

若系统函数等于

$$H(j\omega) = |H(j\omega)| e^{j\varphi(\omega)}$$

则在 $\pm\omega_0$ 点有

$$H(j\omega_0) = |H(j\omega_0)| e^{j\varphi(\omega_0)}, \quad H(-j\omega_0) = |H(j\omega_0)| e^{-j\varphi(\omega_0)}$$

所以系统响应的频谱为

$$Y_0(j\omega) = H(j\omega)F_0(j\omega) = j\pi H(j\omega)[\delta(\omega + \omega_0) - \delta(\omega - \omega_0)]$$

$$= j\pi[H(-j\omega_0)\delta(\omega + \omega_0) - H(j\omega_0)\delta(\omega - \omega_0)]$$

$$= j\pi|H(j\omega_0)|[e^{-j\varphi_0}\delta(\omega + \omega_0) - e^{j\varphi_0}\delta(\omega - \omega_0)]$$

$$y_0(t) = \mathcal{F}^{-1}[Y_0(j\omega)] = |H(j\omega_0)|\sin(\omega_0 t + \varphi_0) \tag{3-7-8}$$

式(3-7-8)说明,响应为激励的同频率正弦波,其幅度 $|H(j\omega_0)|$ 和相移 φ_0 均由系统函数在 ω_0 点的值决定。

利用频域分析方法也可求解周期信号激励下系统的响应。由于傅里叶变换的积分下限从负无穷大开始,若激励信号从 $t = -\infty$ 时接入,则求得的响应即稳态解。

设输入信号为周期正弦信号,即 $u_i(t) = \sin(\omega_0 t)$,则其频谱为

$$U_i(j\omega) = j\pi[\delta(\omega + \omega_0) - \delta(\omega - \omega_0)]$$

将输入信号加至如图 3-7-1(a)所示的 RC 网络,已知 RC 低通网络的频率响应 $H(j\omega)$ 为

$$H(j\omega) = \frac{\alpha}{\alpha + j\omega} = |H(j\omega)| e^{j\varphi(\omega)}$$

且在 $\omega = \pm\omega_0$ 处

$$H(j\omega_0) = |H(j\omega_0)| e^{j\varphi(\omega_0)}, \quad H(-j\omega_0) = |H(j\omega_0)| e^{-j\varphi(\omega_0)}$$

于是,输出 $U_o(j\omega)$ 可求得为

$$U_o(j\omega) = H(j\omega)U_i(j\omega) = j\pi H(j\omega)[\delta(\omega + \omega_0) - \delta(\omega - \omega_0)]$$

$$= j\pi[H(-j\omega_0)\delta(\omega + \omega_0) - H(j\omega_0)\delta(\omega - \omega_0)]$$

$$= j\pi|H(j\omega_0)|[e^{-j\varphi_0}\delta(\omega + \omega_0) - e^{j\varphi_0}\delta(\omega - \omega_0)]$$

于是得到

$$u_o(t) = \mathcal{F}^{-1}[U_o(j\omega)] = |H(j\omega_0)|\sin(\omega_0 t + \varphi_0) \tag{3-7-9}$$

由式(3-7-9)可知,在正弦信号激励下,RC 网络的输出仍为同频正弦波,其幅度乘以振幅响应 $|H(j\omega_0)|$,且相移为 $\varphi(\omega_0)$。$|H(j\omega_0)|$ 及 $\varphi(\omega_0)$ 均由 $\omega = \omega_0$ 处的频率响应 $H(j\omega_0)$ 决定。

由以上分析可见,傅里叶分析方法从频谱改变的角度解释输入与输出波形的变化,物理概念清楚,但求解过程相对比较麻烦,特别是求反变换时会有一定的困难。

3.7.4 MATLAB 实现

1. 系统频率特性分析的 MATLAB 实现

系统的频率特性 $H(j\omega)$ 描述了系统的性能特征。频率特性 $H(j\omega)$ 由幅频特性 $|H(j\omega)|$ 和相频特性 $\varphi(\omega)$ 组成,即

$$H(j\omega) = |H(j\omega)| e^{j\varphi(\omega)}$$

一般情况下,$H(j\omega)$ 为 $j\omega$ 的有理多项式,即

$$H(j\omega) = \frac{b_1(j\omega)^m + b_2(j\omega)^{m-1} + \cdots + b_{m-1}(j\omega) + b_m}{a_1(j\omega)^n + a_2(j\omega)^{n-1} + \cdots + a_{n-1}(j\omega) + a_n}$$

此时可用 MATLAB 信号处理工具箱提供的 freqs 函数来计算 $H(j\omega)$,其调用格式为

```
H = freqs(a,b,w)
```

式中,a 和 b 分别是 $H(j\omega)$ 的分母和分子多项式的系数向量;w 为计算 $H(j\omega)$ 的抽样点(至少包含 2 个抽样点)。

例 3-26 设某低通滤波器的频率响应为

$$H(j\omega) = \frac{1}{(j\omega)^2 + 3(j\omega) + 1}$$

试画出该系统的幅频特性 $|H(j\omega)|$ 和相频特性 $\varphi(\omega)$。

解:计算该低通滤波器频率特性的 MATLAB 程序如下。

```
w = linspace(0,10,500);
b = [1];
a = [1,3,1];
H = freqs(b,a,w);
subplot(2,1,1);
plot(w,abs(H));
set(gca,'xtick',[0,2,4,6,8,10]);
set(gca,'ytick',[0,0.4,0.707,1]);grid;
xlabel('\omega(rad/s)');
ylabel('|H(j\omega)|');
subplot(2,1,2);
plot(w,angle(H));
set(gca,'xtick',[0,2,4,6,8,10]);grid;
xlabel('\omega(rad/s)');
ylabel('phi(j\omega)');
```

该程序的运行结果如图 3-7-2 所示。

2. 系统频域响应的 MATLAB 实现

系统在某一信号作用下的响应可以在时域中求取,也可以在频域中求取,还可以在复频域中求取。但对于滤波器系统来说,只能在频域中进行输出响应的求解,再通过傅里叶逆变换求出相应的时域解。

例 3-27 已知某理想高通滤波器的频率特性为

$$H(j\omega) = \begin{cases} e^{-j2\omega}, & |\omega| > 4\pi \\ 0, & |\omega| < 4\pi \end{cases}$$

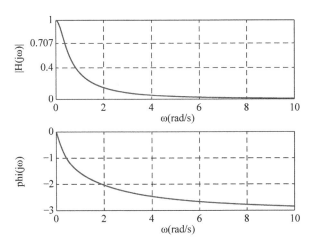

图 3-7-2　频率响应特性曲线

若滤波器的输入为 $f(t) = \mathrm{Sa}(6\pi t)$，$-\infty < t < +\infty$，求其输出响应 $y(t)$。

解：可求解

$$y(t) = \mathrm{Sa}\big[6\pi(t-2)\big] - \frac{2}{3}\mathrm{Sa}\big[4\pi(t-2)\big]$$

其 MATLAB 计算程序如下。

```
t = -8:0.001:8;
y = sinc(6 * (t - 2)) - (2 - 3) * sinc(4 * (t - 2));
plot(t,y,'k');
xlabel('Times(s)');
ylabel('y(t)');
```

该程序的运行结果如图 3-7-3 所示。

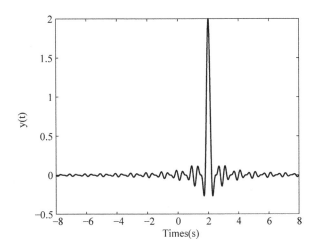

图 3-7-3　系统响应

视频讲解

3.8 无失真传输

一般情况下,系统的响应波形与激励波形不相同,信号在传输过程中将产生失真。

线性系统的信号失真由两方面因素造成,一方面,系统对信号中各频率分量幅度产生不同程度的衰减,使响应各频率分量的相对幅度产生变化,引起幅度失真。另一方面,系统对各频率分量产生的相移不与频率成正比,使响应的各频率分量在时间轴上的相对位置产生变化,引起相位失真,这方面的问题前面未做研究,本节将结合实例讨论。

必须指出,线性系统的幅度失真与相位失真都不产生新的频率分量。对非线性系统来说,其非线性特性对于所传输信号产生非线性失真,非线性失真可能产生新的频率分量。现在只研究有关线性系统的幅度失真和相位失真问题。

在实际应用中,有时需要有意识地利用系统进行波形变换,这时必然产生失真。然而在某些情况下,则希望传输过程中使信号失真最小。现在研究无失真传输的条件。

所谓无失真传输,是指响应信号与激励信号相比,只是其大小与出现的时间不同,而无波形上的变化。设激励信号为 $f(t)$,响应信号为 $y(t)$,无失真传输的条件是

$$y(t) = Kf(t - t_0) \tag{3-8-1}$$

式中,K 是一个常数。t_0 为滞后时间。满足此条件时,$y(t)$ 波形是 $f(t)$ 波形经 t_0 时间的滞后,虽然,幅度方面有系数 K 倍的变化,但波形形状不变,举例如图 3-8-1 所示。

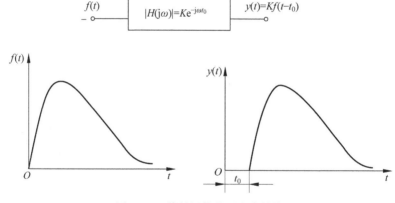

图 3-8-1　线性网络的无失真传输

下面讨论为满足式(3-8-1),实现无失真传输,对系统函数 $H(j\omega)$ 应提出怎样的要求?

设 $f(t)$ 与 $y(t)$ 的傅里叶变换式分别为 $Y(j\omega)$ 与 $F(j\omega)$。借助傅里叶变换的延时定理,式(3-8-1)可以写出

$$Y(j\omega) = KF(j\omega)e^{-j\omega t_0} \tag{3-8-2}$$

此外还有

$$Y(j\omega) = H(j\omega)F(j\omega)$$

所以,为满足无失真传输应有

$$H(j\omega) = Ke^{-j\omega t_0} \tag{3-8-3}$$

式(3-8-3)就是对系统的频率响应特性提出的无失真传输条件。欲使信号在通过线性系统时不产生任何失真,必须在信号的全部频带内,要求系统频率响应的幅度特性是一个常数,相位特性是一条通过原点的直线。如图 3-8-2 所示,图中幅度特性的常数为 K,相位特性的斜率为 $-t_0$。

式(3-8-3)或图 3-8-2 的要求可以从物理概念上得到直观的解释。由于系统函数的幅度 $|H(j\omega)|$ 为常数 K,响应中各频率分量幅度的相对大小将与激励信号的情况一样,因而没有幅度失真。要保证没有相位失真,必须使响应中各频率分量与激励中各对应分量滞后同样的时间,这一要求反映到相位特性是一条通过原点的直线。下面举例说明。

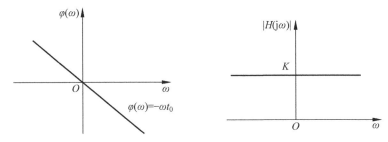

图 3-8-2　无失真传输系统的幅度和相位特性

设激励信号 $f(t)$ 波形如图 3-8-3(a)所示。它由基波与二次谐波两个频率分量组成,表示为

$$f(t) = \sin(\Omega t) + \sin(2\Omega t) \tag{3-8-4}$$

根据式(3-7-9)响应 $y(t)$ 的表示式为

$$y(t) = K\sin(\Omega t - \varphi_1) + K\sin(2\Omega t - \varphi_2)$$

$$= K\sin\left[\Omega\left(t - \frac{\varphi_1}{\Omega}\right)\right] + K\sin\left[2\Omega\left(t - \frac{\varphi_2}{2\Omega}\right)\right] \tag{3-8-5}$$

为了使基波与二次谐波得到相同的延迟时间,以保证不产生相位失真,应有

$$\frac{\varphi_1}{\Omega} = \frac{\varphi_2}{2\Omega} = t_0 = 常数 \tag{3-8-6}$$

因此,各谐波分量的相移须满足以下关系

$$\frac{\varphi_1}{\varphi_2} = \frac{\Omega}{2\Omega} \tag{3-8-7}$$

这个关系很容易推广到其他高次谐波,于是,可以得到结论,为使信号传输时不产生相位失真,信号通过线性系统时谐波的相移必须与其频率成正比,即系统的相位特性应该是一条经过原点的直线,写作

$$\varphi(\omega) = -\omega t_0 \tag{3-8-8}$$

这正是式(3-8-1)与图 3-8-2 所得到的结果。显然,信号通过系统的延迟时间 t_0 即为相位特性的斜率

$$\frac{\mathrm{d}\varphi(\omega)}{\mathrm{d}\omega} = -t_0 \tag{3-8-9}$$

在图 3-8-3(b)中画出了无失真传输的 $y(t)$ 波形。而图 3-8-3(c)则是相位失真的情况,可以看到,$y_1(t)$ 与 $f(t)$ 或者 $y(t)$ 的波形是不一样的。

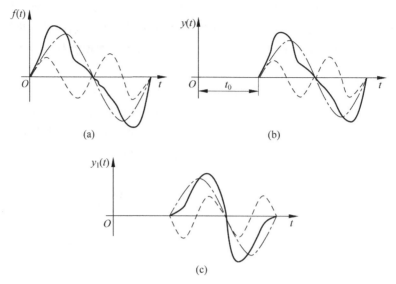

图 3-8-3　无失真传输系统与有相位失真传输波形比较

对于传输系统相移特性的另一种描述方法是以"群时延"(或称群延时)特性来表示的。群时延 τ 的定义为

$$\tau = -\frac{\mathrm{d}\varphi(\omega)}{\mathrm{d}\omega} \tag{3-8-10}$$

即群时延定义为系统相频特性对频率的导数并取负号。在满足信号传输不产生相位失真的条件下,其群时延特性也为常数。

对于实际的传输系统 $\dfrac{\mathrm{d}\varphi(\omega)}{\mathrm{d}\omega}$ 为负值,因而 τ 为正值,通常为简化表达式与计算,在一些文献和著作中也定义 $\tau = \left| \dfrac{\mathrm{d}\varphi(\omega)}{\mathrm{d}\omega} \right|$,这时 τ 取正值。通常利用 $\Delta\varphi(\omega)$ 与 $\Delta\omega$ 之比(当 $\Delta\omega$ 足够小)近似计算或测量 τ 值。与直接用 $\varphi(\omega)$ 描述相位特性相比较,用群时延间接表达相位特性的好处是便于实际测量,而且有助于理解调幅波传输过程的波形变化。

式(3-8-1)说明了为满足无失真传输对于系统函数 $H(\mathrm{j}\omega)$ 的要求,这是就频域方面提出的。如果用时域特性表示,即对式(3-8-1)作傅里叶逆变换,可以写出系统的冲激响应

$$h(t) = K\delta(t - t_0) \tag{3-8-11}$$

此结果表明,当信号通过线性系统时,为了不产生失真,冲激响应也应该是冲激函数,而时间延后 t_0。

在实际应用中,与无失真传输这一要求相反的另一种情况是有意识地利用系统引起失真来形成某种特定波形,这时,系统传输函数 $H(\mathrm{j}\omega)$ 则应根据所需具体要求来设计。现在说明利用冲激信号作用于系统产生某种特定波形的方法。当希望得到 $y(t)$ 波形时,若已知 $y(t)$ 的频谱为 $Y(\mathrm{j}\omega)$,那么,使系统函数满足

$$H(\mathrm{j}\omega) = Y(\mathrm{j}\omega) \tag{3-8-12}$$

于是,在系统输入端加入激励函数为冲激信号

$$f(t) = \delta(t)$$

输出端就得到响应 $H(j\omega)$ 也即 $Y(j\omega)$，它的逆变换就是所需的 $y(t)$。

例如，当需要产生底宽为 τ 的升余弦脉冲时，如图 3-8-4 所示。其表达式为

$$y(t) = \begin{cases} \dfrac{1}{2}\left[1 + \cos\left(\dfrac{2\pi t}{\tau}\right)\right], & -\dfrac{\tau}{2} < t < \dfrac{\tau}{2} \\ 0, & \text{其他} \end{cases} \tag{3-8-13}$$

频谱函数为

$$Y(j\omega) = \frac{\tau}{2}\frac{\sin\left(\dfrac{\omega\tau}{2}\right)}{\dfrac{\omega\tau}{2}}\frac{1}{1-\left(\dfrac{\omega\tau}{2\pi}\right)^2} \tag{3-8-14}$$

频谱特性曲线如图 3-8-4。

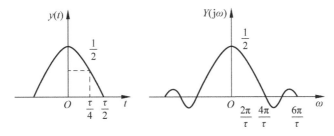

图 3-8-4　升余弦信号波形和频谱

如果使系统函数 $H(j\omega)$ 等于升余弦信号的频谱函数

$$H(j\omega) = Y(j\omega) = \frac{\tau}{2}\frac{\sin\left(\dfrac{\omega\tau}{2}\right)}{\dfrac{\omega\tau}{2}}\frac{1}{1-\left(\dfrac{\omega\tau}{2\pi}\right)^2} \tag{3-8-15}$$

于是，在冲激信号 $\delta(t)$ 的作用下，系统响应即为升余弦脉冲。在实际应用中，$\delta(t)$ 函数波形无法实现，只要脉冲足够窄，所得到输出信号基本上可近似为升余弦函数。此外，实际实现的 $H(j\omega)$ 还应包含一定的相移 $\varphi(\omega)$，这意味着波形 $Y(j\omega)$ 在时间上的滞后。

图 3-8-5 画出用上述方法产生升余弦脉冲的方框图。

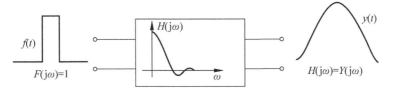

图 3-8-5　利用系统的冲激响应产生升余弦脉冲

3.9 理想低通滤波器

视频讲解

在实际应用中，常常希望改变一个信号所含各频率分量的组成，提取或增加所希望的频率分量，滤除或衰减不希望的频率成分，这样一个处理过程称为信号的滤波。对于 LTI 系

统,由于输出信号的频谱等于输入信号的频谱乘以系统的频率响应,因此在 LTI 系统中,只要适当地选择系统的频率响应,就可以实现所希望的滤波功能,这是 LTI 系统的重要应用。

在实际应用中,按照允许通过的频率分量划分,滤波器可分为低通、高通、带通、带阻等几种,它们的幅频特性分别如图 3-9-1 所示。其中,ω_c 为低通、高通滤波器的截止角频率; ω_{c1} 和 ω_{c2} 为带通和带阻滤波器的截止角频率。

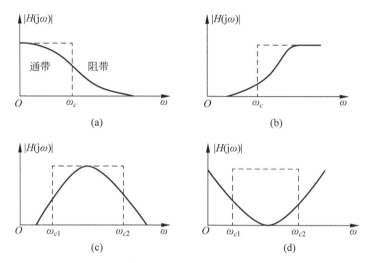

图 3-9-1　滤波器的幅频特性

若系统的幅频特性 $|H(j\omega)|$ 在某一段频带保持为常数,而在频带外为零;相频特性 $\varphi(\omega)$ 始终为过原点的一条直线,则这样的系统称为理想滤波器。也就是说,对于理想滤波器,可以让允许的频率分量全部通过,不允许通过的频率分量则全部抑制掉。

3.9.1　理想低通滤波器的冲激响应

对于理想低通滤波器,它将低于某一角频率 ω_c 的信号无失真的传输,而阻止角频率高于 ω_c 的信号通过。其频率响应特性如图 3-9-2 所示。

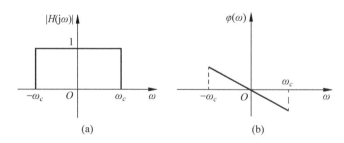

图 3-9-2　理想低通滤波器幅频响应

理想低通滤波器的幅度响应为

$$|H(j\omega)| = \begin{cases} 1, & |\omega| \leqslant \omega_c \\ 0, & |\omega| > \omega_c \end{cases} \tag{3-9-1}$$

由于这种滤波器允许信号通过的频带以 $\omega=0$ 为中心,因此称为理想低通滤波器。滤波器通过的频率范围称为滤波器的通带,不能通过的频率范围称为阻带,频率 ω_c 称为截止频率。为了满足无失真传输的要求,理想低通滤波器的相位特性为一通过原点的直线,即

$$\varphi(\omega) = -\omega t_0 \qquad (3\text{-}9\text{-}2)$$

于是可得理想低通滤波器的频率响应 $H(j\omega)$ 为

$$H(j\omega) = |H(j\omega)| \, e^{j\varphi(\omega)} = \begin{cases} e^{-j\omega t_0}, & |\omega| \leqslant \omega_c \\ 0, & |\omega| > \omega_c \end{cases} \qquad (3\text{-}9\text{-}3)$$

将系统函数 $H(j\omega)$ 进行傅里叶逆变换,不难得到理想低通滤波器的冲激响应 $h(t)$。

$$h(t) = \mathcal{F}^{-1} H(j\omega) = \frac{1}{2\pi} \int_{-\infty}^{+\infty} H(j\omega) e^{j\omega t} \, d\omega = \frac{1}{2\pi} \int_{-\omega_c}^{+\omega_c} e^{-j\omega t_0} e^{j\omega t} \, d\omega$$

$$= \frac{1}{2\pi} \frac{e^{j\omega(t-t_0)}}{j(t-t_0)} \bigg|_{-\omega_c}^{+\omega_c} = \frac{\omega_c}{\pi} \frac{\sin[\omega_c(t-t_0)]}{\omega_c(t-t_0)} = \frac{\omega_c}{\pi} \mathrm{Sa}[\omega_c(t-t_0)]$$

其波形如图 3-9-3 所示。

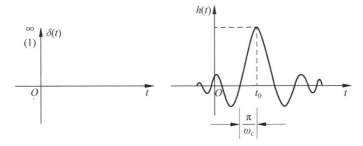

图 3-9-3 理想低通滤波器的冲激响应

根据图 3-9-3,比较输入和输出,理想低通滤波器的冲激响应的峰值比输入的 $\delta(t)$ 延迟了 t_0,而且输出脉冲在其建立之前已出现。对于实际的物理系统,当 $t<0$ 时,输入信号尚未接入,不可能有输出。这个结果是采用了理想化传输特性所致。

3.9.2 理想低通滤波器的阶跃响应

对于理想低通滤波器,激励信号为阶跃信号 $u(t)$ 时,激励信号的频谱为

$$u(t) \leftrightarrow \pi\delta(\omega) + \frac{1}{j\omega}$$

而理想低通滤波器的系统函数为

$$H(j\omega) = |H(j\omega)| \, e^{j\varphi(\omega)} = \begin{cases} e^{-j\omega t_0}, & -\omega_c < \omega < \omega_c \\ 0, & \text{其他} \end{cases}$$

所以阶跃响应的频谱

$$G(j\omega) = H(j\omega) F(j\omega) = \left[\pi\delta(\omega) + \frac{1}{j\omega} \right] e^{-j\omega t_0}, \quad -\omega_c < \omega < \omega_c$$

取其傅里叶逆变换,就可得到理想低通的阶跃响应为

$$g(t) = \mathcal{F}^{-1} G(\mathrm{j}\omega) = \frac{1}{2\pi} \int_{-\omega_c}^{+\omega_c} \left[\pi\delta(\omega) + \frac{1}{\mathrm{j}\omega} \right] \mathrm{e}^{-\mathrm{j}\omega t_0} \mathrm{e}^{\mathrm{j}\omega t} \mathrm{d}\omega = \frac{1}{2} + \frac{1}{2\pi} \int_{-\omega_c}^{+\omega_c} \frac{\mathrm{e}^{\mathrm{j}\omega(t-t_0)}}{\mathrm{j}\omega} \mathrm{d}\omega$$

$$= \frac{1}{2} + \frac{1}{2\pi} \int_{-\omega_c}^{+\omega_c} \frac{\cos[\omega(t-t_0)]}{\mathrm{j}\omega} \mathrm{d}\omega + \frac{1}{2\pi} \int_{-\omega_c}^{+\omega_c} \frac{\sin[\omega(t-t_0)]}{\omega} \mathrm{d}\omega$$

上式中,被积函数$\dfrac{\cos[\omega(t-t_0)]}{\mathrm{j}\omega}$是$\omega$的奇函数,所以在对称区间内的积分为零;被积函数 $\dfrac{\sin[\omega(t-t_0)]}{\omega}$为$\omega$的偶函数,所以

$$g(t) = \frac{1}{2} + \frac{1}{\pi} \int_0^{+\omega_c} \frac{\sin[\omega(t-t_0)]}{\omega} \mathrm{d}\omega \xrightarrow{\ \diamondsuit\ x = \omega(t-t_0)\ } \frac{1}{2} + \frac{1}{\pi} \int_0^{\omega_c(t-t_0)} \frac{\sin x}{x} \mathrm{d}x$$

这里函数$\dfrac{\sin x}{x}$的积分称为"正弦积分",其函数值可以从正弦积分表中查得,以符号$S_i(y)$表示

$$S_i(y) = \int_0^y \frac{\sin x}{x} \mathrm{d}x$$

因此,理想低通的阶跃响应为

$$g(t) = \frac{1}{2} + \frac{1}{\pi} S_i[\omega_c(t-t_0)]$$

阶跃信号$u(t)$和阶跃响应$g(t)$的波形如图3-9-4所示。

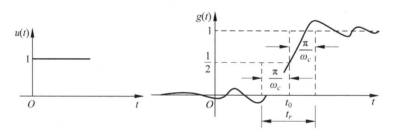

图 3-9-4　理想低通滤波器的阶跃响应

由图3-9-4可见,理想低通滤波器的阶跃响应的延迟时间为t_0。阶跃响应最小值出现在$t_0 - \dfrac{\pi}{\omega_c}$时刻;最大值出现在$t_0 + \dfrac{\pi}{\omega_c}$时刻,阶跃响应从最小值上升到最大值所需时间称为上升时间$t_r = \dfrac{2\pi}{\omega_c}$。可见理想低通滤波器的截止角频率$\omega_c$越低,系统响应$g(t)$上升越缓慢。令$B = \dfrac{\omega_c}{2\pi} = \dfrac{1}{t_r}$,表示将角频率折合为频率的滤波器带宽(截止频率),可以得到一个重要的结论,理想低通滤波器的阶跃响应的上升时间与系统的截止频率(带宽)成反比,即$B t_r = 1$。

虽然理想低通滤波器是物理不可实现的,但传输特性接近于理想特性的电路却不难构成。如图3-9-5(a)所示是二阶低通滤波器,其中$R = \sqrt{\dfrac{L}{2C}}$。电路的频率响应函数为

$$H(\mathrm{j}\omega) = \frac{U_R(\mathrm{j}\omega)}{U_S(\mathrm{j}\omega)} = \frac{\dfrac{1}{\dfrac{1}{R} + \mathrm{j}\omega C}}{\mathrm{j}\omega L + \dfrac{1}{\dfrac{1}{R} + \mathrm{j}\omega C}} = \frac{1}{1 - \omega^2 LC + \mathrm{j}\omega \dfrac{L}{R}}$$

考虑到 $R = \sqrt{\dfrac{L}{2C}}$，并令截止角频率 $\omega_c = \dfrac{1}{\sqrt{LC}}$，上式可写为

$$H(\mathrm{j}\omega) = \frac{1}{1 - \left(\dfrac{\omega}{\omega_c}\right)^2 + \mathrm{j}\sqrt{2}\,\dfrac{\omega}{\omega_c}} = |\,H(\mathrm{j}\omega)\,|\,\mathrm{e}^{\mathrm{j}\varphi(\omega)}$$

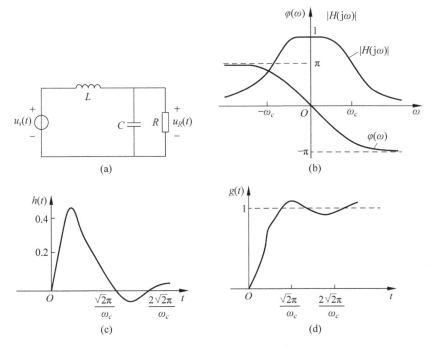

图 3-9-5 二阶低通滤波器的特性

其幅频和相频特性分别为

$$|\,H(\mathrm{j}\omega)\,| = \frac{1}{\sqrt{1 + \left(\dfrac{\omega}{\omega_c}\right)^4}}$$

$$\varphi(\omega) = -\arctan\left[\frac{\sqrt{2}\,\dfrac{\omega}{\omega_c}}{1 - \left(\dfrac{\omega}{\omega_c}\right)^2}\right]$$

图 3-9-5(b)画出了图 3-9-5(a)电路的幅频和相频特性。在 $\omega = \pm\omega_c$ 处，$H(\pm\mathrm{j}\omega) = \dfrac{1}{\sqrt{2}}$，

$\varphi(\mp\omega_c)=\mp\dfrac{\pi}{2}$。由图 3-9-5(a)可见,其幅频、相频特性与理想低通滤波器相似。实际上,电路的阶数越高,其幅频、相频特性越逼近理想特性。图 3-9-5(c)、(d)分别画出了图 3-9-5(a)电路的冲激响应和阶跃响应,也与理想特性相似。不过,这里的响应是从 $t=0$ 开始的,在 $t<0$ 时,$h(t)=g(t)=0$。这是由于图 3-9-5(a)电路是物理可实现的。

视频讲解

3.10 调制与解调

3.10.1 调制与解调的原理

调制与解调是通信技术中最主要的技术之一,在几乎所有的通信系统中为实现信号的有效、可靠和远距离传输,都需要进行调制和解调。任何一个特定的通信信道都有一个最适合信号传输的频率范围。例如,地球大气层对音频范围(10Hz~20kHz)的信号剧烈衰减,但对某一个较高频率范围的信号则衰减很小,使其能传播很远的距离。因此,如果需要通过大气层在某一个通信信道内传输语音和音乐那样的音频信号,则调制系统就是用一个更高频率的载频信号来携带需要传输的音频信号。为此目的,常用到的调制系统就是正弦幅度调制,此时载有信息的信号,如语言或音乐,被用于改变一个正弦载波信号的振幅,而此载波信号的频率则位于某一频率范围之内。

从另一方面考虑,如果不进行调制而是把需要传输的信号直接发射出去,那么各电台所发出的信号频率就会相同,它们混合在一起,收信者就无法简单地选择所要接收的信号。通过调制信号的频谱产生位移,使它们互不重叠地占据不同的频率范围,接收机就可利用带通滤波器分别处理所需频率的信号,不产生相互干扰。利用调制可以在一个信道中传输多路信号,即所谓的"多路复用"。在简单的通信系统中,只能在一对通话者之间使用,而"多路复用"技术将多路信号的频谱分别搬到不同的频带范围,从而实现在一个信道内传送多路信号,近代通信系统都广泛采用多路复用技术。

此外,在自动控制和电子测量系统中,将极低频的信号进行直接放大将产生诸如零、极点漂移和自激振荡等问题。为此,可以利用调制方法将需要放大的低频信号频谱搬移到适宜的高频范围,经放大后再还原为低频信号。

实现调制的原理图如图 3-10-1(a)所示。如调制信号 $g(t)$ 的频谱记为 $G(j\omega)$,占据 $-\omega_m\sim\omega_m$ 的有限频带,如图 3-10-1(b)所示,将 $g(t)$ 与 $\cos(\omega_0 t)$ 进行时域相乘,如图 3-10-1(a)所示,即可得到已调信号 $f(t)=g(t)\cos(\omega_0 t)$。

设载波信号为 $\cos(\omega_0 t)$,其傅里叶变换为

$$\cos(\omega_0 t)\leftrightarrow\pi[\delta(\omega+\omega_0)+\delta(\omega-\omega_0)]$$

如图 3-10-1(c)所示。

根据卷积定理,易求得已调信号的频谱 $F(j\omega)$

$$F(j\omega)=\mathcal{F}[f(t)]=\frac{1}{2\pi}G(j\omega)*[\pi\delta(\omega+\omega_0)+\pi\delta(\omega-\omega_0)]$$

$$=\frac{1}{2}[G(j\omega+j\omega_0)+G(j\omega-j\omega_0)] \tag{3-10-1}$$

其频谱图如图 3-10-1(d)所示。可见,信号的频谱被搬移到载频 ω_0 附近。

由已调信号 $f(t)$ 恢复原始信号 $g(t)$ 的过程称为解调。图 3-10-2(a)所示为实现解调的

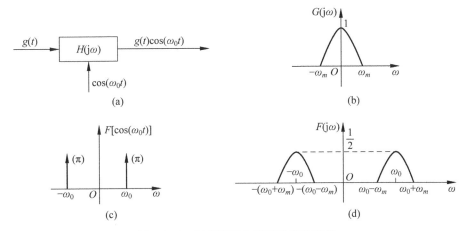

图 3-10-1 调制原理方框图及其频谱图

一种原理方框图,这里 $\cos(\omega_0 t)$ 信号是接收端的本地载波信号,它与发送端的载波同频同相,因此该解调方案又称为同步解调。$f(t)$ 与 $\cos(\omega_0 t)$ 相乘的结果使频谱 $F(\mathrm{j}\omega)$ 向左、右分别移动 $\pm\omega_0\left(\text{并乘以系数}\dfrac{1}{2}\right)$,得到如图 3-10-2(d)所示的频谱 $G_0(\mathrm{j}\omega)$,此图可以从时域的相乘关系得到解释。

$$g_0(t) = \left[g(t)\cos(\omega_0 t)\right]\cos(\omega_0 t) = \frac{1}{2}g(t)\left[1 + \cos(2\omega_0 t)\right]$$

$$= \frac{1}{2}g(t) + \frac{1}{2}g(t)\cos(2\omega_0 t)$$

$$\mathcal{F}\left[g_0(t)\right] = G_0(\mathrm{j}\omega) = \frac{1}{2}G(\mathrm{j}\omega) + \frac{1}{4}\left[G(\mathrm{j}\omega + \mathrm{j}2\omega_0) + G(\mathrm{j}\omega - \mathrm{j}2\omega_0)\right] \quad (3\text{-}10\text{-}2)$$

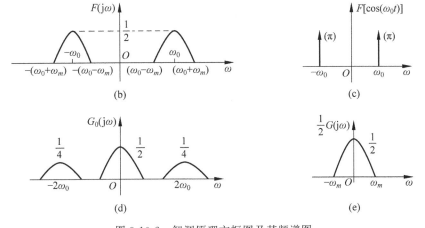

图 3-10-2 解调原理方框图及其频谱图

再利用一个带宽为 ω_d($\omega_m \leqslant \omega_d \leqslant 2\omega_0 - \omega_m$)的低通滤波器,滤除在频率为 $2\omega_0$ 附近的分量,即可取出 $g(t)$,完成解调。

这种解调器称为同步解调(或相乘解调),需要在接收端产生于发送端频率相同的本地载波,这将使接收机复杂化。为了在接收端省去本地载波,可采用如下几种方法。在发射信号中加入一定强度的载波信号 $A\cos\omega_0 t$,这时,发送端的合成信号为$[A+g(t)]$,如果 A 足够大,那么对于全部 t,有 $A+g(t)>0$,于是,已调信号的包络就是 $A+g(t)$。这时,利用简单的包络检波器(由二极管、电阻、电容组成)即可以从图 3-10-3 相应的波形中提取包络、恢复 $g(t)$,不需要本地载波。此方法常用于民用通信设备,如广播接收机。因为要降低接收机的成本,所以要使用昂贵的发射机来提供足够强的信号 $A\cos\omega_0 t$ 的附加功率。这对于民用是十分经济的,对于大批接收机只有一个发射机。由图 3-10-3 波形可见,在这种调制方法中,载波的振幅随信号 $g(t)$ 成比例地改变,因而称为"振幅调制"或"调幅"(AM);前述不传送载波的方案则称为"抑制载波振幅调制"(AM-SC)。此外还有"单边带调制"(SSB)"残留边带调制"(VSB)等。

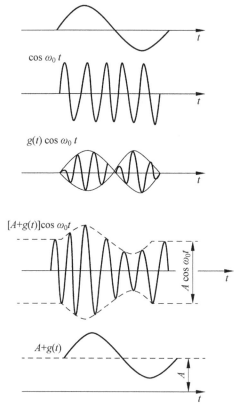

图 3-10-3 调幅、抑制载波调幅及其解调波形

还可以控制载波的频率或相位,使它们随信号 $g(t)$ 成比例地变化,这两种调制方法分别称为"频率调制"或"调频"(FM)与"相位调制"或"调相"(PM)。它们的原理也是使 $g(t)$ 的频谱 $G(\omega)$ 搬移,但搬移以后的频谱不再与原始频谱相似。

3.10.2 MATLAB 实现

设载波信号的表达式为 $\cos(\omega_0 t)$，调制信号的表达式为 $m(t) = A_0 m\cos(\omega_0 t)$，则调幅信号的表达式为 $s(t) = [A_0 + m(t)]\cos(\omega_0 t)$，下面用 MATLAB 运行调制与解调的分析。

1. 载波信号

```
t = -1:0.00001:1;
A0 = 10;
f = 6000;
w0 = f * pi;
Uc = A0 * cos(w0 * t);
figure(1);
Subplot(2,1,1);
plot(t,Uc);
title('载频信号波形');
axis([0,0.01, -15,15]);
subplot(2,1,2);
Y1 = fft(Uc);
plot(abs(Y1));
title('载波信号频谱');
axis([5800,6200,0,1000000])
```

执行该程序,运行结果如图 3-10-4 所示。

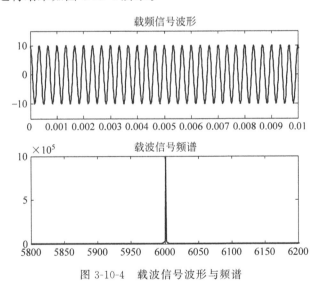

图 3-10-4 载波信号波形与频谱

2. 调制信号

```
t = -1:0.00001:1;
A1 = 5;
f = 6000;
w0 = f * pi;
mes = A1 * cos(0.001 * w0 * t);
subplot(2,1,1);
plot(t,mes);
```

```
xlabel('t'),title('调制信号');
subplot(2,1,2);
Y2 = fft(mes);
plot(abs(Y2));
title('调制信号频谱');
axis([198000,202000,0,1000000]);
```

执行该程序,运行结果如图 3-10-5 所示。

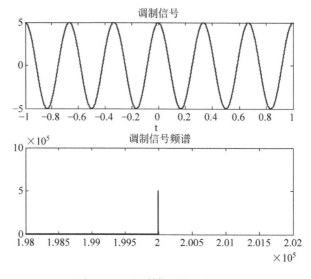

图 3-10-5 调制信号波形与频谱

3. AM 调制信号

```
t = -1:0.00001:1;
A0 = 10;
A1 = 5;
A2 = 3;
f = 3000;
w0 = 2 * f * pi;
m = 0.15;
mes = A1 * cos(0.001 * w0 * t);
Uam = A2 * (1 + m * mes). * cos((w0). * t);
subplot(2,1,1);
plot(t,Uam);
grid on;
title('AM 调制信号波形');
subplot(2,1,2);
Y3 = fft(Uam);
plot(abs(Y3)),grid;
title('AM 调制信号频谱');
axis([5950,6065,0,500000]);
```

执行该程序,运行结果如图 3-10-6 所示。

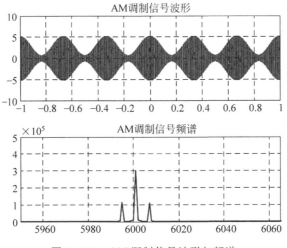

图 3-10-6　AM 调制信号波形与频谱

4．FIR 低通滤波器

```
Ft = 2000;
fpts = [100 120];
mag = [1 0];
dev = [0.01 0.05];
[n21,wn21,beta,ftype] = kaiserord(fpts,mag,dev,Ft);
b21 = fir1(n21,wn21,kaiser(n21 + 1,beta));
[h,w] = freqz(b21,1);
plot(w/pi,abs(h));
grid on
title('FIR 低通滤波器')
```

执行该程序，运行结果如图 3-10-7 所示。

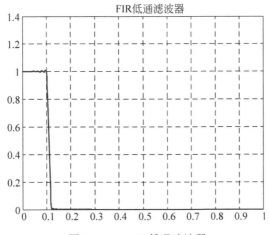

图 3-10-7　FIR 低通滤波器

5．滤波前 AM 解调信号

```
t = - 1:0.00001:1;
```

```
A0 = 10;
A1 = 5;
A2 = 3;
f = 3000;
w0 = 2 * f * pi;
m = 0.15;
k = 0.5;
mes = A1 * cos(0.001 * w0 * t);
Uam = A2 * (1 + m * mes). * cos((w0). * t);
Dam = Uam. * cos(w0 * t);
subplot(2,1,1);
plot(t,Dam);
title('滤波前 AM 解调信号波形');
subplot(2,1,2);
axis([187960,188040,0,200000]);
Y5 = fft(Dam);
plot(abs(Y5)),grid;
title('滤波前 AM 调解信号频谱');
```

执行该程序,运行结果如图 3-10-8 所示。

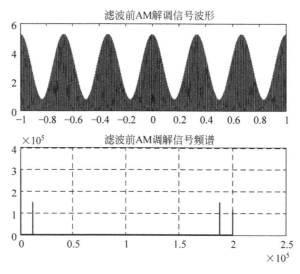

图 3-10-8   滤波前 AM 解调信号波形与频谱

6. 滤波后 AM 解调信号

```
z21 = fftfilt(b21,Dam);
subplot(2,1,1);
plot(t,z21);
title('滤波后的 AM 解调信号波形');
T5 = fft(z21);
subplot(2,1,2);
plot(abs(Y5));
title('滤波后的 AM 解调信号频谱');
axis([198000,202000,0,100000]);
```

执行该程序,运行结果如图 3-10-9 所示。

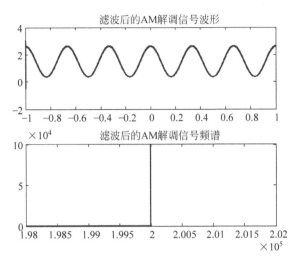

图 3-10-9 滤波后 AM 解调信号波形与频谱

3.11 从抽样信号恢复连续时间信号

3.11.1 从抽样信号恢复连续时间信号的原理

在前面已经研究了傅里叶变换应用于通信系统的两个重要方面,这就是滤波和调制。现在介绍从冲激抽样信号恢复连续时间信号的时域分析。

根据前面介绍过的冲激抽样信号的抽样原理,若带限信号 $f(t)$ 的傅里叶变换为 $F(j\omega)$,经冲激序列抽样之后 $f_s(t)$ 的傅里叶变换为 $F_s(j\omega)$,在满足抽样定理的条件下 $F_s(j\omega)$ 的图形是 $F(j\omega)$ 的周期重复,而且不会产生混叠。利用理想低通滤波器取出 $F_s(j\omega)$ 在 $\omega=0$ 两侧的频率分量即可恢复 $F(j\omega)$,从而无失真地恢复 $f(t)$,如图 3-11-1 所示。这种频域分析方法简洁、直观,但是如何从时域角度解释这一过程需进一步分析。假设理想低通滤波器的频域特性为

$$H(j\omega) = \begin{cases} T_s, & |\omega| < \omega_c \\ 0, & |\omega| > \omega_c \end{cases} \tag{3-11-1}$$

式中,ω_c 是滤波器的截止频率;T_s 是冲激抽样序列的周期。为方便以下分析,取相位特性为零。

设有冲激抽样信号 $f_s(t)$,其抽样角频率 $\omega_s > 2\omega_m$(ω_m 为原信号的最高角频率)。$f_s(t)$ 及其频谱 $F_s(j\omega)$ 如图 3-11-1(d)、(a)所示。为了从 $F_s(j\omega)$ 中无失真地恢复 $F(j\omega)$,选择一个理想低通滤波器,其频率响应的幅度为 T_s,截止角频率为 $\omega_c \left(\omega_m < \omega_c \leqslant \dfrac{\omega_s}{2} \right)$,即

$$F(j\omega) = F_s(j\omega)H(j\omega)$$

不难求出滤波器冲激响应 $h(t)$ 表达式为

$$h(t) = T_s \cdot \frac{\omega_c}{\pi} \mathrm{Sa}(\omega_c t) \tag{3-11-2}$$

若冲激序列抽样信号 $f_s(t)$ 为

$$f_s(t) = \sum_{n=-\infty}^{+\infty} f(nT_s)\delta(t - nT_s) \tag{3-11-3}$$

利用时域卷积关系可求得输出信号，即原连续时间信号 $f(t)$

$$f(t) = f_s(t) * h(t) = \sum_{n=-\infty}^{+\infty} f(nT_s)\delta(t - nT_s) * T_s \frac{\omega_c}{\pi} Sa(\omega_c t)$$

$$= T_s \frac{\omega_c}{\pi} \sum_{n=-\infty}^{+\infty} f(nT_s) Sa[\omega_c(t - nT_s)] \tag{3-11-4}$$

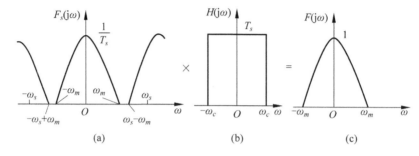

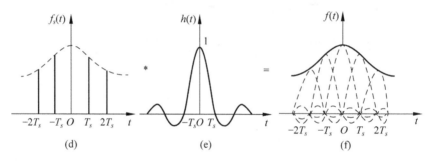

图 3-11-1　由抽样信号恢复连续信号 $\left(\omega_c = \dfrac{T_s}{2}\right)$

参看图 3-11-1 说明上述结果，图中对照给出从时域和频域恢复 $f(t)$ 和 $F(j\omega)$ 的过程。式(3-11-4)表明，连续信号 $f(t)$ 可展开成正交抽样 Sa 函数的无穷级数，级数的系数等于抽样值 $f(nT_s)$。也就是说，若在抽样信号 $f_s(t)$ 的每个样点处，画一个最大峰值为 $f(nT_s)$ 的 Sa 函数波形，那么其合成波形就是原信号 $f(t)$，如图 3-11-1(f)所示。因此，只要已知各抽样值 $f(nT_s)$，就能唯一地确定出原信号 $f(t)$。

3.11.2　MATLAB 实现

用程序实现对信号 $Sa(t) = sinc\left(\dfrac{t}{\pi}\right)$ 的抽样及由该抽样信号恢复重建。

```
wm = 1;
wc = wm;
Ts = pi/wm;
ws = 2 * pi/Ts;
n = -100:100;
```

```
nTs = n * Ts;
f = sinc(nTs/pi);
Dt = 0.005;t = - 15:Dt:15;
fa = f * Ts * wc/pi * sinc((wc/pi) * (ones(length(nTs),1) * t - nTs' * ones(1,length(t))));
t1 = - 15:0.5:15;
f1 = sinc(t1/pi);
subplot(211);
stem(t1,f1);
xlabel('kTs');
xlabel('f(kTs)');
title('sa(t) = sinc(t/pi)的临界抽样信号');
subplot(212);
plot(t,fa)
xlabel('t');
ylabel('fa(t)');
title('由 sa(t) = sinc(t/pi)的临界抽样信号重构 sa(t)');
grid;
```

执行该程序,运行结果如图 3-11-2 所示。

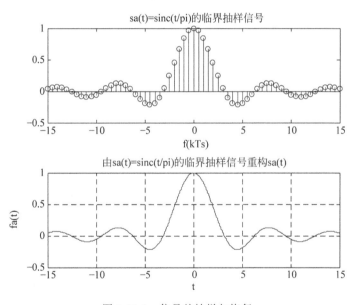

图 3-11-2　信号的抽样与恢复

3.12　典型题目解析

例 3-28　已知连续周期信号的频谱如图 3-12-1 所示,试写出三角形式的傅里叶级数($\omega_0 = 3$)。

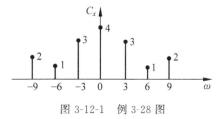

图 3-12-1　例 3-28 图

解:由图可知 $c_0 = 4, c_{\pm 1} = 3, c_{\pm 2} = 1, c_{\pm 3} = 2$,其他项为 0,所以

$$f(t) = \sum_{n=-\infty}^{+\infty} C_n e^{jn\omega_0 t}$$

$$= 4 + 3(e^{j\omega_0 t} + e^{-j\omega_0 t}) + (e^{j2\omega_0 t} + e^{-j2\omega_0 t}) + 2(e^{j3\omega_0 t} + e^{-j3\omega_0 t})$$

$$= 4 + 6\cos(\omega_0 t) + 2\cos(2\omega_0 t) + 4\cos(3\omega_0 t)$$

例 3-29 已知周期信号 $f(t) = 2\cos(2\pi t - 3) + \sin(6\pi t)$,试求 $f(t)$ 的傅里叶级数表示式,并画出频谱。

解:$\omega_0 = 2\pi$,根据欧拉公式,$f(t)$ 可以写为

$$f(t) = e^{j(2\pi t - 3)} + e^{-j(2\pi t - 3)} - 0.5je^{j6\pi t} + 0.5je^{-j6\pi t}$$

$$= e^{-j3}e^{j\omega_0 t} + e^{j3}e^{-j\omega_0 t} - 0.5je^{j3\omega_0 t} + 0.5je^{-j3\omega_0 t}$$

所以

$$c_1 = e^{-j3}, c_{-1} = e^{j3}, c_3 = -0.5j, c_{-3} = 0.5j \quad (c_n = 0, n \neq \pm 1, \pm 3)$$

将 c_n 用模和相角表示为 $C_n = |C_n| e^{j\phi_n}$,可得

$$|C_{\pm 1}| = 1, \quad \varphi_1 = -3, \quad \varphi_{-1} = 3, \quad |C_{\pm 3}| = 0.5, \quad \varphi_3 = -\frac{\pi}{2}, \quad \varphi_{-3} = \frac{\pi}{2}$$

由此可画出信号 $f(t)$ 的幅度频谱和相位频谱,分别如图 3-12-2(a)、(b)所示。

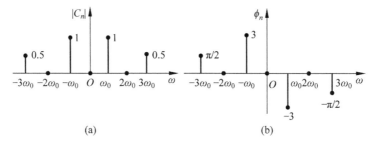

图 3-12-2 例 3-29 图

例 3-30 如图 3-12-3 所示,已知 $\mathcal{F}[f_1(t)] = F_1(j\omega)$,试求信号 $f_2(t)$ 的频谱函数。

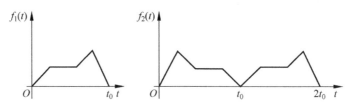

图 3-12-3 例 3-30 图

解:由于

$$f_2(t) = f_1(-t + t_0) + f_1(t - t_0)$$

所以

$$F_2(j\omega) = [F_1(-j\omega) + F_1(j\omega)]e^{-j\omega_0 t}$$

例 3-31 已知信号的频谱 $F(j\omega)$ 如图 3-12-4 所示,试求 $f(t)$。

解:(a)由于

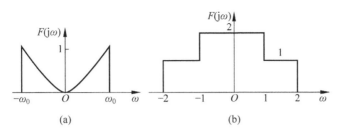

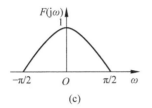

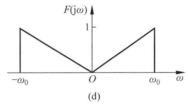

图 3-12-4 例 3-31 图

$$tf(t) \leftrightarrow \mathrm{j}\frac{\mathrm{d}F(\mathrm{j}\omega)}{\mathrm{d}\omega}, \quad -t^2f(t) \leftrightarrow \mathrm{j}\frac{\mathrm{d}^2F(\mathrm{j}\omega)}{\mathrm{d}^2\omega}, \quad \omega_0 = 1$$

$$F''(\mathrm{j}\omega) = 2p_2(\omega) + \delta'(\omega+1) - 2\delta(\omega+1) - \delta'(\omega-1) - 2\delta(\omega-1)$$

又

$$\mathrm{Sa}(\omega_0 t) \leftrightarrow \frac{\pi}{\omega_0}p_{2\omega_0}(\omega), \quad \mathrm{Sa}(t) \leftrightarrow \pi p_2(\omega)$$

$$1 \leftrightarrow 2\pi\delta(\omega), \quad -\mathrm{j}t \leftrightarrow 2\pi\delta'(\omega)$$

利用傅里叶变换的频域微分性质与对称性质,得

$$-t^2f(t) = \frac{2}{\pi}\mathrm{Sa}(t) - \frac{\mathrm{j}t}{2\pi}\mathrm{e}^{-\mathrm{j}t} - \frac{1}{\pi}\mathrm{e}^{-\mathrm{j}t} + \frac{\mathrm{j}t}{2\pi}\mathrm{e}^{\mathrm{j}t} = \frac{2}{\pi}\mathrm{Sa}(t) - \frac{2}{\pi}\cos(t) - \frac{t}{\pi}\sin(t)$$

所以

$$f(t) = \frac{2\cos(t)}{\pi t^2} + \frac{\mathrm{Sa}(t)}{\pi} - \frac{2\mathrm{Sa}(t)}{\pi t^2}$$

(b) 将频谱分解成两个方波:

$$F(\mathrm{j}\omega) = p_4(\omega) + p_2(\omega)$$

由于 $\mathrm{Sa}(\omega_0 t) \leftrightarrow \dfrac{\pi}{\omega_0}p_{2\omega_0}(\omega)$,所以 $f(t) = \dfrac{2}{\pi}\mathrm{Sa}(2t) + \dfrac{1}{\pi}\mathrm{Sa}(t)$。

(c) 利用对称性质,得

$$F(\mathrm{j}t) = p_\pi(t)\cos(t), \quad 又 \ p_\pi(t) \leftrightarrow \pi\mathrm{Sa}(\omega\pi/2), \quad \mathrm{Sa}(\pi t/2) \leftrightarrow 2p_\pi(\omega)$$

$$F(\mathrm{j}t) \leftrightarrow 2\pi f(-\omega), \quad 又 \ p_\pi(t)\cos(t) \leftrightarrow \frac{\pi}{2}\big[\mathrm{Sa}(\pi(\omega-1)/2) + \mathrm{Sa}(\pi(\omega+1)/2)\big]$$

所以

$$2\pi f(-\omega) = \frac{\pi}{2}\big[\mathrm{Sa}(\pi(\omega-1)/2) + \mathrm{Sa}(\pi(\omega+1)/2)\big]$$

将 $-\omega$ 用 t 替换得

$$f(t) = \frac{1}{4}\mathrm{Sa}(\pi(t+1)/2) + \frac{1}{4}\mathrm{Sa}(\pi(t-1)/2)$$

（d）将频谱分解成一个方波和一个三角波之差

$$F(j\omega) = p_{2\omega_0}(\omega) - \Delta_{2\omega_0}(\omega)$$

又

$$\mathrm{Sa}(\omega_0 t) \leftrightarrow \frac{\pi}{\omega_0} p_{2\omega_0}(\omega), \quad \mathrm{Sa}^2(\omega_0 t) \leftrightarrow \frac{\pi}{\omega_0} \Delta_{4\omega_0}(\omega)$$

所以

$$f(t) = \frac{\omega_0}{\pi} \mathrm{Sa}(\omega_0 t) - \frac{\omega_0}{2\pi} \mathrm{Sa}^2(\omega t/2)$$

例 3-32 已知一个LTI连续系统的频率特性为

$$H(j\omega) = \frac{j4\omega}{(j\omega)^2 + j6\omega + 8}$$

求出描述该系统的微分方程；并计算在输入 $f(t) = \cos(3t)u(t)$ 激励下系统的稳态响应 $y(t)$。

解：由于

$$H(j\omega) = \frac{Y(j\omega)}{F(j\omega)} = \frac{j4\omega}{(j\omega)^2 + j6\omega + 8}$$

$$Y(j\omega)\left[(j\omega)^2 + j6\omega + 8\right] = F(j\omega)j4\omega$$

对以上方程两边进行傅里叶逆变换，并利用傅里叶变换的时域微分性质可得

$$y''(t) + 6y'(t) + 8y(t) = 4f'(t), \quad t > 0$$

系统的稳态相响应为

$$y(t) = |H(j3)|\cos(3t + \varphi(3)) = 0.6656\cos(3t - 0.0555)$$

例 3-33 已知一个LTI连续系统的动态方程为 $y'(t) + 3y(t) = f(t)$，若输入信号 $f(t)$ 是如图 3-12-5 所示的周期方波，求系统的输出 $y(t)$。

解：对微分方程两边进行傅里叶变换可得

$$Y(j\omega)(j\omega + 3) = F(j\omega)$$

$$H(j\omega) = \frac{Y(j\omega)}{F(j\omega)} = \frac{1}{j\omega + 3}$$

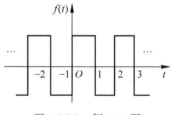

图 3-12-5 例 3-33 图

将周期信号展开为傅里叶级数形式

$$f(t) = \sum_{n=-\infty, n\neq 0}^{+\infty} 10\mathrm{Sa}(n\pi/2)e^{j(n\pi t - n\pi/2)}, \quad \omega_0 = 2\pi/T_0 = \pi$$

所以系统输出为

$$y(t) = \sum_{n=-\infty, n\neq 0}^{+\infty} 10\mathrm{Sa}(n\pi/2)e^{j(n\pi t - n\pi/2)}H(jn\pi) = \sum_{n=-\infty, n\neq 0}^{+\infty} 10\mathrm{Sa}(n\pi/2)\mathrm{Re}\left(\frac{e^{j(n\pi t - n\pi/2)}}{jn\pi + 3}\right)$$

例 3-34 已知一个LTI连续系统的频率特性为

$$H(j\omega) = \frac{1}{j\omega + 2}$$

求在输入 $f(t) = u(t)$ 的激励下系统的零状态响应 $y(t)$。

解：

$$F(j\omega) = \pi\delta(\omega) + \frac{1}{j\omega}$$

$$Y(\mathrm{j}\omega) = H(\mathrm{j}\omega)F(\mathrm{j}\omega) = \left(\frac{1}{\mathrm{j}\omega + 2}\right)\left(\pi\delta(\omega) + \frac{1}{\mathrm{j}\omega}\right)$$

$$= \frac{\pi\delta(\omega)}{2} + \frac{1}{(\mathrm{j}\omega + 2)\mathrm{j}\omega} = 0.5\pi\delta(\omega) + \frac{0.5}{\mathrm{j}\omega} - \frac{0.5}{\mathrm{j}\omega + 2}$$

系统零状态响应为

$$y(t) = \mathcal{F}^{-1}Y[(\mathrm{j}\omega)] = 0.5(1 - \mathrm{e}^{-2t})u(t)$$

例 3-35 已知一个 LTI 连续系统的动态方程如下,输入信号 $f(t) = \mathrm{e}^{-4t}u(t)$,求输出响应的频谱函数 $Y(\mathrm{j}\omega)$。

(1) $y'(t) + 3y(t) = 2f(t), t > 0$;

(2) $y''(t) + 5y'(t) + 6y(t) = 3f'(t) + 5f(t), t > 0$。

解:(1) 由于

$$\mathrm{j}\omega Y(\mathrm{j}\omega) + 3Y(\mathrm{j}\omega) = 2F(\mathrm{j}\omega), \quad F(\mathrm{j}\omega) = \frac{1}{4 + \mathrm{j}\omega}$$

所以

$$Y(\mathrm{j}\omega) = \frac{2}{\mathrm{j}\omega + 3}F(\mathrm{j}\omega) = \frac{2}{(\mathrm{j}\omega + 3)(\mathrm{j}\omega + 4)}$$

(2) 由于

$$(\mathrm{j}\omega)^2 Y(\mathrm{j}\omega) + 5\mathrm{j}\omega Y(\mathrm{j}\omega) + 6Y(\mathrm{j}\omega) = 3\mathrm{j}\omega 2F(\mathrm{j}\omega) + 5F(\mathrm{j}\omega)$$

所以

$$Y(\mathrm{j}\omega) = \frac{3\mathrm{j}\omega + 5}{(\mathrm{j}\omega + 2)(\mathrm{j}\omega + 3)}F(\mathrm{j}\omega) = \frac{3\mathrm{j}\omega + 5}{(\mathrm{j}\omega + 2)(\mathrm{j}\omega + 3)(\mathrm{j}\omega + 4)}$$

例 3-36 根据给定的输入信号 $f(t)$ 与输出信号 $y(t)$,判断下列系统是否为无失真传输系统。

(1) $f(t) = u(t), y(t) = -2u(t + 2)$;

(2) $f(t) = u(t - t_0) + \delta(t), y(t) = 3u(t - t_0 - 10) + 3\delta(t - 10)$。

解: 无失真传输系统的输入输出关系应满足 $y(t) = Kf(t - t_d)$,其中,K 是一个正常数,t_d 是输入信号通过系统后的时间延迟。因此,无失真传输系统的频率响应为 $H(\mathrm{j}\omega) = K\mathrm{e}^{-\mathrm{j}\omega t_d}$,单位冲激响应为 $h(t) = K\delta(t - t_d)$。

(1) 由于 $y(t) = -2u(t + 2) = -2f(t + 2), k = -2$,不是一个正常数,不满足无失真传输系统的条件,故系统不是无失真传输系统。

(2) 由于 $y(t) = 3f(t - 10)$,所以 $h(t) = 3\delta(t - 10)$,满足无失真传输条件,故系统为无失真传输系统。

例 3-37 已知理想低通滤波器的频率特性为

$$H(\mathrm{j}\omega) = \begin{cases} \mathrm{e}^{-\mathrm{j}2\omega}, & |\omega| < 2\pi \\ 0, & |\omega| > 2\pi \end{cases}$$

(1) 求该滤波器的单位冲激响应 $h(t)$;

(2) 输入 $f(t) = \mathrm{Sa}(\pi t), -\infty < t < \infty$,求输出 $y(t)$;

(3) 输入 $f(t) = \mathrm{Sa}(3\pi t), -\infty < t < \infty$,求输出 $y(t)$。

解：(1) $H(\mathrm{j}\omega)=\begin{cases} \mathrm{e}^{-\mathrm{j}2\omega}, & |\omega|<2\pi \\ 0, & |\omega|>2\pi \end{cases}=p_{4\pi}(\omega)\mathrm{e}^{-\mathrm{j}2\omega}$，故有 $h(t)=2\mathrm{Sa}[2\pi(t-2)]$。

(2)
$$f(t)=\mathrm{Sa}(\pi t), \quad F(\mathrm{j}\omega)=p_{2\pi}(\omega)$$
$$Y(\mathrm{j}\omega)=H(\mathrm{j}\omega)F(\mathrm{j}\omega)=p_{2\pi}(\omega)\mathrm{e}^{-\mathrm{j}2\omega}$$
$$y(t)=\mathcal{F}^{-1}[Y(\mathrm{j}\omega)]=\mathrm{Sa}(\pi(t-2))$$

(3)
$$f(t)=\mathrm{Sa}(3\pi t), \quad F(\mathrm{j}\omega)=\frac{1}{3}p_{6\pi}(\omega)$$

$$Y(\mathrm{j}\omega)=\frac{1}{3}p_{4\pi}(\omega)\mathrm{e}^{-\mathrm{j}2\omega}$$

$$y(t)=\mathcal{F}^{-1}[Y(\mathrm{j}\omega)]=\frac{2}{3}\mathrm{Sa}[2\pi(t-2)]$$

3.13 习题

3.13.1 自测题

一、填空题

1. 周期信号的傅里叶级数的两种表示形式是_____和_____。

2. 信号的频谱包括两部分,它们分别是_____谱和_____谱。

3. 从信号频谱的连续性和离散性来考虑,非周期信号的频谱是_____的。

4. 从信号频谱的连续性和离散性来考虑,周期信号的频谱是_____的。

5. 时域为1的信号傅里叶变换是_____。

6. 已知 $x(t)$ 的傅里叶变换为 $X(\mathrm{j}\omega)$,则 $x_1(t)=x(3t)$ 的傅里叶变换为_____。

7. 频谱函数 $F(\mathrm{j}\omega)=\frac{1}{2}[u(\omega+2)-u(\omega-2)]$ 的原函数 $f(t)=$_____。

8. 频谱函数 $F(\mathrm{j}\omega)=\delta(\omega-2)+\delta(\omega+2)$ 傅里叶逆变换 $f(t)=$_____。

9. 已知 $f(t)$ 的频谱函数为 $F(\mathrm{j}\omega)$,则频谱函数 $\dfrac{\mathrm{d}f(t)}{\mathrm{d}t}\mathrm{e}^{-\mathrm{j}\omega_0 t}=$_____。

10. 若 $f(t)$ 的傅里叶变换为 $F(\mathrm{j}\omega)$,则 $f(t)\mathrm{e}^{-\mathrm{j}\omega_0 t}$ 傅里叶变换为_____,$\dfrac{\mathrm{d}f(t)}{\mathrm{d}t}$ 的傅里叶变换为_____。

11. $\delta(t)$ 的傅里叶变换是_____。

12. $x(t)$ 的傅里叶变换为 $X(\mathrm{j}\omega)$,则 $y(t)=x\left(\dfrac{1}{3}t\right)$ 的傅里叶变换为_____。

13. 常见的滤波器有_____、_____、_____。

14. 对带宽为 20kHz 的信号 $f(t)$ 进行抽样,其奈奎斯特间隔 $T_s=$_____μs;信号 $f(2t)$ 的带宽为_____ kHz,其奈奎斯特频率 $f_s=$_____ kHz。

15. 人的声音频率为 300~3400Hz,若对其采样,则采样频率应为_____。

16. 对频带为 0~20kHz 的信号 $f(t)$ 进行抽样,最低抽样频率为_____。

17. 无失真传输系统的频域表达式是_____。

二、单项选择题

1. 狄里赫利条件是傅里叶级数存在的(　　)。

  A. 充分条件　　　　　B. 必要条件　　　　　C. 充要条件　　　　　D. 以上均否

2. 当周期信号的周期增大时,频谱图中谱线的间隔(　　)。

  A. 增大　　　　　　B. 减小　　　　　　C. 不变　　　　　　D. 无法回答

3. 当周期信号的持续时间减少时,频谱图中谱线的幅度(　　)。

  A. 增大　　　　　　B. 减小　　　　　　C. 不变　　　　　　D. 无法回答

4. 当信号 $f(t)$ 的带宽为 $\Delta\omega$,则信号 $f(2t)$ 的带宽为(　　)。

  A. $\Delta\omega$　　　　　B. $2\Delta\omega$　　　　　C. $\dfrac{1}{2}\Delta\omega$　　　　　D. $4\Delta\omega$

5. 信号经时移后,其频谱函数的变化为(　　)。

  A. 幅度频谱不变,相位频谱变化　　　　　B. 幅度频谱变化,相位频谱不变

  C. 幅度频谱相位频谱均不变　　　　　　D. 幅度频谱相位频谱均变化

6. 已知信号 $f(t)$ 刚好不失真通过某一系统,则信号 $f\left(\dfrac{1}{2}t\right)$ 能否不失真通过该系统(　　)。

  A. 不能　　　　　　B. 能　　　　　　　C. 不一定　　　　　D. 无法回答

7. 信号的频带宽度与信号的持续时间成(　　)。

  A. 反比　　　　　　B. 正比　　　　　　C. 不变　　　　　　D. 无法回答

8. 频谱搬移后,信号的带宽(　　)。

  A. 增大　　　　　　B. 减小　　　　　　C. 不变　　　　　　D. 无法回答

9. 系统频域分析的基础是(　　)。

  A. 线性特性　　　　B. 频域卷积特性　　C. 时域卷积特性　　D. 频移特性

10. 设滤波器的频率特性为 $H(\mathrm{j}\omega)=k\mathrm{e}^{-\mathrm{j}2\pi t_0\omega}$,则系统的单位冲激响应 $h(t)=$(　　)。

  A. $k\delta(t)$　　　B. $k\delta(t+2\pi t_0)$　　C. $k\delta(t-2\pi t_0)$　　D. $k\delta(t-\pi t_0)$

11. 无失真传输系统的含义是(　　)。

  A. 输出信号与输入信号完全一致

  B. 输出信号与输入信号相比,波形相同,起始位置不同

  C. 输出信号与输入信号相比,波形不同,起始位置相同

  D. 输出信号与输入信号相比,波形和起始位置都不同

12. 无失真传输系统的频率特性是(　　)。

  A. 幅度特性为 ω 的线性函数,相频特性为常数

  B. 幅度特性为常数,相频特性为 ω 的线性函数

  C. 幅度特性和相频特性均为 ω 的线性函数

  D. 幅度特性和相频特性均为常数

13. 信号 $\mathrm{e}^{-2(t-1)}u(t-1)$ 的频谱为(　　)。

  A. $\dfrac{\mathrm{e}^{-2}}{2+\mathrm{j}\omega}$　　　B. $\dfrac{\mathrm{e}^{-2}}{-2+\mathrm{j}\omega}$　　　C. $\dfrac{\mathrm{e}^{-\mathrm{j}\omega}}{2+\mathrm{j}\omega}$　　　D. $\dfrac{\mathrm{e}^{-2}}{-2-\mathrm{j}\omega}$

14. 信号 $\mathrm{e}^{-(2+5\mathrm{j})t}u(t)$ 的频谱为(　　)。

  A. $\dfrac{\mathrm{e}^{\mathrm{j}\omega}}{2-\mathrm{j}5}$　　　B. $\dfrac{\mathrm{e}^{\mathrm{j}\omega}}{2+\mathrm{j}5}$　　　C. $\dfrac{1}{2+\mathrm{j}(\omega+5)}$　　　D. $\dfrac{1}{-2+\mathrm{j}(\omega+5)}$

15. 函数 $\dfrac{\mathrm{d}}{\mathrm{d}t}[e^{-2t}\varepsilon(t)]$ 的傅里叶变换为(　　)。

　　A. $\dfrac{1}{2+\mathrm{j}\omega}$　　　　B. $\dfrac{1}{-2+\mathrm{j}\omega}$　　　C. $\dfrac{\mathrm{j}\omega}{2+\mathrm{j}\omega}$　　　D. $\dfrac{\mathrm{j}\omega}{-2+\mathrm{j}\omega}$

16. 周期信号 $f(t)=1+2\cos t+\dfrac{1}{2}\sin 3t$ 的傅里叶变换为(　　)。

　　A. $\delta(\omega)+2\delta(\omega+3)+\dfrac{1}{2}\delta(\omega-3)$

　　B. $2\pi\delta(\omega)+\dfrac{\mathrm{j}}{2}\pi[\delta(\omega+3)-\delta(\omega-3)]$

　　C. $2\pi\delta(\omega)+2\pi[\delta(\omega+1)+\delta(\omega-1)]+\dfrac{\mathrm{j}}{2}\pi[\delta(\omega+3)-\delta(\omega-3)]$

　　D. $\delta(\omega)+2[\delta(\omega+1)+\delta(\omega-1)]+\dfrac{\mathrm{j}}{2}[\delta(\omega+3)-\delta(\omega-3)]$

17. 若 $f(t)\leftrightarrow F(\mathrm{j}\omega)$，则 $f(at-b)$ 的傅里叶变换为(　　)。

　　A. $\dfrac{1}{|a|}F\left(\mathrm{j}\dfrac{\omega}{a}\right)e^{-\mathrm{j}\omega\frac{b}{a}}$　　　　　　　　B. $\dfrac{1}{a}F(\mathrm{j}a\omega)e^{-\mathrm{j}\omega\frac{b}{a}}$

　　C. $\dfrac{1}{|a|}F\left(\mathrm{j}\dfrac{\omega}{a}\right)e^{\mathrm{j}\omega\frac{b}{a}}$　　　　　　　　D. $\dfrac{1}{|a|}F\left(\mathrm{j}\dfrac{\omega}{a}\right)e^{-\mathrm{j}\omega b}$

18. 求信号 $f(t)=\delta(t)-2e^{-2t}u(t)$ 的频谱(　　)。

　　A. $\dfrac{\mathrm{j}\omega}{2-\mathrm{j}\omega}$　　　　B. $1-\dfrac{2}{2-\mathrm{j}\omega}$　　　C. $\dfrac{\mathrm{j}\omega}{2+\mathrm{j}\omega}$　　　D. $\dfrac{2}{2-\mathrm{j}\omega}$

19. 求信号 $g_\tau\left(t-\dfrac{\tau}{2}\right)$ 的频谱(　　)。

　　A. $\mathrm{Sa}\left(\dfrac{\tau}{2}\omega\right)e^{-\mathrm{j}\frac{\tau}{2}\omega}$　　　　　　　　B. $\tau\mathrm{Sa}\left(\dfrac{\tau}{2}\omega\right)e^{-\mathrm{j}\frac{\tau}{2}\omega}$

　　C. $\tau\mathrm{Sa}\left(\dfrac{\tau}{2}\omega\right)e^{-\mathrm{j}\omega\tau}$　　　　　　　　D. $\tau\mathrm{Sa}\left(\dfrac{\tau}{2}\omega\right)e^{\mathrm{j}\omega\tau}$

20. 信号经微分后,频谱中高频分量的比重(　　)。

　　A. 增大　　　　　　B. 减小　　　　　　C. 不变　　　　　　D. 无法回答

21. 理想低通滤波器(LPF)的频率特性为 $H(\mathrm{j}\omega)=G_{2\pi}(\omega)$,输入信号为 $f(t)=\mathrm{Sa}(\pi t)$,输出信号 $y(t)=$(　　)。

　　A. $G_{2\pi}(t)$　　　　B. $2\pi\mathrm{Sa}(\pi t)$　　　C. $\mathrm{Sa}(\pi t)$　　　D. $2\pi G_{2\pi}(t)$

22. 如果 $f_1(t)=\begin{cases}1,&|t|<1\\0,&|t|>1\end{cases}$,$f_2(t)=\cos(4\pi t)$,则 $f_1(t)f_2(t)$ 的频谱为(　　)。

　　A. $\mathrm{Sa}(\omega+4\pi)*\mathrm{Sa}(\omega-4\pi)$　　　　B. $\mathrm{Sa}^2(\omega-4\pi)$

　　C. $\mathrm{Sa}^2(\omega+4\pi)$　　　　　　　　　D. $\mathrm{Sa}(\omega+4\pi)+\mathrm{Sa}(\omega-4\pi)$

23. 如图 3-13-1 所示系统,当输入信号为 $e(t)=1+\cos t+\dfrac{1}{2}\sin 3t$ 时的响应为(　　)。

　　A. $y(t)=1+2\cos t+\dfrac{1}{2}\sin 3t$　　　　　B. $y(t)=1+\dfrac{1}{2}\cos t$

C. $y(t)=1+\cos t+\dfrac{1}{4}\sin 3t$ D. $y(t)=2+4\cos t\,|H(j\omega)|$

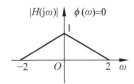

图 3-13-1 题 23 图

3.13.2 基础题

1. 证明 $\cos t,\cos(2t),\cdots,\cos(nt)$（$n$ 为正整数）是在区间 $(0,2\pi)$ 的正交集。它是否是完备集？

2. 上题的函数集在 $(0,\pi)$ 是否为正交集？

3. 实周期信号 $f(t)$ 在区间 $\left(-\dfrac{T}{2},\dfrac{T}{2}\right)$ 内的能量定义为 $E=\int_{-\frac{T}{2}}^{\frac{T}{2}}f^2(t)\mathrm{d}t$，如有和信号 $f_1(t)+f_2(t)$：

(1) 若 $f_1(t)$ 与 $f_2(t)$ 在区间 $\left(-\dfrac{T}{2},\dfrac{T}{2}\right)$ 内相互正交，证明和信号的总能量等于各信号的能量之和；

(2) 若 $f_1(t)$ 与 $f_2(t)$ 不是相互正交的，求和信号的总能量。

4. 求下列周期信号的基波角频率 Ω 和周期 T。

(1) $\mathrm{e}^{\mathrm{j}100t}$

(2) $\cos\left[\dfrac{\pi}{2}(t-3)\right]$

(3) $\cos(2t)+\sin(4t)$

(4) $\cos(2\pi t)+\cos(3\pi t)+\cos(5\pi t)$

(5) $\cos\left(\dfrac{\pi}{2}t\right)+\sin\left(\dfrac{\pi}{4}t\right)$

(6) $\cos\left(\dfrac{\pi}{2}t\right)+\cos\left(\dfrac{\pi}{3}t\right)+\cos\left(\dfrac{\pi}{5}t\right)$

5. 用直接计算傅里叶系数的方法，求图 3-13-2 所示周期函数的傅里叶系数（三角形式或指数形式）。

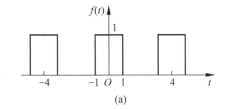
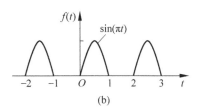

图 3-13-2 题 5 图

6. 如图 3-13-3 所示是 4 个周期相同的信号。

(1) 用直接求傅里叶系数的方法求图 3-13-3(a)所示信号的傅里叶级数（三角形式）；

(2) 将图 3-13-3(a)的函数 $f_1(t)$ 左（或右）移，就得图 3-13-3(b)的函数 $f_2(t)$，利用(1)的结果求 $f_2(t)$ 的傅里叶级数；

(3) 利用以上结果求图 3-13-3(c)的函数 $f_3(t)$ 的傅里叶级数；

（4）利用以上结果求图 3-13-3(d)的信号 $f_4(t)$ 的傅里叶级数。

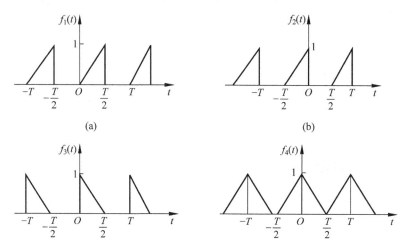

图 3-13-3　题 6 图

7. 试画出如图 3-13-4 所示信号的奇分量和偶分量。

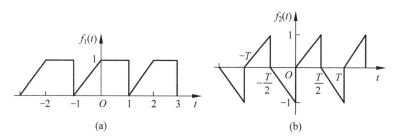

图 3-13-4　题 7 图

8. 利用奇偶性判断如图 3-13-5 所示各周期信号的傅里叶级数中所含有的频率分量。

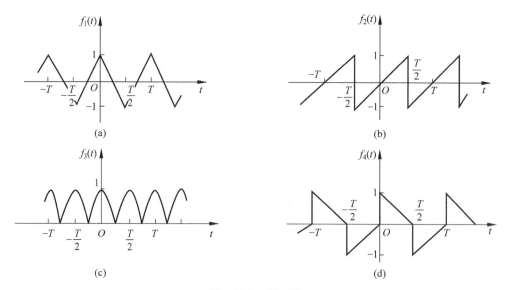

图 3-13-5　题 8 图

9. 如图 3-13-6 所示的周期性方波电压作用于 RL 电路,试求电流 $i(t)$ 的前 5 次谐波。

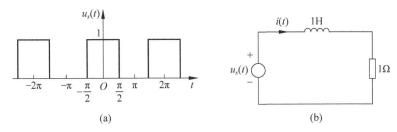

(a)　　　　　　　　　　　(b)

图 3-13-6　题 9 图

10. 求如图 3-13-7 所示各信号的傅里叶变换。

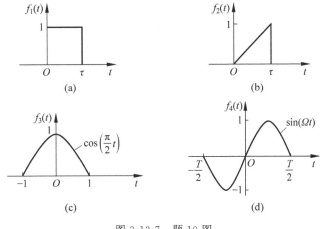

(a)　　　　　　　　　　　(b)

(c)　　　　　　　　　　　(d)

图 3-13-7　题 10 图

11. 根据上题图 3-13-7(a)、图 3-13-7(b)的结果,利用傅里叶变换的性质,求如图 3-13-8 所示各信号的傅里叶变换。

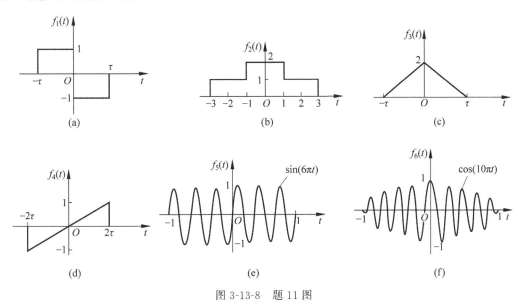

(a)　　　　　　(b)　　　　　　(c)

(d)　　　　　　(e)　　　　　　(f)

图 3-13-8　题 11 图

12. 若 $f(t)$ 为虚函数,且 $F(j\omega)=R(\omega)+jX(j\omega)$,试证:

(1) $R(\omega)=-R(-\omega)$,$X(\omega)=X(-\omega)$;

(2) $F(-j\omega)=-F^*(j\omega)$。

13. 若 $f(t)$ 为复函数,可表示为 $f(t)=f_r(t)+jf_i(t)$,且 $f(t)$ 的频谱函数为 $F(j\omega)$。式中 $f_r(t)$、$f_i(t)$ 均为实函数,证明:

(1) $f^*(t)\leftrightarrow F^*(j\omega)$;

(2) $f_r(t)\leftrightarrow\dfrac{1}{2}[F(j\omega)+F^*(-j\omega)]$,$f_i(t)\leftrightarrow\dfrac{1}{2j}[F(j\omega)-F^*(-j\omega)]$。

14. 根据傅里叶变换对称性求下列函数的傅里叶变换。

(1) $f(t)=\dfrac{\sin[2\pi(t-2)]}{\pi(t-2)}$,$-\infty<t<+\infty$;

(2) $f(t)=\dfrac{2\alpha}{\alpha^2+t^2}$,$-\infty<t<+\infty$;

(3) $f(t)=\left[\dfrac{\sin(2\pi t)}{2\pi t}\right]^2$,$-\infty<t<+\infty$。

15. 求下列信号的傅里叶变换。

(1) $f(t)=e^{-jt}\delta(t-2)$ (2) $f(t)=e^{-3(t-1)}\delta'(t-1)$

(3) $f(t)=\text{sgn}(t^2-9)$ (4) $f(t)=e^{-2t}u(t-1)$

(5) $f(t)=u\left(\dfrac{t}{2}-1\right)$

16. 试用时域微积分性质,求如图 3-13-9 所示信号的频谱。

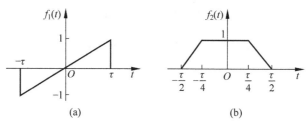

图 3-13-9 题 16 图

17. 若已知 $f(t)\leftrightarrow F(j\omega)$,试求下列函数的频谱。

(1) $tf(2t)$ (2) $(t-2)f(t)$ (3) $t\dfrac{df(t)}{dt}$

(4) $f(1-t)$ (5) $(1-t)f(1-t)$ (6) $f(2t-5)$

(7) $\displaystyle\int_{-\infty}^{1-\frac{1}{2}t}f(\tau)d\tau$ (8) $e^{jt}f(3-2t)$ (9) $\dfrac{df(t)}{dt}*\dfrac{1}{\pi t}$

18. 求下列函数的傅里叶逆变换。

(1) $F(j\omega)=\begin{cases}1,&|\omega|<\omega_0\\0,&|\omega|>\omega_0\end{cases}$ (2) $F(j\omega)=\delta(\omega+\omega_0)-\delta(\omega-\omega_0)$

(3) $F(j\omega)=2\cos(3\omega)$ (4) $F(j\omega)=[u(\omega)-u(\omega-2)]e^{-j\omega}$

(5) $F(j\omega) = \sum\limits_{n=0}^{2} \dfrac{2\sin\omega}{\omega} e^{-j(2n+1)\omega}$

19. 利用傅里叶变换性质,求如图 3-13-10 所示函数的傅里叶逆变换。

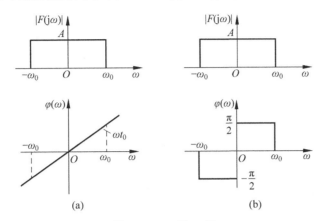

图 3-13-10 题 19 图

20. 试用下列方法求如图 3-13-11 所示信号的频谱函数。

(1) 利用延时和线性性质(门函数的频谱可利用已知结果);

(2) 利用时域积分定理;

(3) 将 $f(t)$ 看作门函数 $g_2(t)$ 与冲激函数 $\delta(t+2)$,$\delta(t-2)$ 的卷积之和。

21. 试用下列方法求如图 3-13-12 所示余弦脉冲的频谱函数。

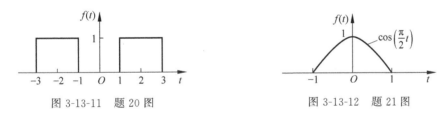

图 3-13-11 题 20 图   图 3-13-12 题 21 图

(1) 利用傅里叶变换定义;

(2) 利用微分、积分特性;

(3) 将它看作函数 $g_2(t)$ 与周期余弦函数 $\cos\left(\dfrac{\pi t}{2}\right)$ 的乘积。

22. 试求如图 3-13-13 所示周期信号的频谱函数。图 3-13-13(b)中冲激函数的强度均为 1。

23. 如图 3-13-14 所示升余弦脉冲表示为

$$f(t) = \begin{cases} \dfrac{1}{2}[1+\cos(\pi t)], & |t| < 1 \\ 0, & |t| > 1 \end{cases}$$

试用以下方法求其频谱函数。

(1) 利用傅里叶变换的定义;

(2) 利用微分、积分特性;

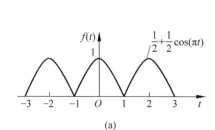

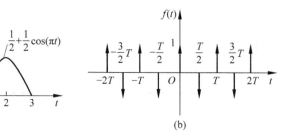

图 3-13-13　题 22 图

（3）将它看作是门函数 $g_2(t)$ 与如图 3-13-13(a)所示函数的乘积。

24. 如图 3-13-15 所示信号 $f(t)$ 的频谱函数为 $F(j\omega)$，求下列各值。

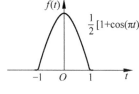

图 3-13-14　题 23 图

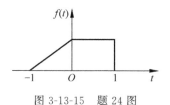

图 3-13-15　题 24 图

（1）$F(0)$；

（2）$\int_{-\infty}^{+\infty} F(j\omega)d\omega$；

（3）$\int_{-\infty}^{+\infty} |F(j\omega)|^2 d\omega$。

25. 一周期为 T 的周期信号 $f(t)$，已知其指数形式的傅里叶系数为 $F(n)$，求下列周期信号的傅里叶系数。

（1）$f_1(t)=f(t-t_0)$；

（2）$f_2(t)=f(-t)$；

（3）$f_3(t)=\dfrac{df(t)}{dt}$；

（4）$f_4(t)=f(at)$，$a>0$。

26. 一理想低通滤波器的频率响应

$$H(j\omega)=\begin{cases}1-\dfrac{|\omega|}{3}, & |\omega|<3\text{rad/s}\\[2mm] 0, & |\omega|>3\text{rad/s}\end{cases}$$

若输入 $f(t)=\sum_{n=-\infty}^{+\infty} 3e^{jn\left(t\Omega-\frac{\pi}{2}\right)}$，其中 $\Omega=1\text{rad/s}$，求输出 $y(t)$。

27. 一个 LTI 系统的频率响应

$$H(j\omega)=\begin{cases}e^{j\frac{\pi}{2}}, & -6\text{rad/s}<\omega<0\\[2mm] e^{-j\frac{\pi}{2}}, & 0<\omega<6\text{rad/s}\\[2mm] 0, & \text{其他}\end{cases}$$

若输入 $f(t)=\dfrac{\sin(3t)}{t}\cos(5t)$,求该系统的输出 $y(t)$。

3.13.3 MATLAB 习题

1. 试用 MATLAB 求出周期矩形脉冲信号的三角形式的傅里叶系数,并绘出各次谐波(阶数为6)叠加的傅里叶综合波形图,并用 MATLAB 绘出该周期矩形脉冲信号的振幅频谱。

2. 试用 MATLAB 绘出周期三角波脉冲信号的频谱。

3. 求 $f(t)=\mathrm{e}^{-3|t|}$ 的傅里叶变换。

4. 求 $F(\mathrm{j}\omega)=\dfrac{1}{1+\omega^2}$ 的傅里叶逆变换。

5. 设 $f(t)=\dfrac{1}{3}\mathrm{e}^{-2t}u(t)$,试画出 $f(t)$ 及其幅频图。

6. 已知门信号 $f(t)=g_2(t)=\begin{cases}1, & |t|<1 \\ 0, & |t|>1\end{cases}$,求其傅里叶变换。

7. 设信号 $f(t)=\sin(100\pi t)$,载波为频率 $600\,\mathrm{Hz}$ 的余弦信号。试用 MATLAB 实现调幅信号 $y(t)$,并观察 $f(t)$ 的频谱和 $y(t)$ 的频谱,以及两者在频域上的关系。

8. 设 $f(t)=u(t+2)-u(t-2)$,$f_1(t)=f(t)\cos(10\pi t)$,试用 MATLAB 画出 $f(t)$、$f_1(t)$ 的时域波形及其频谱,并观察傅里叶变换的频移特性。

9. 用 MATLAB 实现傅里叶变换的性质。

(1) 设 $f(t)=u(t+1)-u(t-1)=g_2(t)$,即门宽为 $\tau=2$ 的门信号,求 $y(t)=u(2t+1)-u(2t-1)=g_1(t)$ 的频谱 $Y(\mathrm{j}\omega)$,并与 $f(t)$ 的频谱 $F(\mathrm{j}\omega)$ 进行比较。

(2) 设 $f(t)=\dfrac{1}{2}\mathrm{e}^{-2t}u(t)$,绘出 $f(t)$ 及其频谱(幅度谱和相位谱)。

(3) 设 $f(t)=u(t+1)-u(t-1)$,试绘出 $f_1(t)=f(t)\mathrm{e}^{-\mathrm{j}20t}$ 及 $f_2(t)=f(t)\mathrm{e}^{\mathrm{j}20t}$ 的频谱 $F_1(\mathrm{j}\omega)$ 及 $F_2(\mathrm{j}\omega)$,并与 $f(t)$ 的频谱 $F(\mathrm{j}\omega)$ 进行比较。

(4) 设 $f(t)=u(t+3)-u(t-3)$,$y(t)=f(t)*f(t)$,试给出 $f(t)$、$y(t)$、$F(\mathrm{j}\omega)$、$F(\mathrm{j}\omega)\cdot F(\mathrm{j}\omega)$ 及 $Y(\mathrm{j}\omega)$ 的图形,并验证时域卷积定理。

(5) 设 $f(t)=\mathrm{Sa}(t)$,已知信号 $f(t)$ 的傅里叶变换为 $F(\mathrm{j}\omega)=\pi g_2(\omega)=\pi[\varepsilon(\omega+1)-\varepsilon(\omega-1)]$,求 $f_1(t)=\pi g_2(t)$ 的傅里叶变换 $F_1(\mathrm{j}\omega)$,并验证对称性。

(6) 已知 $f(t)$ 的波形如图 3-13-16 所示,求 $f(t)$ 及 $f_1(t)=\dfrac{\mathrm{d}f(t)}{\mathrm{d}t}$ 的傅里叶变换 $F(\mathrm{j}\omega)$ 及 $F_1(\mathrm{j}\omega)$,并验证时域微分特性。

10. 理想低通滤波器在物理上是不可实现的但传输特性近似于理想特性的电路却能找到。如图 3-13-17 所示是常见的用 RLC 元件构成的二阶低通滤波器。该电路的频率响应 $H(\mathrm{j}\omega)$ 为

$$H(\mathrm{j}\omega)=\frac{U_R(\mathrm{j}\omega)}{U_S(\mathrm{j}\omega)}=\frac{1}{1-\omega^2 LC+\mathrm{j}\omega\dfrac{L}{R}}$$

设 $R = \sqrt{\dfrac{L}{2C}}$, $L = 0.8\text{H}$, $C = 0.1\text{F}$, $R = 2\Omega$, 试用 MATLAB 的 freqs() 函数绘出该频率响应。

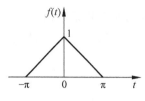

图 3-13-16　题 9(6)图

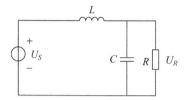

图 3-13-17　题 10 图 RLC 二阶低通滤波器

11. 当采样频率 $\omega_s = 2\omega_m$ 时,称为临界采样,取 $\omega_c = \omega_m$。试用 MATLAB 实现对 $\text{Sa}(t)$ 的采样及由该采样信号恢复 $\text{Sa}(t)$。

12. 设 $f(t) = \text{Sa}(t) = \dfrac{\sin t}{t}$, 其 $F(j\omega)$ 为: $H(j\omega) = \begin{cases} T_s, & |\omega| < 1 \\ 0, & |\omega| > 1 \end{cases}$, 即 $f(t)$ 的带宽 $\omega_m = 1$, 为了由 $f(t)$ 的采样信号 $f_s(t)$ 不失真地重构 $f(t)$, 由时域采样定理知采样间隔 $T_s < \dfrac{\pi}{\omega_m} = \pi$, 取 $T_s = 0.7\pi$(过采样)。利用 MATLAB 中的抽样函数 $\text{sinc}(t) = \dfrac{\sin(\pi t)}{\pi t}$ 来表示 $\text{Sa}(t)$, $\text{Sa}(t) = \text{sinc}\left(\dfrac{t}{\pi}\right)$。据此由

$$f(t) = f_s(t) * T_s \dfrac{\omega_c}{\pi} \text{Sa}(\omega_c t) = \dfrac{T_s \omega_c}{\pi} \sum_{n=-\infty}^{\infty} f(nT_s) \text{Sa}[\omega_c(t - nT_s)]$$

可知

$$f(t) = \dfrac{T_s \omega_c}{\pi} \sum_{n=-\infty}^{\infty} f(nT_s) \text{sinc}\left[\dfrac{\omega_c}{\pi}(t - nT_s)\right]$$

为了比较由采样信号恢复后的信号与原信号的误差,计算两信号的绝对误差。

第 3 章小结

第 3 章提高题

连续时间信号与系统
的复频域分析

本章要点：

(1) 拉普拉斯变换的定义与性质。

(2) 拉普拉斯逆变换的方法。

(3) 以拉普拉斯变换为工具对系统进行复频域分析。

(4) 系统函数以及零、极点概念，并根据它们的分布研究系统特性，分析频率响应和信号流图。

(5) 系统稳定性。

(6) 典型例题分析。

学习目标：

(1) 掌握拉普拉斯变换的定义式、收敛域、基本性质及其求解常用信号的拉普拉斯变换。

(2) 理解拉普拉斯变换的性质(特别是时移特性、频移特性、时域微分、频域积分、初值定理、终值定理等)及其应用条件。

(3) 掌握部分分式法和留数法求象函数的拉普拉斯逆变换。

(4) 掌握 s 域中电路 KCL、KVL 的表示形式及电路元件的伏安关系，能根据时域电路模型画出 s 域电路模型并求解线性时不变系统的响应(包括全响应、零输入响应、零状态响应、冲激响应和阶跃响应)。

(5) 掌握系统函数的定义和物理意义，会用多种方法求系统函数。

(6) 掌握根据系统函数的零、极点分布情况来分析、判断系统的时域特性与频域特性。

(7) 理解系统模拟与信号流图的意义，能根据系统的微分方程或系统函数画出级联、并联形式的模拟图与信号流图。

(8) 理解系统稳定性的意义，会判断系统的稳定性。

本章重点：

(1) 拉普拉斯变换的定义及其正、逆变换的求解。

(2) 电路元件的 s 域电路模型及 s 域电路模型的画法。

(3) 线性系统的 s 域分析方法。

(4) 系统函数的定义、求解及其零、极点图。

(5) 系统函数的应用。

(6) 系统的模拟与信号流图及其稳定性的判断。

以傅里叶变换为基础的频域分析方法的优点在于,它给出的结果有着清楚的物理意义,但也有不足之处,傅里叶变换只能处理符合狄里赫利条件的信号,而有些信号是不满足绝对可积条件的,因而其信号的分析受到限制。为了对不符合狄里赫利条件的信号进行分析,本章引入了拉普拉斯变换分析法。其优点是:对许多不满足绝对可积条件的函数如 $u(t)$,在进行傅里叶变换时受到限制,而拉普拉斯变换却很简单;用拉普拉斯变换求解系统响应时,可自动将初始条件包含在内,求出系统的全响应;借助系统函数的零、极点分析,可迅速判断出系统的因果稳定性,直观地表示系统具有的复频域特性。

4.1 拉普拉斯变换概述

视频讲解

4.1.1 从傅里叶变换到拉普拉斯变换

由第 3 章可知,当函数 $f(t)$ 满足狄里赫利条件时,可以求得其傅里叶变换 $F(\mathrm{j}\omega)$

$$F(\mathrm{j}\omega) = \int_{-\infty}^{+\infty} f(t) \mathrm{e}^{-\mathrm{j}\omega t} \mathrm{d}t \tag{4-1-1}$$

而狄里赫利条件之一绝对可积的要求限制了某些增长信号的傅里叶变换的存在,因此若乘以一衰减因子 $\mathrm{e}^{-\sigma t}$(其中,σ 为任意实数),则 $f(t)\mathrm{e}^{-\sigma t}$ 收敛,可以满足狄里赫利条件,则

$$\mathcal{F}\left[f(t) \cdot \mathrm{e}^{-\sigma t}\right] = \int_{-\infty}^{+\infty} f(t) \mathrm{e}^{-\sigma t} \mathrm{e}^{-\mathrm{j}\omega t} \mathrm{d}t = \int_{-\infty}^{+\infty} f(t) \mathrm{e}^{-(\sigma+\mathrm{j}\omega)t} \mathrm{d}t$$

$$= F(\sigma + \mathrm{j}\omega) \tag{4-1-2}$$

令:$s = \sigma + \mathrm{j}\omega$,式(4-1-2)可写为

$$F(s) = \int_{-\infty}^{+\infty} f(t) \mathrm{e}^{-st} \mathrm{d}t \tag{4-1-3}$$

定义其为双边拉普拉斯变换,而

$$F(s) = \int_{0_-}^{+\infty} f(t) \mathrm{e}^{-st} \mathrm{d}t \tag{4-1-4}$$

定义其为单边拉普拉斯变换,记作 $f(t) \xrightarrow{\mathrm{LT}} F(s)$ 或 $\mathcal{L}[f(t)] = F(s)$。

对式(4-1-2)作傅里叶逆变换为

$$f(t)\mathrm{e}^{-\sigma t} = \frac{1}{2\pi} \int_{-\infty}^{+\infty} F(\sigma + \mathrm{j}\omega) \mathrm{e}^{\mathrm{j}\omega t} \mathrm{d}\omega$$

等式两边乘以 $\mathrm{e}^{\sigma t}$,则得到

$$f(t) = \frac{1}{2\pi} \int_{-\infty}^{+\infty} F(\sigma + \mathrm{j}\omega) \mathrm{e}^{(\sigma+\mathrm{j}\omega)t} \mathrm{d}\omega$$

令:$s = \sigma + \mathrm{j}\omega$,则得到拉普拉斯逆变换公式

$$f(t) = \frac{1}{2\pi\mathrm{j}} \int_{\sigma-\mathrm{j}\infty}^{\sigma+\mathrm{j}\infty} F(s) \mathrm{e}^{st} \mathrm{d}s \tag{4-1-5}$$

式(4-1-3)和式(4-1-5)就是一对拉普拉斯变换对,两式中 $f(t)$ 称为"原函数",$F(s)$ 称为"象函数"。常用记号 $\mathcal{L}[f(t)]$ 表示取拉普拉斯变换,以记号 $\mathcal{L}^{-1}[F(s)]$ 表示取拉普拉斯逆变换。于是,式(4-1-4)和式(4-1-5)可分别写作

$$\mathcal{L}[f(t)] = F(s) = \int_{0_-}^{+\infty} f(t) \mathrm{e}^{-st} \mathrm{d}t \tag{4-1-6}$$

$$\mathcal{L}^{-1}[F(s)] = f(t) = \frac{1}{2\pi j}\int_{\sigma-j\infty}^{\sigma+j\infty} F(s)e^{st}\,ds \qquad (4\text{-}1\text{-}7)$$

拉普拉斯变换和傅里叶变换定义的表示形式相似,它们的性质也有许多相同之处。

对比拉普拉斯变换和傅里叶变换,可以看出它们的区别:$f(t)$ 的傅里叶变换为 $F(j\omega)$,它是把时间函数 $f(t)$ 变换到频率域函数 $F(j\omega)$,时间变量 t 和频率变量 ω 都是实数;而 $f(t)$ 的拉普拉斯变换为 $F(s)$,它是把 $f(t)$ 变换为复变函数 $F(s)$,t 是实数,而 s 是复数,$s=\sigma+j\omega$ 中 s 称为"复频率",σ 就是前面引入的衰减因子。ω 仅能描述振荡的重复频率,而 s 不仅能给出振荡的频率,还可以表示振荡幅度的增长或衰减的速率。

以 σ 为横轴,$j\omega$ 为纵轴描绘的平面称为 s 平面。

4.1.2 拉普拉斯变换的收敛域

从以上讨论可知,当函数 $f(t)$ 乘以衰减因子 $e^{-\sigma t}$ 以后,应有可能满足绝对可积条件,但并不是 σ 的任何取值都能使函数 $f(t)e^{-\sigma t}$ 收敛,而只有当 σ 的取值满足一定条件时,$f(t)e^{-\sigma t}$ 才能收敛,常将 σ 的取值范围称作拉普拉斯变换的收敛域,简记作 ROC(Region of Convergence)或 Re$[s]$。

拉普拉斯变换的收敛域通常在 s 平面表示,下面分几种情况进行讨论。

(1) 当 $f(t)$ 为有始有终、能量有限的信号时,它本身就满足绝对可积条件,其拉普拉斯变换一定存在,其收敛域为 s 全平面,如图 4-1-1 所示。

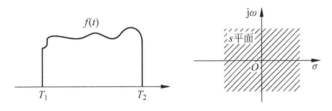

图 4-1-1　能量信号及其收敛域

(2) 对于 $t < t_0$ 时为零的右边信号 $f(t)$,其收敛域在收敛轴的右边 $\sigma > \sigma_1$,如图 4-1-2 所示。

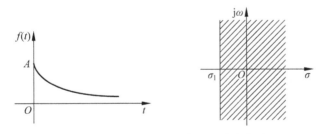

图 4-1-2　右边指数衰减信号及其收敛域

(3) 对于 $t > t_0$ 时为零的左边信号 $f(t)$,其收敛域在收敛轴的左边 $\sigma < \sigma_2$,如图 4-1-3 所示。

(4) 对于双边信号,其收敛域在 $\sigma_1 < \sigma < \sigma_2$ 内,如图 4-1-4 所示。

(5) 收敛域的边界由 $F(s)$ 的极点决定,收敛域内不包含任何极点。

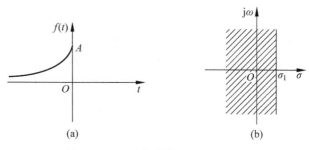

图 4-1-3 左边指数信号及其收敛域

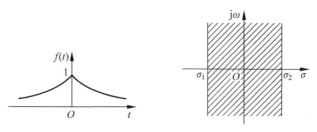

图 4-1-4 双边信号与其收敛域

4.1.3 常用信号的拉普拉斯变换

下面按拉普拉斯变换的定义式来推导几个常用函数的单边拉普拉斯变换。

1. 单位冲激信号

$$F(s) = \int_{0_-}^{+\infty} f(t) e^{-st} dt = \int_{0_-}^{+\infty} \delta(t) e^{-st} dt = \int_{0_-}^{+\infty} \delta(t) dt = 1$$

$$\delta(t) \overset{\text{LT}}{\leftrightarrow} 1 \tag{4-1-8}$$

其收敛域为整个 s 平面。

2. 单位阶跃函数

$$F(s) = \int_{0_-}^{+\infty} f(t) e^{-st} dt = \int_{0_-}^{+\infty} u(t) e^{-st} dt = \int_{0_-}^{+\infty} e^{-st} dt = -\frac{1}{s} e^{-st} \Big|_{0_-}^{+\infty} = \frac{1}{s}$$

$$u(t) \overset{\text{LT}}{\leftrightarrow} \frac{1}{s} \tag{4-1-9}$$

其收敛域为 $\sigma > 0$。

3. 指数函数 $e^{-at} u(t)$

$$F(s) = \int_{0_-}^{+\infty} f(t) e^{-st} dt = \int_{0_-}^{+\infty} e^{-at} e^{-st} dt = \int_{0_-}^{+\infty} e^{-(s+a)t} dt = -\frac{1}{s+a} e^{-(s+a)t} \Big|_{0_-}^{+\infty} = \frac{1}{s+a}$$

$$e^{-at} u(t) \overset{\text{LT}}{\leftrightarrow} \frac{1}{s+a} \tag{4-1-10}$$

其收敛域为 $\sigma > -a$。

4. 正弦信号 $\sin(\omega_0 t) u(t)$

$$F(s) = \int_{0_-}^{+\infty} f(t) e^{-st} dt = \int_{0_-}^{+\infty} \sin(\omega_0 t) u(t) e^{-st} dt = \int_{0_-}^{+\infty} \frac{e^{j\omega_0 t} - e^{-j\omega_0 t}}{2j} e^{-st} dt = \frac{\omega_0}{s^2 + \omega_0^2}$$

$$\sin(\omega_0 t)u(t) \overset{\text{LT}}{\leftrightarrow} \frac{\omega_0}{s^2 + \omega_0^2} \tag{4-1-11}$$

其收敛域为 $\sigma > 0$。

5. t 的正幂信号 t^n

$$F(s) = \int_{0_-}^{+\infty} t^n e^{-st} dt$$

利用分部积分法,得

$$\int_{0_-}^{+\infty} t^n e^{-st} dt = -\frac{t^n}{s} e^{-st} \Big|_{0_-}^{+\infty} + \frac{n}{s} \int_{0_-}^{+\infty} t^{n-1} e^{-st} dt = \frac{n}{s} \int_{0_-}^{+\infty} t^{n-1} e^{-st} dt$$

所以

$$\mathcal{L}[t^n u(t)] = \frac{n}{s} \mathcal{L}[t^{n-1} u(t)]$$

容易求得,当 $n = 1$ 时

$$\mathcal{L}(t) = \frac{1}{s^2}$$

而 $n = 2$ 时

$$\mathcal{L}(t^2) = \frac{2}{s^3}$$

依此类推,得

$$\mathcal{L}(t^n) = \frac{n!}{s^{n+1}} \tag{4-1-12}$$

将上述结果以及其他常用函数的拉普拉斯变换列于表 4-1-1 中。

表 4-1-1 常用信号的拉普拉斯变换

序 号	$f(t)(t>0)$	$F(s) = \mathcal{L}[f(t)]$	收 敛 域
1	$\delta(t)$	1	全部 s 平面
2	$\delta^{(n)}(t) \ (n=1,2,\cdots)$	s^n	全部 s 平面
3	$u(t)$	$\dfrac{1}{s}$	$\sigma > \sigma_0 = 0$
4	e^{-at}	$\dfrac{1}{s+a}$	$\sigma > \sigma_0 = -a$
5	$\sin(\omega t)$	$\dfrac{\omega}{s^2 + \omega^2}$	$\sigma > \sigma_0 = 0$
6	$\cos(\omega t)$	$\dfrac{s}{s^2 + \omega^2}$	$\sigma > \sigma_0 = 0$
7	$e^{-at}\sin(\omega t)$	$\dfrac{\omega}{(s+a)^2 + \omega^2}$	$\sigma > \sigma_0 = -a$
8	$e^{-at}\cos(\omega t)$	$\dfrac{s+a}{(s+a)^2 + \omega^2}$	$\sigma > \sigma_0 = -a$
9	$t^n e^{-at} \ (n=1,2,\cdots)$	$\dfrac{n!}{(s+a)^{n+1}}$	$\sigma > \sigma_0 = -a$
10	$t^n \ (n=1,2,\cdots)$	$\dfrac{n!}{s^{n+1}}$	$\sigma > \sigma_0 = 0$

4.1.4 MATLAB 的实现

1. 拉普拉斯变换

在 MATLAB 中,提供了 laplace 和 ilaplace 函数,进行拉普拉斯变换和拉普拉斯逆变换,其调用格式如下:

```
laplace(f)              % 对函数 f 的默认自变量为 t,Fs 默认自变量为 s
laplace(f,v)            % 指定 Fs 的自变量为 v 而非默认的 s
laplace(f,u,v)          % f 的自变量为 u,Fs 的自变量为 v
ilaplace(Fs)            % 对函数 Fs 默认自变量为 s,f 的默认自变量为 t
ilaplace(Fs,u)          % 指定 Fs 的自变量为 u 而非默认的 s
ilaplace(Fs,v,u)        % Fs 的自变量为 v,f 的自变量为 u
```

例 4-1 求函数 $f(t) = t^2$ 的拉普拉斯变换及逆变换。

解:编写的程序如下:

```
syms t s;
f = t^2;
Fs = laplace(f,t,s)      % 对函数 y 进行拉普拉斯变换
ft = ilaplace(Fs,s,t)    % 对函数 Ft 进行拉普拉斯逆变换
```

程序执行后,运行结果为:

```
Fs =
    2/s^3
ft =
    t^2
```

2. 绘制拉普拉斯变换的曲面图

拉普拉斯变换是分析连续时间信号的有效手段,对于当 $t \to +\infty$ 时信号幅度不衰减或增长的时间信号,其傅里叶变换不存在,但可以用拉普拉斯变换来分析它们。

连续时间信号 $f(t)$ 的拉普拉斯变换定义为

$$F(s) = \int_{-\infty}^{+\infty} f(t) e^{-st} dt \tag{4-1-13}$$

其中,$s = \sigma + j\omega$,若以 σ 为横坐标(实轴),$j\omega$ 为纵坐标(虚轴),复变量 s 就构成了一个复平面,称为 s 平面。显然,$F(s)$ 是复变量 s 的复函数,为了便于理解和分析 $F(s)$ 随 s 的变化规律,可以将 $F(s)$ 写成

$$F(s) = |F(s)| e^{j\varphi(s)} \tag{4-1-14}$$

其中,$|F(s)|$ 为复信号 $F(s)$ 的模,而 $\varphi(s)$ 为 $F(s)$ 的相角。

从三维集合空间的角度来看,$|F(s)|$ 和 $\varphi(s)$ 对应着复平面上的两个曲面,如果能绘出它们的三维曲面图,就可以直观地分析连续信号的拉普拉斯变换 $F(s)$ 随复变量 s 的变化。

现在考虑如何用 MATLAB 来绘制 s 平面的有限区域上连续时间信号 $f(t)$ 的拉普拉斯变换 $F(s)$ 的曲面图,下面以单位阶跃信号 $u(t)$ 为例来说明实现过程。

我们知道,对单位阶跃信号 $f(t) = u(t)$,其拉普拉斯变换 $F(s) = \dfrac{1}{s}$。

首先,用两个向量来确定绘制曲面图的 s 平面的横、纵坐标的范围。例如,可以定义绘

制曲面图的横坐标范围向量 x1 和纵坐标范围向量 y1 分别为

```
x1 = - 0.2:0.01:0.2;
y1 = - 0.2:0.01:0.2;
```

然后再调用函数 meshgrid()来产生矩阵 **S**,并用该矩阵来表示绘制曲面图的复平面区域,对应的 MATLAB 命令如下。

```
[x,y] = meshgrid(x1,y1);
s = x + i * y;
```

上述命令产生的矩阵 **S** 包含了复平面 $-0.2 < \sigma < 0.2$、$-0.2 < j\omega < 0.2$ 范围内以间隔 0.01 抽样的所有样点。

最后再计算出信号拉普拉斯变换在复平面的这些样点上的值,即可用函数 mesh 绘出其曲面图,对应命令如下:

```
fs = abs(1./s);                %计算拉普拉斯变换在复平面上的样点值
mesh(x,y,fs);                  %绘制的氏变换曲面图
title('单位阶跃信号拉普拉斯变换曲面图');
colormap(hsv);
axis([ - 0.2,0.2, - 0.2,0.2,0,60]);
```

程序执行后,运行结果如图 4-1-5 所示。

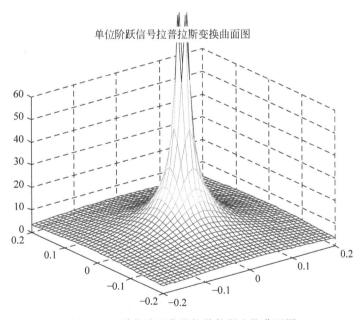

图 4-1-5　单位阶跃信号拉普拉斯变换曲面图

4.2　拉普拉斯变换

4.1 节中由拉普拉斯变换的定义式求出了一些常用信号的拉普拉斯变换,本节将讨论拉普拉斯变换的性质,利用这些性质,可以不用作积分运算就方便地求出信号的拉普拉斯

变换。

4.2.1 拉普拉斯变换的性质

1. 线性特性

函数之和的拉普拉斯变换等于各函数拉普拉斯变换之和。当函数扩大常数 a 倍时,其拉普拉斯变换同样扩大常数 a 倍。

若

$$f_1(t) \leftrightarrow F_1(s), \quad \mathrm{ROC} = R_1; \quad f_2(t) \leftrightarrow F_2(s), \quad \mathrm{ROC} = R_2$$

则

$$a_1 f_1(t) + a_2 f_2(t) \leftrightarrow a_1 F_1(s) + a_2 F_2(s), \quad \mathrm{ROC} = R_1 \bigcap R_2 \qquad (4\text{-}2\text{-}1)$$

其收敛域的含义是,总的收敛域就是原来两个收敛域的重叠部分,也有可能扩大。若无重叠部分,则 $f(t)$ 的拉普拉斯变换不存在。

例 4-2 求 $\cos(\omega t)$,$\sin(\omega t)$ 的拉普拉斯变换。

解:已知

$$\mathrm{e}^{-at} u(t) \overset{\mathrm{LT}}{\leftrightarrow} \frac{1}{s+a}$$

$$f(t) = \cos(\omega t) = \frac{1}{2}(\mathrm{e}^{\mathrm{j}\omega t} + \mathrm{e}^{-\mathrm{j}\omega t})$$

$$\mathcal{L}[\cos(\omega t)] = \frac{1}{2}\left(\frac{1}{s-\mathrm{j}\omega} + \frac{1}{s+\mathrm{j}\omega}\right) = \frac{s}{s^2 + \omega^2} \qquad (4\text{-}2\text{-}2)$$

同理

$$\mathcal{L}[\sin(\omega t)] = \frac{\omega}{s^2 + \omega^2} \qquad (4\text{-}2\text{-}3)$$

2. 尺度特性

若

$$f(t) \leftrightarrow F(s), \quad \mathrm{ROC} = R$$

则有

$$f(at) \leftrightarrow \frac{1}{a} F\left(\frac{s}{a}\right), \quad a > 0, \quad \mathrm{ROC} = aR \qquad (4\text{-}2\text{-}4)$$

3. 时移(延时)特性

若

$$f(t) \leftrightarrow F(s), \quad \mathrm{ROC} = R$$

则有

$$f(t - t_0) \leftrightarrow \mathrm{e}^{-st_0} F(s), \quad \mathrm{ROC} = R \qquad (4\text{-}2\text{-}5)$$

时移后收敛域不变,此性质适用于单边和双边拉普拉斯变换。

例 4-3 求如图 4-2-1 所示阶梯函数的拉普拉斯变换。

解:由如图 4-2-1 所示的波形可得

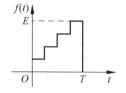

图 4-2-1　阶梯函数波形

$$f(t) = \frac{E}{4}u(t) + \frac{E}{4}u\left(t - \frac{T}{4}\right) + \frac{E}{4}u\left(t - \frac{T}{2}\right) + \frac{E}{4}u\left(t - \frac{3T}{4}\right) - Eu(t - T)$$

因为

$$\frac{E}{4}u(t) \leftrightarrow \frac{E}{4s}$$

所以

$$f(t) \overset{\text{LT}}{\leftrightarrow} \frac{E}{4s}\left[1 + \mathrm{e}^{-\frac{sT}{4}} + \mathrm{e}^{-\frac{sT}{2}} + \mathrm{e}^{-\frac{3sT}{4}} - 4\mathrm{e}^{-sT}\right]$$

4. 复频移（s 域平移）特性

若

$$f(t) \leftrightarrow F(s), \quad \text{ROC} = R$$

则有

$$\mathrm{e}^{s_0 t} f(t) \leftrightarrow F(s - s_0), \quad \text{ROC} = R + \text{Re}[s_0] \tag{4-2-6}$$

平移后收敛域将发生变化，即是说 $F(s - s_0)$ 的收敛域是 $F(s)$ 的收敛域平移 $\text{Re}[s_0]$。

例 4-4 求 $\mathrm{e}^{2t}u(t)$ 和 $\mathrm{e}^{-2t}u(t)$ 的拉普拉斯变换。

解：已知

$$u(t) \overset{\text{LT}}{\leftrightarrow} \frac{1}{s}, \quad \sigma > 0$$

利用复频移特性，则

$$\mathrm{e}^{2t}u(t) \overset{\text{LT}}{\leftrightarrow} \frac{1}{s - 2}, \quad \sigma > 2$$

$$\mathrm{e}^{-2t}u(t) \overset{\text{LT}}{\leftrightarrow} \frac{1}{s + 2}, \quad \sigma > -2$$

5. 时域微分特性

若

$$f(t) \leftrightarrow F(s), \quad \text{ROC} = R$$

则

$$\frac{\mathrm{d}f(t)}{\mathrm{d}t} \leftrightarrow sF(s) - f(0_-), \quad \text{ROC} \supseteq R \tag{4-2-7}$$

新的收敛域包含了原来的收敛域 R，若原收敛域上的极点被抵消，则收敛域会扩大。

推广到高阶导数

$$\mathcal{L}\left[\frac{\mathrm{d}^2 f(t)}{\mathrm{d}t^2}\right] = s\left[F(s) - f(0_-)\right] - f'(0_-)$$

$$= s^2 F(s) - sf(0_-) - f'(0_-)$$

$$\frac{\mathrm{d}^n f(t)}{\mathrm{d}t^n} \leftrightarrow s^n F(s) - \sum_{r=0}^{n-1} s^{n-r-1} f^{(r)}(0_-) \tag{4-2-8}$$

特殊地，如果所处理的信号为有始信号，即 $f(t) = 0 (t < 0$ 时)，则式(4-2-7)和式(4-2-8)可简化为

$$\frac{\mathrm{d}f(t)}{\mathrm{d}t} \leftrightarrow sF(s) \tag{4-2-9}$$

$$\frac{\mathrm{d}^n f(t)}{\mathrm{d}t^n} \leftrightarrow s^n F(s) \qquad (4\text{-}2\text{-}10)$$

6. 时域积分特性

若

$$f(t) \leftrightarrow F(s), \quad \mathrm{ROC} = R$$

则有

$$\int_{-\infty}^{t} f(\tau)\mathrm{d}\tau \leftrightarrow \frac{F(s)}{s} + \frac{f^{-1}(0_-)}{s}, \quad \mathrm{ROC} = R \cap \{\sigma > 0\} \qquad (4\text{-}2\text{-}11)$$

特殊地,当 $f(t)$ 为有始信号时,上式简化为

$$\int_{-\infty}^{t} f(\tau)\mathrm{d}\tau \leftrightarrow \frac{F(s)}{s} \qquad (4\text{-}2\text{-}12)$$

例 4-5 求下列系统的响应。

$$r'(t) + 3r(t) + 2\int_{-\infty}^{t} r(\tau)\mathrm{d}\tau = u(t), \quad r(0_-) = 2, \quad \int_{-\infty}^{0} r(\tau)\mathrm{d}\tau = 0$$

解:将方程两边作拉普拉斯变换,利用时域微分特性和时域积分特性,得

$$sR(s) - r(0_-) + 3R(s) + 2\left[\frac{R(s)}{s} + \frac{\int_{-\infty}^{0} r(\tau)\mathrm{d}\tau}{s}\right] = \frac{1}{s}$$

将初始条件代入,得

$$R(s) = \frac{2s+1}{s^2 + 3s + 2} = \frac{-1}{s+1} + \frac{3}{s+2}$$

$$r(t) = \left[-\mathrm{e}^{-t} + 3\mathrm{e}^{-2t}\right]u(t)$$

例 4-5 表明,用拉普拉斯变换求解系统响应时,初始条件自动包含在变换式中,可一步求出系统的全响应。

7. 卷积定理

1) 时域卷积定理

若

$$f_1(t) \leftrightarrow F_1(s), \quad \mathrm{ROC} = R_1, \quad f_2(t) \leftrightarrow F_2(s), \quad \mathrm{ROC} = R_2$$

则

$$f_1(t) * f_2(t) \leftrightarrow F_1(s)F_2(s), \quad \mathrm{ROC} \supseteq R_1 \cap R_2 \qquad (4\text{-}2\text{-}13)$$

时域卷积定理把两函数时域的卷积积分运算变换到 s 域的乘积运算,这在用拉普拉斯变换求解系统的响应时是一个简便而重要的定理。请注意这里是收敛域的交集,当有零、极点消除时,同样会使收敛域扩大。

2) 复频域卷积定理

若

$$f_1(t) \leftrightarrow F_1(s), \quad f_2(t) \leftrightarrow F_2(s)$$

则

$$f_1(t)f_2(t) \leftrightarrow \frac{1}{2\pi \mathrm{j}} F_1(s) * F_2(s) \qquad (4\text{-}2\text{-}14)$$

8. s 域微分和积分特性

1) s 域微分特性

若

$$f(t) \leftrightarrow F(s), \quad \text{ROC} = R$$

则

$$-tf(t) \leftrightarrow \frac{\mathrm{d}F(s)}{\mathrm{d}s} \tag{4-2-15}$$

$$(-t)^n f(t) \leftrightarrow \frac{\mathrm{d}^n F(s)}{\mathrm{d}s^n}, \quad n \text{ 取正整数} \tag{4-2-16}$$

例 4-6 试求信号 $x(t) = t^2 e^{-at} u(t)$ 的拉普拉斯变换。

解:

$$e^{-at} u(t) \overset{\text{LT}}{\leftrightarrow} \frac{1}{s+a}$$

利用拉普拉斯变换的 s 域微分特性

$$t e^{-at} u(t) \overset{\text{LT}}{\leftrightarrow} \frac{1}{(s+a)^2}$$

$$t^2 e^{-at} u(t) \overset{\text{LT}}{\leftrightarrow} \frac{2}{(s+a)^3}$$

推广到一般情况有

$$\frac{t^{n-1}}{(n-1)!} e^{-at} u(t) \overset{\text{LT}}{\leftrightarrow} \frac{1}{(s+a)^n} \tag{4-2-17}$$

其收敛域为 $\sigma > -a$。

2) s 域积分特性

若

$$f(t) \leftrightarrow F(s), \quad \text{ROC} = R$$

则

$$\frac{f(t)}{t} \leftrightarrow \int_s^{+\infty} F(s)\mathrm{d}s \tag{4-2-18}$$

9. 初值和终值定理

1) 初值定理

若 $f(t)$ 及 $\dfrac{\mathrm{d}f(t)}{\mathrm{d}t}$ 可以进行拉普拉斯变换，且 $f(t) \leftrightarrow F(s)$，则

$$\lim_{t \to 0_+} f(t) = f(0_+) = \lim_{s \to +\infty} sF(s) \tag{4-2-19}$$

要注意初值 $f(t)$ 为 $t = 0_+$ 时刻的值，而不是 $f(t)$ 在 $t = 0_-$ 时刻的值，无论拉普拉斯变换 $F(s)$ 是采用 0_+ 系统还是采用 0_- 系统，所求得的初值总是 $f(0_+)$，同时 $f(t)$ 在 $t = 0$ 处无冲激项。

2) 终值定理

若 $f(t)$ 及 $\dfrac{\mathrm{d}f(t)}{\mathrm{d}t}$ 可以进行拉普拉斯变换，且 $f(t) \leftrightarrow F(s)$，同时 $\lim_{t \to \infty} f(t)$ 存在，则

$$\lim_{t \to +\infty} f(t) = \lim_{s \to 0} sF(s) \tag{4-2-20}$$

终值定理表明信号在时域中 $f(+\infty)$ 的值,可以通过复频域中的 $F(s)$ 乘以 s 后取 $s \to 0$ 的极限得到。

例 4-7 分别求下列拉普拉斯变换在时域中的初值和终值。

(1) $\dfrac{(s+6)}{(s+2)(s+5)}$;

(2) $\dfrac{(s+3)}{(s+1)^2(s+2)}$。

解:(1) $f(0_+) = \lim\limits_{s \to +\infty} s \dfrac{(s+6)}{(s+2)(s+5)} = 1$

$$\lim\limits_{t \to +\infty} f(t) = \lim\limits_{s \to 0} s \dfrac{(s+6)}{(s+2)(s+5)} = 0$$

(2) $f(0_+) = \lim\limits_{s \to +\infty} s \dfrac{(s+3)}{(s+1)^2(s+2)} = 0$

$$\lim\limits_{t \to +\infty} f(t) = \lim\limits_{s \to 0} s \dfrac{(s+3)}{(s+1)^2(s+2)} = 0$$

表 4-2-1 综合了本节中所得到的全部性质,以便查看。

表 4-2-1 拉普拉斯变换性质

序号	性质	结 论 $f(t) \leftrightarrow F(s)$, $f_1(t) \leftrightarrow F_1(s)$, $f_2(t) \leftrightarrow F_2(s)$
1	线性性质	$a_1 f_1(t) + a_2 f_2(t) \leftrightarrow a_1 F_1(s) + a_2 F_2(s)$
2	尺度变换	$f(at) \leftrightarrow \dfrac{1}{a} F\left(\dfrac{s}{a}\right) \quad (a > 0)$
3	时移特性	$f(t - t_0) \leftrightarrow \mathrm{e}^{-st_0} F(s)$
4	s 域平移	$\mathrm{e}^{s_0 t} f(t) \leftrightarrow F(s - s_0)$
5	时域微分	$\dfrac{\mathrm{d}f(t)}{\mathrm{d}t} \leftrightarrow sF(s) - f(0_-)$ $\dfrac{\mathrm{d}^n f(t)}{\mathrm{d}t^n} \leftrightarrow s^n F(s) - \sum\limits_{r=0}^{n-1} s^{n-r-1} f^{(r)}(0_-)$
6	时域积分	$\displaystyle\int_{-\infty}^{t} f(\tau)\,\mathrm{d}\tau \leftrightarrow \dfrac{F(s)}{s} + \dfrac{f^{-1}(0_-)}{s}$
7	时域卷积	$f_1(t) * f_2(t) \leftrightarrow F_1(s) F_2(s)$
8	s 域卷积	$f_1(t) f_2(t) \leftrightarrow \dfrac{1}{2\pi\mathrm{j}} F_1(s) * F_2(s)$
9	s 域微分	$(-t)^n f(t) \leftrightarrow \dfrac{\mathrm{d}^n F(s)}{\mathrm{d}s^n} \quad n$ 取正整数
10	s 域积分	$\dfrac{f(t)}{t} \leftrightarrow \displaystyle\int_{s}^{+\infty} F(s)\,\mathrm{d}s$
11	初值定理	$\lim\limits_{t \to 0_+} f(t) = f(0_+) = \lim\limits_{s \to \infty} sF(s)$
12	终值定理	$\lim\limits_{t \to \infty} f(t) = \lim\limits_{s \to 0} sF(s)$

4.2.2 MATLAB 的实现

例 4-8 分别求下列信号的拉普拉斯变换。

(1) $f(t) = e^{-t}\sin(\omega t)$;

(2) $f(t) = t^9 e^{-at} u(t)$。

解：(1) 编写的 MATLAB 程序如下：

```
syms t s w;
f = exp( - t) * sin(w * t);
Fs = laplace(f,t,s)
```

程序执行后,运行结果为：

```
Fs =
    w/(s^2 + 2 * s + 1 + w^2)
```

即

$$e^{-t}\sin(\omega t) \leftrightarrow \frac{\omega}{(s+1)^2 + \omega}$$

(2) 编写的 MATLAB 程序如下：

```
syms t s a;
f = t^9. * exp( - a. * t);
Fs = laplace(f,t,s)
```

程序执行后,运行结果为：

```
Fs =
    362880/(s + a)^10
```

即

$$t^9 e^{-at} \leftrightarrow \frac{362880}{(s+a)^{10}}$$

4.3 拉普拉斯逆变换

视频讲解

在已知拉普拉斯变换 $F(s)$ 及其收敛域时,可以利用拉普拉斯逆变换的公式计算原函数 $f(t)$。鉴于在计算无穷型积分时可能遇到的困难,可利用复变函数中的留数定理来求围线积分。实际上,一般遇到的拉普拉斯变换 $F(s)$ 都是有理函数,可以不必进行围线积分,只用把 $F(s)$ 展开成部分分式,即将一个有理的多项式展开成低阶项的线性组合,然后再根据基本信号的拉普拉斯变换式或拉普拉斯变换的性质求得逆变换。

常用的求拉普拉斯逆变换的方法有查表法、部分分式法和围线积分法（留数法）,下面分别展开讨论。

4.3.1 查表法

根据常用信号的拉普拉斯变换公式以及性质可直接求得拉普拉斯逆变换。

例 4-9 已知 $F(s) = \dfrac{4}{s^2+4s+4}$，$\sigma > -2$，试求其逆变换 $f(t)$。

解：
$$F(s) = \frac{4}{s^2+4s+4} = \frac{4}{(s+2)^2}, \quad \sigma > -2$$

由表 4-1-1 可得
$$f(t) = 4t\mathrm{e}^{-2t}u(t)$$

4.3.2 部分分式展开法

通常 $F(s)$ 有如下有理分式的形式
$$F(s) = \frac{A(s)}{B(s)} = \frac{a_m s^m + a_{m-1}s^{m-1} + \cdots + a_1 s + a_0}{b_n s^n + b_{n-1}s^{n-1} + \cdots + b_1 s + b_0} \tag{4-3-1}$$

a_i、b_i 为实数，m、n 为正整数，当 $m > n$ 时，必须先作长除法得到商和余项(此余项为真分式)，商的反变换是冲激函数及其各阶导数的线性组合，然后对余项作部分分式展开。当 $m < n$ 时，直接作部分分式展开。对 $F(s)$ 作因式分解，得
$$F(s) = \frac{A(s)}{B(s)} = \frac{a_m(s-z_1)(s-z_2)\cdots(s-z_m)}{b_n(s-p_1)(s-p_2)\cdots(s-p_n)} \tag{4-3-2}$$

在式(4-3-2)中，$A(s)=0$ 求得的根 $z_1, z_2, z_3, \cdots, z_m$ 称为 $F(s)$ 的零点。$B(s)=0$ 求得的根 $p_1, p_2, p_3, \cdots, p_n$ 称为 $F(s)$ 的极点。

利用部分分式法求解拉普拉斯逆变换的步骤是：首先找出 $F(s)$ 的极点，然后将 $F(s)$ 展开成部分分式，查表求得其拉普拉斯逆变换。以下分 3 种情况进行讨论。

1. $F(s)$ 仅有单阶实数极点 P_i($p_1, p_2, \cdots, p_n$ 为不同的实数根)

$$F(s) = \frac{A(s)}{(s-p_1)(s-p_2)\cdots(s-p_n)}$$

$$F(s) = \frac{k_1}{s-p_1} + \frac{k_2}{s-p_2} + \cdots + \frac{k_n}{s-p_n} \tag{4-3-3}$$

求出 $k_1, k_2, \cdots, k_n$，即可将 $F(s)$ 展开成部分分式。

例 4-10 求 $F(s) = \dfrac{2s^2+3s+3}{s^3+6s^2+11s+6}$，$\sigma > -1$ 的逆变换 $f(t)$。

解：
$$F(s) = \frac{2s^2+3s+3}{(s+1)(s+2)(s+3)} = \frac{k_1}{s+1} + \frac{k_2}{s+2} + \frac{k_3}{s+3}$$

求出系数 k_1, k_2, k_3，
$$F(s) = \frac{1}{s+1} + \frac{-5}{s+2} + \frac{6}{s+3}$$

根据公式 $\mathcal{L}[\mathrm{e}^{-at}u(t)] = \dfrac{1}{s+\alpha}$ 对上式求逆变换，得
$$f(t) = \mathrm{e}^{-t} - 5\mathrm{e}^{-2t} + 6\mathrm{e}^{-3t}, \quad t \geqslant 0$$

如何求系数 $k_1, k_2, k_3, \cdots, k_i, \cdots$？求系数的通式为
$$k_i = (s-p_i)F(s)\,|_{s=p_i} \tag{4-3-4}$$

在例 4-10 中，

$$k_1 = (s+1)F(s)\mid_{s=-1} = (s+1)\frac{2s^2+3s+3}{(s+1)(s+2)(s+3)}\Big|_{s=-1} = 1$$

同理，

$$k_2 = (s+2)F(s)\mid_{s=-2} = -5$$

$$k_3 = (s+3)F(s)\mid_{s=-3} = 6$$

2. $F(s)$ 有 r 阶极点 P_i

$F(s)$ 可分解为

$$F(s) = \frac{k_{11}}{(s-p_i)^r} + \frac{k_{12}}{(s-p_i)^{r-1}} + \cdots + \frac{k_{1r}}{s-p_i} \tag{4-3-5}$$

其中，

$$k_{11} = (s-p_i)^r F(s)\mid_{s=p_i} \tag{4-3-6}$$

$$k_{12} = \frac{\mathrm{d}}{\mathrm{d}s}\big[(s-p_i)^r F(s)\big]\mid_{s=p_i} \tag{4-3-7}$$

$$k_{1r} = \frac{1}{(r-1)!}\frac{\mathrm{d}^{r-1}}{\mathrm{d}s^{r-1}}\big[(s-p_i)^r F(s)\big]\mid_{s=p_i} \tag{4-3-8}$$

例 4-11　求 $F(s) = \dfrac{3s+5}{(s+1)^2(s+3)}, \sigma > -1$ 的逆变换。

解：

$$F(s) = \frac{k_{11}}{(s+1)^2} + \frac{k_{12}}{s+1} + \frac{k_2}{s+3}$$

$$k_{11} = (s+1)^2 F(s)\mid_{s=-1} = 1$$

$$k_{12} = \frac{\mathrm{d}}{\mathrm{d}s}\big[(s+1)^2 F(s)\big]\mid_{s=-1} = 1$$

$$k_2 = (s+3)F(s)\mid_{s=-3} = -1$$

$$F(s) = \frac{1}{(s+1)^2} + \frac{1}{(s+1)} - \frac{1}{(s+3)}$$

查表 4-1-1 求逆变换，得

$$f(t) = (t\mathrm{e}^{-t} + \mathrm{e}^{-t} - \mathrm{e}^{-3t})u(t)$$

3. $F(s)$ 有共轭复数极点 P_i

$F(s)$ 可分解为指数正弦或余弦形式的拉普拉斯变换形式，即

$$\frac{s+p_i}{(s+p_i)^2 + \omega_0^2} \quad \text{或} \quad \frac{\omega_0}{(s+p_i)^2 + \omega_0^2}$$

例 4-12　求 $F(s) = \dfrac{s^3}{s^2+s+1}, \sigma > \dfrac{1}{2}$ 的逆变换。

解：首先利用长除法化为真分式，再作分解

$$F(s) = \frac{s^3}{s^2+s+1}$$

$$= s-1 + \frac{1}{s^2+s+1}$$

$$= s - 1 + \frac{\frac{2}{\sqrt{3}} \frac{\sqrt{3}}{2}}{\left(s + \frac{1}{2}\right)^2 + \left(\frac{\sqrt{3}}{2}\right)^2}$$

查表 4-1-1 求逆变换,得

$$f(t) = \delta'(t) - \delta(t) + \frac{2}{\sqrt{3}} e^{-\frac{t}{2}} \sin \frac{\sqrt{3}}{2} t, \quad t \geqslant 0$$

4.3.3 围线积分法(留数法)

由式(4-1-5)可知

$$f(t) = \frac{1}{2\pi j} \int_{\sigma-j\infty}^{\sigma+j\infty} F(s) e^{st} ds$$

为求出此积分,可从积分限 $\sigma-j\infty$ 到 $\sigma+j\infty$ 补足一条积分路径以构成一闭合围线。现取积分路径是半径为无限大的圆弧,如图 4-3-1 所示,这样就可根据复变函数的留数理论,该积分式等于被积函数所有极点的留数之和,即

$$f(t) = \sum_{i=1}^{n} \text{Re}\, s[F(s) e^{st}]\,|_{s=p_i} \qquad (4\text{-}3\text{-}9)$$

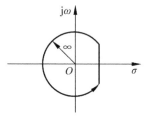

图 4-3-1 $F(s)$ 的围线积分途径

若 p_i 为一阶极点,则

$$\text{Re}\, s[F(s) e^{st}]\,|_{s=p_i} = [(s-p_i)F(s) e^{st}]\,|_{s=p_i} \qquad (4\text{-}3\text{-}10)$$

若 p_i 为 k 阶极点,则

$$\text{Re}\, s[F(s) e^{st}]\,|_{s=p_i} = \frac{1}{(k-1)!} \frac{d^{(k-1)}}{ds^{(k-1)}} [(s-p_i)^k F(s) e^{st}]\,|_{s=p_i} \qquad (4\text{-}3\text{-}11)$$

例 4-13 利用留数理论求 $F(s) = \dfrac{s+2}{s(s+3)(s+1)^2}$,$\sigma > 0$ 的原函数。

解:$F(s)$ 有两个单极点:$s_1 = 0$,$s_2 = -3$,有一个二阶极点 $s_3 = -1$,它们的留数分别为

$$\text{Re}\, s[F(s) e^{st}]\,|_{s=s_1} = [(s-s_1)F(s) e^{st}]_{s=s_1=0} = \frac{s+2}{(s+3)(s+1)^2} e^{st}\,\bigg|_{s=0} = \frac{2}{3}$$

$$\text{Re}\, s[F(s) e^{st}]\,|_{s=s_2} = [(s-s_2)F(s) e^{st}]_{s=s_2=-3} = \frac{s+2}{s(s+1)^2} e^{st}\,\bigg|_{s=-3} = \frac{1}{12} e^{-3t}$$

$$\text{Re}\, s[F(s) e^{st}]\,|_{s=s_3} = \frac{d}{ds}\left[(s+1)^2 \frac{s+2}{s(s+3)(s+1)^2} e^{st}\right]\bigg|_{s=s_3=-1}$$

$$= -\frac{t}{2} e^{-t} - \frac{3}{4} e^{-t}$$

$$= -\left(\frac{t}{2} + \frac{3}{4}\right) e^{-t}$$

$$f(t) = \left[\frac{2}{3} + \frac{1}{12} e^{-3t} - \left(\frac{t}{2} + \frac{3}{4}\right) e^{-t}\right] u(t)$$

4.3.4 MATLAB 实现

MATLAB 中的函数 residue 可以得到复杂 s 域表示式 $F(s)$ 的部分分式展开式,其调用形式为

```
[r,p,k] = residue(num,den)
```

其中,num 和 den 分别为 $F(s)$ 分子多项式和分母多项式的系数向量,r 为部分分式的系数, p 为极点,k 为多项式的系数,若 $F(s)$ 为真分式,则 k 为零。

例 4-14 用部分分式法求 $F(s)$ 的逆变换。

$$F(s) = \frac{s+2}{s^3 + 4s^2 + 3s}$$

解:编写的 MATLAB 程序如下:

```
format rat
num = [1 2];
den = [1 4 3 0];
[r,p] = residue(num,den)
```

程序中 format rat 是将结果数据以分式的形式输出,运行该程序,结果为

```
r =
    -1/6
    -1/2
    2/3
p =
    -3
    -1
     0
```

因此 $F(s)$ 可展开为

$$F(s) = \frac{s+2}{s^3 + 4s^2 + 3s} = \frac{\dfrac{2}{3}}{s} + \frac{-\dfrac{1}{2}}{s+1} + \frac{-\dfrac{1}{6}}{s+3}$$

所以

$$f(t) = \left(\frac{2}{3} - \frac{1}{2}\mathrm{e}^{-t} - \frac{1}{6}\mathrm{e}^{-3t} \right) u(t)$$

例 4-15 用部分分式法求 $F(s)$ 的逆变换。

$$F(s) = \frac{s-2}{s(s+1)^3}$$

解:$F(s)$ 的分母不是多项式,可利用 conv 函数将因子相乘的形式转换成多项式的形式。因此其程序为

```
num = [1 - 2];
a = conv([1 0],[1 1]);
b = conv([1 1],[1 1]);
den = conv(a,b);
```

```
[r,p] = residue(num,den)
```

运行结果为

```
r =
       2
       2
       3
      -2
p =
      -1
      -1
      -1
       0
```

因此 $F(s)$ 可展开为

$$F(s) = \frac{2}{s+1} + \frac{2}{(s+1)^2} + \frac{3}{(s+1)^3} + \frac{-2}{s}$$

所以

$$f(t) = (2\mathrm{e}^{-t} + 2t\mathrm{e}^{-t} + 1.5t^2\mathrm{e}^{-t} - 2)u(t)$$

如果已知多项式的根,则可以利用 poly 函数转换成多项式,其调用形式为

```
B = poly(A)
```

式中 A 为多项式的根,B 为多项式的系数向量。本例中 $F(s)$ 的一阶极点为 0,三阶极点为 -1,因此本例的程序也可写成

```
num = [1 -2];
den = poly([0 -1 -1 -1]);
[r,p] = residue(num,den)
```

例 4-16 用部分分式法求 $F(s)$ 的逆变换。

$$F(s) = \frac{2s^3 + 3s^2 + 5}{(s+1)(s^2+s+2)}$$

解：编写的 MATLAB 程序如下：

```
num = [2 3 0 5];
den = conv([1 1],[1 1 2]);
[r,p,k] = residue(num,den)
```

运行结果为

```
r =
      -2 + 2024/1785i
      -2 - 2024/1785i
       3
p =
      -1/2 + 1012/765i
      -1/2 - 1012/765i
      -1
k =
       2
```

由于留数 r 中有一对共轭复数,因此求取时域表示式的计算比较复杂。为了便于得到简洁的时域表达式,可以应用 cart2pol 函数把共轭复数表示成模和相角的形式,其调用形式为

```
[TH,R] = cart2pol(X,Y)
```

表示将笛卡儿坐标转换成极坐标。X、Y 为笛卡儿坐标的横纵坐标,TH 是极坐标的相角,单位为弧度,R 为极坐标的模。

在本例中程序可写为

```
num = [2 3 0 5];
den = conv([1 1],[1 1 2]);
[r,p,k] = residue(num,den);
[angle,mag] = cart2pol(real(r),imag(r))
```

运行结果为

```
angle =
        2.6258
      − 2.6258
            0
mag =
        2.2991
        2.2991
        3.0000
```

由此可得

$$F(s) = 2 + \frac{3}{s+1} + \frac{2.2991\mathrm{e}^{-\mathrm{j}2.6258}}{s+0.5+\mathrm{j}1.3229} + \frac{2.2991\mathrm{e}^{\mathrm{j}2.6258}}{s+0.5-\mathrm{j}1.3229}$$

所以

$$f(t) = 2\delta(t) + 3\mathrm{e}^{-t}u(t) + 1.1495\mathrm{e}^{-0.5t}\cos(1.3229t + 2.6258)u(t)$$

4.4 连续时间系统的复频域分析

视频讲解

拉普拉斯变换是分析线性连续系统的有力工具,它将描述系统的时域微积分方程变换为 s 域的代数方程,便于运算和求解;同时,它将系统的初始状态自然地含于象函数方程中,既可分别求得零输入响应、零状态响应,也可一举求得系统的全响应。

利用拉普拉斯变换求线性系统的响应时,需要首先对描述系统输入输出关系的微分方程进行拉普拉斯变换,得到一个复频域的代数方程,再经过拉普拉斯逆变换可以很方便地求得零输入响应、零状态响应和全响应的时域解。

4.4.1 微分方程的复频域解

用拉普拉斯变换求系统响应的具体求解步骤如下。

(1) 列时域微分方程,用微积分性质求拉普拉斯变换,将时域方程转换为 s 域方程。

(2) 求解 s 域方程,得 s 域的解 $F(s)$。

(3) 对 $F(s)$ 作拉普拉斯逆变换,得到时域解 $f(t)$。

运算中常用到下述公式

$$\mathcal{L}\left[\frac{\mathrm{d}f(t)}{\mathrm{d}t}\right] = sF(s) - f(0_-) \tag{4-4-1}$$

$$\mathcal{L}\left[\frac{\mathrm{d}^2 f(t)}{\mathrm{d}t^2}\right] = s\left[sF(s) - f(0_-)\right] - f'(0_-) = s^2 F(s) - sf(0_-) - f'(0_-) \tag{4-4-2}$$

例 4-17 已知某因果 LTI 系统的微分方程为

$$y''(t) + 3y'(t) + 2y(t) = f(t), \quad y(0) = 3, \quad y'(0) = -5$$

求当 $f(t) = 2u(t)$ 时系统的零输入响应、零状态响应及全响应。

解：(1) 零输入响应即 $f(t) = 0$ 时系统的响应 $y_{zi}(t)$,此时方程变为

$$y''(t) + 3y'(t) + 2y(t) = 0$$

方程两边同时作拉普拉斯变换,得

$$s^2 Y(s) - sy(0) - y'(0) + 3sY(s) - 3y(0) + 2Y(s) = 0$$

将初始条件代入,则有

$$Y(s) = \frac{3s + 4}{(s+1)(s+2)}$$

作部分分式分解,得

$$Y(s) = \frac{3s + 4}{(s+1)(s+2)} = \frac{1}{(s+1)} + \frac{2}{(s+2)}$$

求拉普拉斯逆变换,得系统零输入响应 $y_{zi}(t) = (\mathrm{e}^{-t} + 2\mathrm{e}^{-2t})u(t)$

(2) 求零状态响应,此时

$$y(0) = y'(0) = 0$$
$$y''(t) + 3y'(t) + 2y(t) = f(t)$$

方程两边同时作拉普拉斯变换,得

$$s^2 Y(s) + 3sY(s) + 2Y(s) = F(s)$$

已知 $f(t) = 2u(t) F(s) = \dfrac{2}{s}$,代入上式得

$$Y(s) = \frac{2}{s(s+1)(s+2)}$$

作部分分式分解,得

$$Y(s) = \frac{2}{s(s+1)(s+2)} = \frac{1}{s} - \frac{2}{(s+1)} + \frac{1}{(s+2)}$$

求拉普拉斯逆变换,得系统零状态响应

$$y_{zs}(t) = (1 - 2\mathrm{e}^{-t} + \mathrm{e}^{-2t})u(t)$$

(3) 全响应

$$y(t) = y_{zi}(t) + y_{zs}(t) = (1 - \mathrm{e}^{-t} + 3\mathrm{e}^{-2t})u(t)$$

4.4.2 电路的 s 域模型

当电路结构复杂时,列写微分方程烦琐,此时可模仿正弦稳态分析的相量法,先将电路元件、支路电压、电流变换到 s 域,再用 s 域的 KCL、KVL 写 s 域方程,求出 s 域方程的解,

再作拉普拉斯逆变换得到时域解。

1. 电阻元件的 s 域模型

电阻元件的 s 域模型如图 4-4-1 所示。

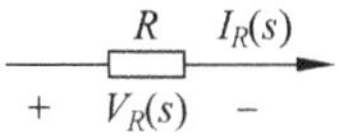

时域

$$v_R(t) = Ri_R(t) \tag{4-4-3}$$

图 4-4-1   电阻元件的 s 域模型

s 域

$$V_R(s) = RI_R(s) \quad 或 \quad I_R(s) = \frac{V_R(s)}{R} \tag{4-4-4}$$

2. 电感元件的 s 域模型

电感元件的 s 域模型如图 4-4-2 所示,图 4-4-2(a)为电压源模型,图 4-4-2(b)为电流源模型。

时域

$$v_L(t) = L\frac{\mathrm{d}i_L(t)}{\mathrm{d}t} \tag{4-4-5}$$

s 域

$$V_L(s) = I_L(s)Ls - Li_L(0_-) \quad 或 \quad I_L(s) = \frac{V_L(s)}{Ls} + \frac{1}{s}i_L(0_-) \tag{4-4-6}$$

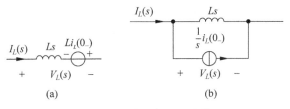

图 4-4-2   电感元件的 s 域模型

3. 电容元件的 s 域模型

电容元件的 s 域模型如图 4-4-3 所示,图 4-4-3(a)为电压源模型,图 4-4-3(b)为电流源模型。

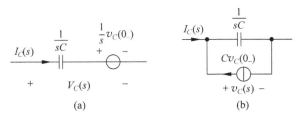

图 4-4-3   电容元件的 s 域模型

时域

$$v_C(t) = \frac{1}{C}\int_{-\infty}^{t}i_C(\tau)\mathrm{d}t \tag{4-4-7}$$

s 域

$$V_C(s) = I_C(s)\frac{1}{sC} + \frac{1}{s}v_C(0_-) \quad 或 \quad I_C(s) = sCV_C(s) - Cv_C(0_-) \tag{4-4-8}$$

有了 s 域电路元件模型,就可以得到一般电路的 s 域模型。根据 s 域的 KVL、KCL(在形式上与相量形式的 KVL 和 KCL 相同),应用电路分析中的基本分析方法(如节点法、网孔法等)和定理(如叠加定理、戴维南定理等),列出复频域的代数方程,并进行求解,得到响应的象函数,对所求的响应象函数进行拉普拉斯逆变换,即得出响应的时域解。求解的具体步骤如下。

(1) 画 0_- 等效电路,求起始状态。

(2) 画 s 域等效模型。

(3) 列 s 域方程(代数方程)。

(4) 解 s 域方程,求出响应的拉普拉斯变换 $V(s)$ 或 $I(s)$。

(5) 拉普拉斯逆变换求 $v(t)$ 或 $i(t)$。

例 4-18 电路如图 4-4-4 所示,已知 $e(t) = \begin{cases} -E, & t < 0 \\ E, & t > 0 \end{cases}$,

试利用 s 域模型求 $v_C(t)$。

解:由时域模型知:

$$e(t) = -Eu(-t) + Eu(t), \quad v_C(0_-) = -E$$

画出电路的 s 域模型如图 4-4-5 所示,由此可写出 s 域方程

$$I_C(s)\left(R + \frac{1}{sC}\right) = \frac{E}{s} + \frac{E}{s}$$

$$I_C(s) = \frac{2E}{s\left(R + \dfrac{1}{sC}\right)}$$

$$V_C(s) = I_C(s) \cdot \frac{1}{sC} + \frac{-E}{s} = \frac{E}{s} - \frac{2E}{s + \dfrac{1}{RC}}$$

作拉普拉斯逆变换,得

$$v_C(t) = E\left(1 - 2e^{-\frac{t}{RC}}\right), \quad t \geqslant 0$$

由此得电路的响应如图 4-4-6 所示。

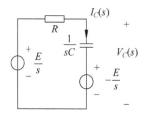

图 4-4-5 电路的 s 域模型

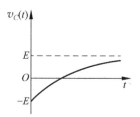

图 4-4-6 电路的响应

视频讲解

4.5 系统函数

4.5.1 系统函数 $H(s)$ 定义

设 LTI 连续时间系统的冲激响应为 $h(t)$,当激励为 $e(t)$ 时,系统的零状态响应 $r(t)$ 为

$$r(t) = e(t) * h(t) \tag{4-5-1}$$

若 $h(t) \leftrightarrow H(s), e(t) \leftrightarrow E(s), r(t) \leftrightarrow R(s)$,则根据时域卷积定理可得

$$R(s) = E(s)H(s) \tag{4-5-2}$$

$$H(s) = \frac{R(s)}{E(s)} \tag{4-5-3}$$

式(4-5-3)为系统函数 $H(s)$ 的定义式。系统函数与系统的激励无关,仅决定于系统本身的结构和参数。系统函数在系统分析与综合中占有重要的地位。

当 $e(t) = \delta(t)$ 时,系统的零状态响应

$$R(s) = H(s) \quad r(t) = h(t) \quad \mathcal{L}[h(t)] = H(s) \tag{4-5-4}$$

即系统的冲激响应 $h(t)$ 与系统函数 $H(s)$ 构成了一对拉普拉斯变换对,$h(t)$ 和 $H(s)$ 分别从时域和复频域两个角度表征了同一系统的特性,且只能用来描述零状态特性,如图 4-5-1 所示。

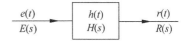

图 4-5-1 系统函数 $H(s)$

系统函数 $H(s)$ 可通过下述方法求得。

(1) 根据 $H(s)$ 的定义,对系统微分方程取拉普拉斯变换,并求得 $H(s) = \dfrac{R(s)}{E(s)}$。

(2) 根据系统的时域冲激响应 $h(t)$,求其拉普拉斯变换,即 $H(s) = \mathcal{L}[h(t)]$。

(3) 根据 s 域电路模型,利用电路分析的理论方法,求出响应象函数与激励象函数之比。

(4) 根据系统的模拟框图,求出输出象函数与输入象函数之比。

4.5.2 利用系统函数求系统的零状态响应

利用系统函数求系统的零状态响应的具体步骤如下。

(1) 计算 $H(s)$,可由上述方法求出。

(2) 求输入 $e(t)$ 的变换式 $E(s)$。

(3) $R(s) = E(s)H(s)$,用部分分式分解法得到 $R(s)$ 的逆变换即零状态响应 $r(t)$;或求 $h(t) = \mathcal{L}^{-1}[H(s)]$,零状态响应 $r(t) = e(t) * h(t)$。

例 4-19 已知系统 $\dfrac{d^2 r(t)}{dt^2} + 5\dfrac{dr(t)}{dt} + 6r(t) = 2\dfrac{d^2 e(t)}{dt^2} + 6\dfrac{de(t)}{dt}$,激励为 $e(t) = (1 + e^{-t})u(t)$,求系统的冲激响应 $h(t)$ 和零状态响应 $r_{zs}(t)$。

解:(1) 在零起始状态下,对原方程两端取拉普拉斯变换得

$$s^2 R(s) + 5sR(s) + 6R(s) = 2s^2 E(s) + 6sE(s)$$

则有

$$H(s) = \frac{R(s)}{E(s)} = \frac{2s}{s+2} = 2 - \frac{4}{s+2}$$

$$h(t) = 2\delta(t) - 4e^{-2t}u(t)$$

(2) 因为

$$R_{zs}(s) = H(s) \cdot E(s)$$

$$R_{zs}(s) = \frac{2s}{s+2} \cdot \frac{2s+1}{s(s+1)} = \frac{2(2s+1)}{(s+2)(s+1)} = \frac{6}{s+2} - \frac{2}{s+1}$$

所以

$$r_{zs}(t) = -2e^{-t}u(t) + 6e^{-2t}u(t)$$

4.5.3　MATLAB 实现

例 4-20　已知一线性时不变电路的转移函数为

$$H(s) = \frac{u_o}{u_s} = \frac{10^4(s + 6000)}{s^2 + 875s + 88 \times 10^6}$$

若 $u_s = 12.5\cos(8000t)$V，求 u_o 的稳态响应。

解：编写的 MATLAB 程序如下：

```
syms t s;
Hs = str2sym('(10^4 * (s + 6000))/(s^2 + 875 * s + 88 * 10^6)');
Vs = laplace(12.5 * cos(8000 * t));
Vos = Hs * Vs;
Vo = ilaplace(Vos);
Vo = vpa(Vo,4);                           % Vo 表达式保留 4 位有效数字
ezplot(Vo,[1,1 + 5e - 3]);hold on;        % 仅显示稳态曲线
ezplot('12.5 * cos(8000 * t)',[1,1 + 5e - 3]);
axis([1,1 + 2e - 3, - 50,50]);
```

程序执行后,运行结果为

```
Vo =
    40 * cos(8000 * t) - 30 * sin(8000 * t) + 40/22479 * exp( - 875/2 * t) * ( - 22479 * cos(125/2 *
22479^(1/2) * t) + 139 * 22479^(1/2) * sin(125/2 * 22479^(1/2) * t))
```

即

$$u_o = 40\cos(8000t) - 30\sin(8000t) +$$

$$\frac{40}{22479}e^{-\frac{875}{2}t}\left[-22479\cos\left(\frac{125}{2}\sqrt{22479}\,t\right) + 139\sqrt{22479}\sin\left(\frac{125}{2}\sqrt{22479}\,t\right)\right]$$

系统的稳态响应如图 4-5-2 所示。

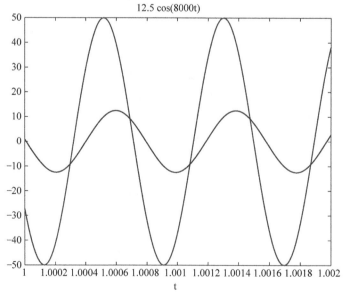

图 4-5-2　系统的稳态响应

4.6 系统函数的零、极点分布对系统时域特性的影响

LTI 连续系统的系统函数 $H(s)$ 通常是复变量的有理分式,即

$$H(s) = \frac{R(s)}{E(s)} = \frac{b_m s^m + b_{m-1} s^{m-1} + \cdots + b_1 s + b_0}{s^n + a_{n-1} s^{n-1} + \cdots + a_1 s + a_0}$$

$$= \frac{b_m (s - z_1)(s - z_2) \cdots (s - z_j) \cdots (s - z_m)}{(s - p_1)(s - p_2) \cdots (s - p_i) \cdots (s - p_n)} \tag{4-6-1}$$

$z_1, z_2, \cdots, z_n$ 称为系统函数的零点,$p_1, p_2, \cdots, p_n$ 称为系统函数的极点。在 s 平面上,画出 $H(s)$ 的零、极点图,极点用×表示,零点用 o 表示。

例如,某系统的系统函数为

$$H(s) = \frac{s^2(s + 3)}{(s + 1)(s^2 + 4s + 5)}$$

$$= \frac{s^2(s + 3)}{(s + 1)(s + 2 + j)(s + 2 - j)}$$

则该系统的零、极点图如图 4-6-1 所示。

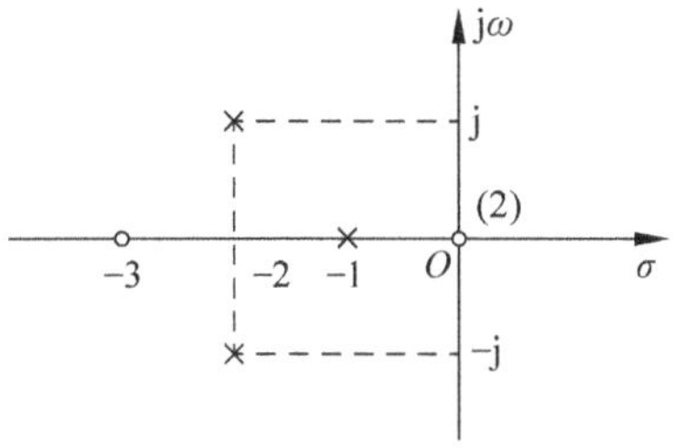

冲激响应 $h(t)$ 与系统函数 $H(s)$ 从时域和变换域两方面表征了同一系统的特性。在 s 域分析中,借助系统函数在 s 平面零点与极点分布的研究,可以简明、直观地给出系统响应的许多规律。系统的时域、频域特性集中地以其系统函数的零、极点分布表现出来。

图 4-6-1 $H(s)$ 的零、极点分布图

4.6.1 系统函数的零、极点分布与系统冲激响应特性的关系

从拉普拉斯逆变换已知,$H(s)$ 的拉普拉斯逆变换即为 $h(t)$,而 $h(t)$ 的形式,主要决定于 $H(s)$ 的极点。

1. 极点分布对冲激响应的影响

对于一阶极点的情况如图 4-6-2 所示,可以看出 $H(s)$ 的极点与 $h(t)$ 的关系如下。

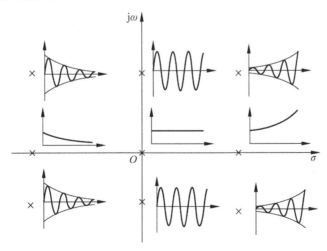

图 4-6-2 $H(s)$ 的一阶极点与所对应 $h(t)$ 的波形

(1) $H(s)$ 的极点位于 s 平面的原点时，即 $H(s)=\dfrac{1}{s}$，$p_1=0$ 在原点，则 $h(t)=\mathcal{L}^{-1}[H(s)]=u(t)$，冲激响应是一个阶跃信号。

(2) $H(s)$ 的极点位于 s 平面的实轴上时，即 $H(s)=\dfrac{1}{s+a}$，$p_1=-a$，则 $h(t)=\mathrm{e}^{-at}u(t)$。当 $a>0$，极点位于左实轴上，$h(t)$ 按指数衰减；当 $a<0$，极点位于右实轴上，$h(t)$ 按指数增加。

(3) $H(s)$ 的极点位于 s 平面的虚轴上时，即 $H(s)=\dfrac{\omega}{s^2+\omega^2}$，$p_{1,2}=\pm\mathrm{j}\omega$，则 $h(t)=t\sin(\omega t)u(t)$，$t\to+\infty$，冲激响应是等幅振荡。

(4) $H(s)$ 的极点位于 s 平面的左半平面上的共轭极点时，即 $H(s)=\dfrac{\omega}{(s+\alpha)^2+\omega^2}$，$\alpha>0$，则对应的 $h(t)$ 是衰减振荡；$H(s)$ 的极点位于 s 平面的右半平面上的共轭极点时，即 $H(s)=\dfrac{\omega}{(s+\alpha)^2+\omega^2}$，$a<0$，则对应的 $h(t)$ 是增幅振荡。

对于二阶极点的情况如图 4-6-3 所示，可以看出 $H(s)$ 的极点与 $h(t)$ 的关系如下。

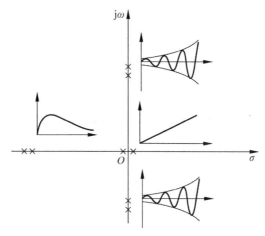

图 4-6-3　$H(s)$ 的二阶极点与所对应 $h(t)$ 的波形

(1) 若 $H(s)=\dfrac{1}{s^2}$，极点在原点，则 $h(t)=tu(t)$，$t\to+\infty$，$h(t)\to+\infty$，$h(t)$ 是线性增长的斜变信号。

(2) 若 $H(s)=\dfrac{1}{(s+\alpha)^2}$，极点在实轴上，则 $h(t)=t\mathrm{e}^{-at}u(t)$，$\alpha>0$，$t\to+\infty$，$h(t)\to0$，$h(t)$ 是一个有起伏特性的衰减函数。

(3) 若 $H(s)=\dfrac{2s}{(s^2+\omega^2)^2}$，共轭极点在虚轴上，则 $h(t)=t\sin tu(t)$，$t\to+\infty$，$h(t)\to+\infty$，$h(t)$ 是一个增幅振荡。

综上所述，可得如下结论。

(1) 若 $H(s)$ 的极点位于 s 平面的左半平面，则系统的冲激响应 $h(t)$ 为衰减的指数或正弦函数,当 $t \to +\infty$ 时,$\lim\limits_{t \to +\infty} h(t) = 0$。此时 $H(s)$ 所代表的系统通常称为稳定系统。

(2) 若 $H(s)$ 的极点位于 s 平面的右半平面,则系统的冲激响应 $h(t)$ 为增长的指数或正弦函数,当 $t \to +\infty$ 时,$\lim\limits_{t \to +\infty} h(t) = +\infty$。此时 $H(s)$ 所代表的系统是不稳定系统。

(3) $H(s)$ 的极点位于虚轴上的一阶极点,则系统的冲激响应 $h(t)$ 为等幅振荡的函数或恒定常数,对应的系统是临界稳定系统。虚轴上的高阶极点所对应的系统是不稳定系统。

2. 零点分布对冲激响应的影响

$H(s)$ 的零点分布可影响系统的幅度及相位。设系统函数

$$H_1(s) = \frac{s+1}{(s+1)^2 + 1}$$

其零点为 $s = -1$,则冲激响应为

$$h_1(t) = e^{-t} \cos t \, u(t)$$

若系统函数改为

$$H_2(s) = \frac{s+2}{(s+1)^2 + 1}$$

其零点为 $s = -2$,但极点没变,则冲激响应为

$$h_2(t) = \sqrt{2} \, e^{-t} \cos(t - 45°) u(t)$$

将 $h_1(t)$ 与 $h_2(t)$ 比较可知,若零点变动而极点不变,则 $h(t)$ 函数的形式并不改变,但其幅度与相位会有所变化。

4.6.2 系统函数的零、极点分布与系统响应形式之间的关系

设系统函数 $H(s) = \dfrac{N(s)}{D(s)}$,激励 $E(s) = \dfrac{P(s)}{Q(s)}$,其中 $H(s)$ 有 N 个极点 $s_i (i = 1, 2, \cdots, N)$,$E(s)$ 有 P 个极点 $s_j (j = 1, 2, \cdots, P)$,且 s_i 与 s_j 互不相等,那么系统的响应为

$$R(s) = H(s)E(s) = \frac{N(s)}{D(s)} \frac{P(s)}{Q(s)} = \sum_{i=1}^{N} \frac{k_i}{s - s_i} + \sum_{j=1}^{P} \frac{k_j}{s - s_j} \tag{4-6-2}$$

于是时域响应为

$$r(t) = \mathcal{L}^{-1}[R(s)] = \sum_{i=1}^{N} k_i e^{s_i t} + \sum_{j=1}^{P} k_j e^{s_j t} \tag{4-6-3}$$

式(4-6-3)表明,响应 $r(t)$ 是由两部分组成的:一部分响应的形式取决于系统函数的极点,与外部激励无关,这部分是系统的自由响应;另一部分响应仅取决于系统激励 $E(s)$ 的极点,是系统的强迫响应。自由响应与强迫响应的幅度与相位由 $H(s)$ 和 $E(s)$ 的零点和极点共同确定。

对于一个稳定系统,全响应又可分为暂态响应和稳态响应。暂态响应指在激励接入后的一段时间内,随时间的增加而逐渐减弱,直到消失的那部分分量。全响应中,除掉暂态响应后的分量称为稳态响应。稳定系统 $H(s)$ 的极点都位于左半 s 平面,零输入响应与自由响应呈衰减形式,属于暂态响应。若 $E(s)$ 的极点仅位于 $j\omega$ 轴上且为单极点,则强迫响应就是稳态响应。

例 4-21 求如图 4-6-4 所示电路的全响应 $i(t)$。已知 $v(t)=(1-\mathrm{e}^{-at})u(t)$，$i(0)\neq0$。

解：首先求 $V(s)$、$H(s)$

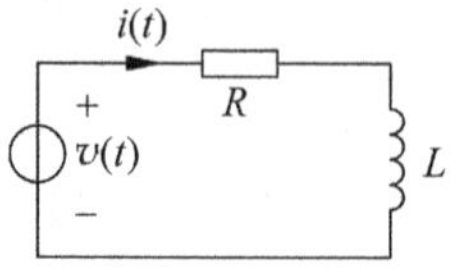

$$V(s)=\mathscr{L}[v(t)]=\frac{1}{s}-\frac{1}{s+a}=\frac{a}{s(s+a)}$$

$$H(s)=\frac{I(s)}{V(s)}=\frac{1}{R+sL}=\frac{\dfrac{1}{L}}{s+\dfrac{R}{L}}$$

图 4-6-4　例 4-21 电路

则系统的零状态响应为

$$I_{zs}(s)=H(s)V(s)=\frac{\dfrac{a}{L}}{s(s+a)\left(s+\dfrac{R}{L}\right)}$$

$$=\frac{\dfrac{1}{R}}{s}+\frac{\dfrac{1}{La-R}}{s+a}+\frac{\dfrac{La}{R^2-LRa}}{s+\dfrac{R}{L}}$$

$$i_{zs}(t)=\mathscr{L}^{-1}[I_{zs}(s)]=\frac{1}{R}+\frac{1}{La-R}\mathrm{e}^{-at}+\frac{La}{R^2-LRa}\mathrm{e}^{-\frac{R}{L}t},\quad t\geqslant0$$

系统的零输入响应与固有频率 $-\dfrac{R}{L}$ 及初始值有关，即

$$i_{zi}(t)=i(0)\mathrm{e}^{-\frac{R}{L}t},\quad t\geqslant0$$

系统的全响应

$$i(t)=i_{zs}(t)+i_{zi}(t)$$

$$=\underbrace{\frac{1}{R}+\frac{1}{La-R}\mathrm{e}^{-at}+\frac{La}{R^2-LRa}\mathrm{e}^{-\frac{R}{L}t}}_{\text{零状态响应}}+\underbrace{i(0)\mathrm{e}^{-\frac{R}{L}t}}_{\text{零输入响应}}$$

$$=\underbrace{\frac{1}{R}+\frac{1}{La-R}\mathrm{e}^{-at}}_{\text{强迫响应}}+\underbrace{\frac{La}{R^2-LRa}\mathrm{e}^{-\frac{R}{L}t}+i(0)\mathrm{e}^{-\frac{R}{L}t}}_{\text{自由响应}}$$

$$=\underbrace{\frac{1}{R}}_{\text{稳态响应}}+\underbrace{\frac{1}{La-R}\mathrm{e}^{-at}+\frac{La}{R^2-LRa}\mathrm{e}^{-\frac{R}{L}t}+i(0)\mathrm{e}^{-\frac{R}{L}t}}_{\text{暂态响应}}$$

稳定系统的各种响应之间的关系如图 4-6-5 所示。

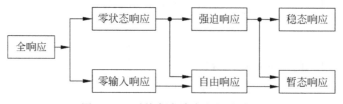

图 4-6-5　系统各类响应之间的关系

4.6.3 MATLAB 实现

通过对系统函数零、极点的分析,可知连续系统具有以下几方面的特性。

(1) 系统冲激响应 $h(t)$ 的时域特性。

② 判断系统的稳定性。

③ 分析系统的频率特性 $H(j\omega)$(幅频响应和相频响应)。

通过系统函数零、极点的分布来分析系统特性,首先就要求出系统函数的零、极点,然后绘制零、极点图。下面介绍如何利用 MATLAB 实现这一过程。

设连续系统的系统函数为

$$H(s) = \frac{B(s)}{A(s)} \tag{4-6-4}$$

则系统函数的零点和极点位置可以用 MATLAB 的多项式求根函数 roots()来求得,调用函数 roots()的命令格式为

```
p = roots(A)
```

其中,A 为待求根的关于 s 的多项式的系数构成的行向量,返回向量 p 则是包含该多项式所有根位置的列向量。例如,多项式为

$$A(s) = s^2 + 3s + 4$$

则求该多项式根的 MATLAB 命令应为

```
A = [1 3 4];
p = roots(A)
```

运行结果为

```
p =
  - 1.5000 + 1.3229i
  - 1.5000 - 1.3229i
```

注意:系数向量 A 的元素一定要由多项式的最高幂次开始到常数项,缺项要用 0 补齐。例如若多项式为

$$A(s) = s^6 + 3s^4 + 2s^2 + s - 4$$

则表示该多项式的系数向量为

```
A = [1 0 3 0 2 1 -4]
```

用 roots()函数求得系统函数 $H(s)$ 的零、极点后,就可以用 plot 命令在复平面上绘制出系统函数的零、极点图。也可直接调用零、极点绘图函数画零、极点图,但注意圆心的圆圈并非系统的零点,而是绘图函数自带的。

例 4-22 已知 $H(s) = \dfrac{s^2 - 1}{s^3 + 2s^2 + 3s + 2}$,画出 $H(s)$ 的零、极点图。

解:编写的 MATLAB 程序如下:

```
clear all
b = [1,0, -1];
a = [1,2,3,2];
zplane(b,a)
legend('零点','极点');
```

程序执行后,运行结果如图 4-6-6 所示。

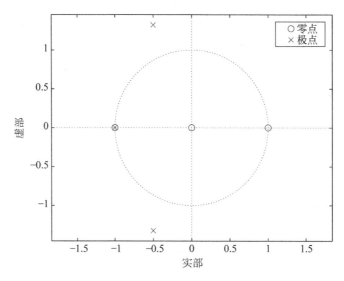

图 4-6-6 系统的零、极点分布

例 4-23 已知 $F(s) = \dfrac{2(s-3)(s+3)}{(s-5)(s^2+10)}$,观察拉普拉斯变换零、极点对曲面图的影响。

解：编写的 MATLAB 程序如下：

```
clf;clear all
a = -6:0.48:6;b = -6:0.48:6;
[a,b] = meshgrid(a,b);
c = a + i * b;
d = 2 * (c - 3). * (c + 3);
e = (c. * c + 10). * (c - 5);
c = d./e;
c = abs(c);
surf(a,b,c);
axis([ -6,6, -6,6,0,4]);
title('拉普拉斯变换曲面');
colormap(hsv);
```

程序执行后,运行结果如图 4-6-7 所示。

从图 4-6-7 可以看出,曲面图在 $s = \pm j3.1623$ 和 $s=5$ 处有 3 个峰点,对应着拉普拉斯变换的极点位置,而在 $s=\pm 3$ 处有两个谷点,对应着拉普拉斯变换的零点位置。因此,信号拉普拉斯变换的零、极点位置,决定了其曲面的峰点和谷点位置。

拉普拉斯变换曲面

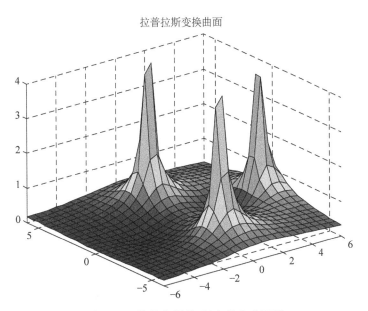

图 4-6-7 拉普拉斯零、极点分布曲面图

例 4-24 已知某连续系统的系统函数为

$$H(s) = \frac{s^2 + 3s + 2}{s^4 + 2s^3 + 3s^2 + s + 4}$$

试用 MATLAB 求出该系统的零、极点,画出零、极点分布图,并判断系统是否稳定。

解:编写的 MATLAB 程序如下:

```
clear all
b = [1,3,2];
a = [1,2,3,1,5];
zs = roots(b)
ps = roots(a)
zplane(b,a)
```

程序执行后,求得的零、极点为

```
zs =
    -2
    -1
ps =
  -1.3713 + 1.3402i
  -1.3713 - 1.3402i
   0.3713 + 1.1055i
   0.3713 - 1.1055i
```

程序执行后,绘制的零、极点分布结果如图 4-6-8 所示。

由图 4-6-8 可以看出,该系统在 s 平面的右半平面有一对共轭极点,故该系统是一个不稳定的系统。

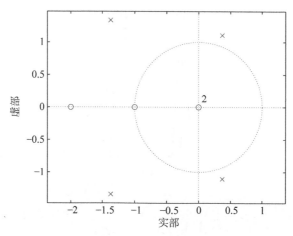

图 4-6-8 系统的零、极点图

4.7 系统函数的零、极点分布与系统频率响应特性

4.7.1 系统函数的零、极点分布与系统频率响应特性的关系

系统在正弦信号激励的作用下,稳态响应随着激励信号频率的变化特性,称为系统的频率特性。它包括幅度随频率变化而变化的幅频特性和相位随频率变化而变化的相频特性。它们与系统函数的极点分布有密切的关系。

设系统函数 $H(s)=\dfrac{N(s)}{D(s)}$ 的极点均为单极点且位于左半 s 平面,系统的激励为正弦函数 $e(t)=E_m\sin\omega_0 t$,则复频域中的系统响应为

$$R(s)=H(s)E(s)=\frac{N(s)}{D(s)}\times\frac{E_m\omega_0}{s^2+\omega_0^2}$$

经部分分式展开得

$$R(s)=\frac{k_1}{s+\mathrm{j}\omega_0}+\frac{k_2}{s-\mathrm{j}\omega_0}+\sum_{i=1}^{n}\frac{k_i}{s-p_i} \tag{4-7-1}$$

由于 $H(s)$ 的极点都位于左半 s 平面,因此,当 $t\to\infty$ 时,$\displaystyle\sum_{i=1}^{n}\frac{k_i}{s-p_i}$ 对应的原函数都趋近于零,稳态响应就是式(4-7-1)中的前两项。由此可求得待定系数为

$$k_1=\frac{E_m\omega_0}{s-\mathrm{j}\omega_0}H(s)\Big|_{s=-\mathrm{j}\omega_0}=\frac{E_m}{-2\mathrm{j}}H(-\mathrm{j}\omega_0)$$

$$k_2=\frac{E_m}{2\mathrm{j}}H(\mathrm{j}\omega_0)$$

令

$$H(\mathrm{j}\omega_0)=|H(\mathrm{j}\omega_0)|\,\mathrm{e}^{\mathrm{j}\varphi_0}$$

则

$$H(-\mathrm{j}\omega_0)=|H(-\mathrm{j}\omega_0)|\,\mathrm{e}^{-\mathrm{j}\varphi_0}=H^*(\mathrm{j}\omega_0)$$

即 $H(-j\omega_0)$ 是 $H(j\omega_0)$ 的共轭函数。

于是可求得稳态响应为

$$
\begin{aligned}
r_s(t) &= \mathcal{L}^{-1}\left[\frac{k_1}{s+j\omega_0} + \frac{k_2}{s-j\omega_0}\right] \\
&= \mathcal{L}^{-1}\left[\frac{-\dfrac{E_m}{2j}\mid H(-j\omega_0)\mid e^{-j\varphi_0}}{s+j\omega_0} + \frac{\dfrac{E_m}{2j}\mid H(j\omega_0)\mid e^{j\varphi_0}}{s-j\omega_0}\right] \\
&= \frac{E_m}{2j}\left[-\mid H(-j\omega_0)\mid e^{-j\varphi_0}e^{-j\omega_0 t} + \mid H(j\omega_0)\mid e^{j\varphi_0}e^{j\omega_0 t}\right] \\
&= \frac{E_m}{2j}\mid H(j\omega_0)\mid\left[e^{j(\omega_0 t+\varphi_0)} - e^{-j(\omega_0 t+\varphi_0)}\right] \\
&= E_m\mid H(j\omega_0)\mid\sin(\omega_0 t+\varphi_0)
\end{aligned}
\tag{4-7-2}
$$

比较式(4-7-2)与 $e(t)$ 可见,线性时不变系统在正弦激励下的系统稳态响应仍为同频率的正弦信号,但幅度与相位均发生了变化,变化的大小取决于系统函数在 $j\omega_0$ 处的值 $H(j\omega_0)$。

$$
H(j\omega_0) = H(s)\Big|_{s=j\omega_0} = \mid H(j\omega_0)\mid e^{j\varphi_0}
$$

当正弦激励的频率 ω 为变量时,将 $s=j\omega$ 代入 $H(s)$,即

$$
H(s)\Big|_{s=j\omega} = H(j\omega) = \mid H(j\omega)\mid e^{j\varphi(\omega)}
\tag{4-7-3}
$$

$H(j\omega)$ 就是系统的频率响应特性,其幅度 $\mid H(j\omega)\mid$ 称为幅频特性(或幅度特性),其相位 $\varphi(\omega)$ 称为相频特性(或相位特性)。$\mid H(j\omega)\mid$ 和 $\varphi(\omega)$ 都是频率 ω 的函数。

系统的频响特性曲线可令 $H(s)\Big|_{s=j\omega}$ 中 ω 为不同值求出,也可由 $H(s)$ 的零、极点分布用向量作图的方法求出。下面介绍这种方法。

向量作图法是根据系统函数 $H(s)$ 在 s 平面的零、极点分布来绘制的频率响应特性曲线,包括幅频特性曲线和相频特性曲线。

设稳定的因果系统,其系统函数为

$$
H(s) = \frac{b_m s^m + b_{m-1}s^{m-1} + \cdots + b_0}{s^n + a_{n-1}s^{n-1} + \cdots + a_0} = b_m\frac{\displaystyle\prod_{j=1}^m (s-z_j)}{\displaystyle\prod_{i=1}^n (s-p_i)}
\tag{4-7-4}
$$

系统的频率特性为

$$
H(j\omega) = H(s)\Big|_{s=j\omega} = b_m\frac{\displaystyle\prod_{j=1}^m (j\omega-z_j)}{\displaystyle\prod_{i=1}^n (j\omega-p_i)}
\tag{4-7-5}
$$

可见 $H(j\omega)$ 的特性与系统的零、极点有关,令分子中每一项 $j\omega - z_j = N_j e^{j\psi_j}$,分母中每一项 $j\omega - P_i = M_i e^{j\theta_i}$,将 $j\omega - z_j$、$j\omega - p_i$ 都看作两向量之差,将向量图画于复平面内如图 4-7-1 所示。

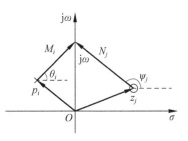

图 4-7-1 零点与极点的向量表示

由向量图可确定频率响应特性

$$H(j\omega) = K \frac{N_1 e^{j\psi_1} N_2 e^{j\psi_2} \cdots N_m e^{j\psi_m}}{M_1 e^{j\theta_1} M_2 e^{j\theta_2} \cdots M_n e^{j\theta_n}} = K \frac{N_1 N_2 \cdots N_m e^{j(\psi_1+\psi_2+\cdots+\psi_m)}}{M_1 M_2 \cdots M_n e^{j(\theta_1+\theta_2+\cdots+\theta_n)}} \tag{4-7-6}$$

$$|H(j\omega)| = K \frac{N_1 N_2 \cdots N_m}{M_1 M_2 \cdots M_n} \tag{4-7-7}$$

$$\varphi(\omega) = (\psi_1 + \psi_2 + \cdots + \psi_m) - (\theta_1 + \theta_2 + \cdots + \theta_n) \tag{4-7-8}$$

当 ω 沿虚轴移动时,各复数因子(向量)的模和辐角都随之改变,于是由式(4-7-7)和式(4-7-8)就可得出幅频特性曲线和相频特性曲线。

例 4-25 确定图 4-7-2 所示 RC 电路系统的频响特性。

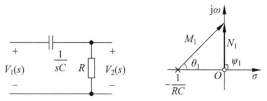

图 4-7-2 RC 电路及其向量图

解:
$$H(s) = \frac{V_2(s)}{V_1(s)} = \frac{R}{R + \frac{1}{sC}} = \frac{s}{s + \frac{1}{RC}}$$

$$H(j\omega) = \frac{j\omega}{j\omega - \left(-\frac{1}{RC}\right)} = \frac{N_1 e^{j\psi_1}}{M_1 e^{j\theta_1}}$$

零点:$z_1 = 0$,极点:$p_1 = -\frac{1}{RC}$,则

$$|H(j\omega)| = \frac{|\omega|}{\sqrt{\omega^2 + \left(\frac{1}{RC}\right)^2}}, \quad \varphi(\omega) = \frac{\pi}{2} - \arctan CR\omega$$

$$\begin{cases} \omega = 0, & |H(j\omega)| = 0 \\ \omega = \frac{1}{RC}, & |H(j\omega)| = \frac{1}{\sqrt{2}}, \\ \omega = \infty, & |H(j\omega)| = 1 \end{cases} \qquad \begin{cases} \omega = 0, & \varphi(\omega) = \frac{\pi}{2} \\ \omega = \frac{1}{RC}, & \varphi(\omega) = \frac{\pi}{4} \\ \omega = \infty, & \varphi(\omega) = 0 \end{cases}$$

所以 RC 电路系统的频响特性如图 4-7-3 所示。

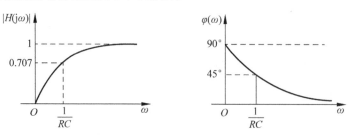

图 4-7-3 RC 电路的幅频特性与相频特性

4.7.2 MATLAB 实现

用 MATLAB 实现已知系统的零、极点分布,求系统的频率响应,并绘制其幅频特性和相频特性曲线的程序流程如下。

(1) 定义包含系统所有零点和极点位置的行向量 q 和 p。

(2) 定义绘制系统频率响应曲线的频率范围 f_1 和 f_2,频率抽样间隔 k(即频率变化步长值),并产生频率等分点向量 f。

(3) 求出系统所有零点和极点到这些等分点的距离。

(4) 求出系统所有零点和极点到这些等分点的向量的相角。

(5) 求出 f_1 到 f_2 频率范围内各频率等分点的 $|H\mathrm{e}^{\mathrm{j}\omega}|$ 和 $\varphi(\omega)$ 的值。

(6) 绘制 f_1 到 f_2 频率范围内系统的幅频特性和相频特性曲线。

下面是实现上述过程的 MATLAB 实用函数 splxy()。

```
function splxy(f1,f2,k,p,q)
% 根据系统零、极点分布绘制系统频率响应曲线程序
% f1、f2:绘制频率响应曲线的频率范围(即频率起始和终止点,单位为赫兹)
% p、q:系统函数极点和零点位置行向量
% k:绘制频率响应曲线的频率抽样间隔
p = p';
q = q';
f = f1:k:f2;                % 定义绘制系统频率响应曲线的频率范围
w = f * (2 * pi);
y = i * w;
n = length(p);
m = length(q);
if n == 0                   % 如果系统无极点
    yq = ones(m,1) * y;
    vq = yq - q * ones(1,length(w));
    bj = abs(vq);
    ai = 1;
elseif m == 0              % 如果系统无零点
    yp = ones(n,1) * y;
    vp = yp - p * ones(1,length(w));
    ai = abs(vp);
    bj = 1;
else
    yp = ones(n,1) * y;
    yq = ones(m,1) * y;
    vp = yp - p * ones(1,length(w));
    vq = yq - q * ones(1,length(w));
    ai = abs(vp);
    bj = abs(vq);
end
Hw = prod(bj,1)./prod(ai,1);
plot(f,Hw);
title('连续系统幅频响应曲线')
xlabel('频率 w(单位:赫兹)')
```

```
ylabel('F(jw)')
```

上述程序中,若系统无零点或极点,则必须将零点或极点行向量定义为空向量。

注意:在本程序中尽可能地采用了矩阵运算而不是循环运算,例如,流程中的第(3)、(4)、(5)步的实现,这样可有效提高程序的运算速度。

例 4-26 已知某连续系统的系统函数为

$$H(s) = \frac{1}{s^3 + 2s^2 + 2s + 1}$$

试用 MATLAB 画出零、极点分布图,求系统的单位冲激响应 $h(t)$ 和系统的幅频响应 $|H(j\omega)|$,并判断系统是否稳定。

解:编写的 MATLAB 程序如下:

```
b = [1];
a = [1 2 2 1];
figure(1);zplane(b,a);
t = 0:0.02:10;
w = 0:0.02:5;
h = impulse(b,a,t);
figure(2);plot(t,h);
xlabel('time(s)');
title('Impulse Response');
H = freqs(b,a,w);
figure(3);plot(w,abs(H));
xlabel('Frequency\omega');
title('Magnitude Response');
```

程序执行后,绘制的零、极点分布、系统的冲激响应和系统的幅频响应分别如图 4-7-4(a)、图 4-7-4(b)、图 4-7-4(c)所示。从系统的零、极点分布图可以看出,系统的极点位于左半 s 平面,故系统稳定。

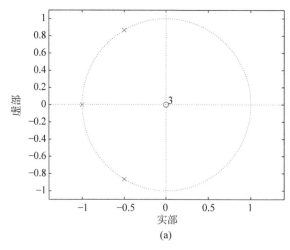

(a)

图 4-7-4 例 4-26 运行结果

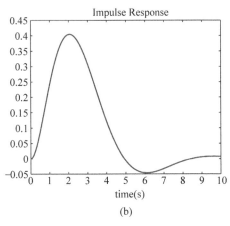

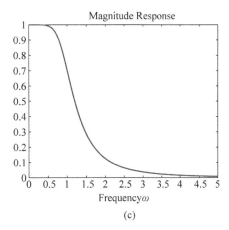

(b)   (c)

图 4-7-4 （续）

4.8 系统的 s 域模拟图与框图

4.8.1 系统的 s 域模拟图

前面介绍了线性系统的时域模拟图,常用的模拟图有 3 种形式：直接形式、并联形式、级联形式,也可以画出线性系统的 s 域模拟图,3 种形式都可以根据系统函数 $H(s)$ 画出。

1. 直接形式

设系统微分方程为二阶的,即

$$y''(t) + a_1 y'(t) + a_0 y(t) = f(t) \tag{4-8-1}$$

若将式(4-8-1)进行拉普拉斯变换,即有

$$s^2 Y(s) + a_1 s Y(s) + a_0 Y(s) = F(s) \tag{4-8-2}$$

或

$$s^2 Y(s) = -a_1 s Y(s) - a_0 Y(s) + F(s) \tag{4-8-3}$$

根据式(4-8-2)或式(4-8-3)即可画出 s 域直接形式的模拟图,如图 4-8-1 所示。

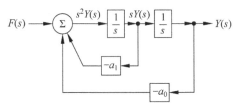

图 4-8-1 简单的二阶系统的 s 域模拟图

根据式(4-8-2)可求出系统函数为

$$H(s) = \frac{Y(s)}{F(s)} = \frac{1}{s^2 + a_1 s + a_0} = \frac{s^{-2}}{1 + a_1 s^{-1} + a_0 s^{-2}} \tag{4-8-4}$$

将式(4-8-3)与图 4-8-1 进行联系对比,不难看出,若系统函数 $H(s)$ 已知,则根据 $H(s)$ 直接画出 s 域直接形式模拟图的方法也是一目了然的。

若系统的微分方程为如下的形式

$$y''(t) + a_1 y'(t) + a_0 y(t) = b_2 f''(t) + b_1 f'(t) + b_0 f(t) \qquad (4\text{-}8\text{-}5)$$

则其系统函数(这里取 $m = n = 2$)为

$$H(s) = \frac{Y(s)}{F(s)} = \frac{b_2 s^2 + b_1 s + b_0}{s^2 + a_1 s + a_0} = \frac{b_2 + b_1 s^{-1} + b_0 s^{-2}}{1 + a_1 s^{-1} + a_0 s^{-2}} \qquad (4\text{-}8\text{-}6)$$

与式(4-8-6)相对应的 s 域直接形式的模拟图如图 4-8-2 所示。

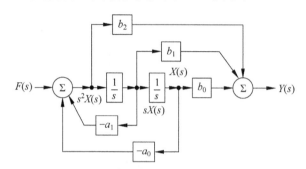

图 4-8-2   二阶系统直接形式的 s 域模拟图

需要指出,直接形式的模拟图,只适用于 $m \leqslant n$ 的情况。当 $m > n$ 时,就不适用了。

2. 并联形式

设系统函数仍为式(4-8-6),即

$$H(s) = \frac{b_2 s^2 + b_1 s + b_0}{s^2 + a_1 s + a_0} \qquad (4\text{-}8\text{-}7)$$

将式(4-8-7)化成真分式,并将余式 $N_0(s)$ 展开成部分分式,即

$$H(s) = b_2 + \frac{N_0(s)}{s^2 + a_1 s + a_0} = b_2 + \frac{N_0(s)}{(s - p_1)(s - p_2)} = b_2 + \frac{K_1}{s - p_1} + \frac{K_2}{s - p_2} \qquad (4\text{-}8\text{-}8)$$

式中 p_1、p_2 为 $H(s)$ 的单阶极点,K_1、K_2 为部分分式的待定系数,它们都是可以求得的。根据式(4-8-8)即可画出与之对应的并联形式的模拟图,如图 4-8-3 所示。

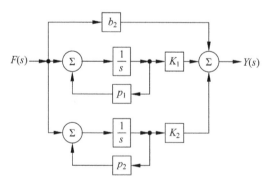

图 4-8-3   二阶系统并联形式的 s 域模拟图

特例:若 $b_2 = 0$,则图 4-8-3 中最上面的支路断开。

若系统函数 $H(s)$ 为 n 阶的,则与之对应的并联形式的模拟图,也可按类似方法画出。

并联模拟图的特点是,各子系统之间相互独立,互不干扰和影响。

并联模拟图也只适用于 $m \leqslant n$ 的情况。

3. 级联形式

设系统函数仍为式(4-8-6),即

$$H(s) = \frac{b_2 s^2 + b_1 s + b_0}{s^2 + a_1 s + a_0} \tag{4-8-9}$$

$$H(s) = \frac{b_2(s-z_1)(s-z_2)}{(s-p_1)(s-p_2)} = b_2 \frac{(s-z_1)}{(s-p_1)} \frac{(s-z_2)}{(s-p_2)} \tag{4-8-10}$$

式中,p_1、p_2 为 $H(s)$ 的单阶极点;z_1、z_2 为 $H(s)$ 的单阶零点。它们都是可以求得的。根据式(4-8-10),即可画出与之对应的级联形式的模拟图,如图 4-8-4 所示。

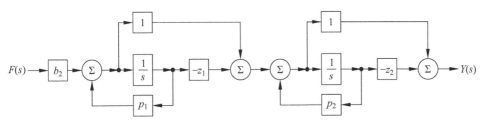

图 4-8-4　二阶系统级联形式的 s 域模拟图

若系统函数 $H(s)$ 为 n 阶的,则与之对应的级联形式的模拟图,也可仿效画出。

级联模拟图也只适用于 $m \leqslant n$ 的情况。

4.8.2　系统的框图

一个系统是由许多部件或单元组成的,将这些部件或单元各用能完成相应运算功能的方框表示,然后将这些方框按系统的功能要求及信号流动的方向连接起来而构成的图,即称为系统的框图表示,简称系统的框图。例如,图 4-8-5 即为一个子系统的框图,它完成了 $F(s)$ 与系统函数 $H(s)$ 的乘积运算功能。

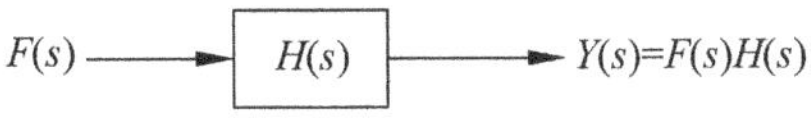

$$F(s) \longrightarrow \boxed{H(s)} \longrightarrow Y(s)=F(s)H(s)$$

图 4-8-5　s 域框图

系统框图表示的好处是,可以一目了然地看出一个大系统是由哪些小系统(子系统)组成的,各子系统之间是什么样的关系,以及信号是如何在系统内部流动的。

应注意,系统的框图与模拟图是两个不同的概念,两者的含义不同。

例 4-27　已知某系统的系统函数如下,试分别用级联形式、并联形式的框图表示此系统。

$$H(s) = \frac{2s+3}{s(s+3)(s+2)^2}$$

解：(1) 级联形式。

将 $H(s)$ 改写为

$$H(s) = \frac{2s+3}{s(s+3)(s+2)^2} = \frac{1}{s} \frac{2s+3}{s+3} \frac{1}{(s+2)^2} = H_1(s)H_2(s)H_3(s)$$

式中,$H_1(s)=\dfrac{1}{s}$,$H_2(s)=\dfrac{2s+3}{s+3}$,$H_3(s)=\dfrac{1}{(s+2)^2}$,其框图如图 4-8-6 所示。由图 4-8-6 可得

$$Y(s)=F(s)H_1(s)H_2(s)H_3(s)$$

故得

$$H(s)=\frac{Y(s)}{F(s)}=H_1(s)H_2(s)H_3(s)$$

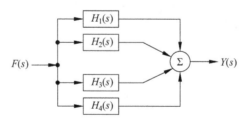

图 4-8-6　例 4-27 系统级联形式 s 域框图

（2）并联形式。

将上面的 $H(s)$ 改写为

$$H(s)=\frac{\dfrac{1}{4}}{s}+\frac{1}{s+3}+\frac{-\dfrac{5}{4}}{s+2}+\frac{\dfrac{1}{2}}{(s+2)^2}=H_1(s)+H_2(s)+H_3(s)+H_4(s)$$

式中,$H_1(s)=\dfrac{\dfrac{1}{4}}{s}$,$H_2(s)=\dfrac{1}{s+3}$,$H_3(s)=\dfrac{-\dfrac{5}{4}}{s+2}$,$H_4(s)=\dfrac{\dfrac{1}{2}}{(s+2)^2}$,其框图如图 4-8-7 所示。由图 4-8-7 可得

$$Y(s)=F(s)H_1(s)+F(s)H_2(s)+F(s)H_3(s)+F(s)H_4(s)$$

故得

$$H(s)=\frac{Y(s)}{F(s)}=H_1(s)+H_2(s)+H_3(s)+H_4(s)$$

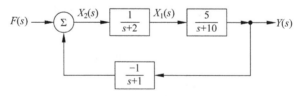

图 4-8-7　例 4-27 系统并联形式 s 域框图

例 4-28　求如图 4-8-8 所示系统的系统函数。

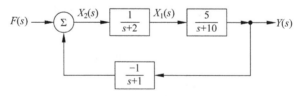

图 4-8-8　例 4-28 系统 s 域框图

解：引入中间变量 $X_1(s)$ 和 $X_2(s)$,如图 4-8-8 所示,故有

$$Y(s)=\frac{5}{s+10}X_1(s)=\frac{5}{s+10}\frac{1}{s+2}X_2(s)=\frac{5}{s+10}\frac{1}{s+2}\left[F(s)-\frac{1}{s+1}Y(s)\right]$$

解之得

$$H(s) = \frac{Y(s)}{F(s)} = \frac{5(s+1)}{(s+10)(s+2)(s+1)} = \frac{5s+5}{s^3+13s^2+32s+25}$$

4.9 信号流图与梅森公式

视频讲解

4.9.1 连续系统的信号流图表示

1. 信号流图的定义

由节点与有向支路构成的能表示系统功能与信号流动方向的图,称为系统的信号流图,简称信号流图或流图。信号流图是系统框图表示的一种简化形式,用来表示系统的输入输出关系。在信号流图中,用点表示信号,用有向线段表示信号的传输方向和传输关系。例如,图 4-9-1(a)所示的系统框图,可用图 4-9-1(b)来表示,图 4-9-1(b)即为图 4-9-1(a)的信号流图。图 4-9-1(b)中的小圆圈"o"代表变量,有向支路代表一个子系统及信号传输(或流动)方向,支路上标注的 $H(s)$ 代表支路(子系统)的传输函数,这样根据图 4-9-1(b),同样可写出系统各变量之间的关系,即

$$Y(s) = H(s)F(s)$$

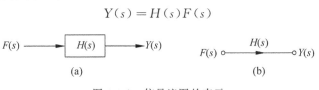

$$(a) \qquad (b)$$

图 4-9-1 信号流图的表示

信号流图的优点在于:用它来表示系统,要比模拟图或框图表示系统更加简明、清晰,而且图也容易画;信号流图也是求系统函数 $H(s)$ 的有力工具,根据信号流图,利用梅森公式,很容易求得系统的系统函数 $H(s)$。

2. 信号流图的名词术语

关于信号流图,还有如下常用术语。

(1) 节点:信号流图中表示信号的点称为节点。

(2) 支路:连接两个节点的有向线段称为支路。写在支路旁边的函数称为支路的增益或传输函数。

(3) 源点与汇点:仅有输出支路的节点称为源点,也称为激励节点。它是系统激励信号的节点,连接在它上面的支路只有流出去的支路,而没有流入它的支路。仅有输入支路的节点称为汇点,也称为响应节点,它是系统响应变量的节点。若在一个节点上既有输入支路,又有输出支路,则这样的节点称为混合节点。

(4) 通路:从一节点出发,沿支路箭头方向(不能是相反方向),连续经过相连支路和节点而到达另一节点的路径称为通路。

(5) 开路:一条通路与它经过的任一节点只相遇一次,该通路称为开路,它的起始节点与终止节点不是同一节点。

(6) 环路:如果通路的起始节点与终止节点是同一节点,并且与经过的其余节点只相遇一次,则该通路称为环路或闭合通路。没有公共节点或支路的两个环路称为互不接触的

环路。只有一个节点和一条支路的环路成为自环路,简称自环。

(7) 前向通路:从激励节点至响应节点的通路称为前向通路。

(8) 环路传输函数:环路中各支路传输函数的乘积称为环路传输函数。前向通路中各支路传输函数的乘积,称为前向通路的传输函数。

3. 连续系统的信号流图表示

连续系统的方框图表示与信号流图表示有一定的对应关系,根据这种对应关系可以由方框图表示得到信号流图表示,具体对应关系如图 4-9-2 所示,分别表示数乘器、加法器、积分器的信号流图。

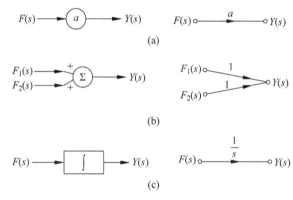

图 4-9-2 3 种运算器的信号流图表示

例 4-29 某线性连续系统的方框图如图 4-9-3(a)所示,画出该系统的信号流图。

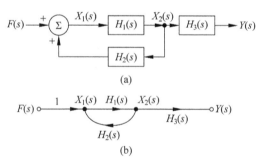

图 4-9-3 例 4-29 方框图和信号流图

解:系统的方框图中,$H_1(s)$、$H_2(s)$、$H_3(s)$ 分别是 3 个子系统的系统函数。设加法器的输出为 $X_1(s)$,子系统 $H_1(s)$ 的输出为 $X_2(s)$,则有

$$X_1(s) = F(s) + H_2(s)X_2(S)$$
$$X_2(s) = H_1(s)X_1(s)$$
$$Y(s) = H_3(s)X_2(s)$$

用节点分别表示 $F(s)$、$X_1(s)$、$X_2(s)$、$Y(s)$,然后根据信号流图的规则和方框图与信号的对应关系,并利用以上信号之间的传输关系,可得系统的信号流图,如图 4-9-3(b)所示。

4. 模拟图与信号流图的相互转换规则

模拟图与信号流图都可以用来表示系统,它们之间可以相互转换,其规则如下。

（1）在转换中，信号流动的方向（即支路方向）及正、负号不能改变。

（2）模拟图（或框图）中先是"和点"后是"分点"的地方，在信号流图中应画成一个"混合"节点。

（3）模拟图（或框图）中先是"分点"后是"和点"的地方，在信号流图中在"分点"与"和点"之间，增加一条传输函数为 1 的支路。

（4）模拟图（或框图）中的两个"和点"之间，在信号流图中有时要增加一条传输函数为 1 的支路（若不增加，就会出现环路的接触，此时必须增加），但有时则不需要增加（若不增加，不会出现环路的接触，此时不用增加）。

（5）在模拟图（或框图）中，若激励节点上有反馈信号与输入信号叠加时，在信号流图中，应在激励节点与此"和点"之间增加一条传输函数为 1 的支路。

（6）在模拟图（或框图）中，若响应节点上有反馈信号流出时，在信号流图中，可从响应节点上增加引出一条传输函数为 1 的支路。

例 4-30 试将图 4-8-3 所示的模拟图画成信号流图的形式。

解：根据模拟图与信号流图的相互转换规则，得到图 4-8-3 的信号流图，如图 4-9-4 所示。

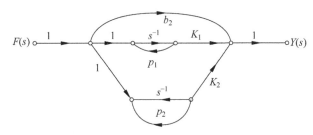

图 4-9-4 例 4-30 的信号流图

4.9.2 梅森公式

视频讲解

用信号流图不仅可以直观简明地表示系统的输入输出关系，而且可以利用梅森公式由信号流图方便地求出系统传输函数 $H(s)$。

梅森公式为

$$H(s) = \frac{\sum_{i=1}^{m} P_i \Delta_i}{\Delta} \tag{4-9-1}$$

式（4-9-1）中，Δ 称为信号流图的特征行列式，表示为

$$\Delta = 1 - \sum_i L_i + \sum_{m,n} L_m L_n - \sum_{p,q,r} L_p L_q L_r + \cdots \tag{4-9-2}$$

在式（4-9-2）中，各项的含义是：

$\sum_i L_i$ 表示信号流图中所有环路的传输函数之和。L_i 是第 i 个环路的传输函数，L_i 等于构成第 i 个环路的各支路传输函数的乘积。

$\sum_{m,n} L_m L_n$ 表示信号流图中所有两个互不接触环路的传输函数乘积之和。$L_m L_n$ 是两

个互不接触环路的传输函数乘积。

$\sum\limits_{p,q,r} L_p L_q L_r$ 表示信号流图中所有 3 个互不接触环路的传输函数乘积之和。$L_p L_q L_r$ 是 3 个互不接触环路的传输函数乘积。

式(4-9-1)中，各项的含义是：

m 表示从源点到汇点之间开路的总数。

P_i 表示从源点到汇点之间第 i 条前向开路的传输函数，P_i 等于第 i 条前向开路上所有支路传输函数的乘积。

Δ_i 表示除去第 i 条前向开路中所包含的支路和节点后所剩子流图的特征行列式。求 Δ_i 的公式仍然是式(4-9-2)。

例 4-31 已知连续系统的信号流图如图 4-9-5 所示，求系统函数。

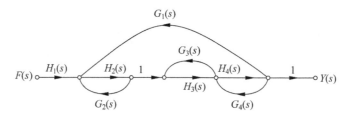

图 4-9-5 例 4-31 信号流图

解：系统的信号流图共有 4 个环路，环路传输函数分别为

$$L_1 = H_2(s)G_2(s)$$
$$L_2 = H_3(s)G_3(s)$$
$$L_3 = H_4(s)G_4(s)$$
$$L_4 = H_2(s)H_3(s)H_4(s)G_1(s)$$

有两对两两互不接触的环路：环路 1 和环路 2，环路 1 和环路 3。两对两两互不接触的环路的传输函数乘积分别为

$$L_1 L_2 = H_2(s)G_2(s)H_3(s)G_3(s)$$
$$L_1 L_3 = H_2(s)G_2(s)H_4(s)G_4(s)$$

系统信号流图中从 $F(s)$ 到 $Y(s)$ 只有一条开路，开路传输函数 P_1 和对应的所剩子流图的特征行列式分别为

$$P_1 = H_1(s)H_2(s)H_3(s)H_4(s)$$
$$\Delta_1 = 1$$

根据式(4-9-2)，得到系统信号流图的特征行列式为

$$\Delta = 1 - (L_1 + L_2 + L_3 + L_4) + (L_1 L_2 + L_1 L_3)$$
$$= 1 - [H_2(s)G_2(s) + H_3(s)G_3(s) + H_4(s)G_4(s) + H_2(s)H_3(s)H_4(s)G_1(s)] +$$
$$[H_2(s)G_2(s)H_3(s)G_3(s) + H_2(s)G_2(s)H_4(s)G_4(s)]$$

由式(4-9-1)，得到系统函数为

$$H(s) = \frac{P_1 \Delta_1}{\Delta} = \frac{H_1(s)H_2(s)H_3(s)H_4(s)}{\Delta}$$

4.10 系统的稳定性分析

4.10.1 系统的稳定性

稳定性是系统自身的性质之一,系统是否稳定与激励信号的选择无关。冲激响应 $h(t)$ 和系统函数 $H(s)$ 从两方面表征了同一系统的特性,所以能从两个方面确定系统的稳定性。

一个系统,如果对任意的有界输入,其零状态响应也是有界的,则称该系统是有界输入-有界输出(BIBO)的稳定系统,简称稳定系统。即

对所有的激励信号 $e(t)$

$$| e(t) | \leqslant M_e \tag{4-10-1}$$

其响应 $r(t)$ 满足

$$| r(t) | \leqslant M_r \tag{4-10-2}$$

则称该系统是稳定的。式中,M_e、M_r 为有界正值。判断稳定系统的充分必要条件是(绝对可积条件)

$$\int_{-\infty}^{\infty} | h(t) | \, \mathrm{d}t \leqslant M, \quad M \text{ 为有界正值} \tag{4-10-3}$$

由于式(4-10-3)是一个积分式,由此来判断系统的稳定性有时比较麻烦。可以从系统函数 $H(s)$ 的极点分布来判断系统稳定性。

4.10.2 系统稳定性的判断

1. 从 $H(s)$ 的极点分布来判断

(1)稳定系统:若 $H(s)$ 的全部极点位于 s 平面的左半平面(不包括虚轴),则可满足

$$\lim_{t \to +\infty} h(t) = 0 \tag{4-10-4}$$

系统是稳定的。

例如,$\dfrac{1}{s+p}$,$p>0$ 系统稳定;$\dfrac{1}{s^2+ps+q}$,$p>0$,$q>0$ 系统稳定。

(2)不稳定系统:如果 $H(s)$ 的极点位于 s 平面的右半平面,或在虚轴上有二阶(或以上)极点

$$\lim_{t \to +\infty} h(t) \to +\infty \tag{4-10-5}$$

则系统是不稳定系统。

(3)临界稳定系统:如果 $H(s)$ 极点位于 s 平面的虚轴上,且只有一阶,当 $t \to +\infty$,$h(t)$ 为非零数值或等幅振荡时,系统是临界稳定系统。

2. 用罗斯-霍尔维兹准则判断

如果不求出极点的值,可采用下述方法来判断系统的稳定性。设系统函数 $H(s)$ 的分母多项式为

$$D(s) = a_n s^n + a_{n-1} s^{n-1} + \cdots + a_1 s + a_0 \tag{4-10-6}$$

$H(s)$ 的极点就是 $D(s)=0$ 的根。若 $D(s)=0$ 的根全部在 s 平面的左半平面,则 $D(s)$ 称为霍尔维兹多项式。

$D(s)$为霍尔维兹多项式的必要条件是,$D(s)$的各项系数都为非零的实数且同号,系统有可能是稳定系统,否则为不稳定系统。

若多项式$D(s)$的各项系数都为正实常数,则对于二阶系统肯定是稳定的;但若系统的阶数大于2时,系统是否稳定,还须排出如下的罗斯阵列。

罗斯阵列的排列规则为

$$\begin{vmatrix} a_n & a_{n-2} & a_{n-4} & \cdots \\ a_{n-1} & a_{n-3} & a_{n-5} & \cdots \\ c_{n-1} & c_{n-3} & c_{n-5} & \cdots \\ d_{n-1} & d_{n-3} & d_{n-5} & \cdots \\ \vdots & \vdots & \vdots & \vdots \end{vmatrix} \qquad (4\text{-}10\text{-}7)$$

$$c_{n-1} = -\frac{1}{a_{n-1}}\begin{vmatrix} a_n & a_{n-2} \\ a_{n-1} & a_{n-3} \end{vmatrix} \qquad c_{n-3} = -\frac{1}{a_{n-1}}\begin{vmatrix} a_n & a_{n-4} \\ a_{n-1} & a_{n-5} \end{vmatrix}$$

$$d_{n-1} = -\frac{1}{c_{n-1}}\begin{vmatrix} a_{n-1} & a_{n-3} \\ c_{n-1} & c_{n-3} \end{vmatrix} \qquad d_{n-3} = -\frac{1}{c_{n-1}}\begin{vmatrix} a_{n-1} & a_{n-5} \\ c_{n-1} & c_{n-5} \end{vmatrix}$$

由此得到罗斯-霍尔维兹准则(R-H准则):

(1) 罗斯阵列中第一列元素具有相同符号,该系统为稳定系统。

(2) 罗斯阵列中第一列元素符号改变次数,即$D(s)=0$在右半平面的根的数目。

用罗斯-霍尔维兹准则判断的方法是:首先根据霍尔维兹多项式的必要条件检查$D(s)$的各项系数$a_i(i=0,1,2,\cdots,n)$。若a_i中有缺项(至少一项为零),或者a_i的符号不完全相同,则$D(s)$不是霍尔维兹多项式,故系统是不稳定系统。若$D(s)$的系数a_i中无缺项并且符号相同,则$D(s)$满足霍尔维兹多项式的必要条件,然后进一步利用罗斯-霍尔维兹准则判断系统是否稳定。

例 4-32　判断下列因果系统的稳定性。

$$H_1(s) = \frac{s+2}{s^4 + 2s^3 + 3s^2 + 5}$$

$$H_2(s) = \frac{2s+1}{s^5 + 3s^4 - 2s^3 - 3s^2 + 2s + 1}$$

$$H_3(s) = \frac{s+1}{s^3 + 2s^2 + 3s + 2}$$

解：$H_1(s)$分母多项式缺项,$H_2(s)$分母多项式各系数不同号,故均为不稳定系统。

对$H_3(s)$构造罗斯阵列

$$D_3(s) = s^3 + 2s^2 + 3s + 2$$

$$\begin{matrix} 1 & 3 & 0 & 0 \\ 2 & 2 & 0 & 0 \\ 2 & 0 & & \\ 2 & 0 & & \end{matrix}$$

$$c_2 = -\frac{1}{2}\begin{vmatrix} 1 & 3 \\ 2 & 2 \end{vmatrix} = 2 \quad c_0 = 0$$

$$d_2 = -\frac{1}{2}\begin{vmatrix} 2 & 2 \\ 2 & 0 \end{vmatrix} = 2 \quad d_0 = 0$$

根据 R-H 准则,该系统为稳定系统。

例 4-33 图 4-10-1 为 LTI 系统的 s 域方框图,图中 $H_1(s)$ 的值为

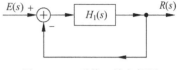

$$H_1(s) = \frac{k}{s(s+1)(s+2)}$$

问 k 取何值时,该系统为稳定系统。

图 4-10-1 系统 s 域方框图

解: 该系统为一个负反馈系统,系统函数 $H(s)$ 为

$$H(s) = \frac{H_1(s)}{1+H_1(s)} = \frac{k}{s^3 + 11s^2 + 10s + k}$$

$$D(s) = s^3 + 11s^2 + 10s + k$$

构造罗斯阵列

$$\begin{array}{cccc} 1 & 10 & 0 & 0 \\ 11 & k & 0 & 0 \\ 10 - \dfrac{k}{11} & 0 & & \\ k & 0 & & \end{array}$$

$$c_2 = -\frac{1}{11}\begin{vmatrix} 1 & 10 \\ 11 & k \end{vmatrix} = 10 - \frac{k}{11} \quad c_0 = 0$$

$$d_2 = -\frac{1}{10 - \dfrac{k}{11}}\begin{vmatrix} 11 & k \\ 10 - \dfrac{k}{11} & 0 \end{vmatrix} = k \quad d_0 = 0$$

根据 R-H 准则,$10 - \dfrac{k}{11} > 0$ 且 $k > 0$,即 $0 < k < 110$ 系统为稳定系统。

4.11 拉普拉斯变换与傅里叶变换的关系

傅里叶变换、双边拉普拉斯变换与单边拉普拉斯变换三者之间的关系如图 4-11-1 所示。

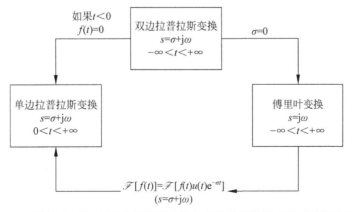

图 4-11-1 傅里叶变换、双边拉普拉斯变换与单边拉普拉斯变换三者之间的关系

　　双边拉普拉斯变换的积分限是取 t 从 $-\infty$ 到 $+\infty$,而 $f(t)$ 所乘因子为复指数 e^{-st},$s=$ $\sigma+\mathrm{j}\omega$,它涉及全部 s 平面。如果不改变积分限,而是将复指数的 σ 取零值,$s=\mathrm{j}\omega$,即局限于 s 平面的虚轴,则得到傅里叶变换。双边拉普拉斯变换为广义的傅里叶变换。如果不改变双边拉普拉斯变换式中的复指数因子 e^{-st},仍取 $s=\sigma+\mathrm{j}\omega$,但将积分限限制于从 0 到 $+\infty$ 就得到单边拉普拉斯变换。在取傅里叶变换时,若当 $t<0$ 时满足函数 $f(t)=0$,并将 $f(t)$ 乘以衰减因子 $\mathrm{e}^{-\sigma t}$ 也就成为单边拉普拉斯变换。

　　如果要从已知的单边拉普拉斯变换求傅里叶变换,首先应判明 $f(t)$ 为因果信号,即当 $t<0$ 时,$f(t)=0$,然后根据收敛边界的不同,按以下 3 种情况分别对待。

1. $\sigma_0>0$

　　若 $\sigma_0>0$,则 $F(s)$ 的收敛域的边界在右半平面内,收敛域不包含 $\mathrm{j}\omega$ 轴。例如,$f(t)=$ $\mathrm{e}^{at}u(t)$,其单边拉普拉斯变换为

$$F(s)=\frac{1}{s-a} \tag{4-11-1}$$

函数波形和 s 平面收敛域分别如图 4-11-2(a)和(b)所示。$F(s)$ 的收敛域为 $\mathrm{Re}[s]>a$,$f(t)$ 的傅里叶变换不存在,因而不能盲目地由拉普拉斯变换寻求傅里叶变换。

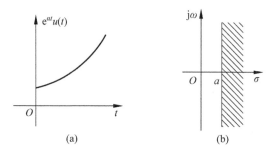

图 4-11-2　$\sigma_0>0$ 时的波形和收敛域

2. $\sigma_0<0$

　　若 $\sigma_0<0$,则 $F(s)$ 的收敛域包含 $\mathrm{j}\omega$ 轴(虚轴),$F(s)$ 在 $\mathrm{j}\omega$ 轴上收敛。若令 $\sigma=0$,即令 $s=\mathrm{j}\omega$,则 $F(s)$ 存在。这时,$f(t)$ 的傅里叶变换存在,并且若 $s=\mathrm{j}\omega$,则 $F(s)$ 等于 $F(\mathrm{j}\omega)$。即

$$F(\mathrm{j}\omega)=F(s)\mid_{s=\mathrm{j}\omega} \tag{4-11-2}$$

　　例如,$f(t)=\mathrm{e}^{-at}u(t)$,其单边拉普拉斯变换为

$$F(s)=\frac{1}{s+a},\quad \mathrm{Re}[s]>-a \tag{4-11-3}$$

图 4-11-3(a)和(b)分别给出了 $f(t)$ 的波形以及在 s 平面的收敛域。$f(t)$ 的傅里叶变换为

$$F(\mathrm{j}\omega)=F(s)\mid_{s=\mathrm{j}\omega}=\frac{1}{\mathrm{j}\omega+a}$$

又如

$$\mathcal{L}[\mathrm{e}^{-at}\sin(\omega_0 t)u(t)]=\frac{\omega_0}{(s+a)^2+\omega_0^2}$$

$$\mathcal{F}[\mathrm{e}^{-at}\sin(\omega_0 t)u(t)]=\frac{\omega_0}{(\mathrm{j}\omega+a)^2+\omega_0^2}$$

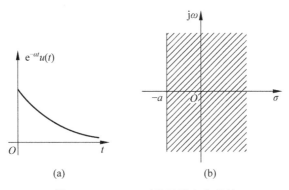

图 4-11-3 $\sigma_0 < 0$ 时的波形和收敛域

3. $\sigma_0 = 0$

若 $\sigma_0 = 0$，则 $F(s)$ 收敛边界为虚轴。$f(t)$ 的拉普拉斯变换与傅里叶变换均存在，这两个变换之间的关系又将如何?

为简单起见，可设 $F(s)$ 在 $j\omega$ 轴上有 N 个单极点 $j\omega_i (i = 1, 2, \cdots, N)$，其余极点均位于 s 左半平面。将 $F(s)$ 写成

$$F(s) = \mathcal{L}[f(t)] = F_a(s) + \sum_{i=1}^{N} \frac{k_i}{s - j\omega_i} \tag{4-11-4}$$

$F(s)$ 由两部分构成，$F_a(s)$ 的极点在左半 s 平面，$\sum_{i=1}^{N} \frac{k_i}{s - j\omega_i}$ 极点位于 $j\omega$ 轴上。设 $\mathcal{L}^{-1}[F_a(s)] = f_a(t) u(t)$，则式(4-11-4)的拉普拉斯逆变换为

$$f(t) = f_a(t) u(t) + \sum_{i=1}^{N} k_i e^{j\omega_i t} u(t) \tag{4-11-5}$$

$f(t)$ 的傅里叶变换为

$$\mathcal{F}[f(t)] = F_a(j\omega) + \sum_{i=1}^{N} k_i \left[\pi \delta(\omega - \omega_i) + \frac{1}{j\omega - j\omega_i} \right]$$

$$= F_a(s) \big|_{s = j\omega} + \left(\sum_{i=1}^{N} \frac{k_i}{s - j\omega_i} \right) \bigg|_{s = j\omega} + \pi \sum_{i=1}^{N} k_i \delta(\omega - \omega_i)$$

$$= F(s) \big|_{s = j\omega} + \pi \sum_{i=1}^{N} k_i \delta(\omega - \omega_i) \tag{4-11-6}$$

式(4-11-6)表明，当 $F(s)$ 在 $j\omega$ 轴上仅有单极点时，其相应的傅里叶变换由两部分组成：一部分是直接将 $F(s)$ 中的 $s = j\omega$ 代入而得到的，另外一部分则是由在虚轴上的每个极点 $j\omega_i$ 所对应的冲激项 $\pi k_i \delta(\omega - \omega_i)$ 组成，其中 k_i 为相应的拉普拉斯变换部分分式展开式的系数。

例 4-34 求 $f(t) = \sin(\omega_0 t) u(t)$ 的傅里叶变换和拉普拉斯变换。

解： $f(t)$ 的拉普拉斯变换为

$$F(s) = \mathcal{L}[\sin(\omega_0 t) u(t)] = \frac{\omega_0}{s^2 + \omega_0^2}$$

利用式(4-11-6)可求得傅里叶变换为

$$\mathcal{F}[\sin(\omega_0 t)u(t)] = \frac{\omega_0}{\omega_0^2 - \omega^2} + j\frac{\pi}{2}[\delta(\omega + \omega_0) - \delta(\omega - \omega_0)]$$

如果 $F(s)$ 在 $j\omega$ 轴上有多阶极点时,对应的傅里叶变换式还可能出现冲激函数的各阶导数项。例如,若

$$F(s) = F_a(s) + \frac{k_0}{(s - j\omega_0)^k} \tag{4-11-7}$$

式(4-11-7)中 $F_a(s)$ 的极点在左半 s 平面,在虚轴上有 k 阶 ω_0 的极点,k_0 为系数,则可求得

$$\mathcal{F}[f(t)] = F(s)\big|_{s=j\omega} + \frac{k_0 \pi j^{k-1}}{(k-1)!}\delta^{(k-1)}(\omega - \omega_0) \tag{4-11-8}$$

式(4-11-8)中 $\delta(\omega - \omega_0)$ 的上标为求 $k-1$ 阶导数。

例 4-35 求 $f(t) = tu(t)$ 的傅里叶变换和拉普拉斯变换。

解: $f(t)$ 的拉普拉斯变换为

$$F(s) = \mathcal{L}[tu(t)] = \frac{1}{s^2}$$

利用式(4-11-8)可求得傅里叶变换为

$$\mathcal{F}[tu(t)] = -\frac{1}{\omega^2} + j\pi\delta'(\omega)$$

4.12 典型例题解析

例 4-36 求下列信号拉普拉斯变换的收敛域。

(1) $f_1(t) = u(t) - u(t - \tau)$;

(2) $f_2(t) = e^{t^2}u(t)$。

解: (1) $f_1(t) = u(t) - u(t - \tau)$ 为 $0 < t < \tau$ 时间范围内的单个脉冲信号,σ_0 取任何值 $\lim\limits_{t \to +\infty} f_1(t)e^{-\sigma t} = 0(\sigma > \sigma_0)$ 均成立,故收敛域为全 s 平面,即 $\sigma > -\infty$ 或 $\mathrm{Re}[s] > -\infty$。

(2) 对于信号 $f_2(t) = e^{t^2}u(t)$,增长比指数函数要快,不存在合适的 σ_0 值使得 $\lim\limits_{t \to +\infty} f_2(t)e^{-\sigma t} = 0(\sigma > \sigma_0)$ 成立,故它的拉普拉斯变换不存在。

例 4-37 已知信号 $f(t) = \sin(\omega_0 t)$,求信号 $f_1(t) = \sin[\omega_0(t - t_0)]u(t)$ 和 $f_2(t) = \sin[\omega_0(t - t_0)]u(t - t_0)$ 的单边拉普拉斯变换。

解: $f_1(t) = \sin[\omega_0(t - t_0)]u(t) = [\sin(\omega_0 t)\cos(\omega_0 t_0) - \cos(\omega_0 t)\sin(\omega_0 t_0)]u(t)$

利用

$$\sin(\omega_0 t)u(t) \overset{\mathrm{LT}}{\longleftrightarrow} \frac{\omega_0}{s^2 + \omega_0^2}, \quad \mathrm{Re}[s] > 0$$

$$\cos(\omega_0 t)u(t) \overset{\mathrm{LT}}{\longleftrightarrow} \frac{s}{s^2 + \omega_0^2}, \quad \mathrm{Re}[s] > 0$$

可得

$$F_1(s) = \mathcal{L}[f_1(t)] = \frac{\omega_0 \cos(\omega_0 t_0) - s\sin(\omega_0 t_0)}{s^2 + \omega_0^2}, \quad \mathrm{Re}[s] > 0$$

直接应用时移特性有

$$F_2(s) = \mathcal{L}[f_2(t)] = \mathrm{e}^{-st_0} \frac{\omega_0}{s^2 + \omega_0^2}, \quad \mathrm{Re}[s] > 0$$

例 4-38 已知 $f_1(t) = \mathrm{e}^{-2(t-1)} u(t-1)$，$f_2(t) = \mathrm{e}^{-2(t-1)} u(t)$，求 $f_1(t) + f_2(t)$ 的象函数。

解：因为

$$\mathrm{e}^{-2t} u(t) \overset{\mathrm{LT}}{\longleftrightarrow} \frac{1}{s+2}, \quad \mathrm{Re}[s] > -2$$

故根据时移特性，得

$$F_1(s) = \mathcal{L}[f_1(t)] = \frac{\mathrm{e}^{-s}}{s+2}, \quad \mathrm{Re}[s] > -2$$

又因为 $f_2(t)$ 可以表示为

$$f_2(t) = \mathrm{e}^{-2(t-1)} u(t) = \mathrm{e}^2 \mathrm{e}^{-2t} u(t)$$

所以根据线性特性，得

$$F_2(s) = \mathcal{L}[f_2(t)] = \frac{\mathrm{e}^2}{s+2}, \quad \mathrm{Re}[s] > -2$$

$$\mathcal{L}[f_1(t) + f_2(t)] = F_1(s) + F_2(s) = \frac{\mathrm{e}^{-s} + \mathrm{e}^2}{s+2}, \quad \mathrm{Re}[s] > -2$$

例 4-39 求下列拉普拉斯逆变换。

(1) $F_1(s) = \dfrac{1}{1 + \mathrm{e}^{-2s}}$；

(2) $F_2(s) = \dfrac{s+1}{[(s+2)^2 + 1]^2}$。

解：(1) $F_1(s)$ 不是有理分式，但 $F_1(s)$ 可表示为

$$F_1(s) = \frac{1}{1 + \mathrm{e}^{-2s}} = \frac{1 - \mathrm{e}^{-2s}}{(1 + \mathrm{e}^{-2s})(1 - \mathrm{e}^{-2s})} = \frac{1 - \mathrm{e}^{-2s}}{1 - \mathrm{e}^{-4s}}$$

对于从 $t = 0_-$ 起始的周期冲激序列 $f(t) = \displaystyle\sum_{n=0}^{+\infty} \delta(t - nT)$，其单边拉普拉斯变换为

$$\mathcal{L}\left[\sum_{n=0}^{+\infty} \delta(t - nT) \right] = \frac{1}{1 - \mathrm{e}^{-sT}}, \quad \mathrm{Re}[s] > 0$$

由于

$$\mathcal{L}[\delta(t) - \delta(t-2)] = 1 - \mathrm{e}^{-2s}, \quad \mathrm{Re}[s] > -\infty$$

因此，根据时域卷积特性，得

$$\left[\sum_{n=0}^{+\infty} \delta(t - 4n) \right] * [\delta(t) - \delta(t-2)] \overset{\mathrm{LT}}{\longleftrightarrow} \frac{1 - \mathrm{e}^{-2s}}{1 - \mathrm{e}^{-4s}}$$

于是得

$$f_1(t) = \left[\sum_{n=0}^{+\infty} \delta(t - 4n) \right] * [\delta(t) - \delta(t-2)] = \sum_{n=0}^{+\infty} [\delta(t - 4n) - \delta(t - 2 - 4n)]$$

(2) $F_2(s)$ 有二阶极点 $p_1 = -2+j$ 和 $p_2 = -2-j$,因此 $F_2(s)$ 可展开为

$$F_2(s) = \frac{k_{11}}{(s+2-j)^2} + \frac{k_{12}}{s+2-j} + \frac{k_{21}}{(s+2+j)^2} + \frac{k_{22}}{s+2+j}$$

其中

$$k_{11} = \frac{s+2}{(s+2-j)^2(s+2+j)^2}(s+2-j)^2 \bigg|_{s=-2+j} = \frac{\sqrt{2}}{4}e^{-j45°}$$

$$k_{12} = \frac{d}{ds}\left[\frac{s+2}{(s+2-j)^2(s+2+j)^2}(s+2-j)^2\right]\bigg|_{s=-2+j} = \frac{1}{4}e^{j90°}$$

$$k_{21} = \frac{s+2}{(s+2-j)^2(s+2+j)^2}(s+2+j)^2 \bigg|_{s=-2-j} = \frac{\sqrt{2}}{4}e^{j45°}$$

$$k_{22} = \frac{d}{ds}\left[\frac{s+2}{(s+2-j)^2(s+2+j)^2}(s+2+j)^2\right]\bigg|_{s=-2-j} = \frac{1}{4}e^{-j90°}$$

故得

$$F_2(s) = \frac{\frac{\sqrt{2}}{4}e^{-j45°}}{(s+2-j)^2} + \frac{\frac{1}{4}e^{j90°}}{s+2-j} + \frac{\frac{\sqrt{2}}{4}e^{j45°}}{(s+2+j)^2} + \frac{\frac{1}{4}e^{-j90°}}{s+2+j}$$

于是得

$$f_2(t) = \left[\frac{\sqrt{2}}{2}te^{-2t}\cos(t-45°) + \frac{1}{2}e^{-2t}\cos(t+90°)\right]u(t)$$

例 4-40 用留数法求下列拉普拉斯逆变换。

$$F(s) = \frac{s}{(s+3)(s+1)^2}$$

解:$F(s)$ 有一个单极点 $p_1 = -3$ 和一个二阶极点 $p_2 = -1$,相应极点的留数为

$$\text{Re}\,s[F(s)e^{st}]\big|_{s=-3} = \frac{se^{st}}{(s+3)(s+1)^2}(s+3)\bigg|_{s=-3} = -\frac{3}{4}e^{-3t}$$

$$\text{Re}\,s[F(s)e^{st}]\big|_{s=-1} = \frac{1}{(2-1)!}\frac{d}{ds}\left[\frac{se^{st}}{(s+3)(s+1)^2}(s+1)^2\right]\bigg|_{s=-1} = \frac{3}{4}e^{-t} - \frac{1}{2}te^{-t}$$

所以

$$f(t) = \left(-\frac{3}{4}e^{-3t} + \frac{3}{4}e^{-t} - \frac{1}{2}te^{-t}\right)u(t)$$

例 4-41 如图 4-12-1(a)所示电路,已知 $R=6\Omega, L=1\text{H}, C=0.04\text{F}, v_s(t)=12\sin5t\,\text{V}$,初始状态 $i_L(0_-)=5\text{A}, u_C(0_-)=1\text{V}$,求电流 $i(t)$。

解:画出 s 域模型如图 4-12-1(b)所示,其中

$$V_s(s) = 12 \times \frac{5}{s^2+5^2} = \frac{60}{s^2+5^2}$$

$$Li_L(0_-) = 1 \times 5 = 5$$

$$\frac{1}{s}u_C(0_-) = \frac{1}{s} \times 1 = \frac{1}{s}$$

由 KVL 可得

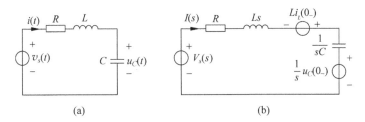

图 4-12-1 例 4-41 图

$$\left(R + sL + \frac{1}{sC}\right) I(s) = V_s(s) + Li(0_-) - \frac{1}{s} u_C(0_-)$$

整理上式可得

$$I(s) = \frac{V_s(s)}{R + sL + \dfrac{1}{sC}} + \frac{Li(0_-) - \dfrac{1}{s} u_C(0_-)}{R + sL + \dfrac{1}{sC}} = I_{zs}(s) + I_{zi}(s)$$

其中

$$I_{zs}(s) = \frac{V_s(s)}{R + sL + \dfrac{1}{sC}}$$

为零状态响应的象函数,是由输入引起的;

$$I_{zi}(s) = \frac{Li(0_-) - \dfrac{1}{s} u_C(0_-)}{R + sL + \dfrac{1}{sC}}$$

为零输入响应的象函数,是由初始条件引起的。

先计算 $I_{zs}(s)$,将 R、L、C 的数值代入得

$$I_{zs}(s) = \frac{V_s(s)}{R + sL + \dfrac{1}{sC}} = \frac{60s}{\left[(s+3)^2 + 4^2\right](s^2 + 5^2)}$$

应用部分分式展开,可得

$$I_{zs}(s) = \frac{k_{11}}{s + 3 - j4} + \frac{k_{12}}{s + 3 + j4} + \frac{k_{21}}{s - j5} + \frac{k_{22}}{s + j5}$$

其中

$$k_{11} = (s + 3 - j4) I_{zs}(s)\,|_{s = -3+j4} = j\frac{5}{4}$$

$$k_{12} = (s + 3 + j4) I_{zs}(s)\,|_{s = -3+j4} = -j\frac{5}{4}$$

$$k_{21} = (s - j5) I_{zs}(s)\,|_{s = j5} = -j$$

$$k_{22} = (s + j5) I_{zs}(s)\,|_{s = -j5} = j$$

故得

$$I_{zs}(s) = \frac{j\dfrac{5}{4}}{s+3-j4} + \frac{-j\dfrac{5}{4}}{s+3+j4} + \frac{-j}{s-j5} + \frac{j}{s+j5}$$

求其拉普拉斯逆变换得

$$i_{zs}(t) = [2.5e^{-3t}\cos(4t+90°) + 2\cos(5t-90°)]u(t)$$

$$= (-2.5e^{-3t}\sin 4t + 2\sin 5t)u(t)$$

再计算 $I_{zi}(s)$，将 R、L、C 及 $i_L(0_-)$、$u_C(0_-)$ 的数值代入得

$$I_{zi}(s) = \frac{Li(0_-) - \dfrac{1}{s}u_C(0_-)}{R + sL + \dfrac{1}{sC}} = \frac{5s-1}{(s+3)^2+4^2} = \frac{k_{31}}{s+3-j4} + \frac{k_{32}}{s+3+j4}$$

其中

$$k_{31} = (s+3-j4)I_{zi}(s)\big|_{s=-3+j4} = \frac{5}{2} + j2$$

$$k_{32} = (s+3+j4)I_{zi}(s)\big|_{s=-3-j4} = \frac{5}{2} - j2$$

故得

$$I_{zi}(s) = \frac{\dfrac{5}{2}+j2}{s+3-j4} + \frac{\dfrac{5}{2}-j2}{s+3+j4}$$

求其拉普拉斯逆变换得

$$i_{zi}(t) = [6.4e^{-3t}\cos(4t+38.6°)]u(t) = (5e^{-3t}\cos 4t - 4e^{-3t}\sin 4t)u(t)$$

于是全响应为

$$i(t) = i_{zs}(t) + i_{zi}(t) = (5e^{-3t}\cos 4t - 6.5e^{-3t}\sin 4t + 2\sin 5t)u(t)\text{A}$$

例 4-42 已知系统函数 $H(s)$ 的零、极点分布如图 4-12-2 所示，

并知 $h(0_+)=2$，激励 $f(t) = \sin\dfrac{\sqrt{3}}{2}tu(t)$。求正弦稳态响应 $y_s(t)$。

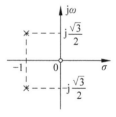

解： 由图 4-12-2 可写出

$$H(s) = k\frac{s}{\left(s+1+j\dfrac{\sqrt{3}}{2}\right)\left(s+1-j\dfrac{\sqrt{3}}{2}\right)} = k\frac{s}{(s+1)^2+\left(\dfrac{\sqrt{3}}{2}\right)^2}$$

图 4-12-2 例 4-42 图

根据初值定理有

$$\lim_{t\to 0_+} h(t) = h(0_+) = \lim_{s\to+\infty} sH(s) = \lim_{s\to+\infty} \frac{ks}{(s+1)^2+\left(\dfrac{\sqrt{3}}{2}\right)^2} = k = 2$$

故

$$H(s) = 2 \times \frac{s}{(s+1)^2+\left(\dfrac{\sqrt{3}}{2}\right)^2}$$

故得

$$H\left(j\frac{\sqrt{3}}{2}\right)=H(s)\Bigg|_{s=j\frac{\sqrt{3}}{2}}=\frac{2j\frac{\sqrt{3}}{2}}{\left(j\frac{\sqrt{3}}{2}+1\right)^2+\left(\frac{\sqrt{3}}{2}\right)^2}=\frac{j\sqrt{3}}{1+j\sqrt{3}}=\frac{\sqrt{3}}{2}e^{j30°}$$

所以正弦稳态响应为

$$y_s(t)=\frac{\sqrt{3}}{2}\sin\left(\frac{\sqrt{3}}{2}t+30°\right)$$

例 4-43　已知 $F(s)=\dfrac{s}{s+1}$，求 $f(t)$ 的初值。

解：由初值定理可得

$$f(0_+)=\lim_{s\to+\infty}sF(s)=\lim_{s\to+\infty}s\frac{s}{s+1}=+\infty$$

由于

$$f(t)=\delta(t)-e^{-t}u(t)\overset{LT}{\longleftrightarrow}F(s)=1-\frac{1}{s+1}=\frac{s}{s+1}$$

所以

$$f(0_+)=\lim_{t\to0_+}[\delta(t)-e^{-t}u(t)]=\delta(0_+)-e^{-t}u(t)\mid_{t=0_+}=-1$$

显然，两者不一致，其原因在于信号在零点含有冲激。对于这种情况，若需要求 $f(t)$ 的初值，应对初值定理进行修改。若信号 $f(t)=A\delta(t)+f_1(t)$ 包含冲激函数，可以证明

$$f(0_+)=\lim_{s\to+\infty}s[F(s)-A]$$

因为 $f(t)\overset{LT}{\longleftrightarrow}F(s)=A+F_1(s)$，所以上式也可写成

$$f(0_+)=\lim_{s\to+\infty}sF_1(s)$$

式中，$F_1(s)$ 为真分式。故将 $F(s)$ 写为

$$F(s)=\frac{s}{s+1}=1-\frac{1}{s+1}=A+F_1(s)$$

可得

$$f(0_+)=\lim_{s\to+\infty}sF_1(s)=\lim_{s\to+\infty}-\frac{s}{s+1}=-1$$

例 4-44　因果信号 $f(t)$ 的单边拉普拉斯变换为 $F(s)=\dfrac{1}{s^2+s-1}$，求 $y(t)=e^{-2t}f(3t)$ 的单边拉普拉斯变换。

解：

$$f(3t)\overset{LT}{\longleftrightarrow}\frac{1}{3}F\left(\frac{s}{3}\right)=\frac{1}{3}\frac{1}{\left(\frac{s}{3}\right)^2+\frac{s}{3}-1}=\frac{3}{s^2+3s-9}$$

$$e^{-2t}f(3t)\overset{LT}{\longleftrightarrow}\frac{3}{(s+2)^2+3(s+2)-9}=\frac{3}{s^2+7s+1}$$

所以

$$Y(s)=\frac{3}{s^2+7s+1}$$

例 4-45 如图 4-12-3(a)所示 LTI 系统框图,已知当输入 $f(t)=u(t)$ 时系统的全响应为

$$y(t)=(1-\mathrm{e}^{-t}+3\mathrm{e}^{-3t})u(t)$$

(1) 求系统框图中的 a、b 和 c 的值。

(2) 求系统的零输入响应 $y_{zi}(t)$。

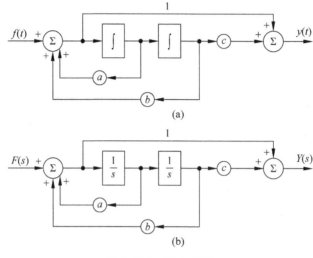

图 4-12-3 例 4-45 图

解:(1) 由已知的全响应表达式,可知系统的两个特征根为 $\alpha_1=-1$,$\alpha_2=-3$。

设零状态,画 s 域框图模型如图 4-12-3(b)所示,可写出系统函数为

$$H(s)=\frac{1+cs^{-2}}{1-as^{-1}-bs^{-2}}=\frac{s^2+c}{s^2-as-b}$$

由 $H(s)$ 分母多项式的特征多项式为

$$\alpha^2-a\alpha-b=(\alpha+1)(\alpha+3)=\alpha^2+4\alpha+3$$

比较两边系数得

$$a=-4,\quad b=-3$$

将 a、b 的数值代入 $H(s)$ 的表达式,得

$$H(s)=\frac{s^2+c}{s^2+4s+3}$$

因为

$$F(s)=\frac{1}{s}$$

所以

$$Y_{zs}(s)=H(s)F(s)=\frac{s^2+c}{s(s+1)(s+3)}$$

强迫响应象函数

$$Y_p(s)=\frac{\dfrac{c}{3}}{s}\leftrightarrow y_p(t)=\frac{c}{3}u(t)$$

再观察全响应,可知 $y_p(t)=u(t)$,所以 $c=3$。

（2）将 c 值代入零状态响应表达式中,得

$$Y_{zs}(s)=\frac{s^2+3}{s(s+1)(s+3)}=\frac{1}{s}-\frac{2}{s+1}+\frac{2}{s+3}$$

所以

$$y_{zs}(t)=(1-2e^{-t}+2e^{-3t})u(t)$$

故得

$$y_{zi}(t)=y(t)-y_{zs}(t)=(e^{-t}+e^{-3t})u(t)$$

4.13　习题

4.13.1　自测题

一、填空题

1. 由系统函数零、极点分布可以决定时域特性,对于稳定系统,在 s 平面其极点位于_____。

2. 一线性时不变连续时间系统是稳定系统的充要条件是 $H(s)$ 的极点位于 s 平面的_____。

3. $H(s)$ 的零点和极点中仅有_____决定了 $h(t)$ 的函数形式。

4. $H(s)$_____随系统的输入信号的变化而变化的。

5. 已知某系统的系统函数为 $H(s)$,唯一决定该系统单位冲激响应 $h(t)$ 函数形式的是 $H(s)$ 的_____。

6. 如图 4-13-1 所示系统,若 $H(s)=\dfrac{U_2(s)}{U_1(s)}=\dfrac{2}{s^2+2s+2}$,则 $L=$_____ H,$C=$_____ F。

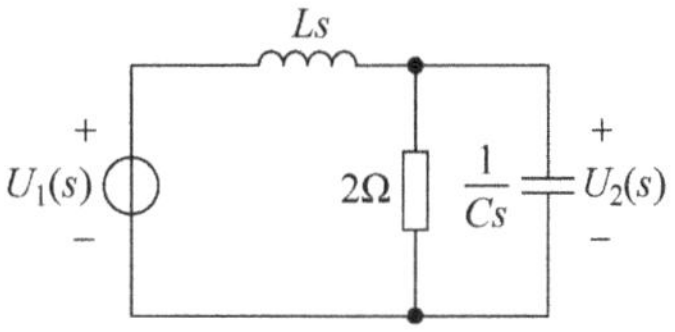

图 4-13-1　题 6 图

7. 某信号 $x(t)=t^2$,则该信号的拉普拉斯变换是_____。

8. 若信号为 $f(t)=e^{3t}$,则 $F(s)=$_____。

9. $\dfrac{3}{s^4+s+1}$ 的零点个数是_____,极点的个数是_____。

10. 求拉普拉斯逆变换的常用方法有_____、_____。

11. 若信号的单边拉普拉斯变换为 $\dfrac{3}{(s+2)}$,则 $f(t)=$_____。

12. 已知 $F(s)=\dfrac{(s+6)}{(s+2)(s+5)}$,则原函数 $f(t)$ 的初值为_____,终值为_____。

13. 已知 $F(s)=\dfrac{2s}{(s+2)(s+5)}$,则原函数 $f(t)$ 的初值为_____,终值为_____。

14. 已知象函数 $F(s)=\dfrac{4s}{s+2}$,则原函数的初值 $f(0_+)=$_____。

15. 已知线性时不变系统的频率响应函数 $H(\mathrm{j}\omega)=K\dfrac{(\mathrm{j}\omega+2)}{(\mathrm{j}\omega+5)(\mathrm{j}\omega+6)}$，若 $H(0)=4$，则 $K=$_____。

16. 若系统的系统函数为 $H(s)=\dfrac{4s+5}{s^2+5s+6}$，则该系统的冲激响应 $h(t)$ 为_____。

17. 系统函数 $H(s)=\dfrac{s+b}{(s+p_1)(s+p_2)}$，则 $H(s)$ 的极点为_____。

18. 单边拉普拉斯变换 $F(s)=\dfrac{\mathrm{e}^{-2(s+3)}}{s+3}$ 的原函数 $f(t)=$_____。

二、单项选择题

1. 连续信号 $f(t)=t\mathrm{e}^{at}u(t)$，该信号的拉普拉斯变换的收敛域为（　　）。

    A. $\sigma>a$ B. $\sigma>-a$ C. $\sigma>0$ D. $\sigma<-a$

2. 连续信号 $f(t)=t^n\mathrm{e}^{-at}u(t)$，该信号的拉普拉斯变换的收敛域为（　　）。

    A. $\sigma>a$ B. $\sigma>-a$ C. $\sigma>0$ D. $\sigma<-a$

3. 信号 $u(t)-u(t-2)$ 的拉普拉斯变换的收敛域为（　　）。

    A. $\operatorname{Re}[s]>0$ B. $\operatorname{Re}[s]>2$ C. 全 s 平面   D. 不存在

4. $f(t)=\mathrm{e}^t u(t)$ 的拉普拉斯变换为 $F(s)=\dfrac{1}{s-1}$，且收敛域为（　　）。

    A. $\operatorname{Re}[s]>0$ B. $\operatorname{Re}[s]<0$ C. $\operatorname{Re}[s]>1$ D. $\operatorname{Re}[s]<1$

5. $f(t)=\mathrm{e}^{2t}u(t)$ 的拉普拉斯变换及收敛域为（　　）。

    A. $\dfrac{1}{s+2},\operatorname{Re}[s]>-2$ B. $\dfrac{1}{s+2},\operatorname{Re}[s]<-2$

    C. $\dfrac{1}{s-2},\operatorname{Re}[s]>2$ D. $\dfrac{1}{s-2},\operatorname{Re}[s]<2$

6. $f(t)=u(t)-u(t-1)$ 的拉普拉斯变换为（　　）。

    A. $\dfrac{1}{s}(1-\mathrm{e}^{-s})$ B. $\dfrac{1}{s}(1-\mathrm{e}^{s})$ C. $s(1-\mathrm{e}^{-s})$ D. $s(1-\mathrm{e}^{s})$

7. 已知信号 $f(t)u(t)$ 的拉普拉斯变换为 $F(s)$，则信号 $f(at-b)u(at-b)$（其中 $a>0,b>0$）的拉普拉斯变换为（　　）。

    A. $\dfrac{1}{a}F\left(\dfrac{s}{a}\right)\mathrm{e}^{-\frac{b}{a}s}$ B. $\dfrac{1}{a}F\left(\dfrac{s}{a}\right)\mathrm{e}^{-bs}$ C. $\dfrac{1}{a}F\left(\dfrac{s}{a}\right)\mathrm{e}^{\frac{b}{a}s}$ D. $\dfrac{1}{a}F\left(\dfrac{s}{a}\right)\mathrm{e}^{bs}$

8. 已知信号 $x(t)$ 的拉普拉斯变换为 $X(s)$，则信号 $f(t)=\displaystyle\int_0^t \lambda x(t-\lambda)\mathrm{d}\lambda$ 的拉普拉斯变换为（　　）。

    A. $\dfrac{1}{s}X(s)$ B. $\dfrac{1}{s^2}X(s)$ C. $\dfrac{1}{s^3}X(s)$ D. $\dfrac{1}{s^4}X(s)$

9. 函数 $f(t)=\displaystyle\int_{-\infty}^{t-2}\delta(x)\mathrm{d}x$ 的单边拉普拉斯变换 $F(s)$ 等于（　　）。

    A. 1   B. $\dfrac{1}{s}$ C. e^{-2s} D. $\dfrac{1}{s}\mathrm{e}^{-2s}$

10. 若 $f(t)=e^{-2t}u(t)$, $h(t)=u(t)$, 则 $y(t)=f(t)*h(t)$ 的拉普拉斯变换为（　　）。

A. $\dfrac{1}{2}\left(\dfrac{1}{s}-\dfrac{1}{s+2}\right)$

B. $\dfrac{1}{2}\left(\dfrac{1}{s+2}-\dfrac{1}{s}\right)$

C. $\dfrac{1}{2}\left(\dfrac{1}{s}+\dfrac{1}{s+2}\right)$

D. $\dfrac{1}{4}\left(\dfrac{1}{s+2}-\dfrac{1}{s}\right)$

11. 信号 $f(t)=\sin\omega(t-2)u(t-2)$ 的拉普拉斯变换为（　　）。

A. $\dfrac{s}{s^2+\omega^2}e^{-2s}$

B. $\dfrac{s}{s^2+\omega^2}e^{2s}$

C. $\dfrac{\omega}{s^2+\omega^2}e^{2s}$

D. $\dfrac{\omega}{s^2+\omega^2}e^{-2s}$

12. 原函数 $e^{-\frac{1}{a}t}f\left(\dfrac{t}{a}\right)$ 的象函数为（　　）。

A. $\dfrac{1}{a}F\left(\dfrac{s}{a}+\dfrac{1}{a}\right)$　　B. $aF(as+1)$　　C. $aF(as+a)$　　D. $aF\left(as+\dfrac{1}{a}\right)$

13. 单边拉普拉斯变换 $F(s)=\dfrac{e^{-(s+2)}}{s+2}$ 的原函数 $f(t)$ 等于（　　）。

A. $e^{-2t}u(t-1)$

B. $e^{-2(-t-1)}u(t-1)$

C. $e^{-2t}u(t-2)$

D. $e^{-2(t-2)}u(t-2)$

14. 已知 $F(s)=\dfrac{4}{s(2s+3)}$, 则 $f(t)=$（　　）。

A. $\dfrac{4}{3}(1-e^{\frac{3}{2}t})$　　B. $\dfrac{4}{3}(1-e^{-\frac{3}{2}t})$　　C. $\dfrac{4}{3}(1+e^{\frac{3}{2}t})$　　D. $\dfrac{4}{3}(1+e^{-\frac{3}{2}t})$

15. $F(s)=\dfrac{s+2}{s^2+5s+6}$ 的拉普拉斯逆变换为（　　）。

A. $[e^{-3t}+2e^{-2t}]u(t)$

B. $[e^{-3t}-2e^{-2t}]u(t)$

C. $\delta(t)+e^{-3t}u(t)$

D. $e^{-3t}u(t)$

16. $F(s)=\dfrac{s+4}{s^2+6s+8}$ 的拉普拉斯逆变换为（　　）。

A. $[e^{-4t}-2e^{-2t}]u(t)$

B. $[e^{-4t}+2e^{-2t}]u(t)$

C. $\delta(t)+e^{-2t}u(t)$

D. $e^{-2t}u(t)$

17. 某信号 $x(t)$ 满足 $t<0$ 时其值为 0, 信号本身不含冲激或高阶奇异函数, 该信号的拉普拉斯变换为 $\dfrac{s+1}{s^2+5s+6}$, 则 $x(+\infty)$ 是（　　）。

A. 0　　　　　　　B. 1　　　　　　　C. 3　　　　　　　D. 6

18. 线性系统的系统函数 $H(s)=\dfrac{Y(s)}{F(s)}=\dfrac{s}{s+1}$, 若其零状态响应 $y(t)=(1-e^{-t})u(t)$, 则系统的输入 $f(t)=$（　　）。

A. $\delta(t)$　　　　　　B. $e^{-t}u(t)$　　　　　　C. $e^{-2t}u(t)$　　　　　　D. $tu(t)$

19. 线性非时变连续系统的冲激响应 $h(t)$ 取决于系统函数 $H(s)$ 的零、极点在 s 平面上的分布情况。$h(t)$ 的各分量的函数形式 $h_i(t)$ 取决于（　　）。

A. 相对应零点的位置

B. 相对应极点的位置

C. 相对应的零点和极点共同决定

D. 原点、零点和极点共同决定

20. 若连续系统是稳定的因果系统,则其零、极点分布的要求是(　　)。

　　A. 极点全都在 s 平面左半开平面　　　　B. 零点和极点在虚轴上

　　C. 极点全都在 s 平面右半开平面　　　　D. 零点和极点在 s 平面左半开平面

21. 已知某一线性时不变系统对信号 $x(t)$ 的零状态响应为 $4\dfrac{\mathrm{d}x(t-2)}{\mathrm{d}t}$,则该系统函数 $H(s)$ 为(　　)。

　　A. $4F(s)$　　　　B. $4se^{-2s}$　　　　C. $\dfrac{4e^{-2s}}{s}$　　　　D. $4X(s)e^{-2s}$

22. 如某一因果线性时不变系统的系统函数 $H(s)$ 的所有极点的实部都小于零,则(　　)。

　　A. 系统为非稳定系统　　　　　　　　B. $|h(t)|<\infty$

　　C. 系统为稳定系统　　　　　　　　　D. $\displaystyle\int_{0}^{\infty}|h(t)|\,\mathrm{d}t=0$

23. 如图 4-13-2 所示 ab 段电路是某复杂电路的一部分,其中电感 L 和电容 C 都含有初始状态,则该电路的复频域模型为(　　)。

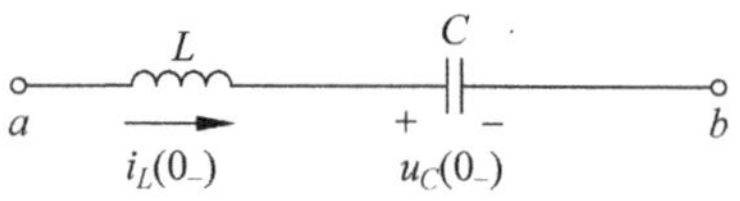

图 4-13-2　题 23 图

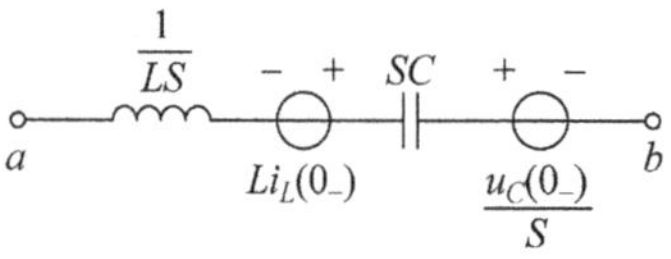

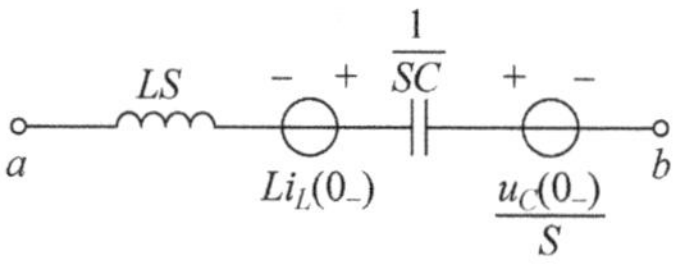

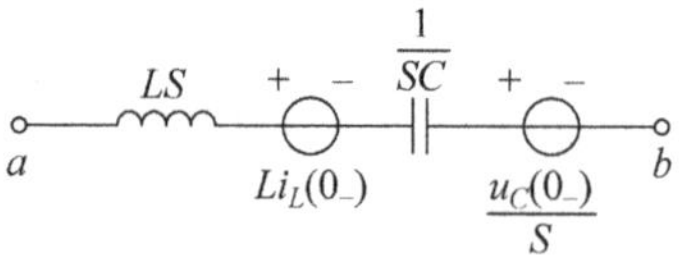

24. 线性系统的系统函数 $H(s)=\dfrac{Y(s)}{F(s)}=s+1$,则 $h(t)=$(　　)。

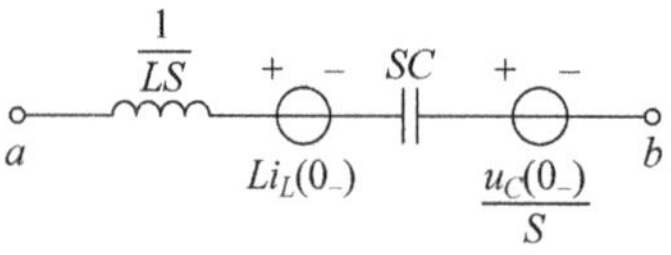

　　A. $\delta'(t)+\delta(t)$　　　　　　　　　　B. $e^{-t}u(t)$

　　C. $y(t)=(1-e^{-t})u(t)$　　　　　　　　D. $tu(t)$

25. 已知 $x(t)=(e^{-t}+e^{-3t})u(t)$, $y(t)=2(e^{-t}-e^{-4t})u(t)$,则 $H(\mathrm{j}\omega)$ 为(　　)。

　　A. $-\dfrac{3}{2}\left(\dfrac{1}{\mathrm{j}\omega+2}+\dfrac{1}{\mathrm{j}\omega+4}\right)$　　　　　　　　B. $\dfrac{3}{2}\left(\dfrac{1}{\mathrm{j}\omega+2}+\dfrac{1}{\mathrm{j}\omega+4}\right)$

　　C. $\dfrac{3}{2}\left(-\dfrac{1}{\mathrm{j}\omega+2}+\dfrac{1}{\mathrm{j}\omega+4}\right)$　　　　　　　　D. $\dfrac{3}{2}\left(\dfrac{1}{\mathrm{j}\omega+2}-\dfrac{1}{\mathrm{j}\omega+4}\right)$

26. 有一因果线性时不变系统,其频率响应 $H(\mathrm{j}\omega)=\dfrac{1}{\mathrm{j}\omega+2}$,对于某一输入 $x(t)$ 所得输出为 $y(t)=e^{-2t}u(t)-e^{-3t}u(t)$,则该输入 $x(t)$ 为(　　)。

　　A. $-e^{-3t}u(t)$　　　　B. $e^{-3t}u(t)$　　　　C. $-e^{3t}u(t)$　　　　D. $e^{3t}u(t)$

27. 系统结构框图如图 4-13-3 所示,该系统的单位冲激响应 $h(t)$ 满足的方程式为(　　)。

　　A. $\dfrac{\mathrm{d}y(t)}{\mathrm{d}t}+y(t)=x(t)$　　　　　　　　B. $h(t)=x(t)-y(t)$

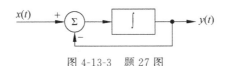

图 4-13-3 题 27 图

C. $\dfrac{\mathrm{d}h(t)}{\mathrm{d}t}+h(t)=\delta(t)$ 　　　　　D. $h(t)=\delta(t)-y(t)$

4.13.2 基础题

1. 求下列信号拉普拉斯变换的收敛域。

(1) $f_1(t)=u(t)$；　　　　　　　　(2) $f_2(t)=\sin(\omega_0 t)u(t)$；

(3) $f_3(t)=tu(t)$；　　　　　　　　(4) $f_4(t)=t^n u(t)$；

(5) $f_5(t)=\mathrm{e}^{3t}u(t)$；　　　　　　　(6) $f_6(t)=t^t u(t)$。

2. 求如图 4-13-4 所示三角脉冲信号的拉普拉斯变换。

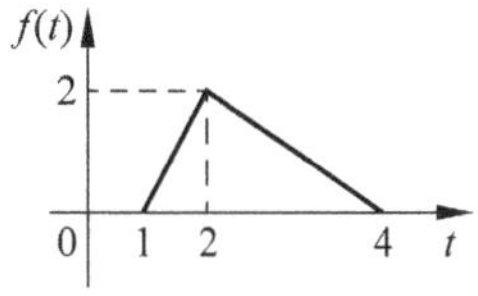

3. 已知 $u(t)\overset{\text{LT}}{\longleftrightarrow}\dfrac{1}{s},\mathrm{Re}[s]>0$，求下列信号的拉普拉斯变换。

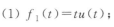

(1) $f_1(t)=tu(t)$；　　　(2) $f_2(t)=t^2 u(t)$；

(3) $f_3(t)=t^n u(t)$；　　　(4) $f_4(t)=t^n \mathrm{e}^{-\lambda t}u(t)$；

(5) $f_5(t)=\delta(t)$；　　　(6) $f_6(t)=\delta'(t)$；

图 4-13-4 题 2 图

(7) $f_7(t)=r(t)$。

4. 已知 $f(t)u(t)\overset{\text{LT}}{\longleftrightarrow}F(s)$，求信号 $f(t+t_0)u(t+t_0)$ 的单边拉普拉斯变换。

5. 已知 $f_1(t)=\mathrm{e}^{-\lambda t}u(t)$ 和 $f_2(t)=u(t)$，试求 $f_1(t)*f_2(t)$ 的拉普拉斯变换。

6. 求 $\mathrm{e}^{-\lambda t}\cos(\omega_0 t)u(t)$ 的拉普拉斯变换。

7. 已知 $F(s)=\dfrac{1}{s(s+2)}$，求 $f(t)$ 的初值和终值。

8. 已知 $f(t)\overset{\text{LT}}{\longleftrightarrow}F(s)$，$f_1(t)=f(at-b)u(at-b)$，$a>0,b>0$，求 $f_1(t)$ 的象函数。

9. 求下列拉普拉斯逆变换。

(1) $F_1(s)=\dfrac{s+1}{s^2+4s+4}$；　　　　　(2) $F_2(s)=\dfrac{s+5}{s^2+5s+6}$；

(3) $F_3(s)=\dfrac{s^2+s+2}{s^3+3s^2+2s}$；　　　　(4) $F_4(s)=\dfrac{2s+8}{s^2+4s+8}$；

(5) $F_5(s)=\dfrac{(s+4)\mathrm{e}^{-2s}}{s(s+2)}$；　　　　(6) $F_6(s)=\dfrac{2s}{(s^2+1)^2}$。

10. 已知连续时间系统满足微分方程

$$y''(t)+3y'(t)+2y(t)=4f'(t)+3f(t),\quad t\geqslant 0$$

已知 $y(0_-)=-2,y'(0_-)=3,f(t)=u(t)$，求系统的零输入响应 $y_{zi}(t)$，零状态响应 $y_{zs}(t)$ 和完全响应 $y(t)$。

11. 已知线性系统的微分方程为

$$y''(t)+5y'(t)+6y(t)=3f'(t)+f(t)$$

已知 $y(0_-)=-1, y'(0_-)=2, f(t)=e^{-t}u(t)$，求系统的零输入响应 $y_{zi}(t)$，零状态响应 $y_{zs}(t)$ 和完全响应 $y(t)$。

12. 如图 4-13-5 所示电路，已知 $u_s(t)=50\cos2tu(t)\text{V}$，初始状态 $u_1(0_-)=10\text{V}, u_2(0_-)=25\text{V}, R_1=20\Omega, R_2=24\Omega, R_3=30\Omega, C_1=\dfrac{1}{48}\text{F}, C_2=\dfrac{1}{24}\text{F}$，求电压 $u_2(t)$。

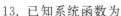

图 4-13-5 题 12 图

13. 已知系统函数为

$$H(s)=\frac{2s+8}{(s+2)(s+3)}$$

当输入 $f(t)=e^{-t}u(t)$，初始状态为 $y(0_-)=3, y'(0_-)=2$ 时，试求响应 $y(t)$。

14. 已知某系统的数学模型为

$$\frac{\mathrm{d}^2 y(t)}{\mathrm{d}t^2}+3\frac{\mathrm{d}y(t)}{\mathrm{d}t}+2y(t)=2\frac{\mathrm{d}f(t)}{\mathrm{d}t}+3f(t)$$

求该系统的系统函数 $H(s)$。

15. 求如图 4-13-6 所示电路的系统函数 $H(s)$。

16. 如图 4-13-7 所示电路，$R_1=R_2=1\Omega, L=1\text{H}, C=1\text{F}, u_{s1}(t)=\delta(t)\text{A}, u_{s2}(t)=u(t)\text{V}$，求零状态响应 $u_C(t)$。

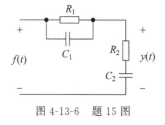

图 4-13-6 题 15 图

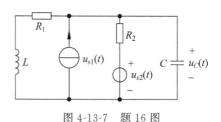

图 4-13-7 题 16 图

17. 如图 4-13-8 所示电路，以 $i(t)$ 为响应，已知 $R=1\Omega, C_1=C_2=1\text{F}$。

(1) 求单位冲激响应 $h(t)$；

(2) 已知 $f(t)=u(t), u_1(0_-)=0, u_2(0_-)=2\text{V}$，求全响应 $i(t)$。

18. 分别画出下列各系统函数的零、极点分布及冲激响应 $h(t)$ 的波形。

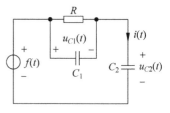

图 4-13-8 题 17 图

(1) $H_1(s)=\dfrac{s+1}{(s+1)^2+2^2}$；

(2) $H_2(s)=\dfrac{s}{(s+1)^2+2^2}$；

(3) $H_1(s)=\dfrac{(s+1)^2}{(s+1)^2+2^2}$。

19. 已知系统函数 $H(s)$ 的零、极点分布如图 4-13-9 所示，并知 $H(+\infty)=4$，求 $H(s)$ 的表达式。

20. 分析如图 4-13-10 所示两个电路的频率特性。

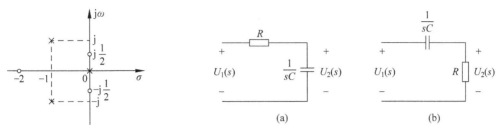

图 4-13-9 题 19 图   图 4-13-10 题 20 图

21. 判断下列因果系统是否稳定。

(1) $H_1(s) = \dfrac{s+3}{(s+1)(s+2)}$;

(2) $H_2(s) = \dfrac{s}{s^2 + \omega_0^2}$;

(3) $H_3(s) = \dfrac{1}{s}$;

(4) $H_4(s) = \dfrac{1}{s-2}$。

22. 已知 $H(s) = \dfrac{2s+3}{s^4 + 7s^3 + 16s^2 + 12s}$,试用级联形式、并联形式和混联形式的框图表示它。

23. 如图 4-13-11 所示系统,今欲使 $H(s) = \dfrac{Y(s)}{F(s)} = 2$,求子系统的传输函数 $H_1(s)$。

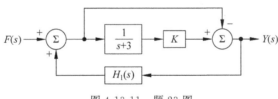

图 4-13-11 题 23 图

24. 试画出题 23 系统的信号流图,并用梅森公式求子系统函数 $H_1(s)$。

25. 求如图 4-13-12 所示信号流图的系统函数。

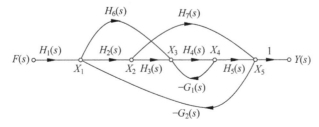

图 4-13-12 题 25 图

4.13.3 MATLAB 习题

1. 已知连续时间信号 $f(t)=\sin(2t)u(t)$，求出该信号的拉普拉斯变换，并用 MATLAB 绘制拉普拉斯变换的曲面图。

2. 试利用 MATLAB 绘制信号 $f(t)=u(t)-u(t-2)$ 的拉普拉斯变换的曲面图，观察曲面图在虚轴剖面上的曲线，并将其与信号傅里叶变换 $F(j\omega)$ 绘制的振幅频谱进行比较。

3. 已知连续系统的系统函数如下所示，试用 MATLAB 绘出系统的零、极点图。

(1) $F(s)=\dfrac{s^2-4}{s^4+s^3-3s^2+2s+3}$；

(2) $F(s)=\dfrac{s(s^2+4s+5)}{s^3+5s^2+16s+30}$。

4. 已知某连续系统的系统函数为

$$H(s)=\frac{s^2+3s+2}{8s^4+2s^3+3s^2+s+4}$$

试用 MATLAB 求出该系统的零、极点，画出零、极点分布图，并判断系统是否稳定。

5. 已知连续系统的零、极点分布如图 4-13-13 所示，试用 MATLAB 分析系统冲激响应 $h(t)$ 的时域特性。

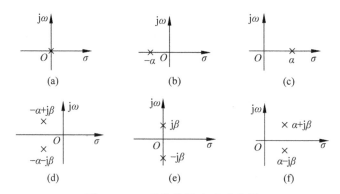

图 4-13-13　系统的零、极点分布图

6. 已知某二阶系统的零、极点分别为 $p_1=-\alpha_1$，$p_2=-\alpha_2$，$q_1=q_2=0$（二重零点），试用 MATLAB 分别绘出该系统在下列 3 种情况时，系统在 $0\sim1\text{kHz}$ 频率范围内的幅频响应曲线，说明该系统的作用，并分析极点位置对系统频率响应的影响。

(1) $\alpha_1=100$，$\alpha_2=200$；

(2) $\alpha_1=500$，$\alpha_2=1000$；

(3) $\alpha_1=2000$，$\alpha_2=4000$。

7. 利用 MATLAB 设计一个巴特沃兹低通滤波器，具体设计指标为

(1) 系统截止频率 $\omega_c=1000\text{Hz}$；

(2) 过渡带频率范围 $\Delta f=50\text{Hz}$；

(3) 阻带最大增益 $\varepsilon=0.03$。

试用 MATLAB 确定满足上述设计指标巴特沃兹低通滤波器的阶数 n，并绘出该滤波器的幅频响应曲线及零、极点分布图。

8. 已知连续信号的拉普拉斯变换为

(1) $F(s) = \dfrac{s+3}{s^3+4s}$;

(2) $F(s) = \dfrac{s^2+5s+4}{s^3+5s^2+6s}$。

试用 MATLAB 求其拉普拉斯逆变换 $f(t)$。

9. 已知某连续系统的系统函数为 $H(s) = \dfrac{s+4}{s^3+2s^2+2s}$，试用 MATLAB 求出该系统的

冲激响应 $h(t)$，并绘出其时域波形图，判断系统的稳定性。

第 4 章小结   第 4 章提高题

离散时间信号与

系统的时域分析

本章要点：

（1）离散时间信号及其时域特性和离散时间系统及其数学描述。

（2）线性时不变离散时间系统响应的时域求解，包括：系统的零输入响应、零状态响应及单位脉冲响应。

（3）卷积和计算。

（4）典型例题分析。

学习目标：

（1）了解离散信号的定义与时域特性。

（2）掌握离散信号的各种变换和运算。

（3）理解建立简单离散系统的数学模型——差分方程，并会求解。

（4）理解离散系统状态与初始状态（初始条件）的意义和内涵。

（5）掌握离散系统的零输入响应、零状态响应、全响应、单位脉冲响应的求解方法。

本章重点：

（1）离散时间信号的时域描述与时域特性。

（2）离散时间系统数学模型的建立。

（3）离散时间系统的时域分析。

5.1 离散时间信号及其时域特性

5.1.1 离散时间信号

离散时间信号简称离散信号（discrete signal），也称为序列，仅在一系列离散的时刻才有定义，记作 $x(n)$ 或 $y(n)$。它既可以表示按某一规律变化的一组数据，也可以是连续时间信号的样本。

如果 $x(n)$ 是通过观测得到的一组离散数据，则它可以用集合符号表示，如

$$x(n) = \{\cdots, 1.3, 2.5, 3.3, 1.9, 0, 4.1, 2, \cdots\} \tag{5-1-1}$$

其中，箭头处代表 $n=0$ 时的数据值。

如果对连续时间信号 $x(t)$（简称连续信号），也称为模拟信号（analog signal），以采样间隔 T 进行等间隔采样，便得到离散时间信号 $x(n)$

$$x(n) = x(t)\big|_{t=nT} = x(nT), \quad -\infty < n < +\infty \tag{5-1-2}$$

对于不同的 n 值，$x(nT)$ 是一个有序的数值序列

$$\{\cdots, x(-2T), x(-T), x(0), x(T), x(2T), \cdots\}$$

这里 n 取整数，非整数时无定义。该数值序列就是时域离散信号。在实际中，该数值序列的各个数值按顺序存放在存储器中，此时的 nT 仅代表前后顺序，故采样间隔 T 略去后形成 $x(n)$，称为序列。

因此，对于具体信号而言，$x(n)$ 既代表序列的第 n 个数值，也等于连续信号 $x(t)$ 在 nT 时刻的采样值。离散时间信号 $x(n)$ 随 n 的变化规律，还可以用公式法或图形法表示。若

$$x(n) = \frac{n(n+1)}{2}, \quad n = \cdots, -4, -3, -2, -1, 0, 1, 2, 3, \cdots \tag{5-1-3}$$

它的函数值是一个序列 $x(n) = \{\cdots, 6, 3, 1, 0, 0, 1, 3, 6, \cdots\}$，则式(5-1-3)为序列 $x(n)$ 的公式法表示；其图形法表示如图 5-1-1 所示，不同 n 处每条垂直线的端点为序列 $x(n)$ 实际的函数值。

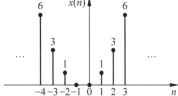

数字信号(digital signal)与离散时间信号不同，其区别在于，数字信号不仅在一系列离散时刻上有定义，而且定义的信号值是量化的，即数字信号在时间和幅度上的取值均为离散化的。今后所讨论的离散时间信号可以是数字信号，也可以不是，两者在分析方法上并无区别。

图 5-1-1 离散信号 $x(n)$ 的波形表示

视频讲解

5.1.2 离散时间信号的时域运算和变换

对离散时间信号的处理，实质就是对序列进行各种数学变换或数学运算转变为另一序列。在时域中最基本、最简单的变换(自变量运算)有反折、时移以及尺度变换；最基本、最简单的运算(因变量运算)有加法、乘法、数乘、累加和、倒相以及差分运算。这些变换或运算的处理过程可以通过算法用计算机来实现，也可以让序列通过不同的实体电路或系统来实现。同时，在实际中，这些变换或运算更是复杂处理过程的构成基础，因此，有必要介绍它们的基本概念。

1. 反折

将序列 $x(n)$ 的自变量 n 用 $-n$ 替换，生成新序列 $y(n) = x(-n)$，其波形是 $x(n)$ 以 $n=0$ 为轴的反转波形。参见 5.5 节例 5-21(1)。

2. 时移(时延、平移)

序列 $x(n)$ 右移或左移 n_0 个序号，生成新序列 $y(n) = x(n \mp n_0)$，右移取"$-$"号，左移取"$+$"号。参见 5.5 节例 5-21(2)、(3)。

3. 尺度

将序列 $x(n)$ 的自变量 n 用 mn 或 $\dfrac{n}{m}$ 替换，生成新序列 $y(n) = x(mn)$ 或 $y(n) = x\left(\dfrac{n}{m}\right)$ 称为对 $x(n)$ 的抽取或插值，也称为尺度变换。它是将原序列样本个数减少或增加的运算，对序列 $x(n)$ 的 m 倍抽取为 $y(n) = x(mn)$，表示序列 $x(n)$ 中每隔 $m-1$ 点抽取一样值；对序

列 $x(n)$ 的 m 倍插值为 $y(n)=x\left(\dfrac{n}{m}\right)$,表示序列 $x(n)$ 中每两点之间插入 $m-1$ 个零值。需要指出的是,$y(n)$ 仅在 mn 或 $\dfrac{n}{m}$ 为整数时才有意义,尺度变换可能会使部分信号丢失或改变,因此,在数字信号处理领域中,将专门研究序列的尺度变换,即序列的抽取或插值理论。参见 5.5 节例 5-21(6)、(7)。

4. 加法

序列的相加,是指两个序列 $x_1(n)$、$x_2(n)$ 同序号的数值逐项对应相加,而构成一个新的序列 $x(n)=x_1(n)+x_2(n)$,如图 5-1-2 所示。

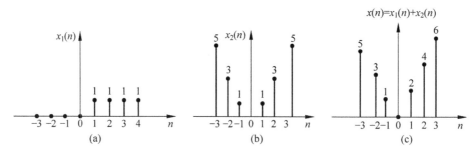

图 5-1-2　序列的加法

5. 乘法

序列的相乘,是指两个序列 $x_1(n)$、$x_2(n)$ 同序号的数值逐项对应相乘,而构成一个新的序列 $x(n)=x_1(n) \cdot x_2(n)$。

例 5-1　已知序列 $x_1(n)=\{0,0,0,0,\underset{\uparrow}{1},1,1,1\}$、$x_2(n)=\{6,3,1,0,0,\underset{\uparrow}{1},3,6\}$,试求 $x_1(n) \cdot x_2(n)$。

解: $x_1(n) \cdot x_2(n)=\{0,0,0,0,\underset{\uparrow}{0},1,3,6\}$

6. 数乘

序列的数乘定义为

$$y(n)=kx(n)$$

式中,k 为常数值,因此 $y(n)$ 是将序列 $x(n)$ 各序号的数值逐项乘以常数 k 后生成的一个新序列。

7. 累加和

序列的累加和定义为

$$y(n)=\sum_{i=-\infty}^{n} x(i)$$

这是与连续系统中的积分相对应的运算。

例 5-2　已知序列 $x(n)=\{0,0,0,0,\underset{\uparrow}{1},1,1,1\}$,试求 $x(n)$ 的累加和。

解: $y(n)=\displaystyle\sum_{i=-\infty}^{n} x(i)=\{0,0,0,0,\underset{\uparrow}{1},2,3,4\}$。

8. 倒相

序列的倒相定义为

$$y(n) = -x(n)$$

9. 差分

序列的差分运算分为前向差分和后向差分,一阶后向差分为 $\nabla x(n) = x(n) - x(n-1)$,一阶前向差分为 $\Delta x(n) = x(n+1) - x(n)$。参见 5.5 节例 5-21(9)、(10)。

5.1.3　常用的典型离散时间信号

本节介绍的单位样值序列、单位阶跃序列和斜变序列等常用的典型离散时间信号与相应的连续时间信号有一定的对应关系,但也有一些重要差别,在学习时,请读者特别注意比较它们之间的异同点。

1. 单位样值序列

$$\delta(n) = \begin{cases} 1, & n = 0 \\ 0, & n \neq 0 \end{cases} \tag{5-1-4}$$

单位样值序列也可以称为单位采样序列或单位脉冲序列,特点是仅在 $n = 0$ 时取值为 1,其他均为 0。它类似于连续信号的单位冲激函数 $\delta(t)$,但不同的是,$\delta(t)$ 在 $t = 0$ 时,取值无穷大,$t \neq 0$ 时取值为 0,对时间 t 的积分为 1。单位样值序列和单位冲激信号如图 5-1-3 所示。

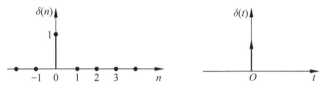

图 5-1-3　单位样值序列和单位冲激信号

2. 单位阶跃序列

$$u(n) = \begin{cases} 1, & n \geqslant 0 \\ 0, & n < 0 \end{cases} \tag{5-1-5}$$

单位阶跃序列如图 5-1-4 所示。它类似于模拟信号中的单位阶跃函数 $u(t)$。$\delta(n)$ 与 $u(n)$ 之间的关系如下

$$\delta(n) = u(n) - u(n-1) \tag{5-1-6}$$

$$u(n) = \sum_{i=0}^{\infty} \delta(n-i) \tag{5-1-7}$$

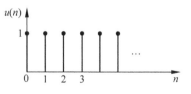

图 5-1-4　单位阶跃序列

可见,$\delta(n)$ 为 $u(n)$ 的一阶后向差分,若令 $n-i = m$,代入式(5-1-7)得到

$$u(n) = \sum_{m=0}^{n} \delta(m) \tag{5-1-8}$$

3. 单位矩形序列

$$R_N(n) = \begin{cases} 1, & 0 \leqslant n \leqslant N-1 \\ 0, & 其他 \end{cases} \tag{5-1-9}$$

式(5-1-9)中 N 称为单位矩形序列的长度。当 $N = 4$ 时,$R_4(n)$ 的波形如图 5-1-5 所示。单

位矩形序列可用单位阶跃序列表示为

$$R_N(n) = u(n) - u(n-N) \tag{5-1-10}$$

4. 斜变序列

斜变序列是包络为线性变化的序列,其波形如图 5-1-6 所示。斜变序列可表示为

$$x(n) = nu(n) \tag{5-1-11}$$

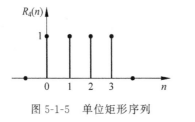

图 5-1-5　单位矩形序列

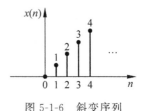

图 5-1-6　斜变序列

5. 实指数序列

$$x(n) = a^n, \quad a\text{ 为实数} \tag{5-1-12}$$

若 $|a| < 1$,则 $x(n)$ 的幅度随 n 的增大而减小,称 $x(n)$ 为收敛序列;若 $|a| > 1$,则 $x(n)$ 的幅度随 n 的增大而增大,称 $x(n)$ 为发散序列。其波形如图 5-1-7 所示。

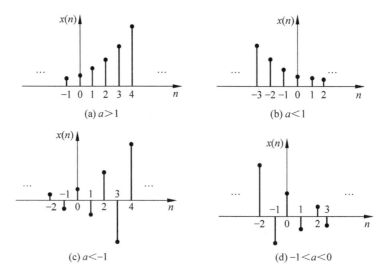

图 5-1-7　实指数序列

6. 正弦序列

若正弦序列变化的速率,或者相邻两个序列值之间变化的弧度数为 ω,称之为数字域角频率,其单位是弧度,则正弦序列可表示为

$$x(n) = \sin(\omega n) \tag{5-1-13}$$

或

$$x(n) = \cos(\omega n) \tag{5-1-14}$$

如果正弦序列是由模拟信号 $x(t)$ 采样得到的,采样间隔为 T,在数值上,序列值与信号采样值相等,那么

$$x(t) = \sin(\Omega t)$$

$$x(t) \mid_{t=nT} = \sin(\Omega nT)$$

$$x(n) = \sin(\omega n)$$

由此得到数字角频率 ω 与模拟角频率 Ω 之间的关系为

$$\omega = \Omega \cdot T \tag{5-1-15}$$

式(5-1-15)具有普遍意义,它表示凡是由模拟信号采样得到的序列,模拟角频率 Ω 与序列的数字角频率 ω 呈线性关系。由于采样频率 f_s 与采样周期 T 互为倒数,式(5-1-15)也可以表示成下式

$$\omega = \frac{\Omega}{f_s} \tag{5-1-16}$$

或

$$\Omega = \omega f_s \tag{5-1-17}$$

7. 虚指数序列

虚指数序列定义为

$$x(n) = e^{j\omega n} \tag{5-1-18}$$

利用欧拉公式可以建立虚指数序列和正弦序列之间的联系

$$\cos(\omega n) = \frac{1}{2}(e^{j\omega n} + e^{-j\omega n}) \tag{5-1-19}$$

$$\sin(\omega n) = \frac{1}{2j}(e^{j\omega n} - e^{-j\omega n}) \tag{5-1-20}$$

$$e^{j\omega n} = \cos(\omega n) + j\sin(\omega n) \tag{5-1-21}$$

值得注意的有以下两点。

(1) 由于 n 取整数,ω 为数字域频率,则下面等式成立

$$e^{j\omega n} = e^{j(\omega+2\pi M)n}, \quad M 是不为零的整数 \tag{5-1-22}$$

因此,研究离散时间虚指数序列时,信号的数字角频率 ω 只需在一个 2π 间隔内取值即可,也就是说,离散时间虚指数序列对于数字角频率 ω 具有周期性。

(2) 虚指数序列 $e^{j\omega n}$ 还可表示为

$$e^{j\omega n} = e^{j\omega(n+N)}, \quad N 是不为零的整数 \tag{5-1-23}$$

当

$$N = \frac{2\pi M}{\omega}, \quad M = 0, \pm 1, \pm 2 \tag{5-1-24}$$

即

$$\frac{\omega}{2\pi} = \frac{M}{N} = 有理数 \tag{5-1-25}$$

则离散时间虚指数序列对于自变量 n 具有周期性。

这两点结论同样适应于正弦序列。

8. 复指数序列

复指数序列定义为

$$x(n) = e^{(\sigma+j\omega)n} = a^n e^{j\omega n} = a^n \cos(\omega n) + j a^n \sin(\omega n) \tag{5-1-26}$$

其中,$a = e^{\sigma}$,式(5-1-26)表明复指数序列还可以用极坐标形式或实、虚部形式表示。实部、

虚部分别是幅度按指数规律变化的正弦序列。$|a|>1$ 为增幅正弦序列，$|a|<1$ 为衰减正弦序列，$|a|=1$ 为等幅正弦序列；$\omega=0$ 时复指数序列变为实指数序列。

以上介绍了 8 种常用典型序列，对任意序列，常用单位采样序列的移位加权和表示，即

$$x(n)=\sum_{m=-\infty}^{\infty}x(m)\delta(n-m) \tag{5-1-27}$$

式(5-1-27)中，

$$\delta(n-m)=\begin{cases}1, & n=m \\ 0, & n\neq m\end{cases} \tag{5-1-28}$$

例如，序列 $x(n)=\{-2,0.5,2,1,1.5,0,-1,2,1\}$，就可依据式(5-1-27)表示成

$$x(n)=-2\delta(n+2)+0.5\delta(n+1)+2\delta(n)+\delta(n-1)+1.5\delta(n-2)-$$
$$\delta(n-4)+2\delta(n-5)+\delta(n-6)$$

这种任意序列的表示方法，在信号分析中是一个很有用的公式。

5.1.4 MATLAB 实现

例 5-3 用 MATLAB 实现单位斜变序列 $x(n)=n,n\in[2,10]$。

解：编写在区间[2,10]内单位斜变序列的程序如下，执行该程序，绘制的波形如图 5-1-8 所示。

```
n = [2:1:10];
x = n;
stem(n,x,'filled');              % 绘制阶梯图
xlabel('n');                     % x轴说明
ylabel('x(n)');                  % y轴说明
title('Ramp Sequence');          % 图形说明
grid;                            % 加网格
```

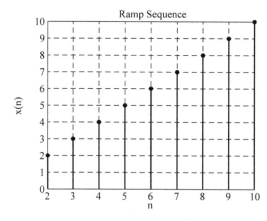

图 5-1-8 单位斜变序列

例 5-4 用 MATLAB 画出正弦序列 $x_1(n)=\cos(n\pi/8),x_2(n)=\cos(2n)$ 的时域波形图，并观察它们的周期性。

解：为用 MATLAB 将上述序列的时域波形绘制出来，编写的程序如下。

```
n = 0:40;
subplot(2,1,1);                              % 选择 2 * 1 个区中的 1 号区
stem(n,cos(n * pi/8),'filled');              % stem 函数绘制阶梯图
title('cos(n * pi/8)');                      % 图形说明
subplot(2,1,2);                              % 选择 2 * 1 个区中的 2 号区
stem(n,cos(2 * n),'filled');
title('cos(2 * n)');                         % 图形说明
```

MATLAB 绘制的序列波形如图 5-1-9 所示。由绘制的波形序列图可以明显看出，序列 $x_1(n) = \cos(n\pi/8)$ 为周期序列，序列 $x_2(n) = \cos(2n)$ 为非周期序列。分析可知，对序列 $x_1(n) = \cos(n\pi/8)$，其角频率 $\omega = \dfrac{\pi}{8}, \dfrac{2\pi}{\omega} = 16$，故该序列是周期序列，且周期为 16。对序列 $x_2(n) = \cos(2n)$，其角频率 $\omega = 2, \dfrac{2\pi}{\omega} = \pi$（无理数），故该序列是非周期序列。

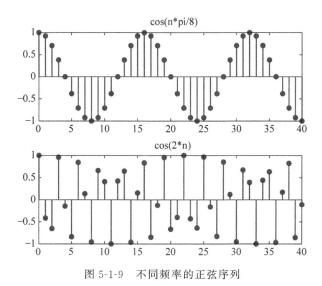

图 5-1-9　不同频率的正弦序列

例 5-5　用 MATLAB 画出序列 $x_1(n) = \left(\dfrac{5}{4}\right)^n u(n), x_2(n) = \left(-\dfrac{3}{4}\right)^n u(n)$ 的时域波形图，并观察两序列的时域特性。

解：应用 MATLAB 编写的实现程序如下。

```
n = 0:15;
subplot(2,1,1);
x = (5/4).^n;                                % 第一个指数函数
stem(n,x,'filled');xlabel('n');title('x1(n)')
subplot(2,1,2);
x = ( - 3/4).^n;                             % 第二个指数函数
stem(n,x,'filled');xlabel('n');title('x2(n)')
```

绘制的离散实指数序列的波形如图 5-1-10 所示。由程序绘制的序列波形图可以看出，对离散时间实指数序列 $x(n) = a^n$，当 a 的绝对值大于 1 时，序列为发散的序列，当 a 的绝对值小于 1 时，序列为随机收敛的序列。

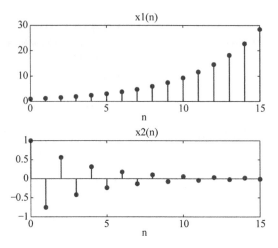

图 5-1-10　离散时间序列的波形图

1. 绘制常用序列

1) 单位序列

MATLAB 绘制单位序列 $\delta(n+n_0)$ 的子程序如下,其中 n_0 为 $\delta(n)$ 在时间轴上的位移量, $n_0 < 0$ 则右移, $n_0 > 0$ 则左移, n_1, n_2 为时间序列的起始时间序号,且 $n_1 \leqslant n_0 \leqslant n_2$。

```
function dwxulie(n1,n2,n0)
n = n1:n2;
k = length(n);
f = zeros(1,k);
f(1, - n0 - n1 + 1) = 1;
stem(n,f,'filled')
axis([n1,n2,0,1.5])
title('单位序列 δ(n)')
```

调用 dwxulie(−5,−5,0),波形如图 5-1-11 所示。

2) 单位阶跃序列

绘制单位阶跃序列 $u(n+n_0)$ 的 MATLAB 子程序(n_0, n_1, n_2 的含义同上)如下:

```
function jyxulie(n1,n2,n0)
n = n1: - n0 - 1;
nn = - n0:n2;
k = length(n);
kk = length(nn);
u = zeros(1,k);
uu = ones(1,kk);
stem(nn,uu,'filled')
hold on
stem(n,u,'filled')
hold off
title('单位阶跃序列')
axis([n1 n2 0 1.5])
```

调用 jyxulie(−3,8,0),波形如图 5-1-12 所示。

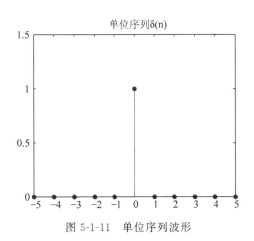

图 5-1-11 单位序列波形

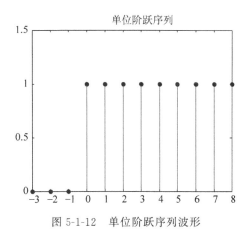

图 5-1-12 单位阶跃序列波形

3) 离散时间实指数序列

绘制实指数序列波形的子程序如下：

```
function dszsu(c,a,n1,n2)
%c: 指数序列的幅度
%a: 指数序列的底数
%n1: 绘制序列的起始序号
%n2: 绘制序列的终止序号
n = n1:n2;
x = c * (a.^n);
stem(n,x,'filled')
hold on
plot([n1,n2],[0,0])
hold off
```

4) 离散时间虚指数序列

绘制虚指数序列波形的子程序如下：

```
function[] = dxzsu(n1,n2,w)
%n1: 绘制波形的虚指数序列的起始时间序号
%n2: 绘制波形的虚指数序列的终止时间序号
%w: 虚指数序列的角频率
k = n1:n2;
f = exp(i * w * k);
Xr = real(f)
Xi = imag(f)
Xa = abs(f)
Xn = angle(f)
subplot(2,2,1), stem(k,Xr,'filled'),title('实部');
subplot(2,2,3), stem(k,Xi,'filled'),title('虚部');
subplot(2,2,2), stem(k,Xa,'filled'),title('模');
subplot(2,2,4), stem(k,Xn,'filled'),title('相角');
```

5) 复指数序列

绘制复指数序列时域波形的子程序如下：

```
function dfzsu(n1,n2,r,w)
% n1: 绘制波形的虚指数序列的起始时间序号
% n2: 绘制波形的虚指数序列的终止时间序号
% w: 虚指数序列的角频率
% r: 指数序列的底数
k = n1:n2;
f = (r * exp(i * w)).^k;
Xr = real(f);
Xi = imag(f);
Xa = abs(f);
Xn = angle(f);
subplot(2,2,1), stem(k,Xr,'filled'),title('实部');
subplot(2,2,3), stem(k,Xi,'filled'),title('虚部');
subplot(2,2,2), stem(k,Xa,'filled'),title('模');
subplot(2,2,4), stem(k,Xn,'filled'),title('相角');
```

调用 dfzsu(0,20,-3,10),波形如图 5-1-13 所示。

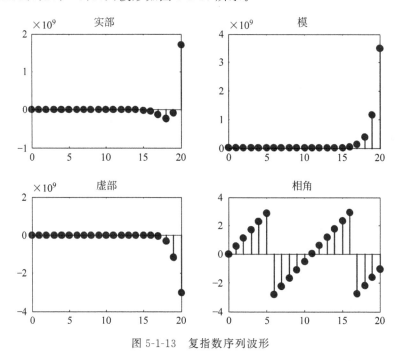

图 5-1-13　复指数序列波形

2. 离散序列的时域运算及时域变换

对于离散序列来说,序列相加、相乘是将两序列对应时间序号的值逐项相加或相乘,平移、反折及倒相变换与连续信号的定义完全相同。但需注意,与连续信号不同的是,在MATLAB 中,离散序列的时域运算和变换不能用符号运算来实现,而必须用向量表示的方法,即在 MATLAB 中离散序列的相加、相乘需表示成两个向量的相加、相乘,因而参与运算的两序列向量必须具有相同的维数。

1) 离散序列相加及其结果可视化的实现

下面的函数对于相加运算的二序列向量 f_1、f_2 通过补零的方式成为同维数的二序列向量 s_1、s_2。因而在调用该函数时,要进行相加运算的二序列向量维数可以不同。

```
function [f,n] = lsxj(f1,f2,n1,n2)
n = min(min(n1),min(n2)):max(max(n1),max(n2));
s1 = zeros(1,length(n));
s2 = s1;
s1(find((n > = min(n1))&(n < = max(n1)) == 1)) = f1;
s2(find((n > = min(n2))&(n < = max(n2)) == 1)) = f2;
f = s1 + s2;
stem(n,f,'filled')
axis([(min(min(n1),min(n2)) - 1),(max(max(n1),max(n2)) + 1),(min(f) - 0.5),(max(f) + 0.5)]);
```

2）离散序列相乘及其结果可视化的实现

与相加运算类似，自行编制子函数并举例验证。

3）离散序列反折及 MATLAB 实现

离散序列的反折，即是将表示离散序列的两向量以零时刻的取值为基准点，以纵轴为对称反折，向量的反折可用 MATLAB 中的 fliplr() 函数实现。

下面就是用 MATLAB 来实现离散序列反折及其结果可视化的子函数。

```
function [f,n] = lsfz(f1,n1)
f = fliplr(f1);n = - fliplr(n1);
stem(n,f,'filled');
axis([min(n) - 1,max(n) + 1, min(f) - 0.5,max(f) + 0.5]);
```

4）离散序列平移及 MATLAB 实现

离散序列的平移可看作是将离散序列的时间序号向量平移，而表示对应时间序号点的序列样值不变，当序列向左移动 n_0 个单位时，所有时间序号向量都减小 n_0 个单位，反之则增加 n_0 个单位。可用下面的子函数来实现。

```
function [f,k] = lsyw(ff,nn,n0)
n = nn + n0;f = ff;
stem(n,f,'filled');
axis([min(n) - 1,max(n) + 1,min(f) - 0.5,max(f) + 0.5]);
```

5）离散序列倒相变换及 MATLAB 实现

离散序列的倒相可看作是将表示序列样值的向量取反，而对应的时间序号向量不变得到的离散时间序列。可用下面的子函数来实现。

```
function [f, nk] = lsdx(ff,nn)
f = - ff;
n = nn;
stem(n,f,'filled');
axis([min(n) - 1,max(n) + 1,min(f) - 0.5,max(f) + 0.5]);
```

5.2　离散时间系统及其数学描述

用于传输和处理离散时间信号的系统称为离散时间系统，简称离散系统。其作用是将输入序列 $x(n)$ 转变为输出序列 $y(n)$，输入、输出序列和离散系统的相互关系如图 5-2-1 所示，即离散系

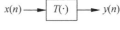

图 5-2-1　离散时间系统

统的功能是完成激励信号 $x(n)$ 转变为响应信号 $y(n)$ 的运算,记为

$$y(n) = T[x(n)] \tag{5-2-1}$$

数字计算机、数字通信系统和数字控制系统的主要部分均属于离散系统。随着数字技术和计算机技术的飞速发展,鉴于离散系统在精度、抗干扰能力和可集成化等方面,比连续系统具有更大的优越性,大量原属于连续信号与系统的问题,越来越多地转化成离散信号与系统的问题加以处理。

关于离散信号与系统的分析,在许多方面都与连续信号与系统的分析相类似,两者之间具有一定的平行关系。在系统特性的描述方面,连续系统输入-输出关系的数学模型是微分方程,离散时间系统输入-输出关系的数学模型是差分方程;在系统分析方法方面,连续系统有时域、频域和 s 域分析法,离散系统有时域、频域和 z 域分析法;在系统响应的分解方面,则都可以分解为零输入响应和零状态响应等。

无疑,在进行离散信号与系统的学习时,经常把它与连续信号与系统相对比,这对于其分析方法的理解、掌握和运用是很有帮助的。但应该指出,既然是两类不同的问题,离散信号与系统有自己的特殊性,和连续信号与系统必然存在一些差别,学习时也应该注意这些差别。

视频讲解

5.2.1 离散时间系统的性质

以下讨论线性时不变(LTI)离散系统的主要特性,包括线性(叠加性和齐次性)、时不变性和因果性。

1. 线性

线性包含两个重要的概念,即齐次性和叠加性。系统的齐次性是指当输入信号增加为原来的 a 倍(数乘运算)时,响应 $y(n)$ 也增加为原来的 a 倍,如图 5-2-2 所示;系统的叠加性是指当几个激励信号同时作用于系统时,系统的总响应等于每个激励单独作用所产生的响应之和,如图 5-2-3 所示。

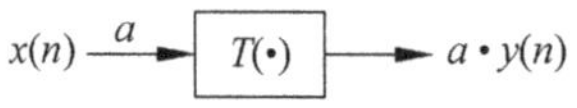

$$x(n) \xrightarrow{\ a\ } \boxed{T(\cdot)} \longrightarrow a \cdot y(n)$$

图 5-2-2 线性时不变(LTI)离散系统的齐次性

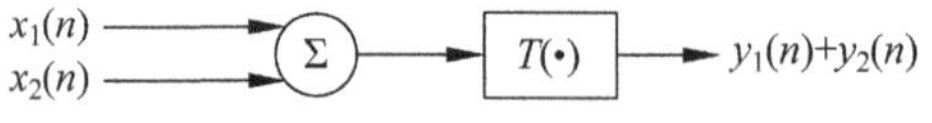

$$\begin{array}{c} x_1(n) \longrightarrow \\ x_2(n) \longrightarrow \end{array} \enspace \Sigma \longrightarrow \boxed{T(\cdot)} \longrightarrow y_1(n)+y_2(n)$$

图 5-2-3 线性时不变(LTI)离散系统的叠加性

2. 线性和非线性离散时间系统

同时具有齐次性与叠加性的系统为线性系统,如图 5-2-4 所示;不满足齐次性或叠加性的系统为非线性系统。

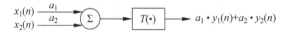

图 5-2-4 线性时不变(LTI)离散系统的线性

3. 时变与时不变离散时间系统

如果一个系统当输入有一个时间上的平移,输出也产生相同的平移,除此之外无其他任何变化,则系统是时不变的；换句话说,当 $y(n)=T[x(n)]$ 时,若有

$$y(n-n_0)=T[x(n-n_0)] \tag{5-2-2}$$

则系统是时不变的,否则系统是时变的。

系统是否是时变的,其检验方法如下。

令

$$y_1(n)=T[x_1(n)] \tag{5-2-3}$$

$$y_2(n)=T[x_2(n)]=T[x_1(n-n_0)] \tag{5-2-4}$$

考查一下 $y_2(n)$ 是否等于 $y_1(n-n_0)$？若相等,则系统是时不变的；若不相等,则系统是时变的。

例 5-6　已知系统 $y(n)=T[x(n)]=(n+1)\cdot x(n)$,判断其时变特性。

解：令

$$y_1(n)=T[x_1(n)]=(n+1)\cdot x_1(n)$$

则

$$y_1(n-n_0)=(n-n_0+1)\cdot x_1(n-n_0)$$

而

$$y_2(n)=T[x_2(n)]=(n+1)\cdot x_2(n)=(n+1)\cdot x_1(n-n_0)$$

因为 $y_2(n)\neq y_1(n-n_0)$,所以该系统是时变的。

4. 因果与非因果系统

在任何时刻系统的输出都只与该时刻以及该时刻以前的输入有关,而与该时刻以后的输入无关,则系统是因果的；如果系统在某时刻的输出与以后的输入有关,则系统为非因果的。

一切物理可实现的连续时间系统都是因果的。对非实时处理的离散时间系统可以实现非因果系统,即先存储、后处理。

例 5-7　已知系统一的输入输出关系为 $y(n)=x(-n)$,系统二的输入输出关系为 $y(n)=x(n)-x(n-1)$,试判断它们的因果特性。

解：系统一在 $n<0$ 时的响应决定于 $n>0$ 以后的输入,所以是非因果系统。

系统二在 n 时刻的响应决定于 n 和 $n-1$ 时刻的输入,所以是因果系统。

5.2.2　离散时间系统的数学模型——差分方程

LTI 离散时间系统的输入是离散序列及其延时信号 $x(n),x(n-1),x(n-2),\cdots$,输出是离散序列及其延时信号 $y(n),y(n-1),y(n-2),\cdots$,则输入和输出及其延时、系数乘和相加等线性组合的一般表示如下

$$a_N y(n-N)+a_{N-1}y(n-N+1)+\cdots+a_1 y(n-1)+y(n)$$

$$=b_0 x(n)+b_1 x(n-1)+\cdots+b_M x(n-M) \tag{5-2-5}$$

即

$$y(n)=-\sum_{i=1}^{N}a_i y(n-i)+\sum_{j=0}^{M}b_j x(n-j) \tag{5-2-6}$$

其中,a_i 和 b_j 为常数,$M \leqslant N$,N 为阶数,式(5-2-6)称为后向(或右移序)N 阶常系数线性差分方程,它描述了离散时间系统的输入-输出关系,也称为离散时间系统的数学模型。

差分方程不仅可以用来描述离散时间系统的输入-输出关系,求解微分方程也往往可以借助进行。目前已经知道常系数线性微分方程是 LTI 连续时间系统的数学模型,因此在连续和离散之间可以作某种近似。

例 5-8 对一阶常系数线性微分方程(5-2-7)做变化,近似为差分方程。

$$y'(t) + a_0 y(t) = b_0 x(t) \tag{5-2-7}$$

解:当 $t = nT$,若时间间隔 T 足够小,$y(t)$ 代换为 $\dfrac{y(n) + y(n-1)}{2}$,$\dfrac{\mathrm{d}y(t)}{\mathrm{d}t}$ 代换为 $\dfrac{1}{T}[y(n) - y(n-1)]$,则有

$$\frac{1}{T}[y(n) - y(n-1)] + a_0 \frac{y(n) + y(n-1)}{2} = b_0 x(n)$$

整理得

$$(a_0 T - 2) y(n-1) + (2 + a_0 T) y(n) = 2T b_0 x(n) \tag{5-2-8}$$

可见,T 足够小时,式(5-2-7)的一阶常系数线性微分方程近似为式(5-2-8)的一阶常系数线性差分方程,两者在形式上极其相似,且 T 越小,近似程度越好。实际上,利用计算机求解微分方程就是依据这一原理将微分方程近似为差分方程再进行计算的。

以后会逐步看到,不仅微分方程与差分方程在形式上的相似,离散时间信号与系统的分析方法和连续时间信号与系统的分析方法也有着对应的相似关系。

5.2.3 离散时间系统的模拟

连续时间系统可以通过模拟器件,如晶体管、电阻、电容和电感等构成的某种电路来实现,从而完成对连续信号的处理;离散时间系统可用适当的运算单元连接起来加以模拟或实现,从而完成对离散信号的运算处理——数值计算。

1. 基本运算单元

离散时间系统的基本运算单元有延时器、加法器和标量乘法器,如图 5-2-5 所示。它们反映或表示了离散时间系统输入和输出的最基本运算关系,通过基本运算单元架构了有序且更复杂的系统。

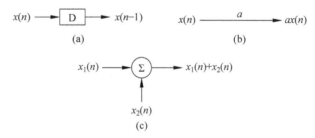

图 5-2-5 离散时间系统的基本运算单元

例 5-9 某离散时间系统由延时器、加法器和标量乘法器组成,其结构如图 5-2-6 所示,求该系统的输入-输出关系,即差分方程。

解：由图 5-2-6 知加法器输出为 $x(n)+ay(n-1)$，则系统输出为

$$y(n)=x(n)+ay(n-1)$$

即系统的输入-输出关系——差分方程为

$$-ay(n-1)+y(n)=x(n)$$

可见，这是一个一阶离散时间系统。

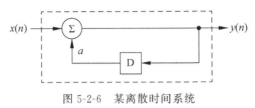

图 5-2-6　某离散时间系统

2. 系统模拟

如何用延时器、加法器和标量乘法器等基本运算单元模拟离散时间系统？ 例 5-9 表明，若已知系统结构或系统模拟图，则可以唯一地确定系统的输入-输出关系——差分方程。相反，依据离散时间系统的输入-输出关系，即差分方程，也可完成系统模拟，得到系统结构。

例 5-10　已知离散时间系统的差分方程

$$y(n)-\frac{7}{12}y(n-1)+\frac{1}{12}y(n-2)=x(n)-\frac{1}{2}x(n-1)$$

试画出其模拟图。

解：显然，这是一个二阶离散时间系统，由差分方程得

$$y(n)=\frac{7}{12}y(n-1)-\frac{1}{12}y(n-2)+x(n)-\frac{1}{2}x(n-1)$$

注意系统的输入为 $x(n)$，输出为 $y(n)$，得到系统模拟如图 5-2-7 所示。

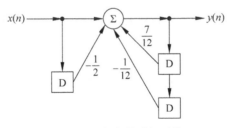

图 5-2-7　某离散时间系统

在实际中，由差分方程完成系统模拟，方法不止一种，模拟图也不唯一。对于一般形式的差分方程

$$y(n)=-\sum_{k=1}^{N}a_k y(n-k)+\sum_{r=0}^{M}b_r x(n-r),\quad N>M$$

图 5-2-8 给出了 3 种形式的模拟图，图 5-2-8(a)称为直接 I 型，例 5-10 就属于这种形式；直接 I 型模拟图中级联的两部分交换后变形为图 5-2-8(b)；图 5-2-8(b)结构图简化后变形为图 5-2-8(c)结构图，称之为直接 II 型。

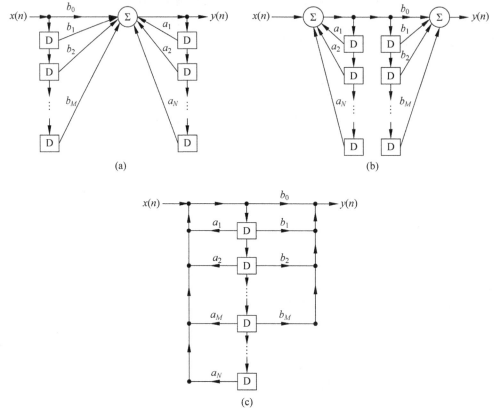

图 5-2-8　离散时间系统的一般结构形式——模拟图

5.3　离散时间系统的响应——时域分析

建立了系统的差分方程后,主要任务之一就是求解这个差分方程,其目的是获得 LTI 离散时间系统的响应。从时域求解常系数线性差分方程的常用方法有递推法、时域经典法、全响应法等,以下将分别详细讨论;变换域求解的方法将在第 6 章介绍;状态变量分析法将在第 7 章介绍。

5.3.1　差分方程的时域求解

1. 递推法

描述 N 阶离散时间 LTI 系统的 N 阶后向常系数差分方程为

$$y(n) = -\sum_{i=1}^{N} a_i y(n-i) + \sum_{j=0}^{M} b_j x(n-j) \tag{5-3-1}$$

已知 N 个初始状态 $y(-1), y(-2), \cdots, y(-N)$ 和输入,依据该式可递推求得 $y(n)$。递推法思路清晰,便于编写计算程序,可方便地得到差分方程的数值解,但不易得到解析形式的解。

例 5-11　一阶系统的常系数线性差分方程为 $y(n) - 0.5y(n-1) = x(n)$,已知系统初

始状态 $y(-1)=1$,输入为 $x(n)=u(n)$,用递推法求解差分方程。

解：由差分方程得

$$y(n)=0.5y(n-1)+u(n)$$

则

$$y(0)=0.5y(-1)+u(0)=0.5\times1+1=1.5$$
$$y(1)=0.5y(0)+u(1)=0.5\times1.5+1=1.75$$
$$y(2)=0.5y(1)+u(2)=0.5\times1.75+1=1.875$$
$$\vdots$$

2. 时域经典法

如果单输入-单输出的离散时间 LTI 系统的激励为 $x(n)$,响应为 $y(n)$,则描述激励 $x(n)$ 与响应 $y(n)$ 之间关系的 N 阶常系数差分方程的解,由齐次解 $y_h(n)$ 和特解 $y_p(n)$ 两部分组成,即

$$y(n)=y_h(n)+y_p(n) \tag{5-3-2}$$

齐次解的形式由齐次方程的特征根确定,特解的形式由差分方程中激励信号的形式确定。

1) 齐次解 $y_h(n)$

后向 N 阶常系数线性差分方程的齐次方程为

$$\sum_{i=0}^{N}a_iy(n-i)=0 \tag{5-3-3}$$

其特征方程为

$$a_0+a_1\lambda^{-1}+\cdots+a_{N-1}\lambda^{-(N-1)}+a_N\lambda^{-N}=\sum_{i=0}^{N}a_i\lambda^{-i}=0 \tag{5-3-4}$$

或

$$a_0\lambda^N+a_1\lambda^{N-1}+\cdots+a_{N-1}\lambda+a_N=\sum_{i=0}^{N}a_i\lambda^{N-i}=0 \tag{5-3-5}$$

特征方程的根称为特征根,N 阶差分方程有 N 个特征根 $\lambda_i(i=1,2,\cdots,N)$,根据特征根的不同情况,齐次解有如下不同的形式。

（1）特征根为不等的实根,即单根 $\lambda_1,\lambda_2,\cdots,\lambda_N$,齐次解的通式为

$$y_h(n)=c_1\lambda_1^n+c_2\lambda_2^n+\cdots+c_N\lambda_N^n=\sum_{i=1}^{N}c_i\lambda_i^n \tag{5-3-6}$$

（2）特征根 λ 为 N 阶重根,即 $\lambda_1=\lambda_2=\cdots=\lambda_N=\lambda$,齐次解的通式为

$$y_h(n)=c_1\lambda^n+c_2n\lambda^n+\cdots+c_Nn^{N-1}\lambda^n=\sum_{i=1}^{N}c_in^{i-1}\lambda^n \tag{5-3-7}$$

（3）如果 λ 是特征方程的 r 重特征根,即 r 个重根 $\lambda_1=\lambda_2=\cdots=\lambda_r=\lambda$,其余 $N-r$ 个根是单根 $\lambda_j(j=r+1,r+2,\cdots,N)$,齐次解的通式为

$$y_h(n)=c_1\lambda^n+c_2n\lambda^n+\cdots+c_rn^{r-1}\lambda^n+c_{r+1}\lambda_{r+1}^n+\cdots+c_N\lambda_N^n$$
$$=\sum_{i=1}^{r}c_in^{i-1}\lambda^n+\sum_{j=r+1}^{N}c_j\lambda_j^n \tag{5-3-8}$$

（4）特征方程有共轭复根 $\lambda_1=\alpha+\mathrm{j}\beta=\rho\mathrm{e}^{\mathrm{j}\omega}$,$\lambda_2=\alpha-\mathrm{j}\beta=\rho\mathrm{e}^{-\mathrm{j}\omega}$,齐次解的通式为

$$y_h(n)=c_1\rho^n\cos(n\omega)+c_2\rho^n\sin(n\omega) \tag{5-3-9}$$

式中的待定系数 $c_1, c_2, \cdots, c_N$ 在全解(齐次解＋特解)的形式确定后,再由给定的 N 个初始条件来求得。

2) 特解 $y_p(n)$

差分方程特解的形式与激励信号的形式有关。表 5-3-1 列出常用激励信号所对应的特解通式。选定特解后,把它代入到原差分方程,求出其中的待定系数 A 或 $A_0, A_1, \cdots, A_N$,就得出方程的特解。

表 5-3-1　常用激励信号所对应的特解通式

激励信号 $x(n)$ 形式	特解 $y_p(n)$ 的通式
$u(n)$	A
a^n(a 不等于差分方程的特征根)	Aa^n
a^n(a 等于差分方程的单特征根)	Ana^n
a^n(a 等于差分方程的 r 重特征根)	$[A_r n^r + A_{r-1} n^{r-1} + \cdots + A_1 n + A_0]a^n$
n^N	$A_N n^N + A_{N-1} n^{N-1} + \cdots + A_1 n + A_0$
$a^n n^N$	$a^n[A_N n^N + A_{N-1} n^{N-1} + \cdots + A_1 n + A_0]$
$\sin(n\omega)$ 或 $\cos(n\omega)$	$A_1 \cos(n\omega) + A_2 \sin(n\omega)$
$a^n \sin(n\omega)$ 或 $a^n \cos(n\omega)$	$a^n[A_1 \cos(n\omega) + A_2 \sin(n\omega)]$

3) 完全解 $y(n) = y_h(n) + y_p(n)$

求线性差分方程的完全解,一般步骤如下。

(1) 写出与该差分方程相对应的特征方程,求特征根,并写出其齐次解通式。

(2) 根据原差分方程的激励信号的形式,写出其特解的通式。

(3) 将特解通式代入原差分方程求出待定系数,确定特解形式。

(4) 写出原差分方程的通解的一般形式(即齐次解＋特解)。

(5) 把初始条件代入,求出齐次解的待定系数值,便可得到差分方程的全解。

例 5-12　描述某离散系统的差分方程为 $y(n) + 3y(n-1) + 2y(n-2) = x(n)$,初始状态 $y(0) = 0, y(1) = 2$,激励信号 $x(n) = 2^n, n \geq 0$,求系统的全解 $y(n)$。

解:该差分方程相对应的特征方程为

$$\lambda^2 + 3\lambda + 2 = 0$$

求其特征根为 $\lambda_1 = -1, \lambda_2 = -2$,这是 2 个不等的实根。

齐次解为

$$y_h(n) = c_1(-1)^n + c_2(-2)^n$$

根据激励信号 $x(n) = 2^n, n \geq 0$,知特解

$$y_p(n) = A(2)^n, \quad n \geq 0$$

将特解代入原差分方程求出待定系数,解得 $A = \dfrac{1}{3}$,特解为

$$y_p(n) = \frac{1}{3}(2)^n, \quad n \geq 0$$

差分方程的通解

$$y(n) = y_h(n) + y_p(n) = c_1(-1)^n + c_2(-2)^n + \frac{1}{3}(2)^n, \quad n \geq 0$$

代入初始条件

$$y(0) = y_{h}(0) + y_{p}(0) = c_1 + c_2 + \frac{1}{3} = 0$$

$$y(1) = y_{h}(n) + y_{p}(n) = -c_1 - 2c_2 + \frac{2}{3} = 2$$

解得

$$c_1 = \frac{2}{3}, \quad c_2 = -1$$

则差分方程的全解为

$$y(n) = y_{h}(n) + y_{p}(n) = \underbrace{\frac{2}{3}(-1)^n - (-2)^n}_{\text{自由响应}} + \underbrace{\frac{1}{3}(2)^n}_{\text{强迫响应}}, \quad n \geqslant 0$$

差分方程的特解也称为系统的强迫响应,此时不考虑系统的初始状态,其形式及待定系数可依据差分方程由激励信号形式来确定和求解;齐次解也称为系统的自由响应,其形式依据无激励时的齐次方程或特征方程的特征根情况来确定,其中的待定系数依据差分方程的通解(即齐次解+特解)由系统的初始状态求解。当 N 阶差分方程的特征根为不等的实根,即单根为 $\lambda_1, \lambda_2, \cdots, \lambda_N$ 时,差分方程的全解为

$$y(n) = y_{h}(n) + y_{p}(n) = \underbrace{\sum_{i=1}^{N} c_i \lambda_i^n}_{\text{自由响应}} + \underbrace{y_{p}(n)}_{\text{强迫响应}} \tag{5-3-10}$$

3. 全响应法

视频讲解

离散时间 LTI 系统全响应 $y(n)$ 还可由零输入响应 $y_{zi}(n)$ 和零状态响应 $y_{zs}(n)$ 组成,即

$$y(n) = y_{zi}(n) + y_{zs}(n) \tag{5-3-11}$$

1) 零输入响应 $y_{zi}(n)$

零输入响应是指激励为零时仅由初始状态所引起的响应,此时 N 阶差分方程为 N 阶齐次方程,当特征根为不等的实根,即单根为 $\lambda_1, \lambda_2, \cdots, \lambda_N$ 时,零输入响应为

$$y_{zi}(n) = c_1 \lambda_1^n + c_2 \lambda_2^n + \cdots + c_N \lambda_N^n = \sum_{i=1}^{N} c_i \lambda_i^n \tag{5-3-12}$$

其中,c_i 为待定系数,直接由 N 个初始状态来确定求解。

2) 零状态响应 $y_{zs}(n)$

零状态响应是指初始状态为零时由输入信号所引起的响应,此时 N 阶差分方程为 N 阶非齐次方程,当特征根为不等的实根,即单根为 $\lambda_1, \lambda_2, \cdots, \lambda_N$ 时,依据零初始状态条件,零状态响应为

$$y_{zs}(n) = \underbrace{\sum_{i=1}^{N} c_{zs} \lambda_i^n}_{\text{齐次解}} + \underbrace{y_{p}(n)}_{\text{特解}} \tag{5-3-13}$$

其中,待定系数 c_{zs},根据输入形式和零初始状态条件来确定求解。

3）完全响应

$$y(n) = y_{zi}(n) + y_{zs}(n) = \underbrace{\sum_{i=1}^{N} c_{zi}\lambda_i^n}_{\text{零输入响应}} + \underbrace{\sum_{i=1}^{N} c_{zs}\lambda_i^n + y_p(n)}_{\text{零状态响应}}$$

$$= y_h(n) + y_p(n) = \underbrace{\sum_{i=1}^{N} c_i\lambda_i^n}_{\text{自由响应}} + \underbrace{y_p(n)}_{\text{强迫响应}}$$

可见,其中

$$\sum_{i=1}^{N} c_i\lambda_i^n = \sum_{i=1}^{N} c_{zi}\lambda_i^n + \sum_{i=1}^{N} c_{zs}\lambda_i^n \tag{5-3-14}$$

这里,虽然自由响应、零输入响应和零状态响应中的齐次解都具有齐次解的形式,但它们的系数及其解法并不相同,c_{zi} 仅由零输入时的系统初始状态决定,而 c_i 是由激励和系统初始状态共同决定的,c_{zs} 由激励和零初始状态条件来确定。两种分解方式有明显区别,求解过程中应特别注意区分基本概念、解的形式和求解的条件。

例 5-13　用完全响应法求解例 5-12 中系统的全响应。

分析：题中给出初始值 $y(0)=0$,$y(1)=2$,在例 5-12 求解系统全响应时可直接利用此初始值,但若求解系统零状态响应和零输入响应,就需设法分别确定它们各自的初始值。

解：对于零状态响应初始值,$y(-1)=0$,$y(-2)=0$,代入原差分方程迭代得出：

$$y_{zs}(0) = -3y_{zs}(-1) - 2y_{zs}(-2) + x(0) = 1$$

$$y_{zs}(1) = -3y_{zs}(0) - 2y_{zs}(-1) + x(1) = -1$$

对于零输入响应初始值,$y(0)=y_{zi}(0)+y_{zs}(0)$,$y(1)=y_{zi}(1)+y_{zs}(1)$,可得：

$$y_{zi}(0) = y(0) - y_{zs}(0) = -1$$

$$y_{zi}(1) = y(1) - y_{zs}(1) = 3$$

（1）由例 5-12 知,该系统差分方程的特征根为两个不等的实根 $\lambda_1 = -1$,$\lambda_2 = -2$,零输入响应为

$$y_{zi}(n) = c_{zi1}(-1)^n + c_{zi2}(-2)^n$$

代入零输入响应初始值解得

$$c_{zi1} = 1, \quad c_{zi2} = -2$$

所以零输入响应为

$$y_{zi}(n) = (-1)^n - 2(-2)^n, \quad n \geqslant 0$$

（2）零状态响应

$$y_{zs}(n) = c_{zs1}(-1)^n + c_{zs2}(-2)^n + y_p(n)$$

根据激励信号 $x(n)=2^n$,$n \geqslant 0$,特解与例 5-12 相同,知

$$y_p(n) = \frac{1}{3}(2)^n, \quad n \geqslant 0$$

代入上面求出的零初始状态条件

$$y_{zs}(0) = c_{zs1} + c_{zs2} + \frac{1}{3} = 1$$

$$y_{zs}(1) = -c_{zs1} + -2c_{zs2} + \frac{2}{3} = -1$$

解得

$$c_{zs1} = -\frac{1}{3}, \quad c_{zs2} = 1$$

所以零状态响应为

$$y_{zs}(n) = -\frac{1}{3}(-1)^n + (-2)^n + \frac{1}{3}(2)^n, \quad n \geqslant 0$$

(3) 系统的全响应为 $y(n) = y_{zi}(n) + y_{zs}(n)$，则有

$$y(n) = \underbrace{(-1)^n - 2(-2)^n}_{\text{零输入响应}} \underbrace{-\frac{1}{3}(-1)^n + (-2)^n + \frac{1}{3}(2)^n}_{\text{零状态响应}}, \quad n \geqslant 0$$

对比例 5-12 差分方程的全解

$$y(n) = y_h(n) + y_p(n) = \underbrace{\frac{2}{3}(-1)^n - (2)^n}_{\text{自由响应}} + \underbrace{\frac{1}{3}(2)^n}_{\text{强迫响应}}$$

可知,两种方法的求解结果相同。

5.3.2　单位样值响应

1. 单位样值响应的定义与作用

如果系统的输入为单位样值信号 $\delta(n)$,初始状态 $y(-1), y(-2), \cdots, y(-N)$ 均为零,由 $\delta(n)$ 产生的系统零状态响应定义为单位样值响应 $h(n)$。单位样值信号 $\delta(n)$ 和单位样值响应序列 $h(n)$ 在离散时间系统时域分析中起着十分重要的作用。

在离散时间系统中,激励信号本身是一个离散序列,所以离散激励信号序列中的每一个离散量施加于系统,离散系统就输出一个与之相应的响应量,所有响应量叠加起来,便得到系统对任意激励信号的零状态响应,也是一个离散序列。当离散的激励信号序列为

$$x(n) = \sum_{i=-\infty}^{\infty} x(i)\delta(n-i) \tag{5-3-15}$$

系统在 $x(n) = \delta(n)$ 激励作用下,单位样值响应

$$y(n) = T[x(n)] = h(n)$$

由系统的时不变性有

$$\delta(n-i) \rightarrow h(n-i)$$

由齐次性

$$x(i)\delta(n-i) \rightarrow x(i)h(n-i)$$

由叠加性

$$\sum_{i=-\infty}^{\infty} x(i)\delta(n-i) \rightarrow \sum_{i=-\infty}^{\infty} x(i)h(n-i)$$

故零状态响应

$$y_{zs}(n) = \sum_{i=-\infty}^{\infty} x(i)h(n-i) \tag{5-3-16}$$

这种叠加是离散叠加,即为求和运算,而不是积分运算,叠加的过程表现为求卷积和,记作为

$$y_{zs}(n) = \sum_{i=-\infty}^{\infty} x(i)h(n-i) = x(n) * h(n) \tag{5-3-17}$$

式(5-3-17)表明系统在任一信号激励下的零状态响应都能够通过单位样值响应与激励信号的卷积和来求解。卷积和的求解方法见 5.4 节。

研究单位样值响应的意义在于单位样值信号是一种基本信号,通过单位样值响应可求解任一信号激励下的零状态响应。此外,通过单位样值响应还可研究系统的性质,它表征了系统本身的传递特性。

2. 单位样值响应的求解

1) 递推法求单位样值响应

欲用时域法求离散系统的零状态响应 $y_{zs}(n)$,需要先求离散系统的单位样值响应 $h(n)$。通常可用递推求单位样值响应,方法参见 5.3.1 节递推法求解差分方程,注意在求解过程中,差分方程的右端若只有 $\delta(n)$ 项时,根据 $\delta(n)$ 在 $n=0$ 处值为 1,在 $n \geqslant 1$ 处值均为零来求出 $h(n)$。

例 5-14 求例 5-11 中一阶系统的单位样值响应。

解:例 5-11 中一阶系统的差分方程为

$$y(n) - 0.5y(n-1) = x(n)$$

则

$$h(n) - 0.5h(n-1) = \delta(n)$$

即

$$h(n) = 0.5h(n-1) + \delta(n)$$

因为单位样值响应是输入为单位样值信号 $\delta(n)$,初始状态 $y(-1), y(-2), \cdots, y(-N)$ 均为零的系统响应,故

$$h(0) = 0.5h(-1) + \delta(0) = 0.5 \times 0 + 1 = 1$$
$$h(1) = 0.5h(0) + \delta(1) = 0.5 \times 1 + 0 = 0.5$$
$$h(2) = 0.5h(1) + \delta(2) = 0.5 \times 0.5 + 0 = 0.5^2$$
$$\vdots$$

由于递推法不易得出解析形式的解,所以为求得解析形式的解,可采用等效初始条件的零输入响应法。

2) 等效初始条件的零输入响应法

当 $n \geqslant 1$ 时,若差分方程的右端为零,则单位样值响应 $h(n)$ 也可按求解零输入响应的方法并依据等效初始条件求出;当 $n \geqslant 1$ 时,若差分方程右端还有移位的信号时,则可进行多步递推,直至方程右端为零,再按求解零输入响应的方法并依据等效初始条件求出 $h(n)$;或分解差分方程右端分别为单个输入情况,求解后再叠加,得出 $h(n)$,参见 5.5 节例 5-27。

5.3.3 MATLAB 实现

例 5-15 已知描述某离散系统的差分方程为

$$2y(n) - 2y(n-1) + y(n-2) = x(n) + 3x(n-1) + 2x(n-2)$$

试用 MATLAB 绘出该系统的单位样值响应的波形。

解：函数 impz() 是 MATLAB 为用户提供的专门用于求离散系统单位样值响应，并绘制其时域波形图的函数。在此题中，可以调用函数 impz() 来解决问题。

在调用 impz() 时，需要用向量 a 和 b 来对离散系统的差分方程进行表示，a、b 为该离散系统差分方程中 $y(n)$ 和 $x(n)$ 的系数向量，因此 a＝[2 －2 1]，b＝[1 3 2]。单位样值响应的长度是 n。MATLAB 实现程序如下。

```
a = [2 - 2 1];
b = [1 3 2];
n = 30
impz(b,a,n);
```

MATLAB 绘制的系统单位样值响应波形如图 5-3-1 所示。

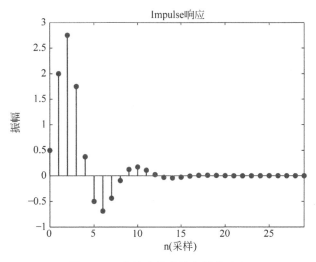

图 5-3-1 离散系统的单位样值响应

5.4 卷积和

LTI 连续时间系统将激励信号分解为一系列冲激函数，分别求出各冲激函数作用于系统的冲激响应，将这些冲激响应相加即得到系统的零状态响应，这一过程称为卷积积分。而在 LTI 离散系统中，使用上述方法同样可以进行系统分析，这一过程称为卷积和。

已知定义在区间 $(-\infty,\infty)$ 上的两个序列 $f_1(n)$ 和 $f_2(n)$，则定义

$$f(n) = \sum_{i=-\infty}^{\infty} f_1(i)f_2(n-i) \tag{5-4-1}$$

为 $f_1(n)$ 和 $f_2(n)$ 的卷积和，简称卷积。记为

$$f(n) = f_1(n) * f_2(n) \tag{5-4-2}$$

注意：求和是在虚设的变量 i 下进行的，i 为求和变量，n 为参变量，结果仍为 n 的函数。

在 5.3.2 节中可以看到，离散时间信号卷积和是计算离散时间 LTI 系统零状态响应的有力工具，以下介绍卷积和的性质与计算。

5.4.1 卷积和的性质

1. 卷积和满足交换律、分配律和结合律等代数运算规律

1) 交换律

$$x(n) * h(n) = h(n) * x(n) \qquad (5\text{-}4\text{-}3)$$

从系统的观点解释：一个单位样值响应是 $h(n)$ 的 LTI 系统对输入信号 $x(n)$ 所产生的响应，与一个单位样值响应是 $x(n)$ 的 LTI 系统对输入信号 $h(n)$ 所产生的响应相同。

2) 分配律

$$x(n) * h_1(n) + x(n) * h_2(n) = x(n) * [h_1(n) + h_2(n)] \qquad (5\text{-}4\text{-}4)$$

从系统的观点解释，一个系统由若干 LTI 系统的并联构成，则系统总的单位样值响应等于各子系统单位样值响应之和。

3) 结合律

$$[x(n) * h_1(n)] * h_2(n) = x(n) * [h_1(n) * h_2(n)] \qquad (5\text{-}4\text{-}5)$$

从系统的观点解释：一个系统是由若干 LTI 系统级联所构成，则系统总的单位样值响应等于各个 LTI 子系统单位样值响应的卷积和。

2. 卷积和满足时不变性

若

$$x(n) * h(n) = y(n)$$

则

$$x(n - i) * h(n + j) = y(n - i + j) \qquad (5\text{-}4\text{-}6)$$

3. 任意序列与单位样值序列的卷积和，结果仍是该序列本身

$$x(n) * \delta(n) = x(n) \qquad (5\text{-}4\text{-}7)$$

将式(5-4-7)推广，有

$$x(n) * \delta(n - n_0) = x(n - n_0) \qquad (5\text{-}4\text{-}8)$$

4. 任意序列与单位阶跃序列 $u(n)$ 的卷积和，结果是该序列的累加和

$$x(n) * u(n) = \sum_{i = -\infty}^{\infty} x(i) \qquad (5\text{-}4\text{-}9)$$

5.4.2 卷积和的运算

视频讲解

卷积和的运算方法有很多，基本上可分为解析法、列表法、图解法、竖式法和变换域法等。以下举例对卷积和的运算进行说明，重点介绍解析法、图解法和列表法。

1. 解析法

如果激励信号 $x(n)$ 和单位样值响应 $h(n)$ 给定为解析式，系统零状态响应可根据式(5-3-17)的卷积和定义公式，利用离散序列的卷积性质，通过级数求和公式，方便地得出结果。

例 5-16 已知输入序列 $x(n) = \alpha^n u(n)$，$0 < \alpha < 1$，单位样值响应 $h(n) = u(n)$，求其响应。

解：$y(n) = x(n) * h(n)$

$$= \sum_{i=-\infty}^{+\infty} x(i)h(n-i) = \sum_{i=-\infty}^{+\infty} \alpha^i u(i)u(n-i) = \sum_{i=0}^{n} \alpha^i \frac{1 - \alpha^{n+1}}{1 - \alpha} u(n)$$

注意：确定求和的上、下限具有重要意义。

2. 图解法

用图解法求两序列的卷积和运算，包括信号的反折、位移、相乘、求和 4 个基本步骤。设两个离散函数(序列)为 $x(n)$ 和 $h(n)$，则其卷积和计算步骤如下。

(1) 换元：将 $x(n)$ 和 $h(n)$ 中的变量 n 更换成变量 m。

(2) 反折：做出 $h(m)$ 相对于纵轴的镜象 $h(-m)$。

(3) 位移：将折叠后的 $h(-m)$ 沿 m 轴平移一个 n 值，得 $h(n-m)$。

(4) 相乘：将移位后的 $h(n-m)$ 乘以 $x(m)$。

(5) 求和：把 $h(n-m)$ 和 $x(m)$ 相乘所得的值相加，即为 n 值下的卷积值。

这里关键是确定参变量 n 在不同区间求和的上、下限。

例 5-17 已知 $x(n)=h(n)=R_4(n)$，用图解法求解 $y(n)=x(n)*h(n)$。

解：如图 5-4-1 所示，图 5-4-1(a)为 $x(n)=h(n)=R_4(n)$。

图 5-4-1(b)将 $x(n)$ 和 $h(n)$ 更换变量 m，变为 $x(m)=h(m)=R_4(m)$ 序列。

图 5-4-1(c)将 $h(m)=R_4(m)$ 反折得到镜像 $h(-m)=R_4(-m)$，即 $h(0-m)=R_4(0-m)$ 序列。

图 5-4-1(d)将 $h(-m)=R_4(-m)$ 沿 m 轴平移 $n=1$ 得到 $h(1-m)=R_4(1-m)$ 序列。

图 5-4-1(e)将 $h(-m)=R_4(-m)$ 沿 m 轴平移 $n=2$ 得到 $h(2-m)=R_4(2-m)$ 序列。

在此基础上，将图 5-4-1(b)和图 5-4-1(c)两序列相乘后，各点值相加得到 $y(0)$；图 5-4-1(b)和图 5-4-1(d)两序列相乘后，各点值相加得到 $y(1)$；图 5-4-1(b)和图 5-4-1(e)两序列相乘后，各点值相加得到 $y(2)$；以此类推，最终求得卷积和计算结果 $y(n)$ 序列，如图 5-4-1(f)所示。

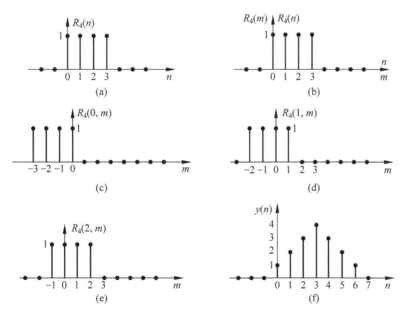

图 5-4-1 图解法计算卷积和的示意图

通过图形确定反折位移信号的区间表示，对于确定卷积和计算的区段及各区段求和的上、下限是很有用的。本题参变量 n 在不同区间求和的上、下限确定如下。

当 $n<0$ 时，
$$y(n)=0$$

当 $0 \leqslant n \leqslant 3$ 时，
$$y(n)=\sum_{i=0}^{n} 1 \times 1=n+1$$

当 $4 \leqslant n \leqslant 6$ 时，
$$y(n)=\sum_{i=n-3}^{3} 1 \times 1=7-n$$

当 $n>6$ 时，
$$y(n)=0$$

3. 列表法

分析卷积和求解过程,可以发现:第一,$x(n)$ 与 $h(n)$ 所有的各点都要遍乘一次;第二,在遍乘后,各点相加时,根据 $\sum\limits_{i=-\infty}^{+\infty} x(i)h(n-i)$,参与相加的各点值都是 $x(i)$ 与 $h(n-i)$ 的分量相加。设 $x(n)$ 和 $h(n)$ 都是因果序列,则 $y(n)=\sum\limits_{i=0}^{+\infty} x(i)h(n-i)$, $n \geqslant 0$ 的计算结果如下。

当 $n=0$ 时，
$$y(0)=x(0)h(0)$$

当 $n=1$ 时，
$$y(1)=x(0)h(1)+x(1)h(0)$$

当 $n=2$ 时，
$$y(2)=x(0)h(2)+x(1)h(1)+x(2)h(0)$$

当 $n=3$ 时，
$$y(2)=x(0)h(3)+x(1)h(2)+x(2)h(1)+x(3)h(0)$$
$$\vdots$$

由此,可以总结为更简便、实用的列表法(对位相乘求和)计算卷积和。以因果序列 $x(n)$ 和因果系统 $h(n)$ 为例,如图 5-4-2 所示,这种方法不需要画出序列图形,只要把 $h(n)$ 和 $x(n)$ 排成一行和一列,行与列交叉点是相应的 $x(n)$ 与 $h(n)$ 按普通乘法运算进行相乘,对角斜线上各项就是 $x(i)$ 与 $h(n-i)$,将位于对角斜线上的中间各项相乘结果再相加就可以得到卷积和序列 $y(n)$ 。该方法适于两个有限长序列的卷积和计算,对非因果序列同样适用。

例 5-18 用列表法计算 $x(n)=\{1,2,\underset{\uparrow}{0},3,2\}$ 与 $h(n)=\{\underset{\uparrow}{1},4,2,3\}$ 的卷积和。

解:列表计算如图 5-4-3 所示,将位于对角斜线上的中间相乘结果再相加得
$$y(n)=\{1,6,10,10,20,14,13,6\}$$

$y(n)$ 的非零数值起始位置在 $n \geqslant -3$ 。故
$$y(n)=\{1,6,10,\underset{\uparrow}{10},20,14,13,6\}$$

解析法通过数学运算能得到闭式解;图解法比较麻烦但非常直观,有利于理解卷积和的计算过程;列表法对有限长序列计算较为方便和有效。

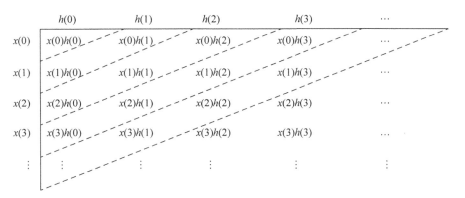

图 5-4-2 列表法计算卷积和的示意图

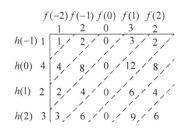

图 5-4-3 列表法计算例 5-18 题卷积和的示意图

5.4.3 MATLAB 实现

例 5-19 计算 $f_1(n)=u(n),f_2(n)=u(n)-u(n-3)$ 的卷积和。

解：调用 conv() 函数来解决此问题，MATLAB 程序如下：

```
% f1: f1(n)样值向量
% n1: f1(n)对应时间向量
% f2: f2(n)样值向量
% n2: f2(n)对应时间向量
% f3: f3(n)样值向量
% n3: f3(n)对应时间向量
n1 = -5:15;
f1 = [zeros(1,5),ones(1,16)];
subplot(3,1,1)
stem(n1,f1); title('f1(n)')
n2 = n1;
f2 = [zeros(1,5),ones(1,3),zeros(1,13)];
subplot(3,1,2)
stem(n2,f2); title('f2(n)')
n3 = n1(1) + n2(1):n1(end) + n2(end);
f3 = conv(f1,f2);
subplot(3,1,3)
stem(n3,f3); title('f3(n)');
```

MATLAB 程序绘制的序列时域波形如图 5-4-4 所示。

例 5-20 已知某 LTI 离散系统，其单位样值响应 $h(n)=u(n)-u(n-4)$，求该系统在激励为 $x(n)=u(n)-u(n-3)$ 时的零状态响应 $y(n)$，并绘出其时域波形图。

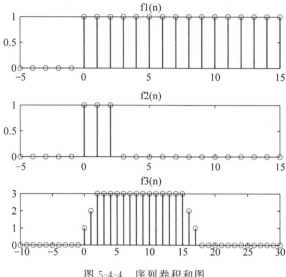

图 5-4-4　序列卷积和图

解：调用 conv( )函数来解决此问题，相应的 MATLAB 程序如下：

```
x = [1 1 1 1];
h = [1 1 1];
y = conv(x, h)                              % 计算序列 x(n)与 h(n)的卷积和 y
subplot(1, 3, 1);
stem(0:length(x) - 1, x, 'filled'); title('x(n)'); xlabel('n');
subplot(1, 3, 2);
stem(0:length(h) - 1, h, 'filled'); title('h(n)'); xlabel('n');
subplot(1, 3, 3);
stem(0:length(y) - 1, y, 'filled'); title('x(n)与 h(n)的卷积和 y(n)'); xlabel('n');
```

MATLAB 运行结果为

```
y = 1    2    3    3    2    1
```

MATLAB 程序绘制的序列时域波形如图 5-4-5 所示。

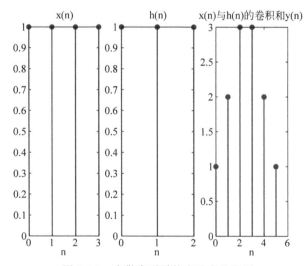

图 5-4-5　离散序列零状态响应卷积图

5.5 典型例题解析

例 5-21 已知 $x(n)=n[u(n)-u(n-7)]$,试分别求下列信号并画出各信号的图形。

(1) $y_1(n)=x(-n)$;   (2) $y_2(n)=x(n+1)$;

(3) $y_3(n)=x(n-1)$;   (4) $y_4(n)=x(n+1)+x(n-1)$;

(5) $y_5(n)=x(n+1)x(n-1)$;   (6) $y_6(n)=x(3n)$;

(7) $y_7(n)=x\left(\dfrac{n}{3}\right)$;   (8) $y_8(n)=\sum\limits_{i=-\infty}^{n}x(i)$;

(9) $\Delta x(n)=x(n+1)-x(n)$;   (10) $\nabla x(n)=x(n)-x(n-1)$。

解:$x(n)$信号的波形如图 5-5-1(a),所有待求信号的波形如图 5-5-1(b)~(k)所示。

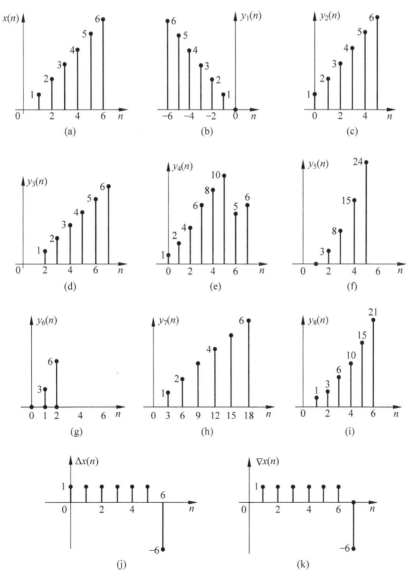

图 5-5-1 所有信号波形图

（1）是对 $x(n)$ 进行反折运算

$$y_1(n) = x(-n) = -n[u(-n) - u(-n-7)]$$

（2）、（3）是对 $x(n)$ 进行左、右移位运算。将 $x(n)$ 向前（左）移位一个单位得

$$y_2(n) = x(n+1) = (n+1)[u(n+1) - u(n-6)]$$

将 $x(n)$ 向后（右）移位一个单位得

$$y_3(n) = x(n-1) = (n-1)[u(n-1) - u(n-8)]$$

（4）是 $y_2(n)$ 与 $y_3(n)$ 的相加运算

$$y_4(n) = x(n+1) + x(n-1) = y_2(n) + y_3(n)$$

（5）是 $y_2(n)$ 与 $y_3(n)$ 的相乘运算

$$y_5(n) = x(n+1) \cdot x(n-1) = y_2(n) \cdot y_3(n)$$

（6）、（7）是尺度变换，$y_6(n) = x(3n)$ 将 $x(n)$ 压缩 3 倍，$y_7(n) = x\left(\dfrac{n}{3}\right)$ 将 $x(n)$ 扩展 3 倍。

（8）是累加运算

$$y_8(n) = \sum_{i=-\infty}^{n} x(i)$$

（9）是前向差分

$$\Delta x(n) = x(n+1) - x(n)$$

（10）是后向差分

$$\nabla x(n) = x(n) - x(n-1)$$

因为 $\Delta x(n-1) = x(n) - x(n-1)$，所以 $\nabla x(n) = \Delta x(n-1)$。

例 5-22 列出图 5-5-2(a)、(b)所示两系统的差分方程，指出其阶数，并判断它们所表示的系统是否相同。

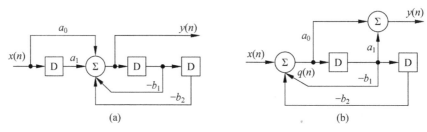

图 5-5-2 系统框图

解：由图 5-5-2(a)列写差分方程为

$$y(n) = a_0 x(n) + a_1 x(n-1) - b_1 y(n-1) - b_2 y(n-2)$$

移项得二阶差分方程

$$y(n) + b_1 y(n-1) + b_2 y(n-2) = a_0 x(n) + a_1 x(n-1)$$

由图 5-5-2(b)列写差分方程，其中引用了辅助函数 $q(n)$，得

$$q(n) = x(n) - b_1 q(n-1) - b_2 q(n-2)$$

$$y(n) = a_0 q(n) + a_1 q(n-1)$$

由此可知

$$\begin{cases} q(n-1) = x(n-1) - b_1 q(n-2) - b_2 q(n-3) \\ y(n-1) = a_0 q(n-1) + a_1 q(n-2) \\ y(n-2) = a_0 q(n-2) + a_1 q(n-3) \end{cases}$$

则有

$$\begin{aligned} y(n) &= a_0 [x(n) - b_1 q(n-1) - b_2 q(n-2)] + a_1 [x(n-1) - b_1 q(n-2) - b_2 q(n-3)] \\ &= a_0 x(n) + a_1 x(n-1) - b_1 [a_0 q(n-1) + a_1 q(n-2)] - \\ &\quad b_2 [a_0 q(n-2) + a_1 q(n-3)] \\ &= a_0 x(n) + a_1 x(n-1) - b_1 y(n-1) - b_2 y(n-2) \end{aligned}$$

整理得

$$y(n) + b_1 y(n-1) + b_2 y(n-2) = a_0 x(n) + a_1 x(n-1)$$

可见两图的差分方程相同,它们表示的是同一个二阶离散时间系统。

例 5-23 离散时间系统的差分方程为 $y(n+1) - 1.5 y(n) + 0.5 y(n-1) = 0.5 x(n)$,设未加激励时系统的初始条件 $y(0) = 0$、$y(1) = 1$,激励 $x(n) = u(n)$。

(1) 求零输入响应 $y_{zi}(n)$,零状态响应 $y_{zs}(n)$ 及全响应 $y(n)$;

(2) 画出系统方框图;

(3) 比较 $n = 0、1$ 时全响应的值 $y(0)$、$y(1)$ 与给定的初始条件有无差别,为什么?

解:(1) 特征方程 $\alpha^2 - 1.5\alpha + 0.5 = 0$,解出特征根 $\alpha_1 = 1$、$\alpha_2 = 0.5$,故得

$$y_{zi}(n) = c_1 + c_2 0.5^n$$

代入 $y(0) = 0$ 及 $y(1) = 1$,求出 $c_1 = 2$,$c_2 = -2$,故

$$y_{zi}(n) = 2 - 2 \times 0.5^n, \quad n \geqslant 0$$

传输函数

$$H(z) = \frac{0.5}{z - 1.5 + 0.5 z^{-1}} = \frac{z}{z-1} - \frac{z}{z - 0.5}$$

单位样值响应

$$h(n) = (1 - 0.5^n) u(n)$$

零状态响应

$$y_{zs}(n) = x(n) * h(n) = u(n) * (1 - 0.5^n) u(n) = (n - 1 + 0.5^n) u(n)$$

全响应

$$y(n) = y_{zi}(n) + y_{zs}(n) = n - 1 + 0.5^n, \quad n \geqslant 0$$

(2) 系统框图如图 5-5-3 所示。

(3) 求出全响应在 $n = 0、1$ 时的值分别为 $y(0) = 0$、$y(1) = 1.5$,与给定的初始条件比较,$y(0)$ 相同,而 $y(1)$ 不同。这是由于给定的初始条件是不加激励时的初始值,更确切地说,应该为 $y_{zi}(0) = 0$、$y_{zi}(1) = 1$。而由激励 $0.5 u(n)$ 产生的零状态响应在 $n = 0、1$ 时的值分别为 $y_{zs}(0) = 0$、$y_{zs}(1) = 0.5$。所以全响应

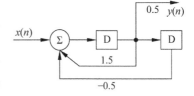

图 5-5-3 系统框图

$$y(0) = y_{zi}(0) + y_{zs}(0) = 0$$
$$y(1) = y_{zi}(1) + y_{zs}(1) = 1.5$$

从系统框图看,$y(n)$是从第一个延时器输出端引出的,在 $n=0$ 时,虽然加上了激励,但不会立即影响输出,即 $y_{zs}(0)=0$,所以 $y(0)=y_{zi}(0)$ 没有改变。

例 5-24 某系统的输入输出关系可由二阶常系数线性差分方程描述,如果相对于输入 $x(n)=u(n)$ 的响应为 $y(n)=(2^n+3\times5^n+10)u(n)$,求:

(1) 若系统起始为静止的,试确定该系统的二阶差分方程;

(2) 若激励为 $x(n)=2[u(n)-u(n-10)]$,求响应 $y(n)$。

解: (1) $y(n)=(2^n+3\times5^n+10)u(n)$ 是在系统起始为静止的条件下,激励为 $u(n)$ 的响应也就是该系统的单位阶跃响应 $g(n)$。因为

$$\delta(n)=u(n)-u(n-1)$$

所以

$$
\begin{aligned}
h(n)&=g(n)-g(n-1)\\
&=(2^n+3\times5^n+10)u(n)-(2^{n-1}+3\times5^{n-1}+10)u(n-1)\\
&=0.5\times2^nu(n)+2.4\times5^nu(n)+11.1\delta(n)
\end{aligned}
$$

本系统的传输函数

$$H(z)=0.5\times\frac{z}{z-2}+2.4\times\frac{z}{z-5}+11.1=\frac{14z^2-85z+111}{z^2-7z+10}$$

得出系统的二阶差分方程为

$$y(n)-7y(n-1)+10y(n-2)=14x(n)-85x(n-1)+111x(n-2)$$

(2) 按照线性时不变性质,当激励 $x(n)=2[u(n)-u(n-10)]$ 时的响应 $y(n)$ 为

$$
\begin{aligned}
y(n)&=2g(n)-g(n-10)\\
&=2(2^n+3\times5^n+10)u(n)-(2^{n-10}+3\times5^{n-10}+10)u(n-10)
\end{aligned}
$$

例 5-25 计算信号 $x_1(n)=2^nu(-n)$ 和 $x_2(n)=u(n)$ 的卷积和 $y(n)=x_1(n)*x_2(n)$。

解:
$$
\begin{aligned}
y(n)&=x_1(n)*x_2(n)\\
&=\sum_{k=-\infty}^{+\infty}2^ku(-k)u(n-k)\\
&=\begin{cases}\displaystyle\sum_{k=-\infty}^{n}2^k=2^{n+1},&n\leqslant0\\[2mm]\displaystyle\sum_{k=-\infty}^{0}2^k=2,&n>0\end{cases}
\end{aligned}
$$

例 5-26 设 3 个 LTI 系统级联,如图 5-5-4(a)所示,其中 $h_2(n)=u(n)-u(n-2)$,而总的单位样值响应如图 5-5-4(b)所示。求:

(1) 单位样值响应 $h_1(n)$;

(2) 整个系统对输入的响应。

解: (1) $h_2(n)=u(n)-u(n-2)=\delta(n)+\delta(n-1)$

$$
\begin{aligned}
h(n)&=h_1(n)*h_2(n)*h_2(n)\\
&=h_1(n)*[\delta(n)+\delta(n-1)]*[\delta(n)+\delta(n-1)]\\
&=[h_1(n)+h_1(n-1)]*[\delta(n)+\delta(n-1)]\\
&=h_1(n)+2h_1(n-1)+h_1(n-2)
\end{aligned}
$$

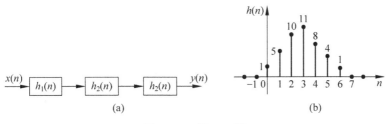

图 5-5-4 例 5-26 图

由于图 5-5-4(b)是因果的,所以当 $n<0$ 时,$h_1(n)=0$。而 $h_1(n)$ 的其他值可由上式和图 5-5-4(b)的 $h(n)$ 递推求得如下:

当 $n=0$ 时,
$$1=h_1(0)+2h_1(-1)+h_1(-2) \rightarrow h_1(0)=1$$

当 $n=1$ 时,
$$5=h_1(1)+2h_1(0)+h_1(-1) \rightarrow h_1(1)=3$$

当 $n=2$ 时,
$$10=h_1(2)+2h_1(1)+h_1(0) \rightarrow h_1(2)=3$$

当 $n=3$ 时,
$$11=h_1(3)+2h_1(2)+h_1(1) \rightarrow h_1(3)=2$$

当 $n=4$ 时,
$$8=h_1(4)+2h_1(3)+h_1(2) \rightarrow h_1(4)=1$$

当 $n=5$ 时,
$$4=h_1(5)+2h_1(4)+h_1(3) \rightarrow h_1(5)=0$$

当 $n>5$ 时,
$$h_1(n)=0$$

由此得 $h_1(n)$ 的波形如图 5-5-5(a)所示。

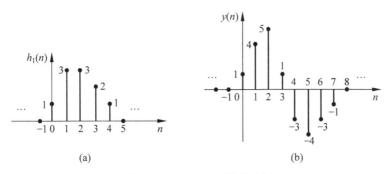

(a) (b)

图 5-5-5 $h_1(n)$ 和系统输出图

(2) $y(n)=x(n)*h(n)=[\delta(n)-\delta(n-1)]*h(n)=h(n)-h(n-1)$

整个系统对此输入的响应如图 5-5-5(b)所示。

例 5-27 因果系统的差分方程为 $y(n)-5y(n-1)+6y(n-2)=x(n)-3x(n-2)$,求系统的单位样值响应。

解：利用线性叠加原理求 $h(n)$。求得差分方程的齐次解为 $c_1 3^n + c_2 2^n$。由叠加原理，在此先考虑 $x(n)$ 项引起的响应 $h_1(n)$。边界条件是 $h_1(-1)=0, h_1(0)=1$，由此建立一组方程式求系数

$$\begin{cases} c_1 + c_2 = 1 \\ \dfrac{1}{3}c_1 + \dfrac{1}{2}c_2 = 0 \end{cases}$$

得

$$c_1 = 3, \quad c_2 = -2$$

所以

$$h_1(n) = 3 \times 3^n - 2 \times 2^n = 3^{n+1} - 2^{n+1}, \quad n \geqslant 0$$

再考虑 $-3x(n-2)$ 项作用引起的响应 $h_2(n)$。根据线性时不变系统特征可知

$$h_2(n) = -3h_1(n) = -3[3^{n-1} - 2^{n-1}], \quad n \geqslant 2$$

$h(n)$ 就是 $h_2(n)$ 和 $h_1(n)$ 的和，因此有

$$\begin{aligned} h(n) &= h_1(n) + h_2(n) \\ &= [3^{n+1} - 2^{n+1}]u(n) - 3[3^{n-1} - 2^{n-1}]u(n-2) \\ &= [3^{n+1} - 2^{n+1}][\delta(n) + \delta(n-1) + u(n-2)] - 3[3^{n-1} - 2^{n-1}]u(n-2) \\ &= \delta(n) + 5\delta(n-1) + [2 \times 3^n - 2^{n-1}]u(n-2) \end{aligned}$$

5.6 习题

5.6.1 自测题

一、填空题

1. 若序列 $f(n) = \{2, 3, \underset{\uparrow}{4}, 0, 5\}$，则 $f(2n)$ 为 _____。

2. 若序列 $f(n) = \{2, 3, \underset{\uparrow}{4}, 0, 5, 6\}$，则 $f(-n-1)$ 为 _____。

3. $y(n) = \left(\dfrac{1}{2}\right)^n u(n) * \delta(n-1) =$ _____。

4. 若已知系统的差分方程为 $2y(n) - y(n-1) - y(n-2) = x(n) + 2x(n-1)$，其单位样值响应 $h(n) =$ _____。

5. 已知 $y(-1) = 0, y(0) = 0$，则差分方程 $y(n) + 2y(n-1) + y(n-2) = 3^n$ 的全响应为 _____。

6. 若已知系统的差分方程为 $2y(n) - y(n-1) - y(n-2) = x(n) + 2x(n-1)$，其齐次解 $y(n) =$ _____。

7. 差分方程 $y(n) + 2y(n-1) = x(n) - x(n-1)$ 的齐次解为 _____。

8. 离散时间系统的基本模拟部件是 _____、_____ 和 _____。

9. 若某一因果线性时不变系统为稳定系统，其单位序列响应为 $h(n)$，则 $\displaystyle\sum_{n=0}^{+\infty} |h(n)| =$ _____。

二、单项选择题

1. 离散线性时不变系统的单位序列响应 $h(n)$ 为（　　）。

    A. 对输入为 $\delta(n)$ 的零状态响应
    B. 输入为 $u(n)$ 的响应

    C. 系统的自由响应
    D. 系统的强迫响应

2. 序列 $f(n)=\cos\dfrac{\pi n}{2}\big[u(n-2)-u(n-5)\big]$ 的正确图形是图 5-6-1 中的（　　）。

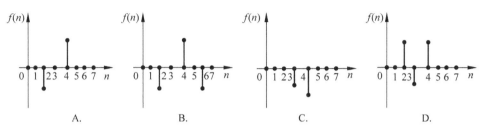

图 5-6-1　题 2 图

3. 已知序列 $x_1(n)$ 和 $x_2(n)$ 如图 5-6-2(a)所示,则卷积 $y(n)=x_1(n)*x_2(n)$ 的图形为图 5-6-2(b) 中的（　　）。

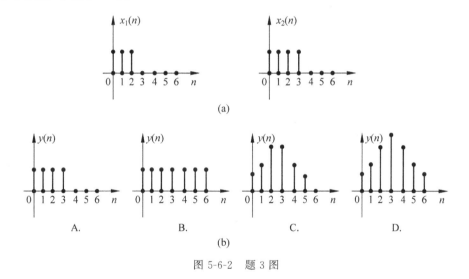

图 5-6-2　题 3 图

4. 若某线性非时变离散系统激励为 $f(n)=a^n u(n),a\neq 0$,其单位响应为 $h(n)=b^n u(n)$, $b\neq 0,b\neq a$,则其零状态响应 $y_{zs}(n)$ 为（　　）。

    A. $(b-a)^n u(n)$
    B. $\dfrac{a^n-b^n}{a-b}u(n)$

    C. $\dfrac{b^n-a^{n-1}}{a-b}u(n)$
    D. $\dfrac{a^{n+1}-b^{n+1}}{a-b}u(n)$

5. 下列各式为描述离散时间系统的差分方程,所述的系统为线性时不变的是（　　）。

    A. $y(n)=\big[f(n)\big]^2$
    B. $y(n)=2f(n)\cos\left(3n+\dfrac{\pi}{3}\right)$

    C. $y(n+1)=2f(n)+3$
    D. $y(n)=2f(n)$

6. 若 $f_1(n)=\{0,1,2,\underset{\uparrow}{3},1,0\}$, $f_2(n)=\{0,1,\underset{\uparrow}{1},1,0\}$,则 $f_1(n)*f_2(n)=(\qquad)$。

   A. $\{0,1,3,\underset{\uparrow}{5},2,1,0\}$ B. $\{0,1,3,\underset{\uparrow}{6},6,4,1,0\}$

   C. $\{0,1,3,6,\underset{\uparrow}{6},4,1,0\}$ D. $\{0,1,3,\underset{\uparrow}{5},4,3,0\}$

7. 某线性非时变离散系统,其单位响应 $h(n)=(0.8)^n u(n)$,则其阶跃响应为$(\qquad)$。

   A. $(0.8)^n u(n)$ B. $(1-0.8^n)u(n)$

   C. $5[1-(0.8)^{n+1}]u(n)$ D. $5[1-(0.8)^n]u(n)$

8. 差分方程的齐次解为 $y_h(n)=c_1 n\left(\dfrac{1}{8}\right)^n+c_2\left(\dfrac{1}{8}\right)^n$,特解为 $y_p(n)=\dfrac{3}{8}u(n)$,那么系统的稳态响应为$(\qquad)$。

   A. $y_h(n)$ B. $y_p(n)$

   C. $y_h(n)+y_p(n)$ D. $\dfrac{\mathrm{d}y_h(n)}{\mathrm{d}n}$

9. 已知离散系统的单位序列响应 $h(n)$ 和系统输入 $f(n)$ 如图 5-6-3 所示,$f(n)$ 作用于系统引起的零状态响应为 $y_{zs}(n)$,那么 $y_{zs}(n)$ 序列不为零的点数为$(\qquad)$。

   A. 3个   B. 4个   C. 5个   D. 6个

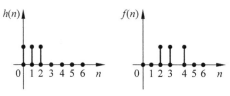

图 5-6-3 题 9 图

10. 已知序列 $f(n)$ 如图 5-6-4(a)所示,则序列 $f(-n-2)$ 的图形是如图 5-6-4(b)中的$(\qquad)$。

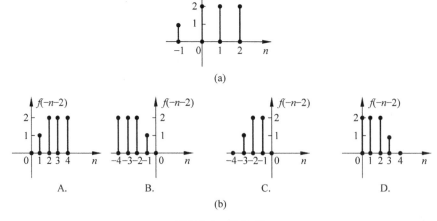

(a)

A.   B.   C.   D.

(b)

图 5-6-4 题 10 图

11. 有限长序列 $f(n)=3\delta(n)+2\delta(n-1)+\delta(n-2)$,经过一个单位序列响应为 $h(n)=4\delta(n)-2\delta(n-1)$ 的离散系统,则零状态响应 $y_{zs}(n)$ 为$(\qquad)$。

A. $12\delta(n)+2\delta(n-1)+\delta(n-2)+\delta(n-3)$

B. $12\delta(n)+2\delta(n-1)$

C. $12\delta(n)+2\delta(n-1)-2\delta(n-3)$

D. $12\delta(n)-\delta(n-1)-2\delta(n-3)$

12. $y(n)=(-2)^{n}u(n)+\delta(n)+u(n)$ 中,稳态响应分量为(　　)。

　　A. $(-2)^{n}u(n)$　　　　B. $\delta(n)$　　　　　　C. $u(n)$　　　　　　　　D. $\delta(n)+u(n)$

13. 离散信号 $f(n)$ 是指(　　)。

　　A. n 的取值是连续的,而 $f(n)$ 的取值是任意的信号

　　B. n 的取值是离散的,而 $f(n)$ 的取值是任意的信号

　　C. n 的取值是连续的,而 $f(n)$ 的取值是连续的信号

　　D. n 的取值是连续的,而 $f(n)$ 的取值是离散的信号

14. 已知序列 $f(n)=\delta(n)+\delta(n-1)+\delta(n-2)$,$h(n)=\delta(n)+\delta(n-1)+\delta(n-2)+\delta(n-3)$,则 $y(n)=f(n)*h(n)$ 是(　　)。

　　A. $\delta(n)+\delta(n-1)+\delta(n-2)$

　　B. $\delta(n)+\delta(n-1)+\delta(n-2)+\delta(n-3)+\delta(n-4)+\delta(n-5)$

　　C. $\delta(n)+2\delta(n-1)+3\delta(n-2)+3\delta(n-3)+2\delta(n-4)+\delta(n-5)$

　　D. $\delta(n)+2\delta(n-1)+3\delta(n-2)+4\delta(n-3)+3\delta(n-4)+2\delta(n-5)+\delta(n-6)$

15. 与图 5-6-5(a)所示系统等价的系统是图 5-6-5(b)中的(　　)。

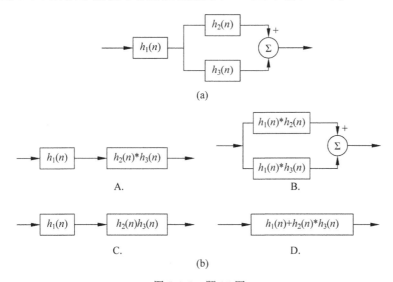

图 5-6-5　题 15 图

5.6.2　基础题

1. 给定序列 $x(n)=\begin{cases}2n+1, & -3\leqslant n\leqslant-1 \\ 1, & 0\leqslant n\leqslant3 \\ 0, & 其他\end{cases}$,画出 $x(n)$,$2x(2-n)$ 和 $2x(2-n)\cdot x(n)$ 的波形。

2. 用单位样值序列 $\delta(n)$ 的加权和表示如图 5-6-6 所示的序列 $x(n)$。

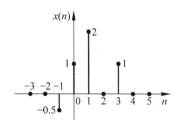

图 5-6-6　题 2 图

3. 判断下列系统是否为线性时不变系统。

(1) $y(n)=x(n)+2x(n-1)$；

(2) $y(n)=\sum\limits_{m=0}^{10} x(n-m)$；

(3) $y(n)=n[x(n)-x(-n)]$；

(4) $y(n)=e^{x(n)}$。

4. 证明下列表达式。

(1) $x(n)*\delta(n-n_0)=x(n-n_0)$；

(2) $x(n)*u(n)=\sum\limits_{i=-\infty}^{\infty} x(i)$；

(3) $nu(n)*nu(n)=\dfrac{1}{3!}(n+1)n(n-1)u(n)$。

5. 判断下列等式正确与否。

(1) $\delta(n)=u(-n)-u(-n+1)$；

(2) $\delta(n)=u(-n)-u(-n-1)$；

(3) $u(n)=n\sum\limits_{m=-\infty}^{+\infty}\delta(n-m)$；

(4) $u(-n)=\sum\limits_{m=-\infty}^{0}\delta(n+m)$。

6. 求解下列齐次差分方程。

(1) $y(n)+3y(n-1)=0,y(0)=1$；

(2) $y(n)-6y(n-1)+9y(n-2)=0,y(0)=0,y(1)=3$。

7. 求下列方程描述的离散时间系统的零输入响应 $y_{zi}(n)$、零状态响应 $y_{zs}(n)$ 和全响应 $y(n)$。

(1) $y(n)+\dfrac{1}{2}y(n-1)=3x(n),y(-1)=4,x(n)=u(n)$；

(2) $y(n)-4y(n-1)+4y(n-2)=4x(n),y(-1)=0,y(-2)=2,x(n)=(-3)^{n}u(n)$。

8. 用图解法计算 $x(n)*h(n)$。

(1) $x(n)=2^{n}[u(n)-u(n-N)],h(n)=u(n)$；

(2) $x(n)=2^{n}[u(n)-u(n-N)],h(n)=u(n)-u(n-N)$。

9. 求如图 5-6-7 所示系统的单位脉冲响应 $h(n)$。已知 $h_1(n)=\left(\dfrac{1}{2}\right)^{n}u(n),h_2(n)=\left(\dfrac{1}{3}\right)^{n}u(n),h_3=\delta(n-1),h_4=\left(\dfrac{1}{4}\right)^{n}u(n)$。

10. 判断下列离散时间 LTI 系统是否因果、稳定。

(1) $h(n)=\delta(n+1)+\delta(n)-\delta(n-1)$；

(2) $h(n)=a^{n}u(n)$；

(3) $h(n)=a^{n}u(-n)=a^{n}\neq0$；

(4) $h(n)=\cos\left(\dfrac{\pi}{2}n\right)u(n)$。

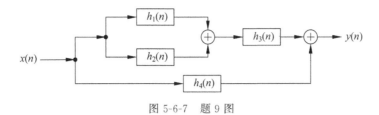

图 5-6-7 题 9 图

5.6.3 MATLAB 习题

1. 试调用 dwxulie 画出 $\delta(n)$ 在 $-4 \leqslant t \leqslant 4$ 区间的波形。改变 n_0 的值,观察所得的波形。

2. 试调用 jyxulie 绘出单位阶跃序列 $u(n)$ 在 $-4 \leqslant t \leqslant 7$ 区间的波形。改变 n_0 的值,观察所得的波形。

3. 试用 MATLAB 画出正弦序列 $f_1(n) = \sin\dfrac{n\pi}{8}$,$f_2(n) = \sin(2n)$ 的时域波形,观察它们的周期性。

4. 试着编程调用 dszsu() 子函数,画出序列 $f_1(n) = \left(\dfrac{5}{4}\right)^n u(n)$,$f_2(n) = \left(-\dfrac{3}{4}\right)^n u(n)$ 的时域波形,观察两序列的时域特性。

5. 试着调用 dxzsu() 子函数,画出序列 $f_1(n) = \mathrm{e}^{\frac{n\pi}{4}}$,$f_2(n) = \mathrm{e}^{\mathrm{j}2n}$ 的时域波形,并分析实部、虚部、相角的周期性与角频率的的关系。

6. 调用 dfzsu() 子程序绘出 $f(n) = 0.9^n \mathrm{e}^{\frac{n\pi}{4}}$ 时域波形,观察信号的时域特性,并与理论相对照。

7. 调用 lsxj() 子函数,绘出所给的两个离散序列的波形及 $f_1(n) + f_2(n)$ 的波形。
$$f_1(n) = \{2, -1, \underset{n=0}{0}, 1, 2\}, f_2(n) = \{\underset{n=0}{1}, 1, 1\}$$

8. 调用 lsfz() 子函数,绘出离散序列 $f(n) = \begin{cases} 3^n, & -3 \leqslant n \leqslant 3 \\ 0, & \text{其他} \end{cases}$ 的波形及反折后的波形。

9. 调用 lsyw() 子函数,绘出离散序列 $f(n) = \begin{cases} n^2, & -3 \leqslant n \leqslant 3 \\ 0, & \text{其他} \end{cases}$ 的波形及 $y = f(n-2)$ 的波形。

10. 调用 lsdx() 子函数,绘出离散序列 $f(n) = \begin{cases} n^2, & -3 \leqslant n \leqslant 3 \\ 0, & \text{其他} \end{cases}$ 的波形及 $y = f(n-2)$ 的波形。

11. 用 conv() 函数求卷积。已知序列如下,用 MATLAB 实现其卷积和并绘出其波形,讨论其结果。

$$f_1(n) = \begin{cases} 1, & 0 \leqslant n \leqslant 2 \\ 0, & \text{其他} \end{cases} \quad \text{和} \quad f_2(n) = \begin{cases} 1, & n=1 \\ 2, & n=2 \\ 3, & n=3 \\ 0, & \text{其他} \end{cases}$$

12. 试调用 dconv() 子函数计算如下序列的卷积和 $f(n)$,绘出它们的时域波形,并说明序列 $f_1(n)$ 和 $f_2(n)$ 的时域宽度与 $f(n)$ 序列时域宽度的关系。

$$f_1(n) = \begin{cases} 1, & n=-1 \\ 2, & n=0 \\ 1, & n=1 \\ 0, & \text{其他} \end{cases} \quad \text{和} \quad f_2(n) = \begin{cases} 1, & -2 \leqslant n \leqslant 2 \\ 0, & \text{其他} \end{cases}$$

13. 已知某 LTI 离散系统,其单位响应 $h(n) = u(n) - u(n-5)$,求该系统在激励为 $f(n) = u(n) - u(n-4)$ 时的零状态响应 $y(n)$,并绘出其时域波形图。

14. 已知描述某离散系统的差分方程如下

$$y(n) - 2y(n-1) + 2y(n-2) = f(n) + 3f(n-1) + 2f(n-2)$$

试用 MATLAB 绘出该系 $0 \sim 50$ 时间范围内单位响应的波形。

15. 已知描述某离散系统的差分方程如下

$$y(n) - 0.75y(n-1) - 0.5y(n-2) = f(n) + f(n-1)$$

且知该系统输入序列为 $f(n) = \left(\dfrac{1}{2}\right)^n u(n)$。试用 MATLAB 实现下列分析过程:

(1) 画出输入序列的时域波形;

(2) 求出系统零状态响应在 $0 \sim 20$ 区间的样值;

(3) 画出系统的零状态响应波形图。

16. 已知描述某离散系统的差分方程如下

$$y(n) + y(n-1) + \dfrac{1}{4}y(n-2) = f(n)$$

试用 MATLAB 绘出该系统单位阶跃响应 $g(n)$ 的时域波形。

第 5 章小结

第 5 章提高题

离散时间信号与系统的 z 域分析

本章要点:

(1) z 变换的定义、收敛域,常用序列的 z 变换,z 变换的性质。

(2) 逆 z 变换。

(3) z 变换与拉普拉斯变换的关系。

(4) 离散时间系统的 z 域分析。

(5) 离散时间系统的频率响应。

(6) 典型例题分析。

学习目标:

(1) 理解 z 变换的定义、收敛域及其基本性质;掌握常用序列的 z 变换。

(2) 理解 z 变换性质(特别是时移性、z 域尺度特性、z 域微分与积分性、卷积定理以及初值、终值定理等)的应用条件;掌握幂级数展开法,部分分式法及留数法求 z 逆变换。

(3) 理解 z 变换与拉普拉斯变换的关系。

(4) 掌握应用 z 变换法求解离散系统的零输入响应、零状态响应和全响应的方法。

(5) 掌握 z 域系统函数 $H(z)$ 的定义,物理意义及其零、极点的概念,会用多种方法求解 $H(z)$;了解 $H(z)$ 的性质,$H(z)$ 的极点分布与单位响应 $h(n)$ 的关系;掌握应用 $H(z)$ 对系统响应进行分析和求解的方法。

(6) 掌握离散系统频率特性的定义、物理意义、性质和求解方法。

本章重点:

(1) 离散信号 z 域分析——z 变换。

(2) 离散系统 z 域分析法。

(3) z 域系统函数 $H(z)$ 及其应用。

(4) 离散系统的频率特性。

6.1 z 变换

z 变换是为分析离散时间系统而提出的一种工程分析方法。在离散信号与系统的理论研究中,z 变换是一种重要的数学工具。它把离散系统的差分方程转换为简单的代数方程,简化了求解过程。类似于连续系统中的拉普拉斯变换,z 变换在离散系统中具有重要的地位与作用。

6.1.1　z 变换的定义

对于离散时间信号,即序列 $x(n)$,其 z 变换定义为

$$X(z) = \sum_{n=-\infty}^{+\infty} x(n)z^{-n} \tag{6-1-1}$$

式中,z 是一个复变量;$X(z)$ 称为序列 $x(n)$ 的象函数;$x(n)$ 称为函数 $X(z)$ 的原序列。由原序列 $x(n)$ 求其象函数 $X(z)$ 的过程称为 z 正变换,简称 z 变换。记作

$$X(z) = \mathcal{Z}[x(n)]$$

反之,由 $X(z)$ 确定 $x(n)$ 的过程称为逆 z 变换,记作

$$x(n) = \mathcal{Z}^{-1}[X(z)]$$

可见,式(6-1-1)定义的 z 变换是将时域离散时间序列 $x(n)$ 变换为 z 域的连续函数 $X(z)$。如果 $x(n)$ 为双边序列,则利用式(6-1-1)对其进行的 z 变换称为双边 z 变换。如果仅考虑 $n \geq 0$ 时的序列 $x(n)$ 值,则可定义单边 z 变换为

$$X(z) = \sum_{n=0}^{+\infty} x(n)z^{-n} \tag{6-1-2}$$

显然,如果 $x(n)$ 是因果序列,则双边 z 变换与单边 z 变换是等同的。

6.1.2　z 变换的收敛域

视频讲解

由式(6-1-1)、式(6-1-2)可知,对序列 $x(n)$ 进行 z 变换就是将该序列展开为复变量 z^{-1} 的无穷幂级数,其系数就是相应的 $x(n)$ 值。由于只有级数绝对收敛时,z 变换才有意义,所以存在一个 z 变换的收敛域问题。

对于任意有界序列 $x(n)$,能使级数 $\displaystyle\sum_{n=-\infty}^{+\infty} x(n)z^{-n}$ 收敛的所有 z 值的集合称为 z 变换 $X(z)$ 的收敛域(Region Of Convergence,ROC)。根据级数理论,该级数收敛的充分必要条件是

$$\sum_{n=-\infty}^{+\infty} |x(n)z^{-n}| < \infty$$

所以 z 变换的收敛域不仅与序列 $x(n)$ 有关,而且与 z 值的范围有关,现举例说明。

例 6-1　求下列离散时间信号 z 变换的收敛域。

(1) $x_1(n) = \begin{cases} 0, & n < 0 \\ a^n, & n \geq 0 \end{cases}$ （右边序列或因果序列）

(2) $x_2(n) = \begin{cases} -a^n, & n < 0 \\ 0, & n \geq 0 \end{cases}$ （左边序列）

(3) $x_3(n) = \begin{cases} b^n, & n < 0 \\ a^n, & n \geq 0 \end{cases}$ （双边序列）

(4) $x_4(n) = \begin{cases} 1, & n_1 \leq n \leq n_2 \\ 0, & n < n_1, n > n_2 \end{cases}$ $(n_1 \geq 0, n_2 > 0)$ （有限长序列）

式中，a、b 均为正数。

解：（1）由式（6-1-1）可得

$$X_1(z) = \sum_{n=0}^{+\infty} a^n z^{-n}$$

若使该级数收敛，则应使 $|az^{-1}| < 1$，即 z 变换收敛域为

$$|z| > a \quad 且 \quad X_1(z) = \frac{1}{1-az^{-1}} = \frac{z}{z-a}$$

因 z 是一个复变量，其取值可在一个复平面上表示，且该复平面称为 z 平面。故 $|z| > a$ 在 z 平面上是以原点为中心，半径 $\rho > a$ 的圆外部区域（ρ 称为收敛半径），如图 6-1-1(a) 所示。

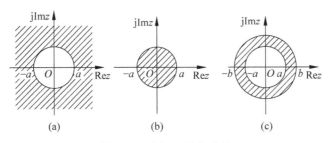

图 6-1-1 例 6-1 的收敛域

（2）由式（6-1-1）得

$$X_2(z) = -\sum_{n=-\infty}^{-1} a^n z^{-n} = -\sum_{n=1}^{+\infty} (a^{-1}z)^n = 1 - \sum_{n=0}^{+\infty} (a^{-1}z)^n$$

该级数收敛的条件为 $|a^{-1}z| < 1$，即 z 变换收敛域为

$$|z| < a \quad 且 \quad X_2(z) = 1 - \frac{1}{1-a^{-1}z} = \frac{z}{z-a}$$

在 z 平面上 $|z| < a$ 是以原点为中心，半径 $\rho = a$ 的圆内部区域，如图 6-1-1(b) 所示。

（3）由 z 变换定义可得

$$X_3(z) = \sum_{n=-\infty}^{-1} b^n z^{-n} + \sum_{n=0}^{+\infty} a^n z^{-n}$$

若使该级数收敛，且由 $x_1(n)$ 和 $x_2(n)$ 的 z 变换可知应有

$$|z| < b \quad 且 \quad |z| > a$$

因此，当 $b > a$ 时，并且 $a < |z| < b$，$x_3(n)$ 的 z 变换存在，其收敛域在平面上是一个以原点为中心的圆环域，如图 6-1-1(c) 所示。若 $b \leqslant a$，则 $X_3(z)$ 不存在。

（4）对于序列 $x_4(n)$，其 z 变换为

$$X_4(z) = \sum_{n=-\infty}^{+\infty} x_4(n)z^{-n} = \sum_{n=n_1}^{n_2} z^{-n}$$

由于 n_1, n_2 是有限整数，因而上式是一个有限项级数，可见，该级数收敛域为 z 平面上除原点以外的全部区域，即 $|z| > 0$。

由上例分析可得出如下结论。

（1）z 变换的收敛域取决于序列 $x(n)$ 和 z 值。

（2）$X(z)$ 与 $x(n)$ 不一定一一对应，故只有 $X(z)$ 和其收敛域一起才可确定序列 $x(n)$。

（3）对于右边序列 $x(n)u(n)$，其 z 变换的收敛域一般位于 z 平面半径为 ρ 的圆外区域。

（4）对于左边序列 $x(n)u(-n-1)$，其 z 变换的收敛域位于 z 平面收敛半径为 ρ 的圆内区域。

（5）双边序列 z 变换的收敛域位于 z 平面 $\rho_1 < |z| < \rho_2$ 的圆环域内。

（6）有限长双边序列 z 变换的收敛域为 $0 < |z| < +\infty$。

（7）有限长右边序列 z 变换的收敛域为 $|z| > 0$。

（8）有限长左边序列 z 变换的收敛域为 $|z| < +\infty$。

6.1.3　MATLAB 的实现

在 MATLAB 中，提供了 ztrans( ) 函数，实现信号 $f(n)$ 的单边 z 变换，其调用格式如下：

```
F = ztrans(f)              % 实现函数 f(n)的 z 变换,默认返回函数 F 是关于 z 的函数
F = ztrans(f,w)            % 实现函数 f(n)的 z 变换,返回函数 F 是关于 w 的函数
F = ztrans(f,k,w)          % 实现函数 f(k)的 z 变换,返回函数 F 是关于 w 的函数
```

例 6-2　求 $f_1(n) = 3^n u(n)$ 和 $f_2(n) = \cos(2n)u(n)$ 的 z 变换。

解：编写的程序如下：

```
syms n z
f1 = 3^n;
F1 = ztrans(f1)
f2 = cos(2 * n);
F2 = ztrans(f2)
```

执行该程序，运行结果为

```
F1 =
1/3 * z/(1/3 * z - 1)
F2 =
    (z + 1 - 2 * cos(1)^2) * z/(1 - 4 * z * cos(1)^2 + 2 * z + z^2)
```

即

$$3^n u(n) \leftrightarrow \frac{1}{3} \frac{z}{\frac{1}{3}z - 1} = \frac{z}{z - 3}$$

$$\cos(2n)u(n) \leftrightarrow (z + 1 - 2\cos^2 1) \frac{z}{1 - 4z\cos^2 1 + 2z + z^2} = \frac{z(z - \cos 2)}{z^2 - 2z\cos 2 + 1}$$

6.2　常用序列的 z 变换

6.2.1　单位样值序列

单位样值序列 $\delta(n)$ 定义为

视频讲解

$$\delta(n) = \begin{cases} 1, & n = 0 \\ 0, & n \neq 0 \end{cases}$$

由式(6-1-1),取其 z 变换可得

$$\mathcal{Z}[\delta(n)] = \sum_{n=-\infty}^{+\infty} \delta(n) z^{-n} = 1 \tag{6-2-1}$$

可见,与连续系统单位冲击函数 $\delta(t)$ 的拉普拉斯变换类似,单位样值序列的 z 变换等于常数 1。

6.2.2　单位阶跃序列

单位阶跃序列 $u(n)$ 的定义为

$$u(n) = \begin{cases} 1, & n \geqslant 0 \\ 0, & n < 0 \end{cases}$$

将 $u(n)$ 代入式(6-1-1),得

$$\mathcal{Z}[u(n)] = \sum_{n=0}^{+\infty} z^{-n} = 1 + z^{-1} + z^{-2} + \cdots$$

这是一个等比级数,当 $|z| > 1$ 时,该级数收敛,由等比级数求和公式,得

$$\mathcal{Z}[u(n)] = \frac{1}{1 - z^{-1}} = \frac{z}{z - 1}, \quad |z| > 1 \tag{6-2-2}$$

6.2.3　斜变序列

斜变序列表示式为

$$x(n) = nu(n)$$

由 z 变换的定义式(6-1-1)得

$$\mathcal{Z}[x(n)] = \sum_{n=0}^{+\infty} nz^{-n}$$

该级数直接求解有困难,但可以用下面的方法间接求得。

由式(6-2-2)可知

$$\sum_{n=0}^{+\infty} z^{-n} = \frac{1}{1 - z^{-1}}, \quad |z| > 1$$

两边分别对 z^{-1} 求导得

$$\sum_{n=0}^{+\infty} n(z^{-1})^{n-1} = \frac{1}{(1 - z^{-1})^2} = \frac{z^2}{(z-1)^2}$$

然后两边各乘以 z^{-1},即得到斜变序列的 z 变换为

$$\mathcal{Z}[nu(n)] = \sum_{n=0}^{+\infty} nz^{-n} = \frac{z}{(z-1)^2}, \quad |z| > 1 \tag{6-2-3}$$

类似地,对上式两边再对 z^{-1} 求导,还可以得到

$$\mathcal{Z}[n^2 u(n)] = \sum_{n=0}^{+\infty} n^2 z^{-n} = \frac{z(z+1)}{(z-1)^3}, \quad |z| > 1 \tag{6-2-4}$$

$$\mathscr{Z}[n^3 u(n)] = \sum_{n=0}^{+\infty} n^3 z^{-n} = \frac{z(z^2 + 4z + 1)}{(z-1)^4}, \quad |z| > 1 \tag{6-2-5}$$

6.2.4 指数序列

单边指数序列表示式为

$$x(n) = a^n u(n)$$

由例 6-1(1)的结果可知

$$\mathscr{Z}[a^n u(n)] = \sum_{n=0}^{+\infty} (az^{-1})^n = \frac{z}{z-a}, \quad |z| > a \tag{6-2-6}$$

6.2.5 复指数序列

复指数序列表示式为

$$x(n) = e^{jn\omega_0 T} u(n)$$

由式(6-2-6)可得

$$\mathscr{Z}[e^{jn\omega_0 T} u(n)] = \frac{z}{z - e^{j\omega_0 T}}, \quad |z| > 1 \tag{6-2-7}$$

6.3 z 变换的性质

6.3.1 线性特性

z 变换是一种线性运算,满足叠加性与齐次性。设 $f_1(n)$ 和 $f_2(n)$ 为双边序列,并且

$$\mathscr{Z}[f_1(n)] = F_1(z), \quad \rho_{11} < |z| < \rho_{12}; \qquad \mathscr{Z}[f_2(n)] = F_2(z), \quad \rho_{21} < |z| < \rho_{22}$$

则

$$\mathscr{Z}[af_1(n) + bf_2(n)] = aF_1(z) + bF_2(z) \tag{6-3-1}$$

式中,a、b 为任意常数。相加后序列的 z 变换收敛域至少是两个函数收敛域的公共部分,其收敛域可记作

$$\max(\rho_{11}, \rho_{21}) < |z| < \min(\rho_{12}, \rho_{22})$$

利用 z 变换定义可直接证明式(6-3-1)成立,并且可推广到多个序列 z 变换的情况。

例 6-3 求余弦序列 $\cos(n\omega_0)u(n)$ 的 z 变换。

解:因为

$$\cos(n\omega_0)u(n) = \frac{1}{2}(e^{jn\omega_0} + e^{-jn\omega_0})u(n)$$

根据 z 变换的线性性质,并利用式(6-2-7)可得

$$\begin{aligned}
\mathscr{Z}[\cos(n\omega_0)u(n)] &= \mathscr{Z}\left[\frac{1}{2}(e^{jn\omega_0} + e^{-jn\omega_0})u(n)\right] \\
&= \mathscr{Z}\left[\frac{1}{2}(e^{jn\omega_0})u(n)\right] + \mathscr{Z}\left[\frac{1}{2}(e^{-jn\omega_0})u(n)\right] \\
&= \frac{1}{2}\frac{z}{z - e^{j\omega_0}} + \frac{1}{2}\frac{z}{z - e^{-j\omega_0}} = \frac{z(z - \cos\omega_0)}{z^2 - 2z\cos\omega_0 + 1}, \quad |z| > 1
\end{aligned}$$

同理,可推得

$$\mathcal{Z}[\sin(n\omega_0)u(n)]=\frac{z\sin\omega_0}{z^2-2z\cos\omega_0+1}, \quad |z|>1$$

6.3.2　时移特性

时移性也称为位移性,表示序列时移后的 z 变换与原序列 z 变换的关系。在实际中,可能遇到序列的左移(超前)或右移(延迟)两种不同的情况,所取的变换形式又有可能有单边 z 变换或双边 z 变换,下面分别进行讨论。

1. 对于双边 z 变换

若

$$\mathcal{Z}[x(n)]=X(z), \quad \rho_1<|z|<\rho_2$$

则移位序列 $x(n\pm m)$ 的双边 z 变换为

$$\mathcal{Z}[x(n\pm m)]=z^{\pm m}X(z), \quad \rho_1<|z|<\rho_2 \tag{6-3-2}$$

式中,m 为任意正整数。

证明：根据双边 z 变换定义,可得

$$\mathcal{Z}[x(n\pm m)]=\sum_{n=-\infty}^{+\infty}x(n\pm m)z^{-n}=\sum_{n=-\infty}^{\infty}x(n\pm m)z^{-(n\pm m)}z^{\pm m}$$

$$=z^{\pm m}\sum_{n=-\infty}^{\infty}x(n)z^{-n}=z^{\pm m}X(z), \quad \rho_1<|z|<\rho_2$$

即式(6-3-2)成立。

可见,把序列 $x(n)$ 沿 n 轴左移 m 个单位变为 $x(n+m)$ 或右移 m 个单位变为 $x(n-m)$,对应的 z 变换等于原序列 z 变换 $X(z)$ 与 z^{+m} 或 z^{-m} 的乘积。通常称 $z^{\pm m}$ 为位移因子。由于位移因子仅影响变换式在 $z=0$ 或 $z=+\infty$ 处的收敛情况。因此对于具有环形收敛域的序列,位移后其 z 变换收敛域保持不变。

2. 对于单边 z 变换

若

$$\mathcal{Z}[x(n)u(n)]=X(z), \quad |z|>\rho_0$$

则当 $x(n)$ 为双边序列时

$$\mathcal{Z}[x(n-m)u(n)]=z^{-m}\left[X(z)+\sum_{n=-m}^{-1}x(n)z^{-n}\right] \tag{6-3-3}$$

$$\mathcal{Z}[x(n+m)u(n)]=z^{m}\left[X(z)-\sum_{n=0}^{m-1}x(n)z^{-n}\right] \tag{6-3-4}$$

收敛域为 $|z|>\rho_0$。

当 $x(n)$ 为因果序列(单边右序列)时

$$\mathcal{Z}[x(n-m)u(n-m)]=z^{-m}X(z), \quad |z|>\rho_0 \tag{6-3-5}$$

证明：设 $x(n)$ 为双边序列,由单边 z 变换定义,可得

$$\mathcal{Z}[x(n-m)u(n)]=\sum_{n=0}^{+\infty}x(n-m)z^{-n}=z^{-m}\sum_{n=0}^{+\infty}x(n-m)z^{-(n-m)}$$

$$= z^{-m} \sum_{n=-m}^{+\infty} x(n)z^{-n} = z^{-m} \left[\sum_{n=0}^{+\infty} x(n)z^{-n} + \sum_{n=-m}^{-1} x(n)z^{-n} \right]$$

$$= z^{-m} \left[X(z) + \sum_{n=-m}^{-1} x(n)z^{-n} \right]$$

故式(6-3-3)成立。用同样方法可证明式(6-3-4)和式(6-3-5)成立。

例 6-4 求矩形序列

$$P_N(n) = \begin{cases} 1, & 0 \leqslant n \leqslant N-1 \\ 0, & n < 0, n > N \end{cases}$$

的 z 变换。

解：矩形序列 $P_N(n)$ 可用单位阶跃序列 $u(n)$ 与右移 N 个单位的单位阶跃序列 $u(n-N)$ 的差表示，即

$$P_N(n) = u(n) - u(n-N)$$

根据 z 变换的线性和移位性，并利用式(6-2-2)，得

$$\mathscr{Z}[P_N(n)] = \mathscr{Z}[u(n) - u(n-N)] = \frac{z}{z-1} - z^{-N} \frac{z}{z-1} = \frac{z(1-z^{-N})}{z-1}, \quad |z| > 1$$

根据位移性，显然还可以得到

$$\mathscr{Z}[\delta(n-m)] = z^{-m}, \quad |z| > 0$$

$$\mathscr{Z}[u(n-m)] = z^{-m} \frac{z}{z-1}, \quad |z| > 1$$

式中，m 为正整数。

6.3.3 z 域微分特性

设

$$\mathscr{Z}[x(n)] = X(z), \quad \rho_1 < |z| < \rho_2$$

则

$$\mathscr{Z}[nx(n)] = -z \frac{\mathrm{d}X(z)}{\mathrm{d}z}, \quad \rho_1 < |z| < \rho_2 \tag{6-3-6}$$

证明：

$$\mathscr{Z}[nx(n)] = \sum_{n=-\infty}^{+\infty} nx(n)z^{-n} = z \sum_{n=-\infty}^{+\infty} (nz^{-n-1})x(n) = z \sum_{n=-\infty}^{+\infty} \left[-\frac{\mathrm{d}}{\mathrm{d}z} z^{-n} \right] x(n)$$

交换上式求和与求导的次序，可得

$$\mathscr{Z}[nx(n)] = -z \frac{\mathrm{d}}{\mathrm{d}z} \sum_{n=-\infty}^{+\infty} z^{-n} x(n) = -z \frac{\mathrm{d}}{\mathrm{d}z} X(z)$$

由于 $X(z)$ 是复变量 z 的幂级数，而幂级数的导数或积分是具有同一收敛域的另一个级数。因此式(6-3-6)收敛域与 $X(z)$ 收敛域相同。

上述结果可推广到 $x(n)$ 乘以 n 的任意正整数 m 次幂的情况，即有

$$\mathscr{Z}[n^m x(n)] = \left(-z \frac{\mathrm{d}}{\mathrm{d}z} \right)^m X(z), \quad \rho_1 < |z| < \rho_2$$

式中，$\left(-z \frac{\mathrm{d}}{\mathrm{d}z} \right)^m X(z)$ 表示对 $X(z)$ 求导并乘以 m 次 $(-z)$。

例 6-5 求下列序列的 z 变换。

(1) $n^2 u(n)$；

(2) $\dfrac{n(n+1)}{2} u(n)$。

解：因 $u(n)$ 的 z 变换为 $\dfrac{z}{z-1}$，$|z|>1$，根据 z 域微分性，则

(1) $\mathscr{Z}[n^2 u(n)] = \left(-z\dfrac{\mathrm{d}}{\mathrm{d}z}\right)^2 \dfrac{z}{z-1} = -z\dfrac{\mathrm{d}}{\mathrm{d}z}\left[-z\dfrac{\mathrm{d}}{\mathrm{d}z}\left(\dfrac{z}{z-1}\right)\right]$

$\qquad\qquad = -z\dfrac{\mathrm{d}}{\mathrm{d}z}\left[\dfrac{z}{(z-1)^2}\right] = \dfrac{z^2+z}{(z-1)^3}, \quad |z|>1$

(2) $\mathscr{Z}\left[\dfrac{n(n+1)}{2}u(n)\right] = \mathscr{Z}\left[\dfrac{n^2}{2}u(n)\right] + \mathscr{Z}\left[\dfrac{n}{2}u(n)\right]$

$\qquad\qquad = \dfrac{z^2+z}{2(z-1)^3} + \dfrac{z}{2(z-1)^2} = \dfrac{z^2}{(z-1)^3}, \quad |z|>1$

6.3.4 z 域尺度变换特性

若已知序列 $x(n)$ 的 z 变换为 $X(z)$，其收敛域为 $\rho_1 < |z| < \rho_2$，则

$$\mathscr{Z}[a^n x(n)] = X\left(\dfrac{z}{a}\right), \quad \rho_1 < \left|\dfrac{z}{a}\right| < \rho_2 \qquad (6\text{-}3\text{-}7)$$

式中，a 为非零常量。

该性质反映在时域中，序列 $x(n)$ 乘以指数序列 a^n 相当于 z 平面上原象函数在尺度上压缩 a 倍，因此称之为 z 域尺度变换。

证明：因为

$$\mathscr{Z}[a^n x(n)] = \sum_{n=-\infty}^{+\infty} a^n x(n) z^{-n} = \sum_{n=-\infty}^{+\infty} x(n)\left(\dfrac{z}{a}\right)^{-n}$$

由 z 变换定义可知

$$\mathscr{Z}[a^n x(n)] = X\left(\dfrac{z}{a}\right), \quad \rho_1 < \left|\dfrac{z}{a}\right| < \rho_2$$

例 6-6 已知 $x(n) = \mathrm{e}^{na}\cos(\omega_0 n)u(n)$，求其 z 变换 $X(z)$，式中 α 为实常数。

解：因为

$$\mathscr{Z}[\cos(\omega_0 n)u(n)] = \dfrac{z(z-\cos\omega_0)}{z^2 - 2z\cos\omega_0 + 1}$$

根据 z 域尺度变换性，可得

$$X(z) = \dfrac{z\mathrm{e}^{-\alpha}(z\mathrm{e}^{-\alpha}-\cos\omega_0)}{z^2\mathrm{e}^{-2\alpha} - 2z\mathrm{e}^{-\alpha}\cos\omega_0 + 1} = \dfrac{z(z-\mathrm{e}^{-\alpha}\cos\omega_0)}{z^2 - 2z\mathrm{e}^{-\alpha}\cos\omega_0 + \mathrm{e}^{2\alpha}}$$

收敛域为 $|z\mathrm{e}^{-\alpha}|>1$，即 $|z|>|\mathrm{e}^{\alpha}|$。

6.3.5 时域卷积特性

若序列 $f_1(n)$、$f_2(n)$ 的 z 变换分别为 $F_1(z)$ 和 $F_2(z)$，则时域两个序列卷积和的 z 变

换为

$$\mathcal{Z}\big[f_1(n) * f_2(n)\big] = F_1(z)F_2(z) \tag{6-3-8}$$

其收敛域为 $F_1(z)$、$F_2(z)$ 收敛域的公共部分。

证明：

$$\mathcal{Z}\big[f_1(n) * f_2(n)\big] = \sum_{n=-\infty}^{+\infty} \big[f_1(n) * f_2(n)\big]z^{-n} = \sum_{n=-\infty}^{+\infty}\left[\sum_{m=-\infty}^{+\infty} f_1(m)f_2(n-m)\right]z^{-n}$$

交换求和次序,得

$$X(z)\big[f_1(n) * f_2(n)\big] = \sum_{m=-\infty}^{+\infty} f_1(m) \sum_{n=-\infty}^{+\infty} f_2(n-m)z^{-(n-m)}z^{-m}$$

$$= \sum_{m=-\infty}^{+\infty} f_1(m)z^{-m}F_2(z) = F_1(z)F_2(z)$$

式中利用了 z 变换位移性,显然其收敛域应为 $F_1(z)$ 和 $F_2(z)$ 收敛域的公共部分。

例 6-7 求 $x(n) = a^n u(n) * a^n u(n)$ 的 z 变换 $X(z)$（a 为正实数）。

解：因为

$$\mathcal{Z}\big[a^n u(n)\big] = \frac{z}{z-a}, \quad |z| > a$$

根据时域卷积定理,得

$$X(z) = \frac{z}{z-a} \cdot \frac{z}{z-a} = \left(\frac{z}{z-a}\right)^2, \quad |z| > a$$

6.3.6 初值定理

与拉普拉斯变换类似,也可利用序列 $x(n)$ 的单边 z 变换 $X(z)$ 来确定原序列的初值。

设原序列 $x(n)$ 的单边 z 变换为 $X(z)$,则

$$x(0) = \lim_{z \to +\infty} X(z) \tag{6-3-9}$$

这一性质称为初值定理。

证明：因

$$X(z) = \sum_{n=0}^{+\infty} x(n)z^{-n} = x(0) + x(1)z^{-1} + x(2)z^{-2} + \cdots$$

显然当 $z \to +\infty$ 时,上式等号右端除第一项外,均为零。所以

$$x(0) = \lim_{z \to +\infty} X(z)$$

类似地,由式(6-3-9)可推得

$$\left.\begin{aligned}
x(1) &= \lim_{z \to +\infty} z\big[X(z) - x(0)\big] \\
x(2) &= \lim_{z \to +\infty} z^2\big[X(z) - x(0) - x(1)z^{-1}\big] \\
&\vdots \\
x(m) &= \lim_{z \to +\infty} z^m\left[X(z) - \sum_{n=0}^{m-1} x(n)z^{-n}\right]
\end{aligned}\right\} \tag{6-3-10}$$

6.3.7 终值定理

终值定理适用于收敛序列 $x(n)$,即序列 $x(n)$ 存在终值 $x(+\infty)$,而 $x(+\infty)$ 值的确定可直接由象函数 $X(z)$ 求得,不必求原序列 $x(n)$。

设 $x(n)$ 的单边 z 变换为 $X(z)$,即

$$\mathcal{Z}[x(n)] = \sum_{n=0}^{+\infty} x(n)z^{-n} = X(z), \quad |z| > \rho_0$$

且当 $n < 0$ 时,$x(n) = 0$,则

$$x(+\infty) = \lim_{n \to +\infty} x(n) = \lim_{z \to 1} \frac{z-1}{z} X(z) \tag{6-3-11}$$

证明:因

$$\mathcal{Z}[x(n) - x(n-1)] = X(z) - z^{-1} X(z) = \frac{z-1}{z} X(z)$$

又因

$$\mathcal{Z}[x(n) - x(n-1)] = \sum_{n=0}^{+\infty} [x(n) - x(n-1)]z^{-n} = \lim_{N \to +\infty} \sum_{n=0}^{N} [x(n) - x(n-1)]z^{-n}$$

有

$$\frac{z-1}{z} X(z) = \lim_{N \to +\infty} \sum_{n=0}^{N} [x(n) - x(n-1)]z^{-n}$$

当 $z \to 1$ 时,

$$\lim_{z \to 1} \frac{z-1}{z} X(z) = \lim_{N \to +\infty} \sum_{n=0}^{N} [x(n) - x(n-1)] = \lim_{N \to +\infty} x(N)$$

即

$$x(+\infty) = \lim_{N \to +\infty} x(N) = \lim_{z \to 1} \frac{z-1}{z} X(z)$$

可见,初值定理表明,时域序列 $x(n)$ 的初值 $x(0)$ 等效于 z 域中其象函数 $X(z)$ 的终值 $X(+\infty)$。而终值定理反映时域收敛序列 $x(n)$ 的终值 $x(+\infty)$ 等效于 z 域中其象函数 $X(z)$ 与 $\frac{z-1}{z}$ 乘积在点 $z = 1$ 的值。应用这两个定理时应注意序列 $x(n)$ 为因果序列。

例 6-8 设序列 $x(n)$ 的 z 变换为

$$X(z) = \frac{z}{z-a}, \quad |z| > a$$

求 $x(0)$、$x(1)$ 和 $x(+\infty)$(a 为正实数)。

解:由初值定理,得

$$x(0) = \lim_{z \to +\infty} \frac{z}{z-a} = 1$$

$$x(1) = \lim_{z \to +\infty} z \left[\frac{z}{z-a} - x(0) \right] = \lim_{z \to +\infty} \frac{az}{z-a} = a$$

又由终值定理,得

$$x(+\infty) = \lim_{z \to 1} \frac{z-1}{z} \cdot \frac{z}{z-a} = \lim_{z \to 1} \frac{z-1}{z-a}$$

当 $a < 1$ 时，

$$x(+\infty) = 0$$

当 $a = 1$ 时，

$$x(+\infty) = 1$$

当 $a > 1$ 时，

$$x(+\infty) = \lim_{z \to 1} \frac{z-1}{z-a} = 0$$

而实际上 $x(+\infty) \to +\infty$，即不存在终值。这是由于 $z = 1$ 已不在 $X(z)$ 的收敛域 $|z| > a$ 内，因而取 $z \to 1$ 的极限无意义。

除以上性质外，z 变换还具有反折性、z 域积分特性等，均列于表 6-3-1 中。

表 6-3-1 常用 z 变换的基本性质和定理

名 称	时域序列关系	z 域象函数关系
线性	$c_1 f_1(n) + c_2 f_2(n)$	$c_1 F_1(z) + c_2 F_2(z)$
时移性	$f(n \pm m)$	$z^{\pm m} F(z)$
	$f(n-m)u(n)$	$z^{-m}\left[F(z) + \sum_{n=-m}^{-1} f(n) z^{-n} \right]$
	$f(n-m)u(n-m)$	$z^{-m} F(z)$
	$f(n+m)u(n)$	$z^{m}\left[F(z) - \sum_{n=0}^{m-1} f(n) z^{-n} \right]$
反折性	$f(-n)$	$F(z^{-1})$
z 域尺度变换性	$a^n f(n)$	$F\left(\dfrac{z}{a}\right)$
z 域微分性	$n^m f(n)$	$\left(-z \dfrac{\mathrm{d}}{\mathrm{d}z}\right)^m F(z)$
z 域积分性	$\dfrac{f(n)}{n+m}, \quad n+m>0$	$z^m \displaystyle\int_z^{+\infty} x^{-(m+1)} F(x) \mathrm{d}x$
	$\dfrac{f(n)}{n}, \quad n>0$	$\displaystyle\int_z^{+\infty} \dfrac{F(x)}{x} \mathrm{d}x$
时域卷积定理	$f_1(n) * f_2(n)$	$F_1(z) F_2(z)$
初值定理	$f(0) = \lim\limits_{z \to +\infty} F(z)$	
	$f(m) = \lim\limits_{z \to +\infty} z^m \left[F(z) - \sum\limits_{i=0}^{m-1} f(i) z^{-i} \right]$	
终值定理	$f(+\infty) = \lim\limits_{z \to 1} \dfrac{z-1}{z} F(z)$	

利用 z 变换的定义和基本性质,可以求出一些典型序列的 z 变换,现将其列在表 6-3-2 中。可以通过查表的方法找出这些序列的 z 变换,也有利于求解 $X(z)$ 的逆变换。

表 6-3-2　典型序列的 z 变换

序　列	z 变　换	收　敛　域
$\delta(n)$	1	$0\leqslant z\leqslant\infty$
$u(n)$	$\dfrac{z}{z-1}$	$|z|>1$
$nu(n)$	$\dfrac{z}{(z-1)^2}$	$|z|>1$
$a^n u(n)$	$\dfrac{z}{z-a}$	$|z|>|a|$
$na^n u(n)$	$\dfrac{az}{(z-a)^2}$	$|z|>|a|$
$e^{jn\omega}u(n)$	$\dfrac{z}{z-e^{j\omega}}$	$|z|>1$
$\sin(n\omega)u(n)$	$\dfrac{z\sin\omega}{z^2-2z\cos\omega+1}$	$|z|>1$
$\cos(n\omega)u(n)$	$\dfrac{z(z-\cos\omega)}{z^2-2z\cos\omega+1}$	$|z|>1$
$a^n\sin(n\omega)u(n)$	$\dfrac{az\sin\omega}{z^2-2az\cos\omega+a^2}$	$|z|>|a|$
$a^n\cos(n\omega)u(n)$	$\dfrac{z^2-az\cos\omega}{z^2-2az\cos\omega+a^2}$	$|z|>|a|$
$e^{-an}\sin(n\omega)u(n)$	$\dfrac{ze^{-a}\sin\omega}{z^2-2ze^{-a}\cos\omega+e^{-2a}}$	$|z|>e^{-a}$
$e^{-an}\cos(n\omega)u(n)$	$\dfrac{z^2-ze^{-a}\cos\omega}{z^2-2ze^{-a}\cos\omega+e^{-2a}}$	$|z|>e^{-a}$

6.4　逆 z 变换

时域离散序列 $x(n)$ 可进行 z 变换,变换为 z 域象函数 $X(z)$。同样 $X(z)$ 也可变换为时域序列 $x(n)$,这一过程称为逆 z 变换。逆 z 变换的定义为

$$x(n)=\mathcal{Z}^{-1}[X(z)]=\frac{1}{2\pi j}\oint_C X(z)z^{n-1}dz \tag{6-4-1}$$

式中,C 为 $X(z)z^{n-1}$ 收敛域内任一简单闭合曲线。

由于工程中出现的离散时间信号一般为单边右序列(因果序列),本节重点研究单边逆 z 变换。即

$$x(n)=\mathcal{Z}^{-1}[X(z)]=\begin{cases}0, & n<0 \\ \dfrac{1}{2\pi j}\oint_C X(z)z^{n-1}dz, & n\geqslant0\end{cases} \tag{6-4-2}$$

求逆 z 变换的方法一般有查表法、幂级数展开法、部分分式法和围线积分法(留数法)。

因查表法是直接查找有关 z 变换表来确定其逆变换 $x(n)$,由于表内容有限,故还须配合其他方法求逆 z 变换。下面主要介绍后 3 种方法。

6.4.1 幂级数展开法(长除法)

根据 z 变换的定义

$$X(z) = \sum_{n=0}^{+\infty} x(n)z^{-n}$$

可知,若将 $X(z)$ 展开为 z^{-1} 的幂级数,则对应的 z^{-n} 的系数 $x(n)$ 就是原序列相应的值。

例 6-9 已知 $X(z) = e^{-a/z}$。求其逆 z 变换 $x(n)$。

解:因指数函数 e^x 可展开为幂级数

$$e^x = 1 + x + \frac{x^2}{2!} + \cdots + \frac{x^k}{k!} + \cdots$$

故 $X(z)$ 也可展开为

$$X(z) = e^{-a/z} = 1 + \left(-\frac{a}{z}\right) + \left(-\frac{a}{z}\right)^2 \bigg/ 2! + \cdots - \left(-\frac{a}{z}\right)^n \bigg/ n! + \cdots$$

$$= 1 + (-a)z^{-1} + \frac{(-a)^2}{2!}z^{-2} + \cdots - \frac{(-a)^n}{n!}z^{-n} + \cdots$$

$$= \sum_{n=0}^{+\infty} \frac{(-a)^n}{n!} z^{-n}$$

所以可得原序列

$$x(n) = \frac{(-a)^n}{n!} u(n-1) + \delta(n)$$

例 6-10 已知 $X(z) = \dfrac{z}{(z-1)^2}$(收敛域为 $|z|>1$),求其逆 z 变换 $x(n)$。

解:由收敛域 $|z|>1$ 可知 $x(n)$ 为右边序列,故应将 $X(z)$ 展成 z 的负次幂级数形式。将 $X(z)$ 的分子、分母按 z 的降幂次序排列为

$$X(z) = \frac{z}{z^2 - 2z + 1}$$

进行长除

$$
\begin{array}{r}
z^{-1} + 2z^{-2} + 3z^{-3} + \cdots \\
z^2 - 2z + 1 \overline{\smash{\big)}\, z } \\
\underline{z - 2 + z^{-1}} \\
2 - z^{-1} \\
\underline{2 - 4z^{-1} + 2z^{-2}} \\
3z^{-1} - 2z^{-2} \\
\underline{3z^{-1} - 6z^{-2} + 3z^{-3}} \\
4z^{-2} - 3z^{-3} \\
\vdots
\end{array}
$$

可得

$$X(z) = z^{-1} + 2z^{-2} + 3z^{-3} + 4z^{-4} + \cdots = \sum_{n=0}^{+\infty} nz^{-n}$$

所以

$$x(n) = nu(n)$$

上面两个例子都是因果序列,$X(z)$的分子、分母按 z 的降幂次序排列。如果 $X(z)$ 是左边序列,则分子、分母应按 z 的升幂(或 z^{-1} 的降幂)次序进行排列,然后利用长除法,便可将 $X(z)$ 展成幂级数,从而得到 $x(n)$。

幂级数展开法的缺点在于序列一般难以写成闭合形式。

视频讲解

6.4.2 部分分式展开法

当象函数 $X(z)$ 是 z 的有理分式时,一般可表示为

$$X(z) = \frac{B(z)}{A(z)} = \frac{b_m z^m + b_{m-1} z^{m-1} + \cdots + b_1 z + b_0}{a_n z^n + a_{n-1} z^{n-1} + \cdots + a_1 z + a_0} \tag{6-4-3}$$

对于因果序列,式中正整数 $m \leqslant n$。

与拉普拉斯变换中的部分分式展开法类似,可将 $X(z)$ 展开成若干简单的部分分式之和,然后分别求出部分分式的逆 z 变换,最后根据 z 变换线性性质求得原对应序列 $x(n)$。其基本步骤如下。

(1) 将 $X(z)$ 除以 z,得 $\dfrac{X(z)}{z}$;

(2) 将 $\dfrac{X(z)}{z}$ 展开为部分分式;

(3) 将展开的部分分式乘以 z,即得到 $X(z)$ 的部分分式表示式;

(4) 对各部分分式进行逆 z 变换;

(5) 写出原序列 $x(n)$。

关于 $\dfrac{X(z)}{z}$ 的部分分式展开方法与拉普拉斯变换中完全相同,现仅将主要结论介绍如下。

1. $\dfrac{X(z)}{z}$ 仅含有单实极点

若 $\dfrac{X(z)}{z}$ 仅含有单实极点 $P_0, P_1, P_2, \cdots, P_k$,则 $\dfrac{X(z)}{z}$ 可展成

$$\frac{X(z)}{z} = \sum_{i=0}^{k} \frac{K_i}{z - P_i} \tag{6-4-4}$$

式中,K_i 为待定系数,其计算式为

$$K_i = (z - P_i) \frac{X(z)}{z} \bigg|_{z = P_i} \tag{6-4-5}$$

有

$$X(z) = \sum_{i=0}^{k} \frac{K_i z}{z - P_i} = \frac{K_0 z}{z} + \frac{K_1 z}{z - P_1} + \frac{K_2 z}{z - P_2} + \cdots + \frac{K_k z}{z - P_k}$$

根据 z 变换线性性质和 $\dfrac{z}{z-a}$ 的逆 z 变换,得

$$x(n) = K_0 \delta(n) + (K_1 P_1^n + K_2 P_2^n + \cdots + K_k P_k^n) u(n)$$

$$= K_0 \delta(n) + \sum_{i=1}^{k} K_i P_i^n u(n) \tag{6-4-6}$$

例 6-11 已知 $X(z) = \dfrac{z+2}{2z^2 - 7z + 3}, |z| > 3$,求 z 逆变换 $x(n)$。

解：因为

$$\frac{X(z)}{z} = \frac{z+2}{z(2z^2 - 7z + 3)} = \frac{z+2}{2z(z-0.5)(z-3)}$$

将其展开为部分分式

$$\frac{X(z)}{z} = \frac{K_1}{z} + \frac{K_2}{z-0.5} + \frac{K_3}{z-3} = \frac{\dfrac{2}{3}}{z} - \frac{1}{z-0.5} + \frac{\dfrac{1}{3}}{z-3}$$

两边同乘以 z,得

$$X(z) = \frac{2}{3} - \frac{z}{z-0.5} + \frac{1}{3}\frac{z}{z-3}, \quad |z| > 3$$

故

$$x(n) = \frac{2}{3}\delta(n) - (0.5)^n u(n) + \frac{1}{3}(3)^n u(n)$$

2. $\dfrac{X(z)}{z}$ 含有共轭单极点

若 $\dfrac{X(z)}{z}$ 含有一对共轭单极点 $P_{1,2} = c \pm \mathrm{j}d$,其余 $P_0, P_3, P_4, \cdots, P_k$ 为单实极点,则 $\dfrac{X(z)}{z}$ 可展成

$$\frac{X(z)}{z} = \frac{K_0}{z} + \frac{K_1}{z-P_1} + \frac{K_2}{z-P_2} + \sum_{i=3}^{k} \frac{K_i}{z-P_i}$$

式中,K_0、K_1、K_2、K_i 的计算式与式(6-4-5)相同。由于 P_1 与 P_2 为共轭复数,因此 K_1 与 K_2 也为共轭复数,即 $P_1 = P_2^* = c + \mathrm{j}d = r\mathrm{e}^{\mathrm{j}\beta}$,$K_1 = K_2^* = |K_1|\mathrm{e}^{\mathrm{j}\theta}$,可得

$$X(z) = K_0 + \frac{|K_1|\mathrm{e}^{\mathrm{j}\theta}z}{z - r\mathrm{e}^{\mathrm{j}\beta}} + \frac{|K_1|\mathrm{e}^{-\mathrm{j}\theta}z}{z - r\mathrm{e}^{-\mathrm{j}\beta}} + \sum_{i=3}^{k} \frac{K_i z}{z-P_i} \tag{6-4-7}$$

故

$$x(n) = K_0 \delta(n) + \left[2|K_1| r^n \cos(\beta n + \theta) + \sum_{i=3}^{k} K_i P_i^n \right] u(n) \tag{6-4-8}$$

例 6-12 已知 $X(z) = \dfrac{z}{z^2 + 4}, |z| > 2$,求其逆 z 变换 $x(n)$。

解：因为

$$\frac{X(z)}{z} = \frac{1}{z^2 + 4} = \frac{1}{(z - \mathrm{j}2)(z + \mathrm{j}2)} = \frac{K_1}{z - \mathrm{j}2} + \frac{K_2}{z + \mathrm{j}2}$$

$$K_1 = (z - \mathrm{j}2) \left. \frac{X(z)}{z} \right|_{z=\mathrm{j}2} = \frac{1}{4} \angle -90°$$

$$K_2 = K_1^* = \frac{1}{4} \angle 90°$$

有

$$X(z) = \frac{\frac{1}{4} \angle -90° z}{(z - \mathrm{j}2)} + \frac{\frac{1}{4} \angle 90° z}{(z + \mathrm{j}2)}, \quad |z| > 2$$

故

$$x(n) = \frac{1}{2}(2)^n \cos\left(\frac{\pi n}{2} - 90°\right) u(n)$$

3. $\dfrac{X(z)}{z}$ 含有多阶极点

设 $\dfrac{X(z)}{z}$ 在 $z = P$ 处有 r 阶极点,其余 $P_0, P_{r+1}, P_{r+2}, \cdots, P_k$ 均为单实极点,则 $\dfrac{X(z)}{z}$ 可展开成

$$\frac{X(z)}{z} = \frac{K_0}{z} + \frac{K_{11}}{(z - P_1)^r} + \frac{K_{12}}{(z - P_1)^{r-1}} + \cdots + \frac{K_{1r}}{z - P_1} + \sum_{i=r+1}^{k} \frac{K_i}{z - P_i}$$

有

$$X(z) = K_0 + \sum_{k=1}^{r} \frac{K_{1k} z}{(z - P_1)^{r-k+1}} + \sum_{i=r+1}^{k} \frac{K_i z}{z - P_i} \tag{6-4-9}$$

式中,K_0、K_i 计算式与式(6-4-5)相同,而 K_{1k} 由式(6-4-10)求得

$$K_{1k} = \frac{1}{(k-1)!} \frac{\mathrm{d}^{k-1}}{\mathrm{d}z^{k-1}} \left[(z - P_1)^r \frac{X(z)}{z} \right]_{z=P_1}, \quad k = 1, 2, \cdots, r \tag{6-4-10}$$

根据常用 z 变换,可知

$$x(n) = K_0 \delta(n) + \sum_{k=1}^{r} \frac{n(n-1)(n-2)\cdots(n-r+k+1)}{(r-k)!} \times$$

$$K_{1k}(P_1)^{n-r+k} u(n-r+k) + \sum_{i=r+1}^{k} K_i (P_i)^n u(n)$$

6.4.3 围线积分法(留数法)

考虑一般情况,设双边序列 $x(n)$ 的 z 变换为

$$X(z) = \mathcal{Z}[x(n)], \quad \rho_1 < |z| < \rho_2$$

因此 $X(z)$ 在 z 平面上以原点为中心的同心圆 ρ_1、ρ_2 之间的环形域内解析,由复变函数理论可知,$X(z)$ 在环形域内任一点可展开为如下罗朗级数

$$X(z) = \sum_{n=-\infty}^{+\infty} C_n z^{-n}, \quad \rho_1 < |z| < \rho_2$$

式中,罗朗级数的系数为

$$C_n = \frac{1}{2\pi\mathrm{j}} \oint_C \frac{X(z)}{z^{n+1}} \mathrm{d}z$$

这里 C 是收敛域 $\rho_1 < |z| < \rho_2$ 内围绕原点逆时针方向的任一简单闭合曲线。

根据逆 z 变换的定义式(6-4-1),可知

$$x(-n) = C_n = \frac{1}{2\pi j} \oint_C \frac{X(z)}{z^{n+1}} dz$$

因此,逆 z 变换 $x(n)$ 可表示为

$$x(n) = C_{-n} = \frac{1}{2\pi j} \oint_C \frac{X(z)}{z^{-n+1}} dz = \frac{1}{2\pi j} \oint_C X(z) z^{n-1} dz \qquad (6\text{-}4\text{-}11)$$

式中,$n = 0, \pm 1, \pm 2, \cdots$。式(6-4-11)就是计算逆 z 变换的围线积分公式。

借助于复变函数的留数定理,式(6-4-11)积分值等于 C 所包围的 $X(z)z^{n-1}$ 极点的留数之和,即

$$x(n) = \sum_i \mathrm{Re}\, s[X(z)z^{n-1}]\Big|_{z=z_i} \qquad (6\text{-}4\text{-}12)$$

式中,$n = 0, \pm 1, \pm 2, \cdots$。$z_i$ 为 $X(z)z^{n-1}$ 的极点,$\mathrm{Re}\, s[\cdot]$ 表示极点的留数。根据 $X(z)$ 收敛域不同将有下面 3 种情况。

1. $X(z)$ 的收敛域为 $|z| > \rho_1$,即 $\rho_2 \to \infty$

函数 $X(z)z^{n-1}$ 的极点均位于围线 C 内,如图 6-4-1(a)所示。这时有

$$x(n) = \begin{cases} 0, & n < 0 \\ \displaystyle\sum_{C内极点} \mathrm{Re}\, s[X(z)z^{n-1}], & n \geq 0 \end{cases} \qquad (6\text{-}4\text{-}13)$$

显然,$x(n)$ 为因果序列。

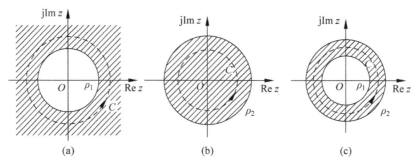

图 6-4-1　逆 z 变换积分围线的选择

2. $X(z)$ 的收敛域为 $|z| < \rho_2$

函数 $X(z)z^{n-1}$ 的极点均位于围线 C 之外,如图 6-4-1(b)所示。这时有

$$x(n) = \begin{cases} -\displaystyle\sum_{C外极点} \mathrm{Re}\, s[X(z)z^{n-1}], & n < 0 \\ 0, & n \geq 0 \end{cases} \qquad (6\text{-}4\text{-}14)$$

可见 $x(n)$ 为左序列,式中负号是因为对于 C 的外部区域而言,其积分路径方向相反所致。

3. $X(z)$ 的收敛域为 $\rho_1 < |z| < \rho_2$

函数 $X(z)z^{n-1}$ 的极点由两部分组成,一部分位于围线 C 以内,另一部分位于 C 之外,如图 6-4-1(c)所示。这时有

$$x(n) = \begin{cases} -\sum\limits_{C\text{外极点}} \mathrm{Re}\, s[X(z)z^{n-1}], & n < 0 \\ \sum\limits_{C\text{内极点}} \mathrm{Re}\, s[X(z)z^{n-1}], & n \geqslant 0 \end{cases} \tag{6-4-15}$$

如果 $X(z)z^{n-1}$ 在 $z=z_i$ 处有一阶极点,则其留数为

$$\mathrm{Re}\, s[X(z)z^{n-1}]\big|_{z=z_i} = (z-z_i)X(z)z^{n-1}\big|_{z=z_i} \tag{6-4-16}$$

如果 $X(z)z^{n-1}$ 在 $z=z_i$ 处有 r 阶极点,则其留数为

$$\mathrm{Re}\, s[X(z)z^{n-1}]\big|_{z=z_i} = \frac{1}{(r-1)!}\frac{\mathrm{d}^{r-1}}{\mathrm{d}z^{r-1}}[(z-z_i)^r X(z)z^{n-1}]\bigg|_{z=z_i} \tag{6-4-17}$$

例 6-13 求 $X(z) = \dfrac{12}{(z+1)(z-2)(z-3)}, |z|>3$ 的逆 z 变换 $x(n)$。

解:因为

$$X(z)z^{n-1} = \frac{12z^{n-1}}{(z+1)(z-2)(z-3)}, \quad |z|>3$$

可知其逆 z 变换 $x(n)$ 为右边序列,且为因果序列。

(1) 当 $n=0$ 时,

$$X(z)z^{-1} = \frac{12}{z(z+1)(z-2)(z-3)}, \quad |z|>3$$

$X(z)z^{-1}$ 在围线 C 内有 4 个极点 $z_1=0, z_2=-1, z_3=2, z_4=3$,且各极点留数为

$$\mathrm{Re}\, s[X(z)z^{-1}]\big|_{z=0} = \frac{12}{(z+1)(z-2)(z-3)}\bigg|_{z=0} = 2$$

$$\mathrm{Re}\, s[X(z)z^{-1}]\big|_{z=-1} = \frac{12}{z(z-2)(z-3)}\bigg|_{z=-1} = -1$$

$$\mathrm{Re}\, s[X(z)z^{-1}]\big|_{z=2} = \frac{12}{z(z+1)(z-3)}\bigg|_{z=2} = -2$$

$$\mathrm{Re}\, s[X(z)z^{-1}]\big|_{z=3} = \frac{12}{z(z+1)(z-2)}\bigg|_{z=3} = 1$$

故

$$x(0) = \sum_{i=1}^{4} \mathrm{Re}\, s[X(z)z^{-1}] = 2-1-2+1 = 0$$

(2) 当 $n>0$ 时,$X(z)z^{n-1}$ 在围线 C 内有 3 个极点 $z_1=-1, z_2=2, z_3=3$,且各极点留数为

$$\mathrm{Re}\, s[X(z)z^{n-1}]\big|_{z=-1} = \frac{12z^{n-1}}{(z-2)(z-3)}\bigg|_{z=-1} = (-1)^{n-1}$$

$$\mathrm{Re}\, s[X(z)z^{n-1}]\big|_{z=2} = \frac{12z^{n-1}}{(z+1)(z-3)}\bigg|_{z=2} = -4(2)^{n-1}$$

$$\mathrm{Re}\, s[X(z)z^{n-1}]\big|_{z=3} = \frac{12z^{n-1}}{(z+1)(z-2)}\bigg|_{z=3} = 3(3)^{n-1}$$

故

$$x(n) = [(-1)^{n-1} - 4(2)^{n-1} + 3(3)^{n-1}]u(n-1)$$

6.4.4 MATLAB 实现

1. 求逆 z 变换的函数

在 MATLAB 中,提供了 iztrans()函数,实现信号 $F(z)$ 的逆 z 变换,其调用格式如下:

```
f = iztrans(F)              % 实现函数 F(z)的逆 z 变换,默认返回函数 f 是关于 n 的函数
f = iztrans(F,k)            % 实现函数 F(z)的逆 z 变换,返回函数 f 是关于 k 的函数
f = iztrans(F, w, k)        % 实现函数 F(w)的逆 z 变换,返回函数 f 是关于 k 的函数
```

例 6-14 已知离散 LTI 系统的激励函数为 $f(n)=(-1)^n u(n)$,单位序列响应 $h(n)=\left[\dfrac{1}{3}(-1)^n+\dfrac{2}{3}3^n\right]u(n)$,采用变换域分析法确定系统的零状态响应 $y_{zs}(n)$。

解:编写的程序如下:

```
syms n z
f = ( - 1)^n;
Fz = ztrans(f);
h = 1/3 * ( - 1)^n + 2/3 * 3^n;
Hz = ztrans(h);
Yz = Fz * Hz;
y = iztrans(Yz)
```

执行该程序,运行结果为

```
y =
    1/2 * ( - 1)^n + 1/3 * ( - 1)^n * n + 1/2 * 3^n
```

即零状态响应

$$y_{zs}(n)=\frac{1}{2}(-1)^n+\frac{1}{3}(-1)^n n+\frac{1}{2}3^n$$

2. 部分分式展开求逆 z 变换的函数

在 MATLAB 中,利用部分分式展开法可以通过函数 residuez()来实现,其调用格式为

```
[r,p,k] = residuez(num,den)
```

其中 num 和 den 分别表示 $X(z)$ 的分子和分母多项式的系数向量,r 为部分分式的系数,p 为极点,k 为多项式的系数。若 $X(z)$ 为真分式,则 k 为空。

例 6-15 求 $X(z)=\dfrac{9z^{-3}}{1+4.5z^{-1}+6z^{-2}+2z^{-3}}$ 的部分分式展开。

解:编写的程序如下:

```
num = [ 0 0 0 9];
den = [ 1 4.5 6 2];
[r,p,k] = residuez(num,den)
```

执行该程序,运行结果为

```
r =
    5.0000 - 0.0000i
```

```
          -1.5000 + 0.0000i
          -8.0000
p =
          -2.0000 + 0.0000i
          -2.0000 - 0.0000i
          -0.5000
k =
           4.5000
```

从运行结果可以看出，$p_1 = p_2 = 2$，这表示系统有一个二阶极点，所以 $X(z)$ 的部分分式展开为

$$X(z) = 4.5 + \frac{5}{1 + 2z^{-1}} - \frac{1.5}{(1 + 2z^{-1})^2} - \frac{8}{1 + 0.5z^{-1}}$$

3. 留数法求逆 z 变换的函数

在 MATLAB 中，利用留数法求解逆 z 变换可以通过函数 residue() 来实现，其调用格式为

```
[R,P,K] = residue(b,a)
```

参数 b 和 a 分别为有理 z 函数的分子多项式的系数向量与分母多项式的系数向量，参数 R 与 P 为列向量，R 为留数，P 为极点，如果分子多项式的阶数大于分母多项式的阶数，参数 K 返回直接项系数，否则 K 为空。

例 6-16 计算 $X(z) = \dfrac{1}{(z-1)(z-0.6)}$ 的逆 z 变换，其收敛域为 $|z| > 1$。

解：编写的 MATLAB 实现程序如下：

```
clear;
b = 1;
a = poly([1 0.6]);
[R,P,K] = residue(b,a)
```

执行该程序，其运行结果为

```
R =
       2.5000
      -2.5000
P =
       1.0000
       0.6000
K =
       []
```

因此得到

$$X(z) = \frac{2.5}{1 - z^{-1}} + \frac{-2.5}{1 - 0.6z^{-1}}$$

相应的逆 z 变换为

$$x(n) = [2.5 - 2.5(0.6)^n]u(n)$$

6.5　z 变换与拉普拉斯变换的关系

到目前为止,已讨论了 3 种变换域方法,即傅里叶变换、拉普拉斯变换和 z 变换。这些变换之间有着密切的联系,在一定条件下可以相互转换。在第 4 章讨论了拉普拉斯变换与傅里叶变换的关系,现在研究 z 变换与拉普拉斯变换的关系。

对于一个连续时间信号 $f(t)$,每隔时间 T 抽样一次,其抽样信号可表示为

$$f_{\mathrm{B}}(t) = f(t)\delta_T(t) = f(t)\sum_{n=-\infty}^{+\infty}\delta(t-nT) = \sum_{k=-\infty}^{\infty}f(nT)\delta(t-nT)$$

取上式的双边拉普拉斯变换,则 $f_{\mathrm{B}}(t)$ 的双边拉普拉斯变换为

$$F_{\mathrm{B}}(s) = \int_{-\infty}^{+\infty}\left[\sum_{n=-\infty}^{+\infty}f(nT)\delta(t-nT)\right]\mathrm{e}^{-st}\,\mathrm{d}t = \sum_{n=-\infty}^{+\infty}f(nT)\mathrm{e}^{-nTs} \tag{6-5-1}$$

取一新的复变量 z,令 $z = \mathrm{e}^{sT}$,则

$$F(z) = \sum_{n=-\infty}^{+\infty}f(nT)z^{-n} \tag{6-5-2}$$

因此,比较式(6-5-1)和式(6-5-2)可知

$$\left.\begin{aligned}F_{\mathrm{B}}(s) &= F(z)\,\big|_{z=\mathrm{e}^{sT}}\\ F(z) &= F_s(s)\,\big|_{s=\frac{1}{T}\ln z}\end{aligned}\right\} \tag{6-5-3}$$

式中,T 是序列 $f(kT)$ 的时间间隔,重复频率 $\omega_s = \dfrac{2\pi}{T}$。所以复变量 z 与 s 的关系为

$$\left.\begin{aligned}z &= \mathrm{e}^{sT} = r\mathrm{e}^{\mathrm{j}\theta}\\ s &= \frac{1}{T}\ln z = \sigma + \mathrm{j}\omega\end{aligned}\right\} \tag{6-5-4}$$

式中

$$\left.\begin{aligned}r &= \mathrm{e}^{\sigma T}\\ \theta &= \omega T\end{aligned}\right\} \tag{6-5-5}$$

式(6-5-4)表明 s-z 平面有如下映射关系。

(1) s 平面上的虚轴($\sigma=0, s=\mathrm{j}\omega$)映射到 z 平面是单位圆,即 $|z|=1$; s 右半平面($\sigma>0$)映射到 z 平面是单位圆外部区域,即 $|z|>1$; s 左半平面($\sigma<0$)映射到 z 平面是单位圆内部区域,即 $|z|<1$。

(2) s 平面上的实轴 $\omega=0, s=\sigma$ 映射到 z 平面是正实轴;平行于实轴的直线($\omega=$ 常量)映射到 z 平面是始于原点的辐射线;通过 $\mathrm{j}\dfrac{k\omega_s}{2}(k=\pm1,\pm3,\cdots)$ 而平行于实轴的直线映射到 z 平面是负实轴。

(3) 由于 $\mathrm{e}^{\mathrm{j}\theta}$ 是以 ω_s 为周期的周期函数,因此在 s 平面上沿虚轴移动对应于 z 平面上沿单位圆周期性旋转,每平移 ω_s,则沿单位圆转一周。所以 z-s 平面映射并不是单值的。s-z 平面的映射关系如表 6-5-1 所示。

表 6-5-1 z 平面与 s 平面映射关系

s 平面($s=\sigma+\mathrm{j}\omega$)		z 平面($z=r\mathrm{e}^{\mathrm{j}\theta}$)	
虚轴 $\begin{pmatrix}\sigma=0\\s=\mathrm{j}\omega\end{pmatrix}$			单位圆 ($r=1,\theta$ 任意)
左半平面 ($\sigma<0$)			单位圆内 ($r<1,\theta$ 任意)
右半平面 ($\sigma>0$)			单位圆外 ($r>1,\theta$ 任意)
平行于虚轴的直线 (σ 为常数)			圆 ($\sigma>0,r>1$ $\sigma<0,r<1$)
实轴 ($\omega>0,s=\sigma$)			正实轴 ($\theta=0,r$ 任意)
平行于实轴的直线 (ω 为常数)			始于原点的辐射线 ($\theta=$常数,r 任意)
通过 $\pm\mathrm{j}\dfrac{k\omega_s}{2}$ 平行于 实轴的直线 ($k=1,3,\cdots$)			负实轴 ($\theta=\pi,r$ 任意)

6.6 离散时间系统的 z 域分析

6.6.1 用 z 变换求解线性离散时间系统的响应

利用 z 变换求解线性离散时间系统的响应,其原理就是基于 z 变换的线性和位移特性,把系统的差分方程转化为代数方程,从而使求解过程简化。

1. 零输入响应的 z 域求解

对于线性时不变离散时间系统,在零输入,即激励 $x(n)=0$ 时,其差分方程为齐次方程,即

$$\sum_{i=0}^{N} a_i y(n-i) = 0 \tag{6-6-1}$$

考虑响应为 $n \geqslant 0$ 时的值,则初始条件为 $y(-1), y(-2), \cdots, y(-N)$ 不全为零。将式(6-6-1)两边取单边 z 变换,并根据 z 变换的位移特性,可得

$$\sum_{i=0}^{N} a_i z^{-i} \left[Y(z) + \sum_{n=-i}^{-1} y(n) z^{-n} \right] = 0$$

故

$$Y(z) = \frac{-\sum_{i=0}^{N} \left[a_i z^{-i} \cdot \sum_{n=-i}^{-1} y(n) z^{-n} \right]}{\sum_{i=0}^{N} a_i z^{-i}} \tag{6-6-2}$$

对应式(6-6-2)响应的序列可由逆 z 变换求得

$$y_{zi}(n) = \mathcal{Z}^{-1} \left[Y(z) \right]$$

例 6-17 若已知描述某离散时间系统的差分方程为

$$y(n) - 5y(n-1) + 6y(n-2) = x(n)$$

初始条件为 $y(-2)=1, y(-1)=4$,求零输入响应 $y_{zi}(n)$。

解：零输入时,$x(n)=0$,有

$$y(n) - 5y(n-1) + 6y(n-2) = 0$$

若记 $Y(z) = \mathcal{Z}[y(n)]$,则对上式两边取单边 z 变换,有

$$Y(z) - 5z^{-1} \left[Y(z) + y(-1)z \right] + 6z^{-2} \left[Y(z) + y(-1)z + y(-2)z^2 \right] = 0$$

可得

$$Y(z) = \frac{5y(-1) - 6z^{-1}y(-1) - 6y(-2)}{1 - 5z^{-1} + 6z^{-2}} = \frac{14z^2 - 24z}{z^2 - 5z + 6}$$

因

$$\frac{Y(z)}{z} = \frac{14z - 24}{(z-2)(z-3)} = \frac{-4}{z-2} + \frac{18}{z-3}$$

$$Y(z) = \frac{-4z}{z-2} + \frac{18z}{z-3}$$

故系统零输入响应为

$$y_{zi}(n) = 18(3)^n - 4(2)^n, \quad n \geqslant 0$$

2. 零状态响应的 z 域求解

n 阶线性时不变离散时间系统的差分方程为

$$\sum_{i=0}^{N} a_i y(n-i) = \sum_{r=0}^{M} b_r x(n-r) \tag{6-6-3}$$

在零起始状态,即 $y(-1)=y(-2)=\cdots=y(-N)=0$ 时,将等式(6-6-3)两边取单边 z 变换,可得

$$\sum_{i=0}^{N} a_i z^{-i} Y(z) = \sum_{r=0}^{M} b_r X(z) z^{-r} \tag{6-6-4}$$

其中,设激励序列 $x(n)$ 为因果序列,即当 $n<0$ 时,$x(n)=0$,且 $M\leqslant N$。则有

$$Y(z) = X(z) \frac{\displaystyle\sum_{r=0}^{M} b_r z^{-r}}{\displaystyle\sum_{i=0}^{N} a_i z^{-i}} \tag{6-6-5}$$

故零状态响应为

$$y_{zs}(n) = \mathcal{Z}^{-1}[Y(z)]$$

例 6-18 若已知 $y(n)-5y(n-1)+6y(n-2)=x(n)$,且 $x(n)=4^n u(n)$,$y(-1)=y(-2)=0$,求零状态响应 $y_{zs}(n)$。

解:设 $Y(z)=\mathcal{Z}[y(n)]$,$X(z)=\mathcal{Z}[x(n)]=\dfrac{z}{z-4}$,则

$$Y(z) = \frac{z}{z-4} \cdot \frac{1}{1-5z^{-1}+6z^{-2}} = \frac{z^3}{(z-4)(z^2-5z+6)}$$

$$\frac{Y(z)}{z} = \frac{z^2}{(z-4)(z-3)(z-2)} = \frac{2}{z-2} - \frac{9}{z-3} + \frac{8}{z-4}$$

得到

$$Y(z) = \frac{2z}{z-2} - \frac{9z}{z-3} + \frac{8z}{z-4}$$

故所求零状态响应为

$$y_{zs}(n) = [2(2)^n - 9(3)^n + 8(4)^n]u(n)$$

3. 全响应的 z 域求解

对于线性时不变离散时间系统,若激励和初始状态均不为零,则对应的响应称为全响应。根据线性时不变特性,全响应可按

$$y(n) = y_{zi}(n) + y_{zs}(n) \tag{6-6-6}$$

计算,其中 $y_{zi}(n)$、$y_{zs}(n)$ 分别表示零输入响应和零状态响应,求解方法如上所述。也可直接由时域差分方程求 z 变换而进行计算,即在激励为 $x(n)$,初始条件 $y(-1),y(-2),\cdots,$ $y(-N)$ 不全为零时,对方程式进行单边 z 变换,有

$$\sum_{i=0}^{N} a_i z^{-i} \left[Y(z) + \sum_{n=-i}^{-1} y(n)z^{-n} \right] = \sum_{r=0}^{M} b_r z^{-r} \left[X(z) + \sum_{n=-r}^{-1} x(n)z^{-n} \right] \tag{6-6-7}$$

可见式(6-6-7)为一个代数方程,由此可解得全响应的象函数 $Y(z)$,从而求得全响应 $y(n)$。

例 6-19 已知 $y(n)-5y(n-1)+6y(n-2)=x(n)$,且 $y(-1)=4$,$y(-2)=1$,

$x(n) = 4^n u(n)$,求全响应 $y(n)$。

解：设 $Y(z) = \mathcal{Z}[y(n)]$，$X(z) = \mathcal{Z}[x(n)] = \dfrac{z}{z-4}$，对差分方程两边取单边 z 变换,有

$$Y(z) - 5z^{-1}Y(z) - 5y(-1) + 6z^{-2}Y(z) + 6y(-1)z^{-1} + 6y(-2) = X(z)$$

得

$$Y(z) = \frac{X(z) + 5y(-1) - 6y(-2) - 6y(-1)z^{-1}}{1 - 5z^{-1} + 6z^{-2}}$$

$$= \frac{z^3 + (14z^2 - 24z)(z-4)}{(z-4)(z^2 - 5z + 6)}$$

$$\frac{Y(z)}{z} = \frac{15z^2 - 80z + 96}{(z-4)(z-3)(z-2)} = \frac{8}{z-4} + \frac{9}{z-3} - \frac{2}{z-2}$$

有

$$Y(z) = \frac{8z}{z-4} + \frac{9z}{z-3} - \frac{2z}{z-2}$$

故全响应为

$$y(n) = 8(4)^n + 9(3)^n - 2(2)^n, \quad n \geqslant 0$$

可见这与例 6-17 和例 6-18 结果之和相同。

6.6.2 离散时间系统的系统函数

视频讲解

1. $H(z)$ 的定义

一个线性时不变离散时间系统的零状态响应时域表示式为

$$y(n) = x(n) * h(n) \tag{6-6-8}$$

根据 z 变换的时域卷积定理可知

$$Y(z) = X(z)H(z) \tag{6-6-9}$$

式中,$Y(z)$、$X(z)$ 和 $H(z)$ 分别表示 $y(n)$、$x(n)$ 和 $h(n)$ 的 z 变换。因此定义

$$H(z) = \frac{Y(z)}{X(z)} \tag{6-6-10}$$

称为离散时间系统的系统函数,它表示系统零状态响应的 z 变换与其对应的激励的 z 变换之比值。由式(6-6-8)和式(6-6-9)可知

$$H(z) = \mathcal{Z}[h(n)] \tag{6-6-11}$$

即系统函数 $H(z)$ 就是离散时间系统单位序列响应 $h(n)$ 的 z 变换。

2. $H(z)$ 的求解方法

对于系统函数 $H(z)$ 的求法一般有以下几种。

(1) 若已知激励及其零状态响应的 z 变换,则根据式(6-6-10)定义求得 $H(z)$。

(2) 若已知系统差分方程,则对差分方程两边取单边 z 变换,并考虑到当 $n < 0$ 时,$y(n)$ 和 $x(n)$ 均取零,从而求得 $H(z)$。

(3) 若已知系统的单位序列响应 $h(n)$,则可根据式(6-6-11)求得 $H(z)$。

例 6-20 设某离散时间系统的时域差分方程为

$$y(n) + 4y(n-1) + y(n-2) - y(n-3) = 5x(n) + 10x(n-1) + 9x(n-2)$$

试求其系统函数 $H(z)$。

解：对所给差分方程两边取单边 z 变换，当 $n<0$ 时，$y(n)=x(n)=0$，则有

$$(1+4z^{-1}+z^{-2}-z^{-3})Y(z)=(5+10z^{-1}+9z^{-2})X(z)$$

故

$$H(z)=\frac{Y(z)}{X(z)}=\frac{5+10z^{-1}+9z^{-2}}{1+4z^{-1}+z^{-2}-z^{-3}}=\frac{5z^3+10z^2+9z}{z^3+4z^2+z-1}$$

例 6-21 若某离散系统的单位序列响应为 $h(n)=2\cos\dfrac{n\pi}{4}u(n)$，求系统函数 $H(z)$。

解：由式(6-6-11)，可直接求得

$$H(z)=\mathscr{Z}[h(n)]=\frac{2z\left(z-\cos\dfrac{\pi}{4}\right)}{z^2-2z\cos\dfrac{\pi}{4}+1}=\frac{2z(z-\sqrt{2}/2)}{z^2-\sqrt{2}z+1}$$

6.6.3　系统函数的零、极点分布与单位样值响应的关系

对于 n 阶线性时不变离散时间系统，其系统函数为

$$H(z)=\frac{Y(z)}{X(z)}=\frac{\displaystyle\sum_{r=0}^{M}b_r z^{-r}}{\displaystyle\sum_{i=0}^{N}a_i z^{-i}}=\frac{B(z)}{A(z)}$$

式中，$A(z)$、$B(z)$ 均为 z^{-1} 的多项式，并分别进行因式分解后可写为

$$H(z)=G\frac{\displaystyle\prod_{r=1}^{M}(1-z_r z^{-1})}{\displaystyle\prod_{i=1}^{N}(1-p_i z^{-1})} \tag{6-6-12}$$

式中，z_r 是 $H(z)$ 的零点；p_i 是 $H(z)$ 的极点；G 为一个实常数。它们由差分方程的系数 a_i、b_r 决定。

由于系统函数 $H(z)$ 与单位序列响应 $h(n)$ 是一对 z 变换，即

$$H(z)=\mathscr{Z}[h(n)],\quad h(n)=\mathscr{Z}^{-1}[H(z)]$$

所以，完全可以从 $H(z)$ 的零、极点分布情况确定单位序列响应 $h(n)$ 的性质。

对于具有一阶极点 $p_1,p_2,\cdots,p_n$ 的系统函数 $H(z)$，由 6.4.2 节的讨论可知，其单位序列响应为

$$h(n)=\mathscr{Z}^{-1}[H(z)]=\mathscr{Z}^{-1}\left\{G\frac{\displaystyle\prod_{r=1}^{M}(1-z_r z^{-1})}{\displaystyle\prod_{i=1}^{N}(1-p_i z^{-1})}\right\}=\mathscr{Z}^{-1}\left\{\sum_{i=0}^{n}\frac{A_i z}{z-p_i}\right\}$$

式中，$p_0=0$，A_i 取决于 $H(z)$ 的零、极点及常量 G。这样，上式可表示成

$$h(n)=A_0\delta(n)+\sum_{i=1}^{N}A_i(p_i)^n u(n) \tag{6-6-13}$$

这里，极点 p_i 可以是实数，也可以是一对共轭复数。

可见,离散时间系统的时域特性可由 $h(n)$ 反映,而 $H(z)$ 的极点决定 $h(n)$ 的性质,零点只影响 $h(n)$ 的幅度与相位。

对于一阶极点的情况,$H(z)$ 极点 p_i 分布与 $h(n)$ 中第 i 个分量 $h_i(n)=A_i(p_i)^n u(n)$ 形状之间的关系如图 6-6-1 所示。图中"×"表示 $H(z)$ 的一阶单极点位置。对于一阶单极点,若 $H(z)$ 所有极点位于 z 平面单位圆内,即 $|z|<1$,$h(n)$ 随 n 增大而指数衰减,当 $n\rightarrow+\infty$ 时,$h(n)\rightarrow0$;当 $H(z)$ 含有除单位圆即 $|z|=1$ 上极点外,还有其余极点位于单位圆内时,$h(n)$ 随 n 增大,逐渐稳定在某一有限范围内变化;当 $H(z)$ 含有 z 平面单位圆外极点时,$h(n)$ 随 n 增大而增大,当 $n\rightarrow0$ 时,$h(n)\rightarrow+\infty$。

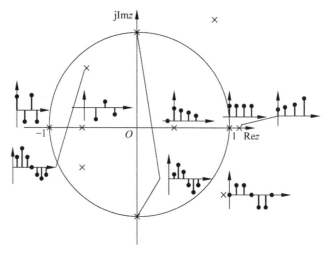

图 6-6-1 $H(z)$ 的极点位置与 $h(n)$ 形状的关系

对于多阶极点,也可通过 $H(z)$ 极点分布情况研究 $h(n)$ 的特性,可知只要极点位于 z 平面单位圆内,必有 $n\rightarrow+\infty$,$h(n)\rightarrow0$。当 $H(z)$ 含有 $|z|\geqslant1$ 上的多阶极点时,必有 $n\rightarrow+\infty$,$h(n)\rightarrow+\infty$。

6.6.4 离散时间系统的稳定性和因果性

对于离散时间系统,若对所有的激励 $x(n)$ 满足

$$|x(n)|\leqslant M_x \tag{6-6-14}$$

且系统的零状态响应满足

$$|y(n)|\leqslant M_y \tag{6-6-15}$$

则称该系统是稳定的。式中 M_x、M_y 为有界正常数。

可以证明,离散时间系统是稳定系统的充分和必要条件是

$$\sum_{n=-\infty}^{+\infty}|h(n)|\leqslant M \tag{6-6-16}$$

式中,M 为有界正常数。可见若单位序列响应 $h(n)$ 是绝对可和的,则系统是稳定的。对于因果系统,上述条件可写为

$$\sum_{n=0}^{+\infty}|h(n)|\leqslant M \tag{6-6-17}$$

由 6.6.3 节 $H(z)$ 零、极点分布与 $h(n)$ 形式之间的关系研究已知,对于稳定的因果系统,其收敛域为 $|z|<1$,即 $H(z)$ 的全部极点应落在单位圆内。

6.6.5 MATLAB 实现

对于线性离散系统差分方程的求解方法,即

$$\sum_{i=0}^{N} a_i y(n-i) = \sum_{r=0}^{M} b_r x(n-r)$$

在给定 $x(n)$ 及 $y(n)$ 的初始条件后,可以求出系统 $y(n)$ 的输出序列的表达式。借助 z 变换方法,可以分别求出系统的零状态响应和零输入响应,从而得到系统的全响应,而利用 MATLAB 则可以方便地得到系统的输出响应曲线。下面举例说明。

例 6-22 已知线性时不变系统的差分方程为

$$y(n) - 2y(n-1) + 3y(n-2) = 4u(n) - 5u(n-1) + 6u(n-2) - 7u(n-3)$$

其初始条件为 $x(-1)=1, x(-2)=-1, y(-1)=-1, y(-2)=1$,求系统 $y(n)$ 的响应曲线。

解:编写的 MATLAB 实现程序如下:

```
clear;
b = [4 -5 6 -7];
a = [1 -2 3];
x0 = [1 -1];
y0 = [-1 1];
xic = filtic(b, a, y0, x0)
bxplus = 1;
axplus = [1 -1];
ayplus = conv(a, axplus)
byplus = conv(b, bxplus) + conv(xic, axplus)
[R, P, K] = residue(byplus, ayplus)
Mp = abs(P)
Ap = angle(P) * 180/pi
N = 100;
n = 0:N-1;
xn = ones(1, N);
yn = filter(b, a, xn, xic);
plot(n, yn)
```

执行该程序,运行结果为

```
xic =
    -16    16    -7
ayplus =
     1    -3     5    -3
byplus =
    -12    27    -17     0
R =
   -4.0000 - 8.8388i
   -4.0000 + 8.8388i
   -1.0000
```

```
P =
   1.0000 + 1.4142i
   1.0000 - 1.4142i
   1.0000
K =
   0
Mp =
   1.7321
   1.7321
   1.0000
Ap =
   54.7356
  - 54.7356
   0
```

响应曲线如图 6-6-2 所示。

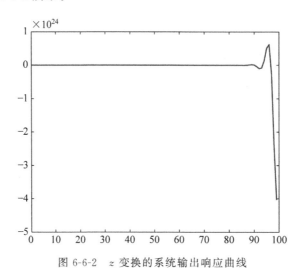

图 6-6-2　z 变换的系统输出响应曲线

例 6-23　已知某因果离散时间 LTI 系统的系统函数为

$$H(z) = \frac{0.1453(1 - 3z^{-1} + 3z^{-2} - z^{-3})}{1 + 0.1628z^{-1} + 0.3403z^{-2} + 0.0149z^{-3}}$$

求该系统的零、极点并画出系统的零、极点分布图。

解：将系统函数改写为 z 的正幂形式

$$H(z) = \frac{0.1453(z^3 - 3z^2 + 3z - 1)}{z^3 + 0.1628z^2 + 0.3403z + 0.0149}$$

编写的 MATLAB 实现程序如下：

```
num = 0.1453 * [1 - 3 3 - 1];
den = [1 0.1628 0.3403 0.0149];
[z, p, k] = tf2zp(num, den)
zplane(num, den);
```

执行该程序，运行结果为

```
z =
   1.0000 + 0.0000i
   1.0000 + 0.0000i
   1.0000 - 0.0000i
p =
  - 0.0592 + 0.5758i
  - 0.0592 - 0.5758i
  - 0.0445 + 0.0000i
k =
     0.1453
```

系统的零、极点分布如图 6-6-3 所示。

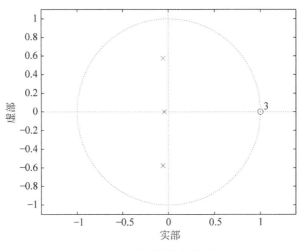

图 6-6-3 系统的零、极点分布

6.7 离散时间系统的频率响应特性

6.7.1 离散时间系统的频率响应

视频讲解

对于线性时不变离散时间系统,当系统函数 $H(z)$ 收敛域包括单位圆时,其频率特性表示为

$$H(\mathrm{e}^{\mathrm{j}\omega T}) = H(z) \mid_{z=\mathrm{e}^{\mathrm{j}\omega T}} = \mid H(\mathrm{e}^{\mathrm{j}\omega T}) \mid \angle\varphi(\omega T) \tag{6-7-1}$$

式中, $\mid H(\mathrm{e}^{\mathrm{j}\omega T}) \mid$ 称为离散时间系统的幅频特性(或幅频响应); $\varphi(\omega T)$ 为 $H(\mathrm{e}^{\mathrm{j}\omega T})$ 的幅角,称为离散时间系统的相频特性(或相频响应)。对于由实系数差分方程描述的离散系统,有 $\mid H(\mathrm{e}^{\mathrm{j}\omega T}) \mid = \mid H(\mathrm{e}^{-\mathrm{j}\omega T}) \mid , \varphi(-\omega T) = -\varphi(\omega T)$ 。

与连续时间系统正弦激励下的响应类似, $H(\mathrm{e}^{\mathrm{j}\omega T})$ 也可看作离散时间系统激励为正弦序列时的稳态响应"加权"。因当 $x(n) = A\sin(n\omega T)u(n)$ 时

$$X(z) = \frac{Az\sin\omega T}{(z - \mathrm{e}^{\mathrm{j}\omega T})(z - \mathrm{e}^{-\mathrm{j}\omega T})}$$

有

$$Y(z) = X(z)H(z) = \frac{Az\sin\omega T}{(z - e^{j\omega T})(z - e^{-j\omega T})}H(z)$$

仅考虑 $H(z)$ 极点位于单位圆内的情况,则

$$Y(z) = \frac{az}{z - e^{j\omega T}} + \frac{bz}{z - e^{-j\omega T}} + \sum_{i=1}^{M}\frac{A_i z}{z - P_i}$$

式中,$a = b^*$,对于稳态响应部分,可求得

$$y_s(n) = A \mid H(e^{j\omega T}) \mid \sin[n\omega T + \varphi(\omega T)]$$

因此,当激励是正弦序列时,系统的稳态响应也是同频率正弦序列,其幅值为激励幅值与系统幅频特性值的乘积,其相位为激励初相位与系统相频特性值之和。

6.7.2 频率响应特性的几何确定

如果已知系统函数 $H(z)$ 在 z 平面上零、极点的分布,则可通过几何方法简便、直观地求出离散系统的频率响应,即已知

$$H(z) = G\frac{\displaystyle\prod_{r=1}^{M}(z - z_r)}{\displaystyle\prod_{i=1}^{N}(z - p_i)}$$

有

$$H(e^{j\omega T}) = G\frac{\displaystyle\prod_{r=1}^{M}(e^{j\omega T} - z_r)}{\displaystyle\prod_{i=1}^{N}(e^{j\omega T} - p_i)} = \mid H(e^{j\omega T}) \mid \angle\varphi(\omega T) \tag{6-7-2}$$

仿照连续时间系统中计算 $H(j\omega)$ 的几何作图法,在 z 平面也可逐点求得离散时间系统的频率响应。利用极坐标表示形式

$$e^{j\omega T} - z_r = B_r e^{j\theta_r}$$

$$e^{j\omega T} - p_i = A_i e^{j\varphi_i}$$

有

$$H(e^{j\omega T}) = G\frac{B_1 B_2 \cdots B_M \angle(\theta_1 + \theta_2 + \cdots + \theta_M)}{A_1 A_2 \cdots A_N \angle(\varphi_1 + \varphi_2 + \cdots + \varphi_N)}$$

于是幅频响应为

$$\mid H(e^{j\omega T}) \mid = G\frac{\displaystyle\prod_{r=1}^{M}B_r}{\displaystyle\prod_{i=1}^{N}A_i} \tag{6-7-3}$$

其相频响应为

$$\varphi(\omega T) = \sum_{r=1}^{M}\theta_r - \sum_{i=1}^{N}\varphi_i \tag{6-7-4}$$

式中,A_i、φ_i 分别表示 z 平面上极点 p_i 到单位圆上某点 $e^{j\omega T}$ 的向量($e^{j\omega T} - p_i$)的长度和夹

角；B_r、θ_r 分别表示零点 z_r 到 $e^{j\omega T}$ 的向量$(e^{j\omega T} - z_r)$的长度和夹角，如图 6-7-1 所示。如果单位圆上点 D 不断移动，就可以得到全部的频率响应。显然由于 $e^{j\omega T}$ 是周期为 $\omega T = 2\pi$ 的周期函数，因而 $H(e^{j\omega T})$ 也是周期函数，因此只要 D 点转一周就可以确定系统的频率响应。利用这种方法可以比较方便地由 $H(z)$ 的零、极点位置求出系统的频率响应。可见，频率响应的形状取决于 $H(z)$ 的零、极点分布，也就是说，取决于离散时间系统的形式及差分方程各系数的大小。

由 $H(e^{j\omega T})$ 的几何表示可以看出，位于 $z = 0$ 处的零点或极点对幅频特性不产生作用，而只影响相频特性。当 $e^{j\omega T}$ 点旋转移动到某靠近单位圆的极点 p_i 附近时，由于 A_i 取最小值，会使相应的幅频特性呈现峰值；相反，当 $e^{j\omega T}$ 点移到某个靠近单位圆的零点 z_r 附近时，由于 B_r 取极小值，而会使相应的幅频特性呈现谷值。

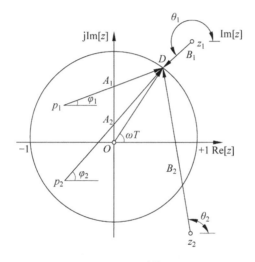

图 6-7-1　频率响应 $H(e^{j\omega T})$ 的几何确定法

例 6-24 如图 6-7-2 所示为某离散时间系统 z 域模拟框图，求该系统的频率响应。

解：由图 6-7-2 可写出系统 z 域方程为

$$Y(z) = -\frac{1}{2} z^{-2} Y(z) + F(z)$$

即

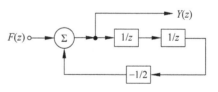

图 6-7-2　某离散时间系统 z 域模拟框图

$$\left(1 + \frac{1}{2} z^{-2}\right) Y(z) = F(z)$$

从而得到系统函数为

$$H(z) = \frac{Y(z)}{F(z)} = \frac{1}{1 + \frac{1}{2} z^{-2}} = \frac{z^2}{z^2 + 0.5}, \quad |z| > 0.5$$

得到频率响应为

$$H(e^{j\omega T}) = H(z)\big|_{z = e^{j\omega T}} = \frac{e^{j2\omega T}}{e^{j2\omega T} + 0.5} = \frac{2[\cos(2\omega T) + j\sin(2\omega T)]}{[1 + 2\cos(2\omega T)] + j2\sin(2\omega T)}$$

将上式分母有理化，并整理得

$$H(e^{j\omega T}) = \frac{4 + 2[\cos(2\omega T) + j\sin(2\omega T)]}{5 + 4\cos(2\omega T)}$$

故幅频响应为

$$|H(e^{j\omega T})| = \frac{1}{5 + 4\cos(2\omega T)} \sqrt{[4 + 2\cos(2\omega T)]^2 + [2\sin(2\omega T)]^2}$$

$$= \frac{2}{5 + 4\cos(2\omega T)}$$

而相频响应为

$$\varphi(\omega T) = \arctan\left[\frac{\sin(2\omega T)}{2 + \cos(2\omega T)}\right]$$

幅频响应和相频响应曲线如图 6-7-3 所示。可见频率响应呈现周期性变化,在本例中,其周期为 π。

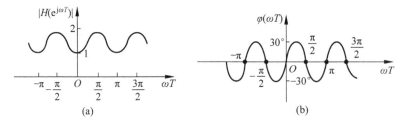

图 6-7-3 幅频响应和相频响应曲线

6.7.3 MATLAB 实现

例 6-25 已知一个线性时不变因果系统,用下列差分方程描述

$$y(n) = y(n-1) + y(n-2) + x(n-1)$$

(1) 求系统函数 $H(z)$,画出 $H(z)$ 的零、极点分布,指出其收敛区域,并分析系统的稳定性;

(2) 求系统的单位冲激响应 $h(n)$。

解:(1) 对差分方程进行 z 变换,得到

$$Y(z) = z^{-1}Y(z) + z^{-2}Y(z) + z^{-1}X(z)$$

因此有

$$H(z) = \frac{Y(z)}{X(z)} = \frac{z^{-1}}{1 - z^{-1} - z^{-2}} = \frac{z^{-1}}{(1 - az^{-1})(1 - bz^{-1})}$$

$$= \frac{1}{a - b}\left[\frac{z}{z - a} - \frac{z}{z - b}\right]$$

得到系统零点 $z = 0$,极点为 $z_1 = a = (1 + \sqrt{5})/2$,$z_2 = b = (1 - \sqrt{5})/2$。由于该系统为因果系统,因此收敛域为 $|z| > \dfrac{1 + \sqrt{5}}{2}$。由于系统收敛域不包含单位圆,因此系统是不稳定的。

(2) 对 $H(z)$ 做逆 z 变换,很容易得到

$$h(n) = \frac{1}{a - b}(a^n - b^n)u(n)$$

其 MATLAB 实现程序如下：

```
clear;
b = [1 0];
a = [1 -1 -1];
[H,W] = freqz(b,a,100);
mag = abs(H);
pha = angle(H);
figure;
subplot(3,1,1);
zplane(b,a);
title('Zero and Pole Distribution');
subplot(3,1,2);
plot(W/pi,mag);
xlabel('Frequency:pi');
ylabel('Magnitude');
title('Magnitude Response');
subplot(3,1,3);
plot(W/pi,pha/pi);
xlabel('frequency:pi');
ylabel('Phase:pi');
title('Phase Response');
```

零、极点分布及频响特性曲线，即运行结果如图 6-7-4 所示。

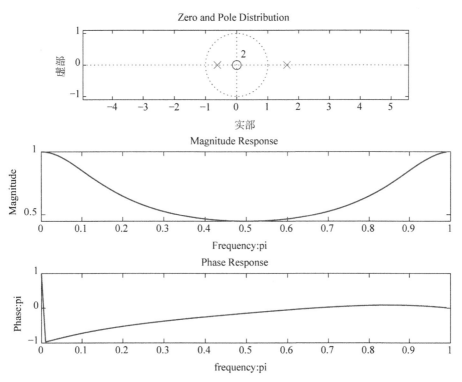

图 6-7-4　因果系统的零、极点分布和频响特性曲线

例 6-26　已知一个离散线性时不变系统，用下列差分方程描述

$$y(n) - 0.81y(n-2) = f(n) - f(n-2)$$

（1）求系统函数 $H(z)$；

（2）求系统的单位冲激响应，并画出波形；

（3）画出单位阶跃响应 $g(n)$ 的波形；

（4）画出 $H(z)$ 的频响特性曲线。

解：编写的 MATLAB 实现程序如下：

```
num = [1 0 -1];
den = [1 0 -0.81];
printsys(fliplr(num),fliplr(den),'1/z');
subplot(2,2,1);
dimpulse(num,den,40);
title('脉冲响应');
subplot(2,2,2);
dstep(num,den,40);
title('阶跃响应');
[h,w] = freqz(num,den,1000,'whole');
subplot(2,2,3);
plot(w/pi,abs(h));
title('幅频特性');
subplot(2,2,4);
plot(w/pi,angle(h));
title('相频特性');
```

执行该程序，运行结果为

```
num/den =
      -1 1/z^2 + 1
    ---------------
   -0.81 1/z^2 + 1
```

绘制的图形如图 6-7-5 所示。

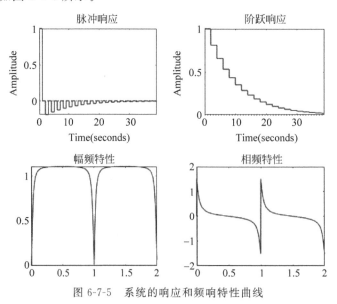

图 6-7-5　系统的响应和频响特性曲线

6.8 典型例题解析

例 6-27 求下列序列的 z 变换,并指出其收敛域。

(1) $x(n) = |n| \left(\dfrac{1}{3}\right)^{|n|}$;

(2) $x(n) = 2^n \cos\left(\dfrac{\pi}{4} n\right) u(n)$。

解:这种题解答过程并不复杂,需要分清是单边 z 变换还是双边 z 变换,并注意运用 z 变换的基本性质。

(1) $x(n) = |n| \left(\dfrac{1}{3}\right)^{|n|} = -n\left(\dfrac{1}{3}\right)^{-n} u(-n-1) + n\left(\dfrac{1}{3}\right)^n u(n-1)$

因为

$$\mathscr{Z}\left[\left(\frac{1}{3}\right)^n u(n-1)\right] = \frac{1}{3}\, \mathscr{Z}\left[\left(\frac{1}{3}\right)^{n-1} u(n-1)\right]$$

$$= \frac{1}{3} z^{-1} \frac{z}{z-\frac{1}{3}} = \frac{\frac{1}{3}}{z-\frac{1}{3}}, \quad |z| > \frac{1}{3}$$

利用 z 变换微分性质

$$\mathscr{Z}\left[n\left(\frac{1}{3}\right)^n u(n-1)\right] = -z \frac{\mathrm{d}}{\mathrm{d}z}\left[\frac{\frac{1}{3}}{z-\frac{1}{3}}\right] = \frac{\frac{1}{3}z}{\left(z-\frac{1}{3}\right)^2}, \quad |z| > \frac{1}{3}$$

同理

$$\mathscr{Z}\left[-n\left(\frac{1}{3}\right)^{-n} u(-n-1)\right] = -z \frac{\mathrm{d}}{\mathrm{d}z}\left[\frac{z}{z-3}\right] = \frac{3z}{(z-3)^2}, \quad |z| < 3$$

因此

$$\mathscr{Z}[x(n)] = \frac{\frac{1}{3}z}{\left(z-\frac{1}{3}\right)^2} + \frac{3z}{(z-3)^2}, \quad \frac{1}{3} < |z| < 3$$

(2) 解带有三角函数的序列 z 变换常用的方法是将 $x(n)$ 展开为指数函数形式或利用 z 域尺度变换公式。

解法一:利用 z 域尺度变换公式

$$\mathscr{Z}[a^n x(n)] = X\left(\frac{z}{a}\right), \quad \rho_1 < \left|\frac{z}{a}\right| < \rho_2$$

由于

$$\mathscr{Z}\left[\cos\left(\frac{\pi}{4}n\right) u(n)\right] = \frac{z^2 - z\cos\frac{\pi}{4}}{z^2 - 2z\cos\frac{\pi}{4} + 1} = \frac{z\left(z - \frac{\sqrt{2}}{2}\right)}{z^2 - \sqrt{2}z + 1}, \quad |z| > 1$$

所以

$$\mathscr{Z}[x(n)] = \frac{\left(\frac{z}{2}\right)\left(\frac{z}{2} - \frac{\sqrt{2}}{2}\right)}{\left(\frac{z}{2}\right)^2 - \sqrt{2}\,\frac{z}{2} + 1} = \frac{z(z - \sqrt{2})}{z^2 - 2\sqrt{2}z + 4}$$

收敛域为 $\left|\frac{z}{2}\right| > 1$ 或 $|z| > 2$。

解法二：把 $x(n)$ 展开为指数函数形式。由欧拉公式得

$$x(n) = 2^n \cos\left(\frac{\pi}{4}n\right)u(n) = 2^n \frac{1}{2}(e^{j\frac{\pi}{4}n} + e^{-j\frac{\pi}{4}n})u(n) = \left[\frac{1}{2}2^n e^{j\frac{\pi}{4}n} + \frac{1}{2}2^n e^{-j\frac{\pi}{4}n}\right]u(n)$$

利用频移特性

$$\mathscr{Z}[e^{j\omega_0 n}x_1(n)] = X_1(e^{-j\omega_0}z)$$

$$\mathscr{Z}[e^{-j\omega_0 n}x_1(n)] = X_1(e^{j\omega_0}z)$$

令

$$X_1(z) = \mathscr{Z}[2^n u(n)] = \frac{z}{z-2}, \quad |z| > 2$$

所以有

$$X(z) = \frac{1}{2}\frac{ze^{-j\frac{\pi}{4}}}{ze^{-j\frac{\pi}{4}} - 2} + \frac{1}{2}\frac{ze^{j\frac{\pi}{4}}}{ze^{j\frac{\pi}{4}} - 2} = \frac{1}{2}\frac{ze^{-j\frac{\pi}{4}}(ze^{j\frac{\pi}{4}} - 2) + ze^{j\frac{\pi}{4}}(ze^{-j\frac{\pi}{4}} - 2)}{(ze^{-j\frac{\pi}{4}} - 2)(ze^{j\frac{\pi}{4}} - 2)}$$

$$= \frac{1}{2}\frac{2z^2 - 2z(e^{j\frac{\pi}{4}} + e^{-j\frac{\pi}{4}})}{z^2 - 2\sqrt{2}z + 4} = \frac{1}{2}\frac{2z^2 - 2\sqrt{2}z}{z^2 - 2\sqrt{2}z + 4} = \frac{z(z - \sqrt{2})}{z^2 - 2\sqrt{2}z + 4}, \quad |z| > 2$$

得到的结果与解法一相同,但运算过程要复杂一些。

例 6-28 已知 $X(z) = \frac{-3z}{2z^2 - 5z + 2}$,求在下列 3 种情况下,各自对应的序列 $x(n)$。

(1) $x(n)$ 是右边序列;

(2) $x(n)$ 是左边序列;

(3) $x(n)$ 是双边序列。

解：前已述及,求逆 z 变换的方法一般有查表法、幂级数展开法、部分分式法和围线积分法(留数法),其中后两种方法比较常用。本例采用部分分式法求解。由于

$$\frac{X(z)}{z} = \frac{-3}{(2z-1)(z-2)} = \frac{K_1}{2z-1} + \frac{K_2}{z-2}$$

其中

$$K_1 = \left[\frac{X(z)}{z}(2z-1)\right]_{z=\frac{1}{2}} = \frac{-3}{z-2}\bigg|_{z=\frac{1}{2}} = 2$$

$$K_2 = \left[\frac{X(z)}{z}(z-2)\right]_{z=2} = \frac{-3}{2z-1}\bigg|_{z=2} = -1$$

所以

$$X(z) = \frac{2z}{2z-1} - \frac{z}{z-2}$$

（1）当 $|z|>2$ 时，$X(z)$ 对应的序列 $x(n)$ 为右边序列

$$x(n) = \left(\frac{1}{2}\right)^n u(n) - 2^n u(n)$$

（2）当 $|z|<\frac{1}{2}$ 时，$X(z)$ 对应的序列 $x(n)$ 为左边序列

$$x(n) = -\left(\frac{1}{2}\right)^n u(-n-1) + 2^n u(-n-1)$$

（3）当 $\frac{1}{2}<|z|<2$ 时，$X(z)$ 对应的序列 $x(n)$ 为双边序列

$$x(n) = \left(\frac{1}{2}\right)^n u(n) + 2^n u(-n-1)$$

上式第一项对应的是右边序列，第二项对应的是左边序列。

例 6-29 对于下列差分方程所表示的离散时间系统

$$y(n) + 0.2y(n-1) - 0.24y(n-2) = x(n) + x(n-1)$$

（1）求系统函数 $H(z)$，并说明它的收敛域及系统的稳定性。

（2）求单位样值响应 $h(n)$。

（3）当激励 $x(n)$ 为单位阶跃序列时，求零状态响应 $y_{zs}(n)$。

解：（1）将差分方程两边取 z 变换，得

$$Y(z) + 0.2z^{-1}Y(z) - 0.24z^{-2}Y(z) = X(z) + z^{-1}X(z)$$

于是系统函数为

$$H(z) = \frac{Y(z)}{X(z)} = \frac{1 + z^{-1}}{1 + 0.2z^{-1} - 0.24z^{-2}} = \frac{z(z+1)}{(z-0.4)(z+0.6)}$$

收敛域为 $|z|>0.6$，由于 $H(z)$ 极点均位于单位圆内，因此该系统是一个稳定的因果系统。

（2）因

$$\frac{H(z)}{z} = \frac{z+1}{(z-0.4)(z+0.6)} = \frac{1.4}{z-0.4} - \frac{0.4}{z+0.6}$$

即

$$H(z) = \frac{1.4z}{z-0.4} - \frac{0.4z}{z+0.6}, \quad |z|>0.6$$

故单位样值响应

$$h(n) = [1.4(0.4)^n - 0.4(-0.6)^n]u(n)$$

（3）若

$$x(n) = u(n), \quad X(z) = \frac{z}{z-1}, \quad |z|>1$$

$$Y(z) = H(z)X(z) = \frac{z^2(z+1)}{(z-1)(z-0.4)(z+0.6)}$$

$$= \frac{2.08z}{z-1} - \frac{0.93z}{z-0.4} - \frac{0.15z}{z+0.6}, \quad |z|>1$$

取其逆变换，得到

$$y(n) = [2.08 - 0.93(0.4)^n - 0.15(-0.6)^n]u(n)$$

例 6-30 已知一个 LTI 离散时间系统,其输入 $x(n)$ 和输出 $y(n)$ 满足

$$y(n) - y(n-1) - \frac{3}{4}y(n-2) = x(n-1)$$

(1) 求该系统的系统函数 $H(z)$,并画出零、极点图。

(2) 若系统为因果系统,求其单位样值响应 $h(n)$,并判断其稳定性。

解:(1) 对差分方程两边取 z 变换并利用时移性质,得

$$Y(z) - z^{-1}Y(z) - \frac{3}{4}z^{-2}Y(z) = z^{-1}X(z)$$

$$Y(z) = \frac{z^{-1}}{1 - z^{-1} - \frac{3}{4}z^{-2}}X(z)$$

所以

$$H(z) = \frac{Y(z)}{X(z)} = \frac{z^{-1}}{1 - z^{-1} - \frac{3}{4}z^{-2}} = \frac{z}{z^2 - z - \frac{3}{4}} = \frac{z}{\left(z - \frac{3}{2}\right)\left(z + \frac{1}{2}\right)}$$

于是,$H(z)$ 的零点为 $z=0$,有两个极点,$p_1 = \frac{3}{2}$,$p_2 = -\frac{1}{2}$。

零、极点图如图 6-8-1 所示。

(2) 用部分分式法求 $H(z)$ 的逆 z 变换

$$H(z) = \frac{z}{\left(z - \frac{3}{2}\right)\left(z + \frac{1}{2}\right)} = \frac{K_1 z}{z - \frac{3}{2}} + \frac{K_2 z}{z + \frac{1}{2}}$$

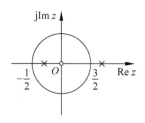

图 6-8-1 例 6-30 的零、极点图

其中

$$K_1 = \left[\frac{H(z)}{z}\left(z - \frac{3}{2}\right)\right]_{z = \frac{3}{2}} = \left[\frac{1}{z + \frac{1}{2}}\right]_{z = \frac{3}{2}} = \frac{1}{2}$$

$$K_2 = \left[\frac{H(z)}{z}\left(z + \frac{1}{2}\right)\right]_{z = -\frac{1}{2}} = \left[\frac{1}{z - \frac{3}{2}}\right]_{z = -\frac{1}{2}} = -\frac{1}{2}$$

因此

$$H(z) = \frac{1}{2}\left[\frac{z}{z - \frac{3}{2}} - \frac{z}{z + \frac{1}{2}}\right]$$

由于是因果系统,其收敛域应为 $|z| > \frac{3}{2}$,得到逆 z 变换

$$h(n) = \frac{1}{2}\left[\left(\frac{3}{2}\right)^n - \left(-\frac{1}{2}\right)^n\right]u(n)$$

其收敛域不包括单位圆,所以系统不稳定。

6.9 习题

6.9.1 自测题

一、填空题

1. 利用 z 变换可以将差分方程变换为 z 域的_____方程。

2. $F(z)=1+z^{-1}-\dfrac{1}{2}z^{-2}$ 的原函数 $f(n)=$_____。

3. 已知信号 $f(n)$ 的单边 z 变换为 $F(z)$，则信号 $\left(\dfrac{1}{2}\right)^{n}f(n-2)u(n-2)$ 的单边 z 变换等于_____。

4. 离散信号 $f(n)=u(n)+(n-1)u(n-1)$，其 z 变换 $F(z)=$_____，其收敛域为_____。

5. 离散信号 $f(n)=u(n)$，其 z 变换 $F(z)=$_____，其收敛域为_____。

6. 由系统函数零、极点分布可以决定时域特性，对于稳定系统，在 z 平面其极点位于_____。

7. 设信号 $f(n)=\left(\dfrac{1}{5}\right)^{n}u(n)$，则该信号的 z 变换是_____。

8. 设某信号的 z 变换为 $\dfrac{3(2z^{2}-9z)}{(2z-1)(2z-3)}$，此信号是稳定信号，则 $x(0)=$_____。

9. 设信号 $f(n)=(2)^{n}u(n)$，则该信号的 z 变换是_____。

10. 求逆 z 变换的方法有_____、_____和_____。

11. 已知某信号的 z 变换为 $\dfrac{3z^{2}}{(2z-1)(2z-3)}$，此信号是稳定信号，则 $x(0)=$_____。

12. 单位样值序列的 z 变换为_____。

13. 某系统的表达式为 $y(n)=x(n)+x(n-1)$，则该系统的系统函数为_____。

14. 单位序列响应 $h(n)$ 是指离散系统的激励为_____时，系统的零状态响应。

二、单项选择题

1. $x(n)=\begin{cases}1, & n=0,4,8,\cdots,4m,\cdots \\ 0, & 其他\end{cases}$，则其双边 z 变换及其收敛域为（   ）。

    A. $\dfrac{z^{4}}{z^{4}-1},\quad |z|>1$ B. $\dfrac{1}{z^{4}-1},\quad |z|>1$

    C. $\dfrac{1}{1-z^{4}},\quad |z|>1$ D. $\dfrac{z^{4}}{1-z^{4}},\quad |z|>1$

2. 序列 $x(n)=a^{n}u(n-1)$ 的 z 变换为（   ）。

    A. $\dfrac{1}{z-a},\quad |z|>a$ B. $\dfrac{a}{z-a},\quad |z|>a$

    C. $\dfrac{z}{z-a},\quad |z|>a$ D. $\dfrac{z}{z-a},\quad |z|<a$

3. $x(n) = \left(\dfrac{1}{2}\right)^n u(-n-1)$ 的双边 z 变换为（　　）。

    A. $\dfrac{-z}{z-\dfrac{1}{2}}$，$|z| < \dfrac{1}{2}$ B. $\dfrac{1}{z-\dfrac{1}{2}}$，$|z| < \dfrac{1}{2}$

    C. $\dfrac{z}{z-\dfrac{1}{2}}$，$|z| < \dfrac{1}{2}$ D. $\dfrac{-z}{z-\dfrac{1}{2}}$，$|z| > \dfrac{1}{2}$

4. $x(n) = \{1, 5, 4, 3, 0, 2\}$，则 $x(n+2)u(n)$ 的 z 变换为（　　）。

    A. $z^2 + 5z + 4 + 3z^{-1} + 2z^{-3}$ B. $4z^{-2} + 3z^{-3} + 2z^{-5}$

    C. $1 + 5z^{-1} + 4z^{-2} + 3z^{-3} + 2z^{-5}$ D. $4 + 3z^{-1} + 2z^{-3}$

5. $x(n) = (n-3)u(n+3)$ 的双边 z 变换为（　　）。

    A. $\dfrac{3z^2 - 4z + 2z^{-2}}{(z-1)^2}$，$|z| > 1$ B. $\dfrac{z^{-2}}{(z-1)^2}$，$|z| > 1$

    C. $\dfrac{7z^4 - 6z^5}{(z-1)^2}$，$|z| > 1$ D. $\dfrac{4z - 3z^2}{(z-1)^2}$，$|z| > 1$

6. $X(z) = \dfrac{7z}{z^2 - 3z + 2}$，$1 < |z| < 2$ 的逆 z 变换 $x(n)$ 为（　　）。

    A. $7(2^n - 1)u(n)$ B. $7u(-n-1) + 7 \times 2^n u(n)$

    C. $-7 \cdot 2^n u(-n-1) - 7u(n)$ D. $7[2^n u(-n-1) - u(n)]$

7. $X(z) = \dfrac{1 + 2z^{-1}}{1 - 2z^{-1} + z^{-2}}$ 对应的时间序列 $x(n)$（其中 $|z| > 1$）为（　　）。

    A. $(3n+1)u(n)$ B. $\delta(n) + 4nu(n) - u(n-1)$

    C. $(n+1)u(n+1) + 2nu(n)$ D. $nu(n+1) + 2nu(n)$

8. $X(z) = \dfrac{4z^2}{z^2 - 1}$，$|z| > 1$ 的逆 z 变换 $x(n)$ 为（　　）。

    A. $2u(n) - 2(-1)^n u(n)$ B. $2u(n) + 2(-1)^n u(n)$

    C. $2(-1)^{n-1} u(n-1) - 2u(n-1)$ D. $2u(n-1) - 2(-1)^n u(n)$

9. $X(z) = \dfrac{z^2 + z + 1}{z^2 + z - 2}$，$|z| > 2$ 的逆 z 变换 $x(n)$ 为（　　）。

    A. $-\dfrac{1}{2}\delta(n) + u(n) + \dfrac{1}{2}(-2)^n u(n)$ B. $\dfrac{3}{2}(-1)^n u(n) + \dfrac{1}{2}(-2)^n u(n)$

    C. $\dfrac{1}{2}\delta(n) + (-1)^n u(n) + \dfrac{1}{2}u(n)$ D. $\dfrac{1}{2}\delta(n) + u(n) + \dfrac{1}{2}(-2)^n u(n)$

10. 已知信号 $x_1(n) = \left(\dfrac{1}{2}\right)^n u(n)$，$x_2(n) = \left(\dfrac{1}{3}\right)^n u(n)$，$y(n) = x_1(n+3)x_2(-n+1)$，则 $y(n)$ 的双边 z 变换为（　　）。

    A. $\dfrac{z^3}{\left(z - \dfrac{1}{2}\right)\left(1 - \dfrac{1}{3}z\right)}$，$\dfrac{1}{2} < |z| < 3$ B. $\dfrac{z^5}{\left(z - \dfrac{1}{2}\right)\left(1 - \dfrac{1}{3}z\right)}$，$\dfrac{1}{2} < |z| < 3$

C. $\dfrac{z^4}{\left(z-\dfrac{1}{2}\right)\left(z-\dfrac{1}{3}\right)}$, $\quad |z|>\dfrac{1}{2}$ 　　　D. $\dfrac{z^3}{\left(z-\dfrac{1}{2}\right)\left(1-\dfrac{1}{3}z\right)}$, $\quad |z|>\dfrac{1}{2}$

11. 已知输入 $x(n)=u(n)$ 离散系统的零状态响应 $y(n)=[2-(0.5)^n-(-1.5)^n]u(n)$, 则该系统函数为( )。

    A. $\dfrac{2z^2+0.5}{z^2+z-0.75}$ 　　　　　　　B. $\dfrac{2z^2+0.5}{z^2+z+0.75}$

    C. $\dfrac{2z^2-0.5}{z^2+z-0.75}$ 　　　　　　　D. $\dfrac{z^2+0.5}{z^2+z-0.75}$

12. $y(n)+2y(n-1)=(n-2)u(n)$, $y(0)=1$, 零状态响应的 z 变换为( )。

    A. $\dfrac{2z^2-3z}{(z-1)^2(1+2z^{-1})}$ 　　　　B. $\dfrac{-2z^2+3z}{(z-1)^2(1+2z^{-1})}$

    C. $\dfrac{-2z^2+3z}{(z-1)(1+2z^{-1})}$ 　　　　D. $\dfrac{-2z^2+3z}{(z-1)^2(z+2)}$

13. 某 LTI 系统, 若输入 $x_1(n)=\left(\dfrac{1}{6}\right)^n u(n)$, 输出 $y_1(n)=\left[a\left(\dfrac{1}{2}\right)^n+10\left(\dfrac{1}{3}\right)^n\right]u(n)$,

a 为实数; 若 $x_2(n)=(-1)^n$, $y_2(n)=\dfrac{7}{4}(-1)^n$, 则系统函数 $H(z)$ 为( )。

    A. $\dfrac{z^2-\dfrac{13}{6}z+\dfrac{1}{3}}{z^2-\dfrac{5}{6}z+\dfrac{1}{6}}$, $\quad |z|>\dfrac{1}{2}$ 　　B. $\dfrac{z^2-\dfrac{13}{6}z+\dfrac{1}{3}}{z^2-\dfrac{5}{6}z+\dfrac{1}{6}}$, $\quad |z|>\dfrac{1}{6}$

    C. $\dfrac{z^2+\dfrac{13}{6}z+\dfrac{1}{3}}{z^2+\dfrac{5}{6}z+\dfrac{1}{6}}$, $\quad |z|>\dfrac{1}{2}$ 　　D. $\dfrac{z^2+\dfrac{13}{6}z+\dfrac{1}{3}}{z^2-\dfrac{5}{6}z+\dfrac{1}{6}}$, $\quad |z|>\dfrac{1}{6}$

14. 已知某 LTI 离散时间系统由 3 个因果子系统组成, 其框图如图 6-9-1 所示, 则系统函数为( )。

    A. $\dfrac{H_2(z)-H_3(z)}{1-H_1(z)H_2(z)}$ 　　　　B. $\dfrac{H_2(z)+H_3(z)}{1-H_1(z)H_2(z)}$

    C. $\dfrac{H_2(z)-H_3(z)}{1+H_1(z)H_2(z)}$ 　　　　D. $\dfrac{H_2(z)+H_3(z)}{1+H_1(z)H_2(z)}$

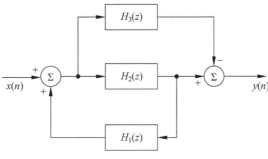

图 6-9-1　题 14 图

6.9.2 基础题

1. 求长度为 N 的斜变序列

$$R_N(n) = \begin{cases} n, & 0 \leqslant n \leqslant N-1 \\ 0, & n < 0, n \geqslant N \end{cases}$$

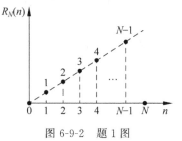

图 6-9-2 题 1 图

的 z 变换 $R_N(z)$,并求 $N=4$ 时的 $R_N(z)$,如图 6-9-2 所示。

2. 求下列序列的 z 变换 $F(z)$,并标明收敛域,指出 $F(z)$ 的零点和极点。

(1) $\left(\dfrac{1}{2}\right)^n u(n)$;

(2) $\left(\dfrac{1}{2}\right)^n u(-n)$;

(3) $\left(\dfrac{1}{4}\right)^n u(n) - \left(\dfrac{2}{3}\right)^n u(n)$;

(4) $-\left(\dfrac{1}{2}\right)^n u(-n-1)$;

(5) $\left(\dfrac{1}{5}\right)^n u(n) - \left(\dfrac{1}{3}\right)^n u(-n-1)$;

(6) $\mathrm{e}^{jn\omega_0} u(n)$。

3. 试用 z 变换的性质求下列序列的 z 变换 $F(z)$。

(1) $f(n) = \dfrac{1}{2}[1-(-1)^n]u(n)$;

(2) $f(n) = u(n) - u(n-6)$;

(3) $f(n) = n(-1)^n u(n)$;

(4) $f(n) = n(n+1)u(n)$;

(5) $f(n) = \cos\left(\dfrac{n\pi}{2}\right)u(n)$;

(6) $f(n) = \left(\dfrac{1}{2}\right)^n \cos\left(\dfrac{n\pi}{2}\right)u(n)$。

4. 求下列各 $F(z)$ 的逆 z 变换 $f(n)$。

(1) $F(z) = \dfrac{z^2+z}{(z-1)(z^2-z+1)}$, $|z|>1$;

(2) $F(z) = \dfrac{z}{(z+1)(z-1)^2}$, $|z|>1$;

(3) $F(z) = \dfrac{z^{-5}}{z+2}$, $|z|>2$。

5. 已知序列 $f(n)$ 的 $F(z)$ 如下,求初值 $f(0)$、$f(1)$ 及终值 $f(\infty)$。

(1) $F(z) = \dfrac{z^2+z+1}{(z-1)\left(z+\dfrac{1}{2}\right)}$, $|z|>1$;

(2) $F(z) = \dfrac{z^2}{(z-1)(z-2)}$, $|z|>2$。

6. 已知离散系统的差分方程为

$$y(n) - y(n-1) - 2y(n-2) = f(n) + 2f(n-2)$$

系统的初始状态为 $y(-1)=2$,$y(-2)=-\dfrac{1}{2}$;激励 $f(n)=u(n)$。求系统的零输入响应 $y_{zi}(n)$,零状态响应 $y_{zs}(n)$,全响应 $y(n)$。

7. 根据下面描述离散系统的不同形式,求出对应系统的系统函数 $H(z)$。

(1) $y(n) - 2y(n-1) - 5y(n-2) + 6y(n-3) = f(n)$;

(2) $h(n) = \delta(n) + \delta(n-1) + 2\delta(n-2) + 2\delta(n-3)$。

8. 已知离散系统的单位阶跃响应 $g(n) = \left[\dfrac{4}{3} - \dfrac{3}{7}(0.5)^n + \dfrac{2}{21}(0.2)^n\right]u(n)$。若需获

得的零状态响应为 $y(n)=\dfrac{10}{7}[(0.5)^n-(-0.2)^n]u(n)$，求输入 $f(n)$。

9. 利用 z 变换求下列各式的卷积。

(1) $u(n)*u(n)$；

(2) $[u(n+2)-u(n-3)]*[u(n+2)-u(n-3)]$；

(3) $[3^n u(n)+2^n u(n-1)]*u(n+2)$；

(4) $u(n)*(-1)^n u(n)$；

(5) $a^n u(n)*b^n u(n)$。

10. 已知 $\mathscr{Z}x(n)=X(z)$，试证明：

(1) $a^{-n}e^{jn\theta}x(n)\leftrightarrow X(ae^{j\theta}z)$；

(2) $a^{-n}\cos(n\theta)x(n)\leftrightarrow\dfrac{1}{2}[X(ae^{j\theta}z)+X(ae^{-j\theta}z)]$；

(3) $a^{-n}\sin(n\theta)x(n)\leftrightarrow\dfrac{j}{2}[X(ae^{j\theta}z)-X(ae^{-j\theta}z)]$。

11. 求下列系统函数在两种收敛域情况下系统的单位样值响应。

$$H(z)=\frac{9.5z}{(z-0.5)(10-z)}$$

(1) $10<|z|<\infty$；

(2) $0.5<|z|<10$。

6.9.3 MATLAB 习题

1. 系统函数分别如下，分析并绘制出其离散系统的零、极点图。

(1) $H(z)=\dfrac{3z^3-5z^2+10z}{z^3-3z^2+7z-5}$；

(2) $H(z)=\dfrac{1-0.5z^{-1}}{1+\dfrac{3}{4}z^{-1}+\dfrac{1}{8}z^{-2}}$；

(3) $H(z)=\dfrac{-3z^{-1}}{2-5z^{-1}+2z^{-2}}$。

2. 已知某离散系统的系统函数为 $H(z)=\dfrac{z+1}{3z^5-z^4+1}$，试用 MATLAB 求出该系统的零、极点，并画出零、极点分布图，判断系统是否稳定。

3. 已知离散系统的零、极点分布如图 6-9-3 所示，其中虚线表示单位圆，试用 MATLAB 分析系统单位响应 $h(n)$ 的时域特性。

4. 已知某离散系统的系统函数为 $H(z)=1+5z^{-1}+5z^{-2}+z^{-3}$，试用 MATLAB 绘出该系统的零、极点图及幅频特性曲线，并分析该系统的频率特性。

5. 已知某离散系统的系统函数为

$$H(z)=\frac{z^2}{z^2+3z+2}$$

试用 MATLAB 求出该系统的单位响应 $h(n)$。

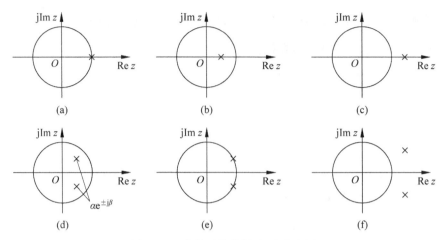

图 6-9-3 离散系统的零、极点分布图

6. 已知某序列的 z 变换为

$$F(z) = \frac{z^2 + z}{z^3 - 2z^2 + 2z - 1}$$

试用 MATLAB 求 $F(z)$ 的逆变换 $f(n)$。

第 6 章小结

第 6 章提高题

线性系统的状态变量分析

本章要点：

(1) 状态和状态空间的概念和状态变量描述的方法。

(2) 连续和离散系统状态方程和输出方程的建立和求解的方法。

(3) 状态空间中系统可控性和可观测性的判定。

(4) 典型例题分析。

学习目标：

(1) 了解状态、状态变量、状态向量、初始状态、状态空间、状态轨迹、状态方程、输出方程、系统方程等概念的定义内涵。

(2) 掌握已知的(或给定的)系统结构图、微分方程或差分方程、转移函数 $H(s)$ 或 $H(z)$、框图、模拟图等，正确地选择状态变量，列写出系统的状态方程和输出方程，并写成标准矩阵形式。

(3) 掌握用变换域法(拉普拉斯变换法或 z 变换法)与时域法(卷积法、卷积和法)，求解系统的状态方程和输出方程，包括状态向量的零输入解、零状态解、全解，响应向量的零输入响应、零状态响应、全响应。

(4) 理解转移函数矩阵 $H(s)$、$H(z)$ 与单位脉冲响应矩阵 $h(t)$、$h(n)$ 的物理意义，能从系统的状态方程与输出方程求解出 $H(s)$、$H(z)$、$h(t)$、$h(n)$，能根据 $H(s)$、$H(z)$ 写出系统的微分方程或差分方程；理解状态分解矩阵 $\boldsymbol{\Phi}(s)$、$\boldsymbol{\Phi}(z)$ 的内涵。

(5) 了解系统的可控性与可观测性的意义、判定方法及其与 $H(s)$、$H(z)$ 的关系。

本章重点：

(1) 连续系统状态方程与输出方程的列写与解法。

(2) 离散系统的状态变量分析法。

(3) 从 $\boldsymbol{A}$ 求 $\phi(t)=\mathrm{e}^{\boldsymbol{A}t}$ 或 $\phi(n)=\boldsymbol{A}^n$，从 $\phi(t)$ 或 $\phi(n)$ 求 $\boldsymbol{A}$。

数学模型是描述系统工作过程、状态的数学表示。系统数学模型分为两类：输入-输出(系统方程、系统函数)描述法和状态变量描述法。

输入-输出(系统方程、系统函数)描述法主要用于 20 世纪 60 年代前的经典控制论、系统论和信息论，这种数学模型主要适用于线性定常、单输入-单输出的连续、离散系统。

状态变量描述法主要用于 20 世纪 60 年代后计算机应用普遍的现代控制论、系统论和信息论。这种数学模型不但适用于经典理论，而且适用于线性时变、多输入-多输出的连续、离散系统。状态变量法是基于系统的状态方程数学模型,全面求解系统的方法。

经典输入-输出描述法——局部求解系统;现代状态变量描述法——全面求解系统。

7.1 线性系统的状态变量法

分析一个物理系统,首先必须建立系统的数学模型,以便利用有效的数学工具解决实际问题。在系统分析中常用的系统描述方法有输入-输出描述法和状态变量描述法两大类。

前面几章讨论的信号与系统各种分析方法属于输入-输出描述法(Input-output description),又称端口分析法,也称外部法。它强调用系统的输入和输出变量之间的关系来描述系统的特性。一旦系统的数学模型建立以后,就不再关心系统内部的情况,而只考虑系统的时间特性和频率特性对输出物理量的影响。这种分析法对于信号与系统基本理论的掌握,对于较为简单系统的分析是合适的。其相应的数学模型是 n 阶微分(或差分)方程。

随着系统的复杂化,往往要遇到非线性、时变、多输入、多输出系统的情况。此外,在许多情况下研究其外部特性的同时,还需要研究与系统内部情况有关的问题,如复杂系统的稳定性分析、最佳控制、最优设计,等等。这时,就需要采用以系统内部变量为基础的状态变量描述法(state variable description),这是一种内部法。它用状态变量描述系统内部变量的特性,并通过状态变量将系统的输入和输出变量联系起来,用于描述系统的外部特性。与输入-输出描述法相比,状态变量描述法具有以下主要优点。

(1) 状态变量描述法可以有效地提供系统内部的信息,使人们较为容易地处理那些与系统内部情况有关的分析、设计问题。

(2) 状态变量分析法不仅适用于线性时不变的单输入-单输出系统特性的描述,也适用于非线性、时变、多输入、多输出系统特性的描述。

(3) 状态变量描述法便于应用计算机技术解决复杂系统的分析计算问题。

7.1.1 系统用状态变量描述的基本术语

状态是指储能系统过去、现在和将来的状态。

状态变量是确定系统状态最小的一组系统变量。

系统变量是指除系统输入激励外,系统中随时间变化的所有物理量。

例 7-1　电路系统如图 7-1-1 所示,试确定状态变量。

解：系统中除输入激励 $e(t)$ 外,共有 5 个元件,每个元件电压、电流都是系统变量,则有 10 个系统变量。如果从中选取 u_C、i_L 作为状态变量(最小的一组系统变量),其余系统变量就可以用状态变量的线性组合来表示,即任一瞬间,如果状态变量的值确定(状态确定),则其余系统变量的值也间接随之确定了。

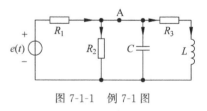

图 7-1-1　例 7-1 图

若状态变量 u_C、i_L 确定,则其余 8 个系统变量确定如下。

$$u_{R_1} = e - u_C, \quad i_{R_1} = \frac{1}{R_1}(e - u_C), \quad u_{R_2} = u_C, \quad i_{R_2} = \frac{1}{R_2}u_C, \quad u_{R_3} = R_3 i_L,$$

$$i_{R_3} = i_L, \quad i_C = i_{R_1} - i_{R_2} - i_{R_3} = \frac{1}{R_1}(e - u_C) - \frac{1}{R_2}u_C - i_L,$$

$$u_L = u_C - u_{R_3} = u_C - R_3 i_L$$

1. 状态

状态可理解为事物的某种特征。状态发生了变化就意味着事物有了发展和变化,所以状态是划分阶段的依据。系统的状态就是指系统的过去、现在和将来的状况。当系统的所有外部输入已知时,为确定系统未来运动,必要和充分信息的集合叫作系统的状态。状态通常可以用一个数(变量)或一组数(变量)来描述。

2. 状态变量

状态变量是指具有如下条件的一组最少的变量,若已知它们在 t_0 时的数值,则连同所有在 $t \geqslant t_0$ 时的输入就能确定在 $t \geqslant t_0$ 时系统中的任何运动状态。需要指出的是,通常系统中这样一组变量并不一定是唯一的。

3. 状态向量

将 n 阶系统中的 n 个状态变量 $\lambda_1(t), \lambda_2(t), \cdots, \lambda_n(t)$ 排成一个 $n \times 1$ 阶的列矩阵 $\boldsymbol{\lambda}(t)$,即

$$\boldsymbol{\lambda}(t) = \begin{bmatrix} \lambda_1(t) \\ \lambda_2(t) \\ \vdots \\ \lambda_n(t) \end{bmatrix} = \begin{bmatrix} \lambda_1(t) & \lambda_2(t) & \cdots & \lambda_n(t) \end{bmatrix}^{\mathrm{T}} \tag{7-1-1}$$

此列矩阵 $\boldsymbol{\lambda}(t)$ 即称为 n 维状态向量,简称状态向量。由状态变量的定义可知,当 $\boldsymbol{\lambda}(t_0)$ 及系统的输入给定时,$\boldsymbol{\lambda}(t)$ 便可唯一地被确定。

4. 初始状态

状态变量在某一时刻 t_0 的值称为系统在 t_0 时刻的状态。即

$$\boldsymbol{\lambda}(t) = \begin{bmatrix} \lambda_1(t_0), \lambda_2(t_0), \cdots, \lambda_n(t_0) \end{bmatrix}^{\mathrm{T}}$$

状态变量在 $t_0 = 0_-$ 时刻的值称为系统的初始状态或起始状态。即

$$\boldsymbol{\lambda}(0_-) = \begin{bmatrix} \lambda_1(0_-), \lambda_2(0_-), \cdots, \lambda_n(0_-) \end{bmatrix}^{\mathrm{T}}$$

5. 状态空间

以 n 个状态变量为坐标轴而构成的 n 维空间称为状态空间,或者说存放状态向量的空间即称为状态空间。状态向量在状态空间 n 个坐标轴上的投影即相应为 n 个状态变量。

6. 状态轨迹

在描述一个动态系统的状态空间中,状态向量的端点随时间变化所经历的路径称为系统的状态轨迹。一个动态系统的状态轨迹不仅取决于系统的内部结构,还与系统的输入有关,因此,系统的状态轨迹可以形象地描绘出在确定的输入作用下系统内部的动态过程。

7.1.2 系统的状态变量描述

状态方程是描述系统状态变量与系统输入激励数学关系的一阶微分方程组。在例 7-1 中,节点 A 的 KCL 方程:

$$C\dot{u}_C + \frac{1}{R_2}u_C + i_L = \frac{1}{R_1}(e - u_C)$$

视频讲解

右网孔的 KVL 方程：

$$L\dot{i}_L + R_3 i_L = u_C$$

整理后，状态变量的一阶导数位于等式左端，状态变量、系统参数、输入激励位于等式右端，得到状态方程

$$\dot{u}_C = -\frac{1}{C}\left(\frac{1}{R_1} + \frac{1}{R_2}\right)u_C - \frac{1}{C}i_L + \frac{1}{CR_1}e$$

状态方程的解就是状态变量的解。状态变量的解的线性组合，即系统变量的解，包括系统输出的解。

1. 状态方程

对于一个有 m 个输入 $f_1(t), f_2(t), \cdots, f_m(t)$，$l$ 个输出 $y_1(t), y_2(t), \cdots, y_l(t)$ 的连续时间系统如图 7-1-2 所示，假设能充分描述该系统的 n 个状态变量为 $\lambda_1(t), \lambda_2(t), \cdots, \lambda_n(t)$，则每个状态变量在任何时刻 t 的一阶导数可表示为该时刻的 n 个状态变量和 m 个输入的一个函数，即

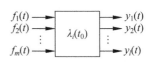

图 7-1-2　多输入-多输出连续时间系统

$$\left.\begin{aligned}
\dot{\lambda}_1 &= a_{11}\lambda_1 + a_{12}\lambda_2 + \cdots + a_{1n}\lambda_n + b_{11}f_1 + b_{12}f_2 + \cdots + b_{1m}f_m \\
\dot{\lambda}_2 &= a_{21}\lambda_1 + a_{22}\lambda_2 + \cdots + a_{2n}\lambda_n + b_{21}f_1 + b_{22}f_2 + \cdots + b_{2m}f_m \\
&\quad\vdots \\
\dot{\lambda}_n &= a_{n1}\lambda_1 + a_{n2}\lambda_2 + \cdots + a_{nn}\lambda_n + b_{n1}f_1 + b_{n2}f_2 + \cdots + b_{nm}f_m
\end{aligned}\right\} \tag{7-1-2}$$

系统的状态方程也可以用向量矩阵的形式来表示，即

$$\begin{bmatrix} \dot{\lambda}_1 \\ \dot{\lambda}_2 \\ \vdots \\ \dot{\lambda}_n \end{bmatrix} = \begin{bmatrix} a_{11} & a_{12} & \cdots & a_{1n} \\ a_{21} & a_{22} & \cdots & a_{2n} \\ \vdots & \vdots & \ddots & \vdots \\ a_{n1} & a_{n2} & \cdots & a_{nn} \end{bmatrix} \begin{bmatrix} \lambda_1 \\ \lambda_2 \\ \vdots \\ \lambda_n \end{bmatrix} + \begin{bmatrix} b_{11} & b_{12} & \cdots & b_{1m} \\ b_{21} & b_{22} & \cdots & b_{2m} \\ \vdots & \vdots & \ddots & \vdots \\ b_{n1} & b_{n2} & \cdots & b_{nm} \end{bmatrix} \begin{bmatrix} f_1 \\ f_2 \\ \vdots \\ f_m \end{bmatrix} \tag{7-1-3}$$

式(7-1-3)可简记为

$$\dot{\boldsymbol{\lambda}}(t) = \boldsymbol{A}\boldsymbol{\lambda}(t) + \boldsymbol{B}\boldsymbol{f}(t) \tag{7-1-4}$$

2. 输出方程

同样，对于系统的 l 个输出 $y_1(t), y_2(t), \cdots, y_l(t)$，也可以用 n 个状态变量和 m 个输入的函数来表示，其矩阵形式可写为

$$\begin{bmatrix} y_1 \\ y_2 \\ \vdots \\ y_l \end{bmatrix} = \begin{bmatrix} c_{11} & c_{12} & \cdots & c_{1n} \\ c_{21} & c_{22} & \cdots & c_{2n} \\ \vdots & \vdots & \ddots & \vdots \\ c_{l1} & c_{l2} & \cdots & c_{ln} \end{bmatrix} \begin{bmatrix} \lambda_1 \\ \lambda_2 \\ \vdots \\ \lambda_l \end{bmatrix} + \begin{bmatrix} d_{11} & d_{12} & \cdots & d_{1m} \\ d_{21} & d_{22} & \cdots & d_{2m} \\ \vdots & \vdots & \ddots & \vdots \\ d_{l1} & d_{l2} & \cdots & d_{lm} \end{bmatrix} \begin{bmatrix} f_1 \\ f_2 \\ \vdots \\ f_m \end{bmatrix} \tag{7-1-5}$$

式(7-1-5)可简记为

$$\boldsymbol{y}(t) = \boldsymbol{C}\boldsymbol{\lambda}(t) + \boldsymbol{D}\boldsymbol{f}(t) \tag{7-1-6}$$

设有 k 阶多输入-多输出离散系统如图 7-1-3 所示。它的 m 个输入为 $f_1(n), f_2(n), \cdots, f_m(n)$，其 l 个输出为 $y_1(n), y_2(n), \cdots, y_l(n)$，系统的状态变量为 $\lambda_1(n), \lambda_2(n), \cdots, \lambda_k(n)$。则其状态方程和输出方程可写为

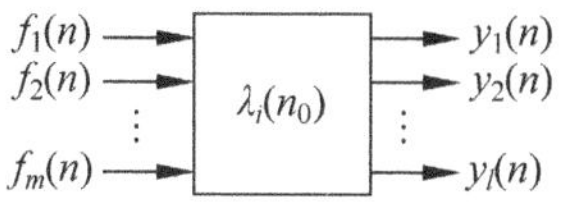

图 7-1-3　多输入-多输出
离散时间系统

$$\boldsymbol{\lambda}(n+1) = \boldsymbol{A}\boldsymbol{\lambda}(n) + \boldsymbol{B}\boldsymbol{f}(n) \tag{7-1-7}$$

$$\boldsymbol{y}(n) = \boldsymbol{C}\boldsymbol{\lambda}(n) + \boldsymbol{D}\boldsymbol{f}(n) \tag{7-1-8}$$

其中

$$\boldsymbol{\lambda}(n) = \begin{bmatrix} \lambda_1(n) & \lambda_2(n) & \cdots & \lambda_k(n) \end{bmatrix}^{\mathrm{T}}$$

$$\boldsymbol{f}(n) = \begin{bmatrix} f_1(n) & f_2(n) & \cdots & f_m(n) \end{bmatrix}^{\mathrm{T}}$$

$$\boldsymbol{y}(n) = \begin{bmatrix} y_1(n) & y_2(n) & \cdots & y_l(n) \end{bmatrix}^{\mathrm{T}}$$

3. 状态变量分析法

以状态变量为独立完备变量，以状态方程和输出方程为研究对象，对多输入-多输出系统进行分析的方法，称为状态变量分析法，也称状态空间法。该方法的基本步骤如下。

（1）选取一组独立的、完备的状态变量。

（2）列写系统的状态方程，并将其写成标准的矩阵形式。

（3）求解该状态方程，得到状态向量 $\boldsymbol{\lambda}(t)$ 或 $\boldsymbol{\lambda}(n)$。

（4）列写标准形式的输出方程，并将所求得的状态向量 $\boldsymbol{\lambda}(t)$ 或 $\boldsymbol{\lambda}(n)$ 代入其中，即得到输出向量 $\boldsymbol{y}(t)$ 或 $\boldsymbol{y}(n)$。

4. 状态变量的选取

用状态变量描述系统的关键是选择状态变量。一般来说，能充分描述因果动态系统的一组状态变量的选择并不是唯一的。但只要状态变量的个数是充分的，选择不同的状态变量来描述系统都是充分的。因此，如何选择合适的状态变量，主要是看其是否便于状态方程和输出方程的编写，以及初始状态向量是否容易确定。

5. 状态方程的建立

通常，动态系统（包括连续的和离散的）的状态方程和输出方程可以根据描述系统的输入-输出方程（微分或差分方程）、系统函数、系统的模拟框图或信号流图等列出。对于电路，则可以根据电路图直接列出。

将例 7-1 中的状态变量表示为 $x_1 = u_C, x_2 = i_L$，状态方程的矩阵形式为

$$\begin{bmatrix} \dot{x}_1 \\ \dot{x}_2 \end{bmatrix} = \begin{bmatrix} -\dfrac{1}{C}\left(\dfrac{1}{R_1} + \dfrac{1}{R_2}\right) & -\dfrac{1}{C} \\ \dfrac{1}{L} & -\dfrac{R_3}{L} \end{bmatrix} \begin{bmatrix} x_1 \\ x_2 \end{bmatrix} + \begin{bmatrix} \dfrac{1}{CR_1} \\ 0 \end{bmatrix} e$$

当已知实际电路系统时，建立电路系统的状态方程方法如下。

（1）选取独立的电容电压、电感电流作为状态变量。

（2）利用电路定理、定律、方法（如节点法、网孔法）列写电路方程。

（3）标准化电路方程得到状态方程，并写出矩阵形式的状态方程。

例 7-2　已知电路系统如图 7-1-4(a)～图 7-1-4(e)所示，建立系统的状态方程。

解：图 7-1-4(a)选取状态变量

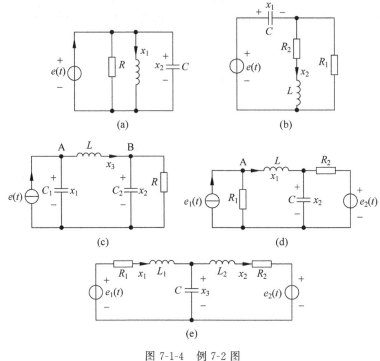

图 7-1-4 例 7-2 图

$$x_1 = i_L, \quad x_2 = u_C$$

右网孔 KVL 方程为

$$L\dot{x}_1 = x_2$$

KCL 方程为

$$\frac{1}{R}x_2 + x_1 + C\dot{x}_2 = e$$

状态方程为

$$\dot{x}_1 = \frac{1}{L}x_2$$

$$\dot{x}_2 = -\frac{1}{C}x_1 - \frac{1}{RC}x_2 + \frac{1}{C}e$$

写成矩阵形式,即

$$\begin{bmatrix} \dot{x}_1 \\ \dot{x}_2 \end{bmatrix} = \begin{bmatrix} 0 & \dfrac{1}{L} \\ -\dfrac{1}{C} & -\dfrac{1}{RC} \end{bmatrix} \begin{bmatrix} x_1 \\ x_2 \end{bmatrix} + \begin{bmatrix} 0 \\ \dfrac{1}{C} \end{bmatrix} e$$

图 7-1-4(b)选取状态变量

$$x_1 = u_C, \quad x_2 = i_L$$

左网孔 KVL 方程为

$$x_1 + R_2 x_2 + L\dot{x}_2 = e$$

上节点 KCL 方程为

$$x_2 + \frac{1}{R_1}(e - x_1) = C\dot{x}_1$$

状态方程为

$$\dot{x}_1 = -\frac{1}{R_1 C}x_1 + \frac{1}{C}x_2 + \frac{1}{R_1 C}e$$

$$\dot{x}_2 = -\frac{1}{L}x_1 - \frac{R_2}{L}x_2 + \frac{1}{L}e$$

写成矩阵形式,即

$$\begin{bmatrix} \dot{x}_1 \\ \dot{x}_2 \end{bmatrix} = \begin{bmatrix} -\dfrac{1}{R_1 C} & \dfrac{1}{C} \\ -\dfrac{1}{L} & -\dfrac{R_2}{L} \end{bmatrix} \begin{bmatrix} x_1 \\ x_2 \end{bmatrix} + \begin{bmatrix} \dfrac{1}{R_1 C} \\ \dfrac{1}{L} \end{bmatrix} e$$

图 7-1-4(c)选取状态变量

$$x_1 = u_{C_1}, \quad x_2 = u_{C_2}, \quad x_3 = i_L$$

节点 A 的 KCL 方程为

$$x_3 = e - C_1 \dot{x}_1$$

节点 B 的 KCL 方程为

$$x_3 = C_2 \dot{x}_2 + \frac{1}{R}x_2$$

中网孔 KVL 方程为

$$x_1 = L\dot{x}_3 + \frac{1}{C_1}e$$

状态方程为

$$\dot{x}_1 = -\frac{1}{C_1}x_3 + \frac{1}{C_1}e$$

$$\dot{x}_2 = -\frac{1}{C_2 R}x_2 + \frac{1}{C_2}x_3$$

$$\dot{x}_3 = \frac{1}{L}x_1 - \frac{1}{L}x_2$$

写成矩阵形式,即

$$\begin{bmatrix} \dot{x}_1 \\ \dot{x}_2 \\ \dot{x}_3 \end{bmatrix} = \begin{bmatrix} 0 & 0 & -\dfrac{1}{C_1} \\ 0 & -\dfrac{1}{C_2 R} & \dfrac{1}{C_2} \\ \dfrac{1}{L} & -\dfrac{1}{L} & 0 \end{bmatrix} \begin{bmatrix} x_1 \\ x_2 \\ x_3 \end{bmatrix} + \begin{bmatrix} \dfrac{1}{C_1} \\ 0 \\ 0 \end{bmatrix} e$$

图 7-1-4(d)选取状态变量

$$x_1 = i_L, \quad x_2 = u_C$$

中网孔 KVL 方程为

$$L\dot{x}_1 = R_1[e_1 - x_1] - x_2$$

节点 A 的 KCL 方程为

$$C\dot{x}_2 + \frac{1}{R_2}(x_2 - e_2) = x_1$$

状态方程为

$$\dot{x}_1 = -\frac{R_1}{L}x_1 - \frac{1}{L}x_2 + \frac{R_1}{L}e_1$$

$$\dot{x}_2 = \frac{1}{C}x_1 - \frac{1}{R_2C}x_2 + \frac{1}{R_2C}e_2$$

写成矩阵形式,即

$$\begin{bmatrix} \dot{x}_1 \\ \dot{x}_2 \end{bmatrix} = \begin{bmatrix} -\dfrac{R_1}{L} & -\dfrac{1}{L} \\ \dfrac{1}{C} & -\dfrac{1}{R_2C} \end{bmatrix} \begin{bmatrix} x_1 \\ x_2 \end{bmatrix} + \begin{bmatrix} \dfrac{R_1}{L} & 0 \\ 0 & \dfrac{1}{R_2C} \end{bmatrix} \begin{bmatrix} e_1 \\ e_2 \end{bmatrix}$$

图 7-1-4(e)选取状态变量

$$x_1 = u_{C_1}, \quad x_2 = u_{C_2}, \quad x_3 = i_L$$

左网孔 KVL 方程为

$$R_1 x_1 + L_1 \dot{x}_1 + x_3 = e_1$$

右网孔 KVL 方程为

$$L\dot{x}_2 + R_2 x_2 + e_2 = x_3$$

上节点 KCL 方程为

$$x_1 = x_2 + C\dot{x}_3$$

状态方程为

$$\dot{x}_1 = -\frac{R_1}{L}x_1 + 0 - \frac{1}{L_1}x_3 + \frac{1}{L_1}e_1$$

$$\dot{x}_2 = 0 - \frac{R_2}{L_2}x_2 + \frac{1}{L_2}x_3 - \frac{1}{L_2}e_2$$

$$\dot{x}_3 = \frac{1}{C}x_1 - \frac{1}{C}x_2 + 0$$

写成矩阵形式,即

$$\begin{bmatrix} \dot{x}_1 \\ \dot{x}_2 \\ \dot{x}_3 \end{bmatrix} = \begin{bmatrix} -\dfrac{R_1}{L_1} & 0 & -\dfrac{1}{L_1} \\ 0 & -\dfrac{R_2}{L_2} & \dfrac{1}{L_2} \\ \dfrac{1}{C} & -\dfrac{1}{C} & 0 \end{bmatrix} \begin{bmatrix} x_1 \\ x_2 \\ x_3 \end{bmatrix} + \begin{bmatrix} \dfrac{1}{L_1} & 0 \\ -\dfrac{1}{L_2} & 0 \\ 0 & 0 \end{bmatrix} \begin{bmatrix} e_1 \\ e_2 \end{bmatrix}$$

7.1.3 MATLAB 实现

在实际应用过程中,常常需要将线性时不变系统的各种模型进行任意转换。也就是说,已知其中的一种数学模型描述,就可以求出该系统的另一种数学模型描述。MATLAB 提供了丰富的模型转换函数。

使用模型转换函数主要进行连续时间模型与离散时间模型之间的转换及离散时间模型不同采样周期之间的转换。

1. 连续时间模型转换为离散时间模型

在 MATLAB 中,使用函数 c2d() 将连续时间模型转换为离散时间模型,也称为将连续时间系统离散化,其调用格式有两种。

(1) sysd＝c2d(sys,Ts)

以抽样周期 Ts 将线性时不变连续系统 sys 离散化,得到离散化后的系统 sysd。

(2) sysd＝c2d(sys,Ts,method)

以 method 指定的离散化方法将线性时不变连续系统 sys 离散化,method 包括'zoh'——零阶保持器,'foh'——一阶保持器,'tustin'——图斯汀变换,'matched'——零、极点匹配法。若未指定离散化方法,则采用零阶保持器离散化方法;除零、极点匹配法仅支持单输入-单输出系统外,其他离散化方法既支持单输入-单输出系统,也支持多输入-多输出系统。例如,连续时间系统的传递函数为

$$G(s) = \frac{s+1}{s^2 + 2s + 5} e^{-0.35s}$$

将其按照抽样周期 Ts＝0.1s 进行离散化。其步骤为先建立传递函数模型,在 MATLAB 命令窗口中输入:

```
sys = tf([1 1],[1 2 5],'inputdelay',0.35)
```

运行结果为:

```
Transfer function:
                    s + 1
exp( - 0.35 * s)  *  ----------------
                  s^2 + 2 s + 5
```

再以零阶保持器方法离散化得到离散化模型,输入的命令为:

```
Gd = c2d(sys,0.1)
```

运行结果为:

```
Transfer function:
           0.04869 z^2 + 0.002242 z - 0.04191
z^( - 3) *  -------------------------------------
                z^3 - 1.774 z^2 + 0.8187 z
Sampling time: 0.1
```

若以一阶保持器方法离散化,则输入的命令为:

```
Gd = c2d(sys,0.1,'foh')
```

运行结果为:

```
Transfer function:
              0.01228 z^3 + 0.05996 z^2 - 0.05282 z - 0.0104
z^(-3) *   ---------------------------------------------
                    z^3 - 1.774 z^2 + 0.8187 z
Sampling time: 0.1
```

2. 离散时间模型转换为连续时间模型

在 MATLAB 中,使用函数 d2c()将离散时间模型转换为连续时间模型,其调用格式有两种。

(1) sysc=d2c(sysd)

将线性时不变离散模型 sysd 转换成连续时间模型 sysc。

(2) sysc=d2c(sysd,method)

以 method 指定的方法将线性时不变离散模型 sysd 转换成连续时间模型 sysc,method 的含义与函数 c2d()中的相同。

3. 离散时间系统重新抽样

在 MATLAB 中,使用函数 d2d()来对离散时间系统进行重新抽样,得到在新抽样周期下的离散时间系统模型或者加入输入延时,其调用格式为:

```
sysl = d2d(sys,Ts)
```

将线性时不变离散时间模型 sys 按照新的采样周期 Ts 重新抽样,得到离散时间模型 sysl。

4. 传递函数模型转换为状态空间模型

MATLAB 提供了一个 tf2ss()函数,它能把描述系统的微分方程转换为等价的状态方程,其调用格式为:

```
[A,B,C,D] = tf2ss(num,den)
```

其中,num 和 den 分别表示系统函数 $H(s)$ 的分子和分母多项式,A,B,C,D 分别为状态方程的矩阵。

5. 传递函数模型转换为零、极点增益模型

MATLAB 提供了一个 tf2zp()函数,它能把描述系统的传递函数模型转换为等价的零、极点增益模型,其调用格式为:

```
[Z,P,K] = tf2zp(num,den)
```

其中,num 和 den 分别表示系统函数的分子和分母多项式,Z 为零点向量,P 为极点向量,K 为增益。

6. 状态空间模型转换为传递函数模型

MATLAB 提供了一个 ss2tf()函数,它能把描述系统的状态方程转换为等价的传递函数模型,其调用格式为:

```
[num,den] = ss2tf(A,B,C,D,k)
```

其中,A,B,C,D 分别表示状态方程的矩阵;k 表示由函数 ss2tf 计算的与第 k 个输入相关的系统函数,即 $H(s)$ 的第 k 列。num 表示 $H(s)$ 第 k 列的 m 个元素的分子多项式,den 表

示 $H(s)$ 公共的分母多项式。

7. 状态空间模型转换为零、极点增益模型

MATLAB 提供了一个 ss2zp() 函数，它能把描述系统的状态方程转换为等价的零、极点增益模型，其调用格式为：

```
[Z,P,K] = ss2zp(A,B,C,D,k)
```

其中，Z 为零点向量，P 为极点向量，K 为增益；k 表示与第 k 个输入向量至全部输出之间零、极点增益模型的参数。

8. 零、极点增益模型转换为传递函数模型

MATLAB 提供了一个 zp2tf() 函数，它能把描述系统的零、极点增益模型转换为等价的传递函数模型，其调用格式为：

```
[num,den] = zp2tf(Z,P,K)
```

其中，Z 为零点向量，P 为极点向量，K 为增益。num 和 den 分别表示传递函数的分子和分母多项式。

9. 零、极点增益模型转换为状态空间模型

MATLAB 提供了一个 zp2ss() 函数，它能把描述系统的零、极点增益模型转换为等价的状态方程，其调用格式为：

```
[A,B,C,D] = zp2ss(Z,P,K)
```

其中，Z 为零点向量，P 为极点向量，K 为增益；A,B,C,D 分别表示状态方程的矩阵。

视频讲解

7.2 连续系统状态方程的建立

状态方程的建立主要分两大类，即直接法和间接法。直接法是依据给定系统的结构直接编写出系统的状态方程。这种方法直观，有很强的规律性，特别适用于电网络的分析计算。间接法常利用系统的输入-输出方程、系统模拟图或信号流图编写状态方程。这种方法常用于系统模拟和系统控制的分析设计。本节主要讨论连续系统状态方程的建立。

连续系统的状态方程是状态变量的一阶微分方程组，用矩阵形式可表示为

$$\dot{\boldsymbol{\lambda}}(t)_{n\times 1} = \boldsymbol{A}_{n\times n}\boldsymbol{\lambda}(t)_{n\times 1} + \boldsymbol{B}_{n\times m}\boldsymbol{f}(t)_{m\times 1} \tag{7-2-1}$$

其输出方程为

$$\boldsymbol{y}(t)_{r\times 1} = \boldsymbol{C}_{r\times n}\boldsymbol{\lambda}(t)_{n\times 1} + \boldsymbol{D}_{r\times m}\boldsymbol{f}(t)_{m\times 1} \tag{7-2-2}$$

式(7-2-1)和式(7-2-2)中，系数矩阵 $\boldsymbol{A}$ 为 $n\times n$ 方阵，称为系统矩阵；系数矩阵 $\boldsymbol{B}$ 为 $n\times m$ 矩阵，称为控制矩阵；系数矩阵 $\boldsymbol{C}$ 为 $r\times n$ 矩阵，称为输出矩阵；系数矩阵 $\boldsymbol{D}$ 为 $r\times m$ 矩阵。对于线性时不变系统，这些矩阵都是常数矩阵。

7.2.1 根据电路图列写状态方程

对于给定电路，其状态方程直接列写的一般步骤如下。

(1) 选所有独立电容电压和独立电感电流作为状态变量；

(2) 为保证所列出的状态方程等号左端只为一个状态变量的一阶导数，必须对每一个

独立电容写出只含此独立电容电压一阶导数在内的节点(割集)KCL 方程,对每一个独立电感写出只含此电感电流一阶导数在内的回路 KVL 方程;

(3) 若第(2)步所列出 KCL、KVL 方程中含有非状态变量,则利用适当的节点 KCL 方程和回路 KVL 方程,将非状态变量消去;

(4) 将列出的状态方程整理成式(7-1-3)的矩阵标准形式。

例 7-3 写出图 7-2-1 所示电路的状态方程,若以电流 i_C 和电压 u 为输出,列出输出方程。

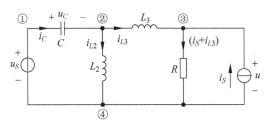

图 7-2-1 例 7-3 图

解:该系统中有 3 个独立动态元件,故需 3 个状态变量。选取电容电压 u_C 和电感电流 i_{L2}、i_{L3} 为状态变量。

对接有电容 C 的节点② 运用 KCL 可得:

$$i_C = C\dot{u}_C = i_{L2} + i_{L3} \tag{7-2-3}$$

选包含 L_2 的回路 $L_2 \to u_S \to C$ 以及包含 L_3 的回路 $L_3 \to R \to u_S \to C$,运用 KVL 可得两个独立电压方程:

$$\begin{cases} u_S = u_C + L_2 \dot{i}_{L2} \\ u_S = u_C + L_3 \dot{i}_{L3} + R(i_S + i_{L3}) \end{cases} \tag{7-2-4}$$

将式(7-2-3)和式(7-2-4)稍加整理,即可得到状态方程

$$\begin{cases} \dot{u}_C = \dfrac{1}{C} i_{L2} + \dfrac{1}{C} i_{L3} \\[2mm] \dot{i}_{L2} = -\dfrac{1}{L_2} u_C + \dfrac{1}{L_2} u_S \\[2mm] \dot{i}_{L3} = -\dfrac{1}{L_3} u_C - \dfrac{R}{L_3} i_{L3} + \dfrac{1}{L_3} u_S - \dfrac{R}{L_3} i_S \end{cases} \tag{7-2-5}$$

写成标准矩阵形式为

$$\begin{bmatrix} \dot{u}_C \\ \dot{i}_{L2} \\ \dot{i}_{L3} \end{bmatrix} = \begin{bmatrix} 0 & \dfrac{1}{C} & \dfrac{1}{C} \\[2mm] -\dfrac{1}{L_2} & 0 & 0 \\[2mm] -\dfrac{1}{L_3} & 0 & -\dfrac{R}{L_3} \end{bmatrix} \begin{bmatrix} u_C \\ i_{L2} \\ i_{L3} \end{bmatrix} + \begin{bmatrix} 0 & 0 \\[2mm] \dfrac{1}{L_2} & 0 \\[2mm] \dfrac{1}{L_3} & -\dfrac{R}{L_S} \end{bmatrix} \begin{bmatrix} u_S \\ i_S \end{bmatrix} \tag{7-2-6}$$

输出方程为

$$\begin{cases} i_C = i_{L2} + i_{L3} \\ u = Ri_S + Ri_{L3} \end{cases} \tag{7-2-7}$$

写成标准矩阵形式为

$$\begin{bmatrix} i_C \\ u \end{bmatrix} = \begin{bmatrix} 0 & 1 & 1 \\ 0 & 0 & R \end{bmatrix} \begin{bmatrix} u_C \\ i_{L2} \\ i_{L3} \end{bmatrix} + \begin{bmatrix} 0 & 0 \\ 0 & R \end{bmatrix} \begin{bmatrix} u_S \\ i_S \end{bmatrix} \tag{7-2-8}$$

7.2.2　由系统的模拟框图或信号流图建立状态方程

由系统的模拟框图或信号流图建立状态方程是一种比较直观和简单的方法,其一般规则如下。

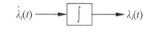

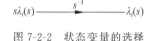

图 7-2-2　状态变量的选择

(1) 选积分器的输出(或微分器的输入)作为状态变量,如图 7-2-2 所示。

(2) 围绕加法器列写状态方程或输出方程。

例 7-4　已知一个三阶连续系统的模拟框图如图 7-2-3 所示,试建立其状态方程和输出方程。

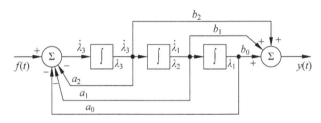

图 7-2-3　例 7-4 系统的模拟框图

解:选择各积分器的输出为状态变量,从右边到左边依次取为 $\lambda_1(t)$、$\lambda_2(t)$ 和 $\lambda_3(t)$,如图 7-2-3 所示。根据各积分器输入-输出和加法器的关系,可写出状态方程和输出方程为

$$\dot{\lambda}_1(t) = \lambda_2(t)$$
$$\dot{\lambda}_2(t) = \lambda_3(t)$$
$$\dot{\lambda}_3(t) = -a_0\lambda_1(t) - a_1\lambda_2(t) - a_2\lambda_3(t) + f(t)$$
$$y(t) = b_0\lambda_1(t) + b_1\lambda_2(t) + b_2\lambda_3(t)$$

对于例 7-4,对应的信号流图如图 7-2-4 所示,虽然模拟框图是系统的时域描述,信号流图是系统的 s 域描述,二者的含义不同,但是,若撇开它们的具体含义,而只把 s^{-1} 看作是积分器的符号,那么从图的角度而言,它们并没有原则上的区别。因此,只要选择了 s^{-1} 的输出端状态变量即可写出状态方程。

7.2.3　由微分方程或系统函数建立状态方程

若已知系统的微分方程,为了更具一般性,设其分子、分母多项式中 s 的最高幂次相同(即取 $m=n$ 的一般情况),设有一个三阶系统,它的微分方程为

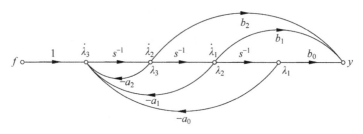

图 7-2-4   例 7-4 对应的信号流图

$$(p^3 + a_2 p^2 + a_1 p + a_0) y(t) = (b_3 p^3 + b_2 p^2 + b_1 p + b_0) f(t)$$

则它的系统函数为

$$H(s) = \frac{b_3 s^3 + b_2 s^2 + b_1 s + b_0}{s^3 + a_2 s^2 + a_1 s + a_0} \tag{7-2-9}$$

设 $H(s)$ 的分子与分母无公因子相消,则可根据系统的微分方程或 $H(s)$,画出直接形式、并联形式、级联形式的模拟框图或信号流图,然后再从模拟框图或信号流图建立系统的状态方程。

1. 直接模拟法——相变量

取积分器的输出信号为状态变量,则状态方程为

$$\begin{bmatrix} \dot{\lambda}_1(t) \\ \dot{\lambda}_2(t) \\ \dot{\lambda}_3(t) \end{bmatrix} = \begin{bmatrix} 0 & 1 & 0 \\ 0 & 0 & 1 \\ -a_0 & -a_1 & -a_2 \end{bmatrix} \begin{bmatrix} \lambda_1(t) \\ \lambda_2(t) \\ \lambda_3(t) \end{bmatrix} + \begin{bmatrix} 0 \\ 0 \\ 1 \end{bmatrix} [f(t)] \tag{7-2-10}$$

输出方程为

$$y(t) = \begin{bmatrix} b_0 - b_3 a_0 & b_1 - b_3 a_1 & b_2 - b_3 a_2 \end{bmatrix} \begin{bmatrix} \lambda_1(t) \\ \lambda_2(t) \\ \lambda_3(t) \end{bmatrix} + b_3 f(t) \tag{7-2-11}$$

当 $m < n$ 时,

(1) 若 $b_3 = 0$,则

$$y(t) = \begin{bmatrix} b_0 & b_1 & b_2 \end{bmatrix} \begin{bmatrix} \lambda_1(t) \\ \lambda_2(t) \\ \lambda_3(t) \end{bmatrix}$$

(2) 若 $b_3 = b_2 = 0$,则

$$y(t) = \begin{bmatrix} b_0 & b_1 & 0 \end{bmatrix} \begin{bmatrix} \lambda_1(t) \\ \lambda_2(t) \\ \lambda_3(t) \end{bmatrix}$$

(3) 若 $b_3 = b_2 = b_1 = 0$,则

$$y(t) = \begin{bmatrix} b_0 & 0 & 0 \end{bmatrix} \begin{bmatrix} \lambda_1(t) \\ \lambda_2(t) \\ \lambda_3(t) \end{bmatrix}$$

2. 并联模拟——对角线变量

设系统函数 $H(s)$ 的极点为单实极点 p_1、p_2、p_3,则可将 $H(s)$ 展开为

$$H(s) = H_0 + \frac{K_1}{s - p_1} + \frac{K_2}{s - p_2} + \frac{K_3}{s - p_3} \tag{7-2-12}$$

其中,$H_0 = \dfrac{b_n}{a_n}$,即 $H_0 = b_3$。取积分器的输出信号为状态变量,则状态方程为

$$\begin{bmatrix} \dot{\lambda}_1(t) \\ \dot{\lambda}_2(t) \\ \dot{\lambda}_3(t) \end{bmatrix} = \begin{bmatrix} p_1 & 0 & 0 \\ 0 & p_2 & 0 \\ 0 & 0 & p_3 \end{bmatrix} \begin{bmatrix} \lambda_1(t) \\ \lambda_2(t) \\ \lambda_3(t) \end{bmatrix} + \begin{bmatrix} 1 \\ 1 \\ 1 \end{bmatrix} \begin{bmatrix} f(t) \end{bmatrix} \tag{7-2-13}$$

输出方程为

$$y(t) = \begin{bmatrix} K_1 & K_2 & K_3 \end{bmatrix} \begin{bmatrix} \lambda_1(t) \\ \lambda_2(t) \\ \lambda_3(t) \end{bmatrix} + b_3 f(t) \tag{7-2-14}$$

当 $m < n$ 时,b_3 一定为 0,则输出方程变为

$$y(t) = \begin{bmatrix} K_1 & K_2 & K_3 \end{bmatrix} \begin{bmatrix} \lambda_1(t) \\ \lambda_2(t) \\ \lambda_3(t) \end{bmatrix}$$

3. 级联模拟

设系统的零点和极点分别为 z_1、z_2、z_3 和 p_1、p_2、p_3,则系统函数 $H(s)$ 可写成

$$H(s) = H_0 \frac{1 - z_1 s^{-1}}{1 - p_1 s^{-1}} \frac{1 - z_2 s^{-1}}{1 - p_2 s^{-1}} \frac{1 - z_3 s^{-1}}{1 - p_3 s^{-1}} \tag{7-2-15}$$

其中,$H_0 = b_3$,则状态方程为

$$\begin{bmatrix} \dot{\lambda}_1(t) \\ \dot{\lambda}_2(t) \\ \dot{\lambda}_3(t) \end{bmatrix} = \begin{bmatrix} p_1 & 0 & 0 \\ p_1 - z_1 & p_2 & 0 \\ p_1 - z_1 & p_2 - z_2 & p_3 \end{bmatrix} \begin{bmatrix} \lambda_1(t) \\ \lambda_2(t) \\ \lambda_3(t) \end{bmatrix} + \begin{bmatrix} 1 \\ 1 \\ 1 \end{bmatrix} \begin{bmatrix} f(t) \end{bmatrix} \tag{7-2-16}$$

输出方程为

$$y(t) = \begin{bmatrix} p_1 - z_1 & p_2 - z_2 & p_3 - z_3 \end{bmatrix} \begin{bmatrix} \lambda_1(t) \\ \lambda_2(t) \\ \lambda_3(t) \end{bmatrix} + b_3 f(t) \tag{7-2-17}$$

例 7-5 已知一个二阶微分方程式

$$\frac{\mathrm{d}^2 y(t)}{\mathrm{d}t^2} + 3 \frac{\mathrm{d}y(t)}{\mathrm{d}t} + 2y(t) = 2f(t)$$

试写出其状态方程和输出方程。

解:令 $y(t)$ 和 $y'(t)$ 为系统的状态变量,即

$$\lambda_1(t) = y(t), \quad \lambda_2(t) = y'(t)$$

则由原微分方程式可得到系统的状态方程为

$$\begin{cases} \dot{\lambda}_1(t) = \lambda_2(t) \\ \dot{\lambda}_2(t) = y''(t) = 2f(t) - 2\lambda_1(t) - 3\lambda_2(t) \end{cases}$$

系统的输出方程为 $y(t) = \lambda_1(t)$，写成矩阵形式为

$$\begin{bmatrix} \dot{\lambda}_1(t) \\ \dot{\lambda}_2(t) \end{bmatrix} = \begin{bmatrix} 0 & 1 \\ -2 & -3 \end{bmatrix} \begin{bmatrix} \lambda_1(t) \\ \lambda_2(t) \end{bmatrix} + \begin{bmatrix} 0 \\ 2 \end{bmatrix} \begin{bmatrix} f(t) \end{bmatrix}$$

$$y(t) = \begin{bmatrix} 1 & 0 \end{bmatrix} \begin{bmatrix} \lambda_1(t) \\ \lambda_2(t) \end{bmatrix}$$

例 7-6 已知 $H(s) = \dfrac{3s + 10}{s^2 + 7s + 12}$，试列写出与直接模拟、并联模拟、级联模拟相对应的状态方程与输出方程。

解：均以积分器的输出信号为状态变量。

(1) 直接模拟。

$$\begin{bmatrix} \dot{\lambda}_1(t) \\ \dot{\lambda}_2(t) \end{bmatrix} = \begin{bmatrix} 0 & 1 \\ -12 & -7 \end{bmatrix} \begin{bmatrix} \lambda_1(t) \\ \lambda_2(t) \end{bmatrix} + \begin{bmatrix} 0 \\ 1 \end{bmatrix} \begin{bmatrix} f(t) \end{bmatrix}$$

$$y(t) = \begin{bmatrix} 10 & 3 \end{bmatrix} \begin{bmatrix} \lambda_1(t) \\ \lambda_2(t) \end{bmatrix}$$

(2) 并联模拟。

$H(s)$ 可写成如下形式，即

$$H(s) = \frac{1}{s+3} + \frac{2}{s+4}$$

所以状态方程与输出方程为

$$\begin{bmatrix} \dot{\lambda}_1(t) \\ \dot{\lambda}_2(t) \end{bmatrix} = \begin{bmatrix} -3 & 0 \\ 0 & -4 \end{bmatrix} \begin{bmatrix} \lambda_1(t) \\ \lambda_2(t) \end{bmatrix} + \begin{bmatrix} 1 \\ 1 \end{bmatrix} \begin{bmatrix} f(t) \end{bmatrix}$$

$$y(t) = \begin{bmatrix} 1 & 2 \end{bmatrix} \begin{bmatrix} \lambda_1(t) \\ \lambda_2(t) \end{bmatrix} + \begin{bmatrix} 0 \end{bmatrix} \begin{bmatrix} f(t) \end{bmatrix}$$

(3) 级联模拟。

级联系统框图如图 7-2-5 所示，$H(s)$ 可写成如下形式，即

$$H(s) = \frac{s + \dfrac{10}{3}}{s+4} \times \frac{3}{s+3}$$

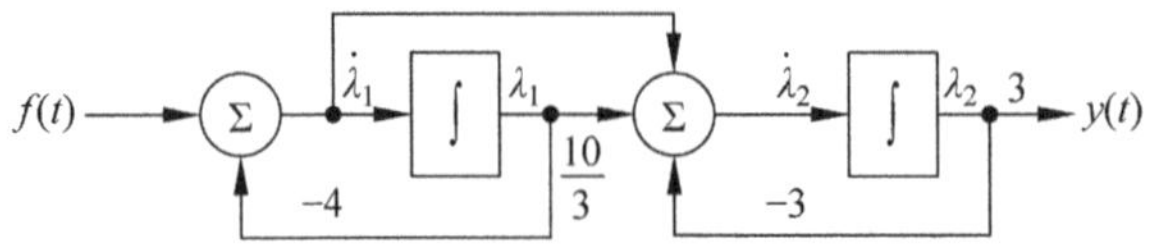

图 7-2-5 级联系统框图

所以状态方程为

$$\begin{cases} \dot{\lambda}_1(t) = -4\lambda_1(t) + f(t) \\ \dot{\lambda}_2(t) = \dfrac{10}{3}\lambda_1(t) - 3\lambda_2(t) + \dot{\lambda}_1(t) = -\dfrac{2}{3}\lambda_1(t) - 3\lambda_2(t) + f(t) \end{cases}$$

$$\begin{bmatrix} \dot{\lambda}_1(t) \\ \dot{\lambda}_2(t) \end{bmatrix} = \begin{bmatrix} -4 & 0 \\ -\dfrac{2}{3} & -3 \end{bmatrix} \begin{bmatrix} \lambda_1(t) \\ \lambda_2(t) \end{bmatrix} + \begin{bmatrix} 1 \\ 1 \end{bmatrix} \begin{bmatrix} f(t) \end{bmatrix}$$

输出方程为

$$y(t) = \begin{bmatrix} 0 & 3 \end{bmatrix} \begin{bmatrix} \lambda_1(t) \\ \lambda_2(t) \end{bmatrix}$$

即

$$y(t) = 3\lambda_2(t)$$

7.2.4 MATLAB 实现

1. 系统微分方程到状态方程的转换

例 7-7 某系统的微分方程为 $y''(t) + 5y'(t) + 10y(t) = f(t)$,求其状态方程。

解:由系统的微分方程可得系统的 $H(s)$ 为

$$H(s) = \frac{1}{s^2 + 5s + 10}$$

编写的程序如下:

```
[A,B,C,D] = tf2ss([1],[1 5 10])
```

执行该程序,运行结果为

```
A =
    -5    -10
     1      0
B =
     1
     0
C =
     0      1
D =
     0
```

所以系统的状态方程为

$$\begin{bmatrix} \dot{x}_1 \\ \dot{x}_2 \end{bmatrix} = \begin{bmatrix} -5 & -10 \\ 1 & 0 \end{bmatrix} \begin{bmatrix} x_1 \\ x_2 \end{bmatrix} + \begin{bmatrix} 1 \\ 0 \end{bmatrix} f(t)$$

$$y(t) = \begin{bmatrix} 0 & 1 \end{bmatrix} \begin{bmatrix} x_1 \\ x_2 \end{bmatrix}$$

2. 由系统状态方程求系统函数矩阵 $H(s)$

例 7-8 某系统的状态方程和输出方程为

$$\begin{bmatrix} \dot{x}_1(t) \\ \dot{x}_2(t) \end{bmatrix} = \begin{bmatrix} 2 & 3 \\ 0 & -1 \end{bmatrix} \begin{bmatrix} x_1(t) \\ x_2(t) \end{bmatrix} + \begin{bmatrix} 0 & 1 \\ 1 & 0 \end{bmatrix} \begin{bmatrix} f_1(t) \\ f_2(t) \end{bmatrix}$$

$$\begin{bmatrix} y_1(t) \\ y_2(t) \end{bmatrix} = \begin{bmatrix} 1 & 1 \\ 0 & -1 \end{bmatrix} \begin{bmatrix} x_1(t) \\ x_2(t) \end{bmatrix} + \begin{bmatrix} 1 & 0 \\ 1 & 0 \end{bmatrix} \begin{bmatrix} f_1(t) \\ f_2(t) \end{bmatrix}$$

求其系统函数矩阵 $\boldsymbol{H}(s)$。

解：编写的程序如下：

```
A = [2 3;0 -1];B = [0 1;1 0];
C = [1 1;0 -1];D = [1 0;1 0];
[num1,den1] = ss2tf(A,B,C,D,1)
[num2,den2] = ss2tf(A,B,C,D,2)
```

执行该程序,运行结果为

```
num1 =
    1     0    -1
    1    -2     0
den1 =
    1    -1    -2
num2 =
    0     1     1
    0     0     0
den2 =
    1    -1    -2
```

所以系统函数矩阵 $\boldsymbol{H}(s)$ 为

$$\boldsymbol{H}(s) = \frac{1}{s^2 - 2s - 2} \begin{bmatrix} s^2 - 1 & s + 1 \\ s^2 - 2s & 0 \end{bmatrix} = \begin{bmatrix} \dfrac{s+1}{s-2} & \dfrac{1}{s-2} \\ \dfrac{s}{s+1} & 0 \end{bmatrix}$$

7.3 离散系统状态方程的建立

视频讲解

与连续系统一样,可以利用状态变量分析法来分析离散系统。离散系统是用差分方程来描述的,选择适当的状态变量可以把高阶差分方程转换为关于状态变量的一阶差分方程组,这个差分方程组就是该离散系统的状态方程。输出方程是关于变量 k 的代数方程组。

7.3.1 离散系统状态方程的一般形式

如果是线性时不变离散系统,则状态方程是状态变量和输入序列的一阶线性常系数差分方程组,即

$$\left. \begin{aligned} \lambda_1(n+1) &= a_{11}\lambda_1 + a_{12}\lambda_2 + \cdots + a_{1n}\lambda_n + b_{11}f_1 + b_{12}f_2 + \cdots + b_{1m}f_m \\ \lambda_2(n+1) &= a_{21}\lambda_1 + a_{22}\lambda_2 + \cdots + a_{2n}\lambda_n + b_{21}f_1 + b_{22}f_2 + \cdots + b_{2m}f_m \\ &\vdots \\ \lambda_n(n+1) &= a_{n1}\lambda + a_{n2}\lambda_2 + \cdots + a_{nn}\lambda_n + b_{n1}f_1 + b_{n2}f_2 + \cdots + b_{nm}f_m \end{aligned} \right\} \quad (7\text{-}3\text{-}1)$$

$$y(n)_1 = c_{11}\lambda_1 + c_{12}\lambda_2 + \cdots + c_{1n}\lambda_n + d_{11}f_1 + d_{12}f_2 + \cdots + d_{1m}f_m$$
$$y(n)_2 = c_{21}\lambda_1 + c_{22}\lambda_2 + \cdots + c_{2n}\lambda_n + d_{21}f_1 + d_{22}f_2 + \cdots + d_{2m}f_m$$
$$\vdots$$
$$y(n)_r = c_{r1}\lambda_1 + c_{r2}\lambda_2 + \cdots + c_{rn}\lambda_n + d_{r1}f_1 + d_{r2}f_2 + \cdots + d_{rm}f_m$$

$$(7\text{-}3\text{-}2)$$

式(7-3-1)称为状态变量方程或状态空间方程,简称状态方程,式(7-3-2)称为输出方程。它们同样可以用矩阵形式来表示,则状态方程式(7-3-1)可以表示为如下的标准形式

$$\boldsymbol{\lambda}(n+1) = \boldsymbol{A}\boldsymbol{\lambda}(n) + \boldsymbol{B}\boldsymbol{f}(n) \tag{7-3-3}$$

则输出方程式(7-3-2)的标准形式为

$$\boldsymbol{y}(n) = \boldsymbol{C}\boldsymbol{\lambda}(n) + \boldsymbol{D}\boldsymbol{f}(n) \tag{7-3-4}$$

式(7-3-3)和式(7-3-4)中,系数矩阵 $\boldsymbol{A}$ 为 $n \times n$ 方阵,称为系统矩阵;系数矩阵 $\boldsymbol{B}$ 为 $n \times m$ 矩阵,称为控制矩阵;系数矩阵 $\boldsymbol{C}$ 为 $r \times n$ 矩阵,称为输出矩阵;系数矩阵 $\boldsymbol{D}$ 为 $r \times m$ 矩阵。对于线性时不变系统,这些矩阵都是常数矩阵。

7.3.2 由系统框图或信号流图建立状态方程

建立离散系统的状态方程有多种方法。利用系统模拟图或信号流图建立状态方程是一种实用的方法。其建立过程与连续系统类似。首先,选取离散系统模拟图(或信号流图)中的延时器输出端(延时支路输出节点)信号作为状态变量;然后,用延时器的输入端(延时支路输入节点)写出相应的状态方程;最后,在系统的输出端(输出节点)列写系统的输出方程。

由于离散系统状态方程是 $\lambda_i(n)$ 与各状态变量和输入的关系,因此选各延迟单元 D(对应于支路 z^{-1})的输出端信号为状态变量 $\lambda_i(n)$,那么其输入端信号就是 $\lambda_i(n+1)$,这样,根据系统的框图或信号流图就可列出该系统的状态方程和输出方程。

例 7-9 一个二输入-二输出的离散系统框图如图 7-3-1 所示,试写出其状态方程和输出方程。

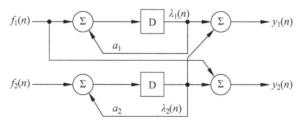

图 7-3-1 二输入-二输出离散系统框图

解:选延迟单元的输出端信号 $\lambda_1(n)$ 和 $\lambda_2(n)$ 为状态变量,如图 7-3-1 所示。由左端加法器可列出状态方程

$$\lambda_1(n+1) = a_1\lambda_1(n) + f_1(n)$$
$$\lambda_2(n+1) = a_2\lambda_2(n) + f_2(n)$$

由右端加法器可列出输出方程为

$$y_1(n) = \lambda_1(n) + f_2(n)$$
$$y_2(n) = \lambda_2(n) + f_1(n)$$

写成矩阵表达式为

$$\begin{bmatrix} \lambda_1(n+1) \\ \lambda_2(n+1) \end{bmatrix} = \begin{bmatrix} a_1 & 0 \\ 0 & a_2 \end{bmatrix} \begin{bmatrix} \lambda_1(n) \\ \lambda_2(n) \end{bmatrix} + \begin{bmatrix} 1 & 0 \\ 0 & 1 \end{bmatrix} \begin{bmatrix} f_1(n) \\ f_2(n) \end{bmatrix}$$

$$\begin{bmatrix} y_1(n) \\ y_2(n) \end{bmatrix} = \begin{bmatrix} 1 & 1 \\ 0 & 1 \end{bmatrix} \begin{bmatrix} \lambda_1(n) \\ \lambda_2(n) \end{bmatrix} + \begin{bmatrix} 0 & 0 \\ 1 & 0 \end{bmatrix} \begin{bmatrix} f_1(n) \\ f_2(n) \end{bmatrix}$$

7.3.3 由差分方程或系统函数建立状态方程

若已知系统的差分方程,可先由系统的差分方程求出系统函数 $H(z)$,然后由 $H(z)$ 画出系统的框图,再从框图建立系统的状态方程。

例 7-10 描述某离散系统的差分方程为

$$y(n) + 2y(n-1) - 3y(n-2) + 4y(n-3) = f(n-1) + 2f(n-2) - 3f(n-3)$$

试写出其状态方程和输出方程。

解: 通过差分方程,不难得到该系统的系统函数

$$H(z) = \frac{z^{-1} + 2z^{-2} - 3z^{-3}}{1 + 2z^{-1} - 3z^{-2} + 4z^{-3}}$$

根据 $H(z)$,可画出如图 7-3-2 所示的直接形式的 n 域系统框图和 z 域信号流图。

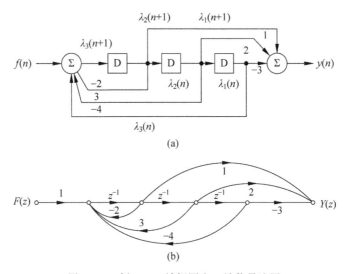

图 7-3-2 例 7-10 n 域框图和 z 域信号流图

选延迟单元 D(相当于 z^{-1})的输出信号为状态变量如图 7-3-2 所示,可列出状态方程和输出方程为

$$\lambda_1(n+1) = \lambda_2(n)$$

$$\lambda_2(n+1) = \lambda_3(n)$$

$$\lambda_3(n+1) = -4\lambda_1(n) + 3\lambda_2(n) - 2\lambda_3(n) + f(n)$$

$$y(n) = -3\lambda_1(n) + 2\lambda_2(n) + \lambda_3(n)$$

将它们写成矩阵表达式为

$$\begin{bmatrix} \lambda_1(n+1) \\ \lambda_2(n+1) \\ \lambda_3(n+1) \end{bmatrix} = \begin{bmatrix} 0 & 1 & 0 \\ 0 & 0 & 1 \\ -4 & 3 & -2 \end{bmatrix} \begin{bmatrix} \lambda_1(n) \\ \lambda_2(n) \\ \lambda_3(n) \end{bmatrix} + \begin{bmatrix} 0 \\ 0 \\ 1 \end{bmatrix} [f(n)]$$

$$y(n) = \begin{bmatrix} -3 & 2 & 1 \end{bmatrix} \begin{bmatrix} \lambda_1(n) \\ \lambda_2(n) \\ \lambda_3(n) \end{bmatrix}$$

7.4 系统状态方程的求解

7.4.1 连续时间系统状态方程的求解

前面已经讨论了连续系统状态方程和输出方程的建立方法。接下来的问题是如何求解这些方程。一般来说,求解状态方程仍然有两种方法:一种是基于拉普拉斯变换的复频域求解;另一种是采用时域法求解。下面分别加以叙述。

1. 状态方程的复频域解

如前所述,连续系统状态方程的标准形式

$$\dot{\boldsymbol{x}} = \boldsymbol{A}\boldsymbol{x} + \boldsymbol{B}\boldsymbol{f} \tag{7-4-1}$$

为一阶常系数线性向量微分方程,输出方程的标准形式为

$$\boldsymbol{y} = \boldsymbol{C}\boldsymbol{x} + \boldsymbol{D}\boldsymbol{f} \tag{7-4-2}$$

方程两边进行拉普拉斯变换

$$s\boldsymbol{X}(s) - \boldsymbol{x}(0_-) = \boldsymbol{A}\boldsymbol{X}(s) + \boldsymbol{B}\boldsymbol{F}(s) \tag{7-4-3}$$

将式(7-4-3)改写为

$$(s\boldsymbol{I} - \boldsymbol{A})\boldsymbol{X}(s) = \boldsymbol{x}(0_-) + \boldsymbol{B}\boldsymbol{F}(s) \tag{7-4-4}$$

式(7-4-4)中,$\boldsymbol{I}$ 为 $n \times n$ 单位矩阵。

为了方便,定义分解矩阵

$$\boldsymbol{\Phi}(s) = (s\boldsymbol{I} - \boldsymbol{A})^{-1} \tag{7-4-5}$$

分解矩阵(resolvent matrix)是一个由系统参数 $\boldsymbol{A}$ 完全决定了的矩阵。它在状态方程的求解过程中起着非常重要的作用。这时式(7-4-4)可表示为

$$\boldsymbol{X}(s) = \boldsymbol{\Phi}(s)\boldsymbol{x}(0_-) + \boldsymbol{\Phi}(s)\boldsymbol{B}\boldsymbol{F}(s) \tag{7-4-6}$$

这就是状态方程的拉普拉斯变换解。

分解矩阵的拉普拉斯逆变换为状态转移矩阵

$$\boldsymbol{\varphi}(t) \leftrightarrow \boldsymbol{\Phi}(s) = (s\boldsymbol{I} - \boldsymbol{A})^{-1} \tag{7-4-7}$$

对状态向量的复频域解取拉普拉斯逆变换,为

$$\boldsymbol{x}(t) \leftrightarrow \boldsymbol{X}(s) = \underbrace{\mathcal{L}^{-1}\big[\boldsymbol{\Phi}(s)\boldsymbol{x}(0_-)\big]}_{\text{零输入响应}} + \underbrace{\mathcal{L}^{-1}\big[\boldsymbol{\Phi}(s)\boldsymbol{B}\boldsymbol{F}(s)\big]}_{\text{零状态响应}} \tag{7-4-8}$$

式(7-4-8)就是状态向量的时域解。在式(7-4-8)中,等号右边第一部分仅由系统的初始状态决定,故为零输入响应;第二部分是激励的函数,故为零状态响应。

在求得状态向量的复频域解后,代入输出方程,即可得到响应的复频域解。由输出方程

得到其拉普拉斯变换的表达式为

$$Y(s) = CX(s) + DF(s) = C\{\boldsymbol{\Phi}(s)[\boldsymbol{x}(0_-) + \boldsymbol{B}F(s)]\} + \boldsymbol{D}F(s)$$

$$= C\boldsymbol{\Phi}(s)\boldsymbol{x}(0_-) + [C\boldsymbol{\Phi}(s)\boldsymbol{B} + \boldsymbol{D}]F(s) \tag{7-4-9}$$

系统函数矩阵或称转移函数为

$$H(s) = C\boldsymbol{\Phi}(s)\boldsymbol{B} + \boldsymbol{D} \tag{7-4-10}$$

因此,零状态响应也可表示为

$$Y_{zs}(s) = H(s)F(s) \tag{7-4-11}$$

可见,系统函数矩阵 $H(s)$ 仅有系统的 A、B、C、D 矩阵确定,它是 $r \times m$ 矩阵(r 为输出的数目,m 为输入的数目)。矩阵元素 H_{ij} 建立了状态方程中第 i 个输出 $y_i(t)$ 与第 j 个输入 $f_j(t)$ 之间的联系。

2. 状态方程的时域解

向量微分方程和标量微分方程的时域求解本质上是相同的。根据矩阵指数函数的定义和性质,不难发现它与普通的(标量)指数函数的性质和运算方法也完全一样。下面推导其求解的过程和解的形式。

对于状态方程

$$\dot{\boldsymbol{x}} = A\boldsymbol{x} + \boldsymbol{B}f \tag{7-4-12}$$

将式(7-4-12)作时域运算,得

$$\boldsymbol{x}(t) = e^{At}\boldsymbol{x}(0_-) + \int_{-\infty}^{+\infty} e^{A(t-x)}\boldsymbol{B}f(\tau)d\tau \tag{7-4-13}$$

其中,零状态响应为

$$\boldsymbol{x}_{zs}(t) = \int_{-\infty}^{+\infty} e^{A(t-x)}\boldsymbol{B}f(\tau)d\tau \tag{7-4-14}$$

零输入响应为

$$\boldsymbol{x}_{zi}(t) = e^{At}\boldsymbol{x}(0_-) \tag{7-4-15}$$

从上面的讨论中可以看到,在向量微分方程的时域解中,如何计算矩阵指数函数 e^{At} 是一个关键的问题。常用的计算方法如下。

(1) 幂级数法。按照幂级数的定义展开成幂级数,然后求出其近似解。

(2) 矩阵的相似变换法。将矩阵 A 变换成相似的对角矩阵 $\boldsymbol{\Lambda}$,即

$$P^{-1}\boldsymbol{\Lambda}P = B = \boldsymbol{\Lambda} \qquad \boldsymbol{\Lambda} = PAP^{-1}$$

(3) 应用凯莱-哈密尔顿定理,将 e^{At} 表示成有限项之和,然后进行计算。

当然,在复频域中求分解矩阵,然后,逆变换求矩阵指数函数就好一些。

7.4.2　离散时间系统状态方程的求解

1. 离散系统状态方程的 z 域解

用 z 变换求解一阶差分方程组与求解单个标量差分方程没有什么本质上的差异。对状态方程式(7-4-1)两边取 z 变换,根据 z 变换的微分性质,得

$$z\boldsymbol{X}(z) - z\boldsymbol{x}(0) = A\boldsymbol{X}(z) + \boldsymbol{B}F(z) \tag{7-4-16}$$

式中,$\boldsymbol{X}(z)$ 和 $\boldsymbol{F}(z)$ 分别表示状态向量 $\boldsymbol{x}(n)$ 和输入向量 $\boldsymbol{f}(n)$ 的单边 z 变换,$\boldsymbol{x}(0)$ 表示状态向量的初始状态。

相应地,输出方程式(7-4-2)的 z 变换为

$$Y(z) = CX(z) + DF(z) \tag{7-4-17}$$

定义

$$\boldsymbol{\Phi}(z) = (z\boldsymbol{I} - \boldsymbol{A})^{-1}z \tag{7-4-18}$$

为离散系统的分解矩阵。显然,这是一个由系统参数 $\boldsymbol{A}$ 完全决定了的矩阵。这时式(7-4-16)可表示为

$$\boldsymbol{X}(z) = \boldsymbol{\Phi}(z)\left[\boldsymbol{x}(0) + z^{-1}\boldsymbol{B}\boldsymbol{F}(z)\right] \tag{7-4-19}$$

这就是状态向量的 z 域解。对式(7-4-19)取 z 逆变换,有

$$\boldsymbol{x}(n) = \mathcal{Z}^{-1}\left[\boldsymbol{\Phi}(z)\boldsymbol{x}(0)\right] + \mathcal{Z}^{-1}\left[z^{-1}\boldsymbol{\Phi}(z)\boldsymbol{B}\boldsymbol{F}(z)\right] \tag{7-4-20}$$

在式(7-4-20)中,等号右边第一项为状态向量的零输入响应;第二项为零状态响应。

在求得状态向量的 z 域解后,代入输出方程式(7-4-17),即可得到输出向量的 z 域解为

$$\boldsymbol{Y}(z) = \boldsymbol{C}\boldsymbol{\Phi}(z)\left[\boldsymbol{x}(0) + z^{-1}\boldsymbol{B}\boldsymbol{F}(z)\right] + \boldsymbol{D}\boldsymbol{F}(z) \tag{7-4-21}$$

对上式取逆 z 变换,有

$$\boldsymbol{y}(n) = \mathcal{Z}^{-1}\left[\boldsymbol{C}\boldsymbol{\Phi}(z)\boldsymbol{x}(0)\right] + \mathcal{Z}^{-1}\left[\boldsymbol{C}z^{-1}\boldsymbol{\Phi}(z)\boldsymbol{B} + \boldsymbol{D}\right]\boldsymbol{F}(z) \tag{7-4-22}$$

在零状态条件下系统输出的 z 变换与输入的 z 变换之比定义为离散系统函数。由式(7-4-22)可得系统函数矩阵或称转移函数矩阵为

$$\boldsymbol{H}(z) = \boldsymbol{C}z^{-1}\boldsymbol{\Phi}(z)\boldsymbol{B} + \boldsymbol{D} \tag{7-4-23}$$

系统函数矩阵的逆 z 变换是离散系统的单位函数响应矩阵 $\boldsymbol{h}(n)$。可见,零状态响应的 z 变换也可表示为

$$\boldsymbol{Y}_{zs}(z) = \boldsymbol{H}(z)\boldsymbol{F}(z) \tag{7-4-24}$$

从式(7-4-23)中可以看到,系统函数矩阵 $\boldsymbol{H}(z)$ 仅由系统的 $\boldsymbol{A}$、$\boldsymbol{B}$、$\boldsymbol{C}$、$\boldsymbol{D}$ 矩阵确定,它是 $r \times m$ 矩阵(r 为输出的数目,m 为输入的数目)。矩阵元素 H_{ij} 建立了状态方程中第 i 个输出 $y_i(n)$ 与第 j 个输入 $f_j(n)$ 之间的联系。

对于线性时不变系统,$\boldsymbol{B}$、$\boldsymbol{C}$、$\boldsymbol{D}$ 都是常数矩阵,从式(7-4-23)中可以看出,系统函数矩阵 $\boldsymbol{H}(z)$ 中只有矩阵 $\boldsymbol{\Phi}(z)$ 含有变量 z。一般情况下,$\boldsymbol{H}(z)$ 与 $\boldsymbol{\Phi}(z)$ 具有相同的分母,即行列式,它是一个 z 的 n 次多项式。方程

$$|z\boldsymbol{I} - \boldsymbol{A}| = 0 \tag{7-4-25}$$

的根是 $\boldsymbol{H}(z)$ 的极点,即系统的固有频率。因此,式(7-4-25)称为系统的特征方程,它的根是特征根,或称矩阵 $\boldsymbol{A}$ 的特征根。判定离散系统是否稳定,也就是判定特征根是否位于单位圆内。

2. 状态方程的时域解

向量差分方程和标量差分方程的时域求解本质上同样是相同的。由于是一阶差分方程,只需采用迭代法求解就可以了。下面推导其求解的过程和解的形式。

对于离散系统状态方程式(7-3-3),当给定 $n=0$ 时的初始状态向量 $\boldsymbol{x}(0)$ 以及 $n=0$ 时的输入向量 $\boldsymbol{f}(n)$ 后,依次令状态方程中的 $n=0,1,2,\cdots$,就可以得到相应状态向量的解为

$$\boldsymbol{x}(n) = \boldsymbol{A}^n\boldsymbol{x}(0) + \sum_{i=0}^{n=1}\boldsymbol{A}^{n-1-i}\boldsymbol{B}\boldsymbol{f}(i) \tag{7-4-26}$$

由上面离散系统状态变量分析法变换域和时域的讨论中可以看到,它与连续时间系统变换域和时域解法是非常类似的。

离散系统状态方程求解中,状态转移矩阵 $\boldsymbol{A}^n = \boldsymbol{\varphi}(n)$ 的计算是非常重要的。在时域常用方法如下。

(1) 矩阵的相似变换法。将矩阵 $\boldsymbol{A}$ 变换成相似的对角矩阵 $\boldsymbol{\Lambda}$。

(2) 应用凯莱-哈密尔顿定理,将 $\boldsymbol{A}$ 表示成有限项之和,然后进行计算。

当然,在 z 域中求分解矩阵,然后,逆 z 变换求状态转移矩阵就好一些。

例 7-11 已知某离散系统的状态方程与输出方程为

$$\begin{bmatrix} \lambda_1(n+1) \\ \lambda_2(n+1) \end{bmatrix} = \begin{bmatrix} \dfrac{1}{2} & \dfrac{1}{4} \\ 1 & \dfrac{1}{2} \end{bmatrix} \begin{bmatrix} \lambda_1(n) \\ \lambda_2(n) \end{bmatrix} + \begin{bmatrix} 1 \\ 0 \end{bmatrix} [f(n)]$$

$$\begin{bmatrix} y_1(n) \\ y_2(n) \end{bmatrix} = \begin{bmatrix} 1 & 0 \\ 0 & 1 \end{bmatrix} \begin{bmatrix} \lambda_1(n) \\ \lambda_2(n) \end{bmatrix} + \begin{bmatrix} 1 \\ 1 \end{bmatrix} [f(n)]$$

初始状态为

$$\begin{bmatrix} \lambda_1(0) \\ \lambda_2(0) \end{bmatrix} = \begin{bmatrix} 1 \\ 1 \end{bmatrix}$$

激励 $f(n) = u(n)$。试求其状态转移矩阵 $\boldsymbol{A}^n$、状态向量 $\boldsymbol{\lambda}(n)$、输出向量 $\boldsymbol{y}(n)$、z 域转移函数矩阵 $\boldsymbol{H}(z)$ 以及单位序列响应矩阵 $\boldsymbol{h}(n)$。

解: 由以上方程知,系统矩阵

$$\boldsymbol{A} = \begin{bmatrix} \dfrac{1}{2} & \dfrac{1}{4} \\ 1 & \dfrac{1}{2} \end{bmatrix}$$

于是得

$$\boldsymbol{\Phi}(z) = [z\boldsymbol{I} - \boldsymbol{A}]^{-1} z = \begin{bmatrix} z - \dfrac{1}{2} & -\dfrac{1}{4} \\ -1 & z - \dfrac{1}{2} \end{bmatrix}^{-1} z$$

$$= \frac{z}{z(z-1)} \begin{bmatrix} z - \dfrac{1}{2} & -\dfrac{1}{4} \\ -1 & z - \dfrac{1}{2} \end{bmatrix} = \begin{bmatrix} \dfrac{z - \dfrac{1}{2}}{z-1} & \dfrac{\dfrac{1}{4}}{z-1} \\ \dfrac{1}{z-1} & \dfrac{z - \dfrac{1}{2}}{z-1} \end{bmatrix}$$

取其逆变换得

$$\boldsymbol{A}^n = \mathscr{Z}^{-1}[\boldsymbol{\Phi}(z)] = \begin{bmatrix} \delta(n) + \dfrac{1}{2}u(n-1) & \dfrac{1}{4}(n-1) \\ u(n-1) & \delta(n) + \dfrac{1}{2}u(n-1) \end{bmatrix}$$

由式(7-4-19)得

$$\boldsymbol{\lambda}(z) = \boldsymbol{\Phi}(z)\boldsymbol{\lambda}(0) + z^{-1}\boldsymbol{\Phi}(z)\boldsymbol{B}F(z)$$

$$= \begin{bmatrix} \dfrac{z-\dfrac{1}{2}}{z-1} & \dfrac{\dfrac{1}{4}}{z-1} \\[4mm] \dfrac{1}{z-1} & \dfrac{z-\dfrac{1}{2}}{z-1} \end{bmatrix} \begin{bmatrix} 1 \\ 1 \end{bmatrix} + \begin{bmatrix} \dfrac{z-\dfrac{1}{2}}{z(z-1)} & \dfrac{\dfrac{1}{4}}{z(z-1)} \\[4mm] \dfrac{1}{z(z-1)} & \dfrac{z-\dfrac{1}{2}}{z(z-1)} \end{bmatrix} \begin{bmatrix} 1 \\ 0 \end{bmatrix} \dfrac{z}{z-1}$$

$$= \begin{bmatrix} \dfrac{z-\dfrac{1}{4}}{z-1} \\[4mm] \dfrac{z-\dfrac{1}{2}}{z-1} \end{bmatrix} + \begin{bmatrix} \dfrac{z-\dfrac{1}{2}}{(z-1)^2} \\[4mm] \dfrac{1}{(z-1)^2} \end{bmatrix}$$

对 $\boldsymbol{\lambda}(z)$ 取逆变换,得

$$\boldsymbol{\lambda}(n) = \begin{bmatrix} \delta(n)+\dfrac{3}{4}u(n-1) \\[3mm] \delta(n)+\dfrac{3}{2}u(n-1) \end{bmatrix} + \begin{bmatrix} nu(n)-\dfrac{1}{2}(n-1)u(n-1) \\[3mm] (n-1)u(n-1) \end{bmatrix}$$

由式(7-4-23)得

$$\boldsymbol{H}(z) = \boldsymbol{C}[z\boldsymbol{I}-\boldsymbol{A}]^{-1}\boldsymbol{B} + \boldsymbol{D} = \begin{bmatrix} \dfrac{z^2-\dfrac{1}{2}}{z(z-1)} \\[4mm] \dfrac{z^2-z+1}{z(z-1)} \end{bmatrix} = \begin{bmatrix} 1+\dfrac{\dfrac{1}{2}}{z}+\dfrac{\dfrac{1}{2}}{z-1} \\[4mm] 1-\dfrac{1}{z}+\dfrac{1}{z-1} \end{bmatrix}$$

$$\boldsymbol{y}(z) = \begin{bmatrix} 1 & 0 \\ 0 & 1 \end{bmatrix} \begin{bmatrix} \dfrac{z-\dfrac{1}{2}}{z-1} & \dfrac{\dfrac{1}{4}}{z-1} \\[4mm] \dfrac{1}{z-1} & \dfrac{z-\dfrac{1}{2}}{z-1} \end{bmatrix} \begin{bmatrix} 1 \\ 1 \end{bmatrix} + \begin{bmatrix} \dfrac{z^2-\dfrac{1}{2}}{z(z-1)} \\[4mm] \dfrac{z^2-z+1}{z(z-1)} \end{bmatrix} \begin{bmatrix} \dfrac{z}{z-1} \end{bmatrix}$$

$$= \begin{bmatrix} \dfrac{z-\dfrac{1}{4}}{z-1} \\[4mm] \dfrac{z+\dfrac{1}{2}}{z-1} \end{bmatrix} + \begin{bmatrix} \dfrac{z^2-\dfrac{1}{2}}{(z-1)^2} \\[4mm] \dfrac{z^2-z+1}{(z-1)^2} \end{bmatrix}$$

于是,可得

$$\boldsymbol{y}(n) = \begin{bmatrix} \delta(n)+\dfrac{3}{4}u(n-1) \\[3mm] \delta(n)+\dfrac{3}{2}u(n-1) \end{bmatrix} + \begin{bmatrix} \delta(n)+2nu(n)-\dfrac{2}{3}(n-1)u(n-1) \\[3mm] \delta(n)+nu(n) \end{bmatrix}$$

单位序列响应矩阵为

$$\boldsymbol{h}(n) = \mathscr{Z}^{-1}[\boldsymbol{H}(z)] = \begin{bmatrix} \delta(n)+\dfrac{1}{2}\delta(n-1)+\dfrac{1}{2}u(n-1) \\[3mm] \delta(n)-\delta(n-1)+u(n-1) \end{bmatrix}$$

如果系统函数 $H(z)$ 在单位圆上收敛,则系统的频率特性为 $(\theta = \omega Ts)$

$$H(e^{j\theta}) = H(z) \mid_{z=j\theta} \tag{7-4-27}$$

当用状态变量法分析系统时,如果 $H(z)$ 的所有元素均在单位圆上收敛,则系统的频率特性矩阵

$$H(e^{j\theta}) = H(z) \mid_{z=j\theta} = C[e^{j\theta}I - A]^{-1}B + D \tag{7-4-28}$$

7.4.3 MATLAB 实现

1. 连续时间系统的状态方程求解

连续时间系统的状态方程的一般形式为

$$\dot{x}(t) = Ax(t) + Bf(t)$$
$$y(t) = Cx(t) + Df(t)$$

首先由 sys=ss(A,B,C,D)获得状态方程的计算机模型,然后再由 lsim()函数获得其状态方程的数值解。lsim()的调用格式为

```
[y,to,x] = lsim(sys,f,t,x0)
```

sys   由函数 ss 构造的状态方程模型;

t   需计算的输出样本点,t=0:dt:Tfinal;

f(:,k) 系统第 k 个输入在 t 上的抽样值;

x0   系统的初始状态(可省略);

y(:,k) 系统的第 k 个输出;

to   实际计算时所用的样本点;

x   系统的状态。

例 7-12 某系统的状态方程和输出方程为

$$\begin{bmatrix} \dot{x}_1(t) \\ \dot{x}_2(t) \end{bmatrix} = \begin{bmatrix} 2 & 3 \\ 0 & -1 \end{bmatrix} \begin{bmatrix} x_1(t) \\ x_2(t) \end{bmatrix} + \begin{bmatrix} 0 & 1 \\ 1 & 0 \end{bmatrix} \begin{bmatrix} f_1(t) \\ f_2(t) \end{bmatrix}$$

$$\begin{bmatrix} y_1(t) \\ y_2(t) \end{bmatrix} = \begin{bmatrix} 1 & 1 \\ 0 & -1 \end{bmatrix} \begin{bmatrix} x_1(t) \\ x_2(t) \end{bmatrix} + \begin{bmatrix} 1 & 0 \\ 1 & 0 \end{bmatrix} \begin{bmatrix} f_1(t) \\ f_2(t) \end{bmatrix}$$

其初始状态和输入分别为

$$\begin{bmatrix} x_1(0_-) \\ x_2(0_-) \end{bmatrix} = \begin{bmatrix} 2 \\ -1 \end{bmatrix}, \quad \begin{bmatrix} f_1(t) \\ f_2(t) \end{bmatrix} = \begin{bmatrix} u(t) \\ e^{-3t}u(t) \end{bmatrix}$$

求其数值解。

解:编写的程序如下:

```
A = [2 3;0 -1];B = [0 1;1 0];
C = [1 1;0 -1];D = [1 0;1 0];
x0 = [2 -1];
dt = 0.01;
t = 0:dt:2;
f(:,1) = ones(length(t),1);
f(:,2) = exp( - 3 * t)';
sys = ss(A,B,C,D);
```

```
y = lsim(sys,f,t,x0);
subplot(2,1,1);
plot(t,y(:,1))
ylabel('y1(t)');
xlabel('t');
subplot(2,1,2);
plot(t,y(:,2))
ylabel('y2(t)');
xlabel('t');
```

运行该程序,其数值解如图 7-4-1 所示。

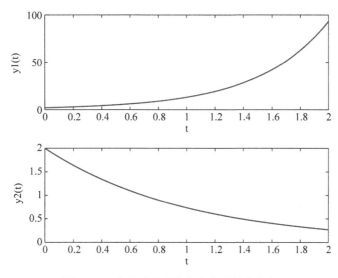

图 7-4-1　连续时间系统状态方程的数值解

2. 离散时间系统的状态方程求解

离散时间系统的状态方程的一般形式为

$$\boldsymbol{x}(n+1) = \boldsymbol{Ax}(n) + \boldsymbol{Bf}(n)$$

$$\boldsymbol{y}(n) = \boldsymbol{Cx}(n) + \boldsymbol{Df}(n)$$

首先由 sys=ss(A,B,C,D)获得离散时间系统状态方程的计算机模型,然后再由 lsim()函数获得其状态方程的数值解。lsim()的调用格式为

```
[y,n,x] = lsim(sys,f,[ ],x0)
```

sys　　由函数 ss 构造的状态方程模型;

f(:,k)　系统第 k 个输入序列;

x0　　系统的初始状态(可省略);

y(:,k)　系统的第 k 个输出;

n　　序列的下标;

x　　系统的状态。

例 7-13　某系统的状态方程和输出方程为

$$\begin{bmatrix} x_1(n+1) \\ x_2(n+1) \end{bmatrix} = \begin{bmatrix} 0 & 1 \\ -2 & 3 \end{bmatrix} \begin{bmatrix} x_1(n) \\ x_2(n) \end{bmatrix} + \begin{bmatrix} 0 \\ 1 \end{bmatrix} f(n)$$

$$\begin{bmatrix} y_1(n) \\ y_2(n) \end{bmatrix} = \begin{bmatrix} 1 & 1 \\ -2 & -1 \end{bmatrix} \begin{bmatrix} x_1(n) \\ x_2(n) \end{bmatrix}$$

其初始状态和输入分别为

$$\begin{bmatrix} x_1(0) \\ x_2(0) \end{bmatrix} = \begin{bmatrix} 1 \\ -1 \end{bmatrix}, \quad f(n) = u(n)$$

求其数值解。

解：编写的程序如下：

```
A = [0 1; - 2 3];B = [0;1];
C = [1 1;2 - 1];D = zeros(2,1);
x0 = [1 - 1];
N = 10;
f = ones(1,N);
sys = ss(A,B,C,D,[ ]);
y = lsim(sys,f,[ ],x0);
subplot(2,1,1);
y1 = y(:,1)';
stem((0:N - 1),y1);
ylabel('y1');
xlabel('k');
subplot(2,1,2);
y2 = y(:,2)';
stem((0:N - 1),y2);
ylabel('y2');
xlabel('k');
```

运行该程序,其数值解如图 7-4-2 所示。

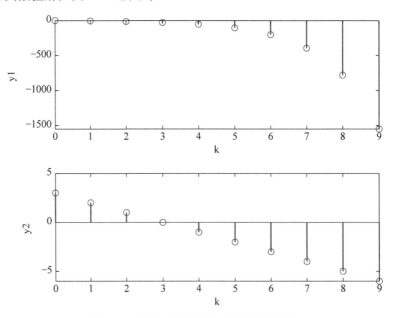

图 7-4-2　离散时间系统状态方程的数值解

7.5 系统的可控制性和可观测性

作为系统状态变量描述的一个应用,这里简单地介绍系统可控制性与可观测性的概念。

可控制性与可观测性是线性系统的两个基本问题,它与系统的稳定性一样,从不同侧面反映系统的特性。系统的可控制性反映着输入对于系统状态的控制能力;可观测性反映着系统的状态对于输出的影响能力。粗略地讲,对于一个线性时不变系统而言,如果其输入能够激发出系统的所有固有频率(即在其输出中存在着与所有固有频率所对应的项),就称它是可控制的;如果其输入为零,在零输入响应中,它的全部固有频率项在输出中都可以观察到,则称为可观测的。

在采用输入-输出描述系统(又称端口描述法)时,输出量通过微分方程(或差分方程)直接与输入量相联系,这样,输出量既是被观测的量又是被控制的量,且输出量一定受输入量的控制,因此不存在可控制性与可观测性的问题。但是,用状态变量描述系统时,人们将着眼于系统内部各个状态变量的变化,输入量与输出量通过系统内部的状态间接地相联系。实际上,可控制性是说明状态变量与输入量之间的联系;可观测性是说明状态变量与输出量之间的联系。

7.5.1 系统的可控制性

当系统用状态方程描述时,若存在一个输入向量 $f(t)$ 或 $f(n)$,也称其为控制向量,在有限的时间区间 $(0, t_1)$ 或 $(0, n_1)$ 内,能把系统的全部状态,从初始状态 $\lambda(0)$ 引向状态空间的坐标原点(即零状态),则称系统是完全可控的,简称可控的;若只能对部分状态变量做到这一点,则称系统不完全可控。

更一般地,对于一个 n 阶系统,我们将其系统矩阵 A 与控制矩阵 B 组成矩阵

$$M = \begin{bmatrix} B & AB & A^2B & \cdots & A^{n-1}B \end{bmatrix} \tag{7-5-1}$$

若 M 为满秩(即秩数等于系统的阶数 n),则系统即为完全可控的,否则即为不完全可控的。

7.5.2 系统的可观测性

当系统用状态方程描述时,在给定系统的输入后,若在有限的时间区间 $(0, t_1)$ 或 $(0, n_1)$ 内,能根据系统的输出量唯一地确定(或识别)出系统的全部初始状态,则称系统是完全可观测的。

例如,某离散系统

$$\begin{bmatrix} \lambda_1(n+1) \\ \lambda_2(n+1) \end{bmatrix} = \begin{bmatrix} 1 & 0 \\ 0 & 1 \end{bmatrix} \begin{bmatrix} \lambda_1(n) \\ \lambda_2(n) \end{bmatrix} + \begin{bmatrix} 1 \\ 0 \end{bmatrix} \begin{bmatrix} f(n) \end{bmatrix} \tag{7-5-2}$$

$$y(n) = \lambda_1(n) + f(n) \tag{7-5-3}$$

由式(7-5-3)可见,知道了 $f(n)$,根据 $y(n)$ 就能确定 $\lambda_1(n)$,但是无法确定 $\lambda_2(n)$,不但输出方程中不包含 $\lambda_2(n)$,而且 $\lambda_1(n)$ 与 $\lambda_2(n)$ 也没有联系,也就是说,只能观测到 $\lambda_1(n)$ 而无法确定 $\lambda_2(n)$。

判断系统是否可观测,可采用以下方法。

（1）若系统的特征根均为单根，系统为单输出，则系统状态完全可观测的充要条件是，当系统矩阵 A 为对角阵时，输出矩阵 C 中没有零元素，则系统为可观测；若 C 中出现了零元素，则与该零元素对应的状态变量就不可观测。

（2）若系统的特征根均为单根，系统为多输出，则系统状态完全可观测的充要条件是，当系统矩阵 A 为对角阵时，控制矩阵 B 中没有全为零元素的列。

更一般地，对于一个 n 阶系统，我们将其系统矩阵 A 与输出矩阵 C 组成矩阵

$$N = \begin{bmatrix} C \\ CA \\ CA^2 \\ \vdots \\ CA^{n-1} \end{bmatrix} \tag{7-5-4}$$

若 N 为满秩（即秩数等于系统的阶数 n），则系统为完全可观测的，否则为不完全可观测的。

7.5.3 可控制性、可观测性与转移函数的关系

一个线性系统，如果其系统函数 $H(s)$ 中没有极点、零点相消现象，那么系统一定是完全可控与完全可观测的。如果出现了极点与零点的相消，则系统就是不完全可控的或是不完全可观测的，具体情况视状态变量的选择而定。

7.5.4 MATLAB 实现

1. 系统的可控制性及其判定

线性定常系统 $\dot{x}(t) = Ax(t) + Bu(t)$ 状态完全可控的充分必要条件是可控制性判别矩阵

$$M = \begin{bmatrix} B & AB & A^2B & \cdots & A^{n-1}B \end{bmatrix}$$

满秩，即

$$\text{rank}(M) = n$$

式中，n 是状态向量 x 的维数，即系统的阶数。

MATLAB 提供了生成可控制性判别矩阵函数 ctrb()，其调用格式有两种。

（1）Qc＝ctrb(A,B)

由系统矩阵 A 和输入矩阵 B 计算可控制性判别矩阵 M。

（2）Qc＝ctrb(sys)

计算系统 sys 的可控制性判别矩阵 M。

该函数同时适用于连续时间系统和离散时间系统。若 $\text{rank}(M) = n$（n 为状态变量的个数），则系统可控；若 $\text{rank}(M) < n$，则系统不可控，且可控状态变量的个数等于 $\text{rank}(M)$。

2. 系统的可观测性及其判定

状态完全可观测的充分必要条件是可观测性判别矩阵

$$N = \begin{bmatrix} C^T & A^T C^T & \cdots & (A^T)^{n-1} C^T \end{bmatrix}$$

满秩，即

$$\text{rank}(N) = n$$

式中,n 是状态向量 $\boldsymbol{x}$ 的维数,即系统的阶数。

MATLAB 提供了生成可观测性判别矩阵函数 obsv(),其调用格式有两种。

(1) Qo=obsv(A,C)

由系统矩阵 $\boldsymbol{A}$ 和输出矩阵 $\boldsymbol{C}$ 计算可观测性判别矩阵 $\boldsymbol{N}$。

(2) Qo=obsv(sys)

计算系统 sys 的可观测性判别矩阵 $\boldsymbol{N}$。

该函数同时适用于连续时间系统和离散时间系统。若 rank($\boldsymbol{N}$)=n(n 为状态变量的个数),则系统可观测;若 rank($\boldsymbol{N}$)<n,则系统不可观测,且可观测状态变量的个数等于 n。

例 7-14 某线性定常系统

$$\dot{\boldsymbol{x}} = \begin{bmatrix} -3 & 1 \\ 1 & -3 \end{bmatrix} x + \begin{bmatrix} 1 & 1 \\ 1 & 1 \end{bmatrix} f, \quad y(t) = \begin{bmatrix} 1 & 1 \\ 1 & -1 \end{bmatrix} x$$

判别系统的可控制性和可观测性。

解：编写的程序如下：

```
a = [-3 1;1 -3];b = [1 1;1 1];
c = [1 1;1 -1];d = [0];
cam = ctrb(a,b);
rcam = rank(cam)
oam = obsv(a,c);
roam = rank(oam)
```

运行该程序,其结果为

```
rcam =
     1
roam =
     2
```

由此可以看出,该系统是不可控的,但是可观测的。

7.6 典型例题解析

例 7-15 某 LTI 连续系统,在零输入条件下的状态方程为

$$\begin{bmatrix} \dot{x}_1(t) \\ \dot{x}_2(t) \end{bmatrix} = \boldsymbol{A} \begin{bmatrix} x_1(t) \\ x_2(t) \end{bmatrix}$$

已知当 $\begin{bmatrix} x_1(0_-) \\ x_2(0_-) \end{bmatrix} = \begin{bmatrix} 1 \\ 1 \end{bmatrix}$ 时,$\begin{bmatrix} x_1(t) \\ x_2(t) \end{bmatrix} = \begin{bmatrix} \mathrm{e}^{-t} \\ \mathrm{e}^{-t} \end{bmatrix}$;当 $\begin{bmatrix} x_1(0_-) \\ x_2(0_-) \end{bmatrix} = \begin{bmatrix} 1 \\ 0 \end{bmatrix}$ 时,$\begin{bmatrix} x_1(t) \\ x_2(t) \end{bmatrix} = \begin{bmatrix} \mathrm{e}^{-2t} \\ 0 \end{bmatrix}$。

求状态转移矩阵 $\boldsymbol{\Phi}(t)$ 和系统矩阵 $\boldsymbol{A}$。

解：在零输入条件下

$$\begin{bmatrix} x_1(t) \\ x_2(t) \end{bmatrix} = \boldsymbol{\Phi}(t) \boldsymbol{x}(0) = \begin{bmatrix} \phi_{11}(t) & \phi_{12}(t) \\ \phi_{21}(t) & \phi_{22}(t) \end{bmatrix} \begin{bmatrix} 1 \\ 1 \end{bmatrix}$$

即

$$\begin{bmatrix} e^{-t} \\ e^{-t} \end{bmatrix} = \begin{bmatrix} \phi_{11}(t) + \phi_{12}(t) \\ \phi_{21}(t) + \phi_{22}(t) \end{bmatrix}$$

所以,有

$$\phi_{11}(t) + \phi_{12}(t) = e^{-t}$$

$$\phi_{21}(t) + \phi_{22}(t) = e^{-t}$$

又

$$\begin{bmatrix} e^{-2t} \\ 0 \end{bmatrix} = \begin{bmatrix} \phi_{11}(t) & \phi_{12}(t) \\ \phi_{21}(t) & \phi_{22}(t) \end{bmatrix} \begin{bmatrix} 1 \\ 0 \end{bmatrix} = \begin{bmatrix} \phi_{11}(t) \\ \phi_{21}(t) \end{bmatrix}$$

所以

$$\phi_{11}(t) = e^{-2t}, \quad \phi_{21}(t) = 0$$

由此可得

$$\phi_{12}(t) = e^{-t} - e^{-2t}, \quad \phi_{22}(t) = e^{-t}$$

故得

$$\boldsymbol{\Phi}(t) = \begin{bmatrix} e^{-2t} & e^{-t} - e^{-2t} \\ 0 & e^{-t} \end{bmatrix}$$

考虑

$$\boldsymbol{\Phi}(t) = e^{\boldsymbol{A}t}$$

显然,有

$$\frac{d\boldsymbol{\Phi}(t)}{dt} = \boldsymbol{A} e^{\boldsymbol{A}t}$$

令 $t = 0$ 代入上式,得

$$\boldsymbol{A} = \frac{d\boldsymbol{\Phi}(t)}{dt}\bigg|_{t=0} = \begin{bmatrix} -2 & 1 \\ 0 & -1 \end{bmatrix}$$

例 7-16 某连续系统的状态方程和输出方程为

$$\begin{bmatrix} \dot{x}_1(t) \\ \dot{x}_2(t) \\ \dot{x}_3(t) \end{bmatrix} = \begin{bmatrix} 0 & -1 & 2 \\ 1 & 0 & 0 \\ -5 & 0 & -6 \end{bmatrix} \begin{bmatrix} x_1(t) \\ x_2(t) \\ x_3(t) \end{bmatrix} + \begin{bmatrix} 0 \\ 0 \\ 1 \end{bmatrix} f(t)$$

$$y(t) = \begin{bmatrix} 0 & 0 & 1 \end{bmatrix} \begin{bmatrix} x_1(t) \\ x_2(t) \\ x_3(t) \end{bmatrix}$$

方程各式中 $f(t)$ 为输入,$y(t)$ 为输出,$x(t)$ 为状态变量。试求出描述该系统输入-输出的微分方程。

解:在零状态条件下,对状态方程取拉普拉斯变换,得

$$\begin{cases} sX_1(s) = -X_2(s) + 2X_3(s) \\ sX_2(s) = X_1(s) \\ sX_3(s) = -5X_1(s) - 6X_3(s) + F(s) \end{cases}$$

解该方程组,得

$$X_3(s) = \frac{s^2+1}{s^3+6s^2+11s+6}F(s)$$

由输出方程,可知

$$Y_f(s) = X_3(s) = \frac{s^2+1}{s^3+6s^2+11s+6}F(s)$$

则有

$$s^3Y_f(s) + 6s^2Y_f(s) + 11sY_f(s) + 6Y_f(s) = s^2F(s) + F(s)$$

由此可得

$$\frac{\mathrm{d}^3y(t)}{\mathrm{d}t^3} + 6\frac{\mathrm{d}^2y(t)}{\mathrm{d}t^2} + 11\frac{\mathrm{d}y(t)}{\mathrm{d}t} + 6y(t) = \frac{\mathrm{d}^2f(t)}{\mathrm{d}t^2} + f(t)$$

例 7-17 某系统的模拟框图如图 7-6-1 所示。

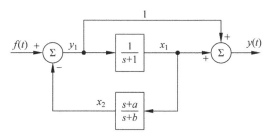

图 7-6-1 例 7-17 图

(1) 写出以 x_1, x_2 为状态变量的状态方程;(2)为使系统是稳定的,常数 a, b 应满足什么条件?

解:(1) 设 y_1 变量如图 7-6-1 中所标

$$Y_1(s) = -X_2(s) + F(s)$$

$$X_1(s) = Y_1(s)\frac{1}{s+1} = -\frac{1}{s+1}X_2(s) + \frac{1}{s+1}F(s)$$

即

$$sX_1(s) = -X_1(s) - X_2(s) + F(s)$$

而

$$X_2(s) = \frac{s+a}{s+b}X_1(s)$$

即

$$sX_2(s) = -bX_2(s) + sX_1(s) + aX_1(s)$$

由此得

$$sX_2(s) = (a-1)X_1(s) - (b+1)X_2(s) + F(s)$$

故得

$$\begin{bmatrix} \dot{x}_1(t) \\ \dot{x}_2(t) \end{bmatrix} = \begin{bmatrix} -1 & -1 \\ a-1 & -(b+1) \end{bmatrix} \begin{bmatrix} x_1(t) \\ x_2(t) \end{bmatrix} + \begin{bmatrix} 1 \\ 1 \end{bmatrix}f(t)$$

由框图可得输出方程

$$y(t) = x_1(t) - x_2(t) + f(t)$$

(2) $|\lambda\boldsymbol{I} - \boldsymbol{A}| = \begin{vmatrix} \lambda+1 & 1 \\ 1-a & \lambda+b+1 \end{vmatrix} = \lambda^2 + (b+2)\lambda + a + b$

即系统函数 $H(s)$ 分母多项式为

$$A(s) = s^2 + (b+2)s + a + b$$

为使系统稳定,$A(s)$ 应为霍尔维茨多项式

$$b + 2 > 0, \quad 即\ b > -2$$
$$a + b > 0, \quad 即\ a > -b$$

R-H 阵列形式为

$$\begin{matrix} 1 & a+b \\ b+2 & 0 \end{matrix}$$

根据霍尔维茨准则,有 $b+2>0$,即 $b>-2$。而

$$\frac{-1}{b+2} \begin{vmatrix} 1 & a+b \\ b+2 & 0 \end{vmatrix} = a + b$$

所以

$$a + b > 0, \quad 即\ a > -b$$

故可知满足系统稳定的条件为

$$\begin{cases} b > -2 \\ a > -b \end{cases}$$

例 7-18 离散系统的状态方程和输出方程为

$$\begin{bmatrix} x_1(n+1) \\ x_2(n+1) \end{bmatrix} = \begin{bmatrix} 0 & 2 \\ a & b \end{bmatrix} \begin{bmatrix} x_1(n) \\ x_2(n) \end{bmatrix} + \begin{bmatrix} 1 \\ 0 \end{bmatrix} f(n)$$

$$y(n) = \begin{bmatrix} 1 & -1 \end{bmatrix} \begin{bmatrix} x_1(n) \\ x_2(n) \end{bmatrix}$$

方程各式中 $f(n)$ 为输入,$y(n)$ 为输出,$x(n)$ 为状态变量。已知该系统的零输入响应

$$y_{zi}(n) = [2(-3)^n - 3(2)^n]u(n)$$

求系统矩阵中的元素 a,b 的值。

解: 由已知的零输入响应函数判断出系统的特征根

$$\lambda_1 = -3, \quad \lambda_2 = 2$$

特征多项式为

$$(\lambda+3)(\lambda-2) = \lambda^2 + \lambda - 6$$

而

$$\det[\lambda\boldsymbol{I} - \boldsymbol{A}] = \begin{vmatrix} \lambda & -2 \\ -a & \lambda-b \end{vmatrix} = \lambda^2 - b\lambda - 2a$$

比较以上两式对应项前面的系数,得

$$a = 3, \quad b = -1$$

例 7-19 已知系统的系数矩阵 $\boldsymbol{A} = \begin{bmatrix} -2 & 2 & 1 \\ 0 & -2 & 0 \\ 1 & -4 & 0 \end{bmatrix}, \boldsymbol{B} = \begin{bmatrix} 0 \\ 1 \\ 1 \end{bmatrix}, \boldsymbol{C} = \begin{bmatrix} 1 & 0 & 0 \end{bmatrix}, \boldsymbol{D} = \boldsymbol{0}$。

试判断系统的可控制性与可观测性,并求 $H(s)$。

解: $$AB = \begin{bmatrix} -2 & 2 & 1 \\ 0 & -2 & 0 \\ 1 & -4 & 0 \end{bmatrix} \begin{bmatrix} 0 \\ 1 \\ 1 \end{bmatrix} = \begin{bmatrix} 1 \\ -2 \\ -4 \end{bmatrix}$$

$$A^2B = \begin{bmatrix} -2 & 2 & 1 \\ 0 & -2 & 0 \\ 1 & -4 & 0 \end{bmatrix} \begin{bmatrix} -2 & 2 & 1 \\ 0 & -2 & 0 \\ 1 & -4 & 0 \end{bmatrix} \begin{bmatrix} 0 \\ 1 \\ 1 \end{bmatrix} = \begin{bmatrix} -2 \\ 4 \\ 9 \end{bmatrix}$$

因系统为三阶的,即 $n=3$,故矩阵

$$M = \begin{bmatrix} B & AB & A^2B \end{bmatrix} = \begin{bmatrix} 0 & 1 & -2 \\ 1 & -2 & 4 \\ 1 & -4 & 9 \end{bmatrix}$$

可求得矩阵 M 的秩为 3,即为满秩,故系统为完全可控的。

$$CA = \begin{bmatrix} 1 & 0 & 0 \end{bmatrix} \begin{bmatrix} -2 & 2 & 1 \\ 0 & -2 & 0 \\ 1 & -4 & 0 \end{bmatrix} = \begin{bmatrix} -2 & 2 & 1 \end{bmatrix}$$

$$CA^2 = \begin{bmatrix} 1 & 0 & 0 \end{bmatrix} \begin{bmatrix} -2 & 2 & 1 \\ 0 & -2 & 0 \\ 1 & -4 & 0 \end{bmatrix} \begin{bmatrix} -2 & 2 & 1 \\ 0 & -2 & 0 \\ 1 & -4 & 0 \end{bmatrix} = \begin{bmatrix} 3 & -4 & 2 \end{bmatrix}$$

因系统为三阶的,即 $n=3$,故矩阵

$$N = \begin{bmatrix} C \\ CA \\ CA^2 \end{bmatrix} = \begin{bmatrix} 1 & 0 & 0 \\ -2 & 2 & 1 \\ 3 & -4 & 2 \end{bmatrix}$$

可求得矩阵 N 的秩为 2,即不满秩,故系统不完全可观测。

$$\boldsymbol{\Phi}(s) = \begin{bmatrix} s\boldsymbol{I} - \boldsymbol{A} \end{bmatrix}^{-1} = \begin{bmatrix} s & 2 & -1 \\ 0 & \dfrac{(s+1)^2}{s+2} & 0 \\ 1 & -\dfrac{4s+6}{s+2} & s+2 \end{bmatrix}$$

$$H(s) = C\boldsymbol{\Phi}(s)B + D = \frac{1}{(s+2)^2}$$

7.7 习题

7.7.1 自测题

一、填空题

1. 连续系统状态方程与输出方程的列写方法是_____。

2. 离散系统状态方程与输出方程的列写方法是_____。

3. 某连续系统的系统矩阵 $A = \begin{bmatrix} 4 & 3 \\ -3 & 4 \end{bmatrix}$,则系统的自然频率是_____。

4. 某离散系统的系统矩阵 $\boldsymbol{A} = \begin{bmatrix} 0 & 1 \\ 3 & 2 \end{bmatrix}$，则系统的状态矩阵 $\boldsymbol{\varphi}(n) = \boldsymbol{A}^n =$ _____。

5. 已知系统的状态矩阵 $\boldsymbol{\Phi}(t) = \begin{bmatrix} e^t & 0 & 0 \\ 0 & e^t & 0 \\ 0 & e^{2t} - e^t & e^{2t} \end{bmatrix}$，则系统矩阵 $\boldsymbol{A} =$ _____。

6. 某系统的系统矩阵 $\boldsymbol{A} = \begin{bmatrix} 2 & 0 & 0 \\ 0 & 1 & 0 \\ 0 & 0 & 3 \end{bmatrix}$，则系统的状态转移矩阵 $\boldsymbol{\Phi}(t) =$ _____。

7. 系统的转移函数矩阵是_____。

8. 已知系统的微分方程为 $y'''(t) + 5y''(t) + 7y'(t) + 3y(t) = f(t)$，则系统的状态方程和输出方程分别是_____。

9. 已知系统的状态方程和输出方程为

$$\begin{bmatrix} \dot{x}_1(t) \\ \dot{x}_2(t) \end{bmatrix} = \begin{bmatrix} -2 & 1 \\ 0 & -1 \end{bmatrix} \begin{bmatrix} x_1(t) \\ x_2(t) \end{bmatrix} + \begin{bmatrix} 1 \\ 0 \end{bmatrix} f(t), \quad y(t) = \begin{bmatrix} 1 & 0 \end{bmatrix} \begin{bmatrix} x_1(t) \\ x_2(t) \end{bmatrix}$$

则系统的单位冲激响应 $h(t) =$ _____。

10. 某离散系统的状态方程 $\begin{bmatrix} x_1(n+1) \\ x_2(n+1) \end{bmatrix} = \begin{bmatrix} 0 & 1 \\ -6 & 5 \end{bmatrix} \begin{bmatrix} x_1(n) \\ x_2(n) \end{bmatrix} + \begin{bmatrix} 0 \\ 1 \end{bmatrix} f(n)$，则该系统是否稳定？_____

二、单项选择题

1. 如图 7-7-1 所示电路的状态方程为(   )。

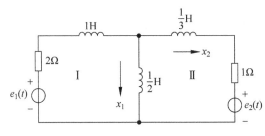

图 7-7-1　题 1 图

A. $\begin{cases} \dot{x}_1 = -\dfrac{2}{3}x_1 + \dfrac{1}{3}x_2 + \dfrac{1}{3}e_1 + e_2 \\ \dot{x}_2 = -x_1 - \dfrac{5}{2}x_2 + \dfrac{1}{2}e_1 - \dfrac{3}{2}e_2 \end{cases}$
　　B. $\begin{cases} \dot{x}_1 = \dfrac{1}{3}x_1 + \dfrac{2}{3}x_2 + \dfrac{1}{3}e_1 - e_2 \\ \dot{x}_2 = -x_1 - \dfrac{5}{2}x_2 + \dfrac{1}{2}e_1 + \dfrac{3}{2}e_2 \end{cases}$

C. $\begin{cases} \dot{x}_1 = -\dfrac{2}{3}x_1 + \dfrac{1}{3}x_2 + \dfrac{1}{3}e_1 - e_2 \\ \dot{x}_2 = \dfrac{5}{2}x_1 - x_2 + \dfrac{1}{2}e_1 - \dfrac{3}{2}e_2 \end{cases}$
　　D. $\begin{cases} \dot{x}_1 = -\dfrac{2}{3}x_1 + \dfrac{1}{3}x_2 - \dfrac{1}{3}e_1 + e_2 \\ \dot{x}_2 = -x_1 - \dfrac{5}{2}x_2 - \dfrac{1}{2}e_1 - \dfrac{3}{2}e_2 \end{cases}$

2. 描述离散时间系统的差分方程如下：

$$y(n) + 3y(n-1) + 2y(n-2) + y(n-3) = f(n-1) + 2f(n-2) + f(n-3)$$

其对应的状态方程和输出方程为(   )。

A. $\begin{bmatrix} x_1(n+1) \\ x_2(n+1) \\ x_3(n+1) \end{bmatrix} = \begin{bmatrix} 0 & 1 & 0 \\ 0 & 0 & 1 \\ -1 & -2 & -3 \end{bmatrix} \begin{bmatrix} x_1(n) \\ x_2(n) \\ x_3(n) \end{bmatrix} + \begin{bmatrix} 0 \\ 0 \\ 1 \end{bmatrix} f(n), y(n) = \begin{bmatrix} 1 & 2 & 1 \end{bmatrix} \begin{bmatrix} x_1(n) \\ x_2(n) \\ x_3(n) \end{bmatrix}$

B. $\begin{bmatrix} x_1(n+1) \\ x_2(n+1) \\ x_3(n+1) \end{bmatrix} = \begin{bmatrix} 0 & 1 & 0 \\ 0 & 0 & 1 \\ -1 & -2 & -3 \end{bmatrix} x(n) + \begin{bmatrix} 0 \\ 0 \\ 1 \end{bmatrix} f(n), y(n) = \begin{bmatrix} 1 & 2 & 1 \end{bmatrix} x(n)$

C. $\begin{bmatrix} x_1(n+1) \\ x_2(n+1) \\ x_3(n+1) \end{bmatrix} = \begin{bmatrix} 0 & 1 & 0 \\ 0 & 0 & 1 \\ -1 & -2 & -3 \end{bmatrix} x(n) + \begin{bmatrix} 1 \\ 2 \\ 1 \end{bmatrix} f(n), y(n) = \begin{bmatrix} 0 & 0 & 1 \end{bmatrix} x(n)$

D. $\begin{bmatrix} x_1(n+1) \\ x_2(n+1) \\ x_3(n+1) \end{bmatrix} = \begin{bmatrix} 0 & 1 & 0 \\ 0 & 0 & 1 \\ -3 & -2 & -1 \end{bmatrix} x(n) + \begin{bmatrix} 1 \\ 2 \\ 1 \end{bmatrix} f(n), y(n) = \begin{bmatrix} 0 & 0 & 1 \end{bmatrix} x(n)$

3. 如图 7-7-2 所示系统的状态方程为（　　）。

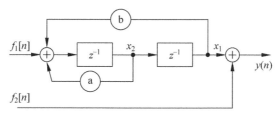

图 7-7-2　题 3 图

A. $x(n+1) = \begin{bmatrix} 0 & 1 \\ b & a \end{bmatrix} x(n) + \begin{bmatrix} 0 & 0 \\ 1 & 0 \end{bmatrix} f(n)$

B. $x(n+1) = \begin{bmatrix} 0 & 1 \\ a & b \end{bmatrix} x(n) + \begin{bmatrix} 0 & 0 \\ 1 & 0 \end{bmatrix} f(n)$

C. $x(n+1) = \begin{bmatrix} 0 & 1 \\ a & b \end{bmatrix} x(n) + \begin{bmatrix} 0 & 0 \\ 0 & 1 \end{bmatrix} f(n)$

D. $x(n+1) = \begin{bmatrix} 0 & 1 \\ b & a \end{bmatrix} x(n) + \begin{bmatrix} 0 & 0 \\ 0 & 1 \end{bmatrix} f(n)$

4. 已知 $H(s) = \dfrac{3s+10}{s^2+7s+12}$，对应的状态方程与输出方程为（　　）。

A. $\dot{x} = \begin{bmatrix} 0 & 1 \\ -12 & -7 \end{bmatrix} x + \begin{bmatrix} 0 \\ 1 \end{bmatrix} f(t), y = \begin{bmatrix} 10 & 3 \end{bmatrix} x$

B. $\dot{x} = \begin{bmatrix} 0 & 1 \\ -7 & -12 \end{bmatrix} x + \begin{bmatrix} 0 \\ 1 \end{bmatrix} f(t), y = \begin{bmatrix} 10 & 3 \end{bmatrix} x$

C. $\dot{x} = \begin{bmatrix} 0 & 1 \\ -12 & -7 \end{bmatrix} x + \begin{bmatrix} 0 \\ 1 \end{bmatrix} f(t), y = \begin{bmatrix} 3 & 10 \end{bmatrix} x$

D. $\dot{x} = \begin{bmatrix} 0 & 1 \\ -7 & -12 \end{bmatrix} x + \begin{bmatrix} 10 \\ 3 \end{bmatrix} f(t), y = \begin{bmatrix} 0 & 1 \end{bmatrix} x$

5. 下列微分方程所描述系统的状态方程和输出方程为(　　)。

$$y''' + 5y'' + y' + 2y = f' + 2f$$

A. $\dot{x} = \begin{bmatrix} 0 & 1 & 0 \\ 0 & 0 & 1 \\ -2 & -1 & -5 \end{bmatrix} x + \begin{bmatrix} 0 \\ 0 \\ 1 \end{bmatrix} f(t), y = \begin{bmatrix} 2 & 1 & 0 \end{bmatrix} x$

B. $\dot{x} = \begin{bmatrix} 0 & 1 & 0 \\ 0 & 0 & 1 \\ -5 & -1 & -2 \end{bmatrix} x + \begin{bmatrix} 0 \\ 0 \\ 1 \end{bmatrix} f(t), y = \begin{bmatrix} 2 & 1 & 0 \end{bmatrix} x$

C. $\dot{x} = \begin{bmatrix} 0 & 1 & 0 \\ 0 & 0 & 1 \\ -2 & -1 & -5 \end{bmatrix} x + \begin{bmatrix} 0 \\ 0 \\ 1 \end{bmatrix} f(t), y = \begin{bmatrix} 0 & 1 & 2 \end{bmatrix} x$

D. $\dot{x} = \begin{bmatrix} 0 & 1 & 0 \\ 0 & 0 & 1 \\ -5 & -1 & -2 \end{bmatrix} x + \begin{bmatrix} 0 \\ 0 \\ 1 \end{bmatrix} f(t), y = \begin{bmatrix} 0 & 1 & 2 \end{bmatrix} x$

6. 已知矩阵 $A = \begin{bmatrix} 1 & -1 \\ 1 & 3 \end{bmatrix}$，其状态转移矩阵 $\Phi(t) = A^t$ 为(　　)。

A. $\begin{bmatrix} e^{2t} - t e^{2t} & -t e^{2t} \\ t e^{2t} & e^{2t} + t e^{2t} \end{bmatrix}$　　　　　B. $\begin{bmatrix} e^{2t} + t e^{2t} & -t e^{2t} \\ t e^{2t} & e^{2t} - t e^{2t} \end{bmatrix}$

C. $\begin{bmatrix} e^{2t} - t e^{2t} & t e^{2t} \\ -t e^{2t} & e^{2t} + t e^{2t} \end{bmatrix}$　　　　　D. $\begin{bmatrix} e^{2t} + t e^{2t} & t e^{2t} \\ -t e^{2t} & e^{2t} - t e^{2t} \end{bmatrix}$

7. 已知矩阵 $A = \begin{bmatrix} \dfrac{3}{4} & 0 \\ \dfrac{1}{2} & \dfrac{1}{2} \end{bmatrix}$，其状态转移矩阵 $\Phi(n) = A^n$ 为(　　)。

A. $\begin{bmatrix} \left(\dfrac{3}{4}\right)^n & 0 \\ 2\left(\dfrac{3}{4}\right)^n - 2\left(\dfrac{1}{2}\right)^n & \left(\dfrac{1}{2}\right)^n \end{bmatrix}$　B. $\begin{bmatrix} \left(\dfrac{1}{2}\right)^n & 0 \\ 2\left(\dfrac{3}{4}\right)^n - 2\left(\dfrac{1}{2}\right)^n & \left(\dfrac{3}{4}\right)^n \end{bmatrix}$

C. $\begin{bmatrix} \left(\dfrac{3}{4}\right)^n & 2\left(\dfrac{3}{4}\right)^n - 2\left(\dfrac{1}{2}\right)^n \\ 0 & \left(\dfrac{1}{2}\right)^n \end{bmatrix}$　D. $\begin{bmatrix} \left(\dfrac{1}{2}\right)^n & 2\left(\dfrac{3}{4}\right)^n - 2\left(\dfrac{1}{2}\right)^n \\ 0 & \left(\dfrac{3}{4}\right)^n \end{bmatrix}$

8. 方程 $\dot{x} = \begin{bmatrix} -1 & 2 \\ \dfrac{1}{2} & \dfrac{1}{2} \end{bmatrix} x + \begin{bmatrix} 0 \\ 1 \end{bmatrix} f$，初始状态 $x_1(0) = 3, x_2(0) = 2$，输出 $f(t) = \delta(t)$，方

程的解为(　　)。

A. $x(t) = \begin{bmatrix} 12e^{-12t} - 9e^{-3t} \\ 9e^{-3t} - 12e^{-2t} \end{bmatrix} u(t)$　　　B. $x(t) = \begin{bmatrix} -12e^{-12t} + 9e^{-3t} \\ 9e^{-3t} - 6e^{-2t} \end{bmatrix} u(t)$

C. $x(t) = \begin{bmatrix} 12e^{-12t} - 9e^{-3t} \\ -9e^{-3t} + 6e^{-2t} \end{bmatrix} u(t)$　　　D. $x(t) = \begin{bmatrix} 12e^{-12t} - 9e^{-3t} \\ 9e^{-3t} + 6e^{-2t} \end{bmatrix} u(t)$

9. $\dot{\boldsymbol{x}} = \begin{bmatrix} -1 & 1 \\ 0 & -2 \end{bmatrix} \boldsymbol{x} + \begin{bmatrix} 1 & 1 \\ 0 & 1 \end{bmatrix} \begin{bmatrix} u(t) \\ \delta(t) \end{bmatrix}$，$\begin{bmatrix} x_1(0_-) \\ x_2(0_-) \end{bmatrix} = \begin{bmatrix} 1 \\ 2 \end{bmatrix}$ 状态方程的解为（   ）。

A. $\begin{bmatrix} 1 + 4e^{-t} - 3e^{-2t} \\ 3e^{-2t} \end{bmatrix} u(t)$

B. $\begin{bmatrix} 3e^{-2t} \\ 1 + 4e^{-t} - 3e^{-2t} \end{bmatrix} u(t)$

C. $\begin{bmatrix} 4e^{-t} - 3e^{-2t} \\ 1 + 3e^{-2t} \end{bmatrix} u(t)$

D. $\begin{bmatrix} 1 + 3e^{-2t} \\ 4e^{-t} - 3e^{-2t} \end{bmatrix} u(t)$

10. 系统 $\boldsymbol{x}(n+1) = \begin{bmatrix} 0 & 1 \\ -6 & 5 \end{bmatrix} \boldsymbol{x}(n) + \begin{bmatrix} 0 \\ 1 \end{bmatrix} f(n)$，初始条件 $\begin{bmatrix} x_1(0) \\ x_2(0) \end{bmatrix} = \begin{bmatrix} 1 \\ 2 \end{bmatrix}$，$f(n) = u(n)$，状态方程的解为（   ）。

A. $\boldsymbol{x}(n) = \begin{pmatrix} \dfrac{1}{2}[1 + (3)^n] \\ \dfrac{1}{2}[1 + 3(3)^n] \end{pmatrix} u(n)$

B. $\boldsymbol{x}(n) = \begin{pmatrix} \dfrac{1}{2}[1 - (3)^n] \\ \dfrac{1}{2}[1 - 3(3)^n] \end{pmatrix} u(n)$

C. $\boldsymbol{x}(n) = \begin{pmatrix} \dfrac{1}{2}[1 + 3(3)^n] \\ \dfrac{1}{2}[1 + (3)^n] \end{pmatrix} u(n)$

D. $\boldsymbol{x}(n) = \begin{pmatrix} \dfrac{1}{2}[1 - 3(3)^n] \\ \dfrac{1}{2}[1 - (3)^n] \end{pmatrix} u(n)$

7.7.2 基础题

1. 写出如图 7-7-3 所示电路的状态方程；若指定电阻上的电压为输出量，求对应的输出方程。

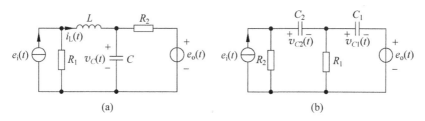

(a)   (b)

图 7-7-3 题 1 图

2. 已知矩阵 $\boldsymbol{A} = \begin{bmatrix} -2 & 0 \\ 0 & -1 \end{bmatrix}$，试求矩阵函数 $e^{\boldsymbol{A}t}$。

3. 已知线性时不变系统的状态转移矩阵为

(1) $\boldsymbol{\Phi}(t) = \begin{bmatrix} e^t & 0 & 0 \\ 0 & e^t & 0 \\ 0 & e^{2t} - e^t & e^{2t} \end{bmatrix}$

(2) $\boldsymbol{\Phi}(t) = \begin{bmatrix} e^{4t}\cos 3t & e^{4t}\sin 3t \\ e^{4t}\sin 3t & e^{4t}\cos 3t \end{bmatrix}$

求相应的 $\boldsymbol{A}$。

4. 已知一线性时不变系统在零输入条件下，当 $\boldsymbol{\lambda}(0_-) = \begin{bmatrix} 2 \\ 1 \end{bmatrix}$ 时，$\boldsymbol{\lambda}(t) = \begin{bmatrix} 2e^{-t} \\ e^{-t} \end{bmatrix}$；当

$\boldsymbol{\lambda}(0_-) = \begin{bmatrix} 1 \\ 1 \end{bmatrix}$ 时,$\boldsymbol{\lambda}(t) = \begin{bmatrix} e^{-t} + 2te^{-t} \\ e^{-t} + te^{-t} \end{bmatrix}$。求:

(1) 状态转移矩阵$\boldsymbol{\Phi}(t)$;

(2) 确定相应的 $\boldsymbol{A}$。

5. 设系统的状态方程和输出方程为

$$\begin{cases} \dot{\boldsymbol{\lambda}} = \begin{bmatrix} -2 & 1 \\ 0 & -1 \end{bmatrix} \boldsymbol{\lambda} + \begin{bmatrix} 1 \\ 0 \end{bmatrix} e(t) \\ r = \begin{bmatrix} 1 & 0 \end{bmatrix} \boldsymbol{\lambda} \end{cases}$$

(1) 写出该系统的微分方程表示式。

(2) 若给定系统的起始状态为$\boldsymbol{\lambda}(0_-) = \begin{bmatrix} 1 \\ 1 \end{bmatrix}$,输入激励为 $e(t) = u(t)$,试求解该系统。

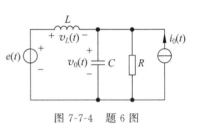

图 7-7-4　题 6 图

6. 设有如图 7-7-4 所示的电路,其中元件参数为 $L = \frac{1}{2}\text{H}, C = 1\text{F}, R = \frac{1}{3}\Omega$,若指定电感电压和电容端电压为输出量,试求其对应的冲激响应矩阵。

7. 已知系统的状态方程和输出方程为

$$\dot{\boldsymbol{\lambda}}(t) = \begin{bmatrix} 0 & 1 \\ -1 & -2 \end{bmatrix} \boldsymbol{\lambda}(t) + \begin{bmatrix} 0 & 1 \\ 1 & 0 \end{bmatrix} \boldsymbol{e}(t)$$

$$\boldsymbol{r}(t) = \begin{bmatrix} 1 & 2 \\ -1 & 1 \\ 1 & 1 \end{bmatrix} \boldsymbol{\lambda}(t) + \begin{bmatrix} 0 & 0 \\ 0 & 0 \\ 1 & 1 \end{bmatrix} \boldsymbol{e}(t)$$

试求其对应的冲激响应矩阵。

8. 试判断下列两个单输入连续系统是否完全可控。

(1) $\begin{bmatrix} \dot{x}_1(t) \\ \dot{x}_2(t) \end{bmatrix} = \begin{bmatrix} 1 & 1 \\ 0 & -1 \end{bmatrix} \begin{bmatrix} x_1(t) \\ x_2(t) \end{bmatrix} + \begin{bmatrix} 1 \\ 0 \end{bmatrix} f(t)$

(2) $\begin{bmatrix} \dot{x}_1(t) \\ \dot{x}_2(t) \end{bmatrix} = \begin{bmatrix} 1 & 1 \\ 2 & -1 \end{bmatrix} \begin{bmatrix} x_1(t) \\ x_2(t) \end{bmatrix} + \begin{bmatrix} 1 \\ 0 \end{bmatrix} f(t)$

9. 试判断下列两个单输入连续系统是否完全可观测。

(1) $\begin{bmatrix} \dot{x}_1(t) \\ \dot{x}_2(t) \end{bmatrix} = \begin{bmatrix} 1 & 1 \\ -2 & -1 \end{bmatrix} \begin{bmatrix} x_1(t) \\ x_2(t) \end{bmatrix} + \begin{bmatrix} 0 \\ 1 \end{bmatrix} f(t), y(t) = \begin{bmatrix} 1 & 0 \end{bmatrix} \begin{bmatrix} x_1(t) \\ x_2(t) \end{bmatrix}$

(2) $\begin{bmatrix} \dot{x}_1(t) \\ \dot{x}_2(t) \end{bmatrix} = \begin{bmatrix} 2 & 1 \\ 0 & 3 \end{bmatrix} \begin{bmatrix} x_1(t) \\ x_2(t) \end{bmatrix} + \begin{bmatrix} 1 & 0 \\ 0 & 1 \end{bmatrix} \begin{bmatrix} f_1(t) \\ f_2(t) \end{bmatrix}, y(t) = \begin{bmatrix} 1 & -1 \end{bmatrix} \begin{bmatrix} x_1(t) \\ x_2(t) \end{bmatrix} + \begin{bmatrix} f(t) \end{bmatrix}$

7.7.3　MATLAB 习题

1. 已知描述系统的微分方程为 $2y''' + 3y'' + 5y' + 9y = 2u'' - 5u' + 3u$,求出它的传递函数模型、零、极点增益模型和状态方程模型。

2. 某系统的状态方程和输出方程为

$$\begin{bmatrix} \dot{x}_1(t) \\ \dot{x}_2(t) \end{bmatrix} = \begin{bmatrix} 1 & 3 \\ 0 & 1 \end{bmatrix} \begin{bmatrix} x_1(t) \\ x_2(t) \end{bmatrix} + \begin{bmatrix} 1 & 1 \\ 1 & 0 \end{bmatrix} \begin{bmatrix} f_1(t) \\ f_2(t) \end{bmatrix}$$

$$\begin{bmatrix} y_1(t) \\ y_2(t) \end{bmatrix} = \begin{bmatrix} 1 & 1 \\ 0 & 1 \end{bmatrix} \begin{bmatrix} x_1(t) \\ x_2(t) \end{bmatrix} + \begin{bmatrix} 1 & 0 \\ 1 & 1 \end{bmatrix} \begin{bmatrix} f_1(t) \\ f_2(t) \end{bmatrix}$$

求其解。

3. 已知描述系统的微分方程为 $y'' + 2y' + 8y = u$，求其冲激响应。若 $u = 3t + \cos(0.1t)$，求其零状态响应。

4. 描述 LTI 系统的差分方程为

$$y(n) - y(n-1) + 0.9y(n-2) - 0.5y(n-3) = 5u(n) - 2u(n-1) + 2u(n-2)$$

(1) 已知 $y(0) = -2, y(-1) = 2, y(-2) = -\dfrac{1}{2}$，求零输入响应，计算 20 步。

(2) 求单位脉冲响应 $h(n)$，计算 20 步。

(3) 求单位阶跃响应 $g(n)$，计算 20 步。

5. 已知线性定常系统的状态方程为

$$\begin{bmatrix} \dot{x}_1 \\ \dot{x}_2 \\ \dot{x}_3 \end{bmatrix} = \begin{bmatrix} 1 & 2 & -1 \\ 0 & 1 & 0 \\ 1 & 0 & 3 \end{bmatrix} \begin{bmatrix} x_1 \\ x_2 \\ x_3 \end{bmatrix} + \begin{bmatrix} 1 & 0 \\ 0 & 1 \\ 0 & 1 \end{bmatrix} \begin{bmatrix} u_1 \\ u_2 \end{bmatrix}$$

判定系统的可控制性。

6. 已知线性定常离散系统的状态方程为

$$x(k+1) = \begin{bmatrix} 0.8760 & 0 & 0 \\ 0.2546 & 0.6621 & -0.5701 \\ 0.1508 & 0.4221 & 1 \end{bmatrix} x(k) + \begin{bmatrix} 0.2105 \\ 0.1033 \\ 0.1768 \end{bmatrix} u(k)$$

$$y(k) = \begin{bmatrix} 0 & 1 & 3.5 \end{bmatrix} x(k)$$

判定系统的可控制性。

7. 已知线性定常系统的状态空间表达式为

$$\begin{bmatrix} \dot{x}_1 \\ \dot{x}_2 \\ \dot{x}_3 \end{bmatrix} = \begin{bmatrix} 1 & 0 & -1 \\ -1 & -2 & 0 \\ 3 & 0 & 1 \end{bmatrix} \begin{bmatrix} x_1 \\ x_2 \\ x_3 \end{bmatrix}$$

$$y = \begin{bmatrix} 1 & 0 & 0 \\ 0 & -1 & 0 \end{bmatrix} \begin{bmatrix} x_1 \\ x_2 \\ x_3 \end{bmatrix}$$

判定系统的可观测性。

8. 已知线性定常离散系统的状态方程为

$$x(k+1) = \begin{bmatrix} 0.7754 & 0 & 1 \\ 0.3346 & 0.7648 & -0.5661 \\ 0.2448 & 0.3725 & 2.2254 \end{bmatrix} x(k)$$

$$y(k) = \begin{bmatrix} 0 & 1.5 & 2.7210 \end{bmatrix} x(k)$$

判定系统的可观测性。

第 7 章小结

第 7 章提高题

附录 APPENDIX

知识点与 MATLAB 函数命令对照表

序号	函　数	知　识　点	章节	备注
1	xzsu	自定义绘制虚指数信号	1.2	源代码
2	subs	符号运算，如时移、反折、尺度等	1.3	
3	symadd	符号运算，相加	1.4	
4	symmul	符号运算，相乘	1.4	
5	sign	符号函数	1.5	
6	heaviside	自定义单位阶跃信号	1.5	源代码
7	jieyao	自定义单位阶跃信号	1.5	源代码
8	chongji	自定义单位冲激信号	1.5	源代码
9	lsim	连续时间系统的响应	2.2	
10	impulse	连续时间系统的冲激响应	2.3	
11	step	连续时间系统的阶跃响应	2.3	
12	conv	两个连续时间信号的卷积	2.4	
13	fourier	自定义周期信号的傅里叶级数展开	3.1	源代码
14	quadl	数值积分	3.4	
15	fourier	傅里叶变换	3.4	
16	ifourier	傅里叶逆变换	3.4	
17	freqs	滤波器频率响应函数	3.7	
18	modulate	信号的调制	3.10	
19	laplace	拉普拉斯变换	4.1	
20	ilaplace	拉普拉斯逆变换	4.1	
21	residue	部分分式展开	4.3	
22	cart2pol	共轭复数表示成模和相角的形式	4.3	
23	roots	多项式求根	4.6	
24	zplane	零、极点绘图函数画零、极点图	4.6	
25	colormap	控制曲面图的颜色	4.6	
26	splxy	自定义根据系统零、极点分布绘制系统频率响应曲线	4.7	源代码
27	dwxulie	自定义单位样值序列	5.1	源代码
28	jyxulie	自定义单位阶跃序列	5.1	源代码
29	dszsu	自定义绘制实指数序列波形	5.1	源代码

序号	函　数	知　识　点	章节	备注
30	dxzsu	自定义绘制虚指数序列波形	5.1	源代码
31	dfzsu	自定义绘制复指数序列时域波形	5.1	源代码
32	lsxj	自定义离散序列相加及其结果可视化	5.1	源代码
33	lsfz	自定义离散序列反折	5.1	源代码
34	lsyw	自定义离散序列平移	5.1	源代码
35	lsdx	自定义离散序列倒相	5.1	源代码
36	impz	求离散系统单位样值响应	5.3	
37	conv	两个离散连续时间信号的卷积和	5.4	
38	ztrans	z 变换	6.1	
39	iztrans	逆 z 变换	6.4	
40	residuez	部分分式展开法	6.4	
41	residue	留数法求解逆 z 变换	6.4	
42	c2d	将连续时间模型转换为离散时间模型	7.1	
43	d2c	将离散时间模型转换为连续时间模型	7.1	
44	d2d	对离散时间系统进行重新抽样	7.1	
45	tf2ss	传递函数模型转换为状态空间模型	7.1	
46	tf2zp	传递函数模型转换为零、极点增益模型	7.1	
47	ss2tf	状态空间模型转换为传递函数模型	7.1	
48	ss2zp	状态空间模型转换为零、极点增益模型	7.1	
49	zp2tf	零、极点增益模型转换为传递函数模型	7.1	
50	zp2ss	零、极点增益模型转换为状态空间模型	7.1	
51	lsim	状态方程的数值解	7.4	
52	ctrb	可控制性判别矩阵	7.5	
53	obsv	可观测性判别矩阵	7.5	

参 考 文 献

1. 汤全武.信号与系统[M].北京：高等教育出版社,2011.

2. 汤全武.信号与系统[M].武汉：华中科技大学出版社,2008.

3. 汤全武.信号与系统实验[M].北京：高等教育出版社,2008.

4. 汤全武.MATLAB 程序设计与实战(微课视频版)[M].北京：清华大学出版社,2021.

5. 周友玲.MATLAB 在电气信息类专业中的应用[M].北京：清华大学出版社,2011.

6. 郑君里,应启珩,杨为理.信号与系统(上、下册)[M].4 版.北京：高等教育出版社,2011.

7. 管致中,夏恭恪,孟桥.信号与线性系统[M].4 版.北京：高等教育出版社,2004.

8. 吴大正.信号与线性系统分析[M].4 版.北京：高等教育出版社,2005.

9. 陈后金.信号与系统[M].北京：高等教育出版社,2007.

10. A V 奥本海姆.信号与系统[M].刘海棠,译.2 版.西安：西安交通大学出版社,2001.

11. 段哲民,范世贵.信号与系统[M].2 版.西安：西北工业大学出版社,2005.

12. 陈生潭,郭宝龙,李学武,等.信号与系统[M].2 版.西安：西安电子科技大学出版社,2001.

13. 徐亚宁,苏启常.信号与系统[M].北京：电子工业出版社,2007.

14. 应自炉.信号与系统[M].北京：国防工业出版社,2005.

15. 梁虹,梁洁,陈跃斌,等.信号与系统分析及 MATLAB 实现[M].北京：电子工业出版社,2002.

16. 陈戈珩,付虹,于德海.信号与系统[M].北京：清华大学出版社,2007.

17. 陈后金.信号与系统学习指导及习题精解[M].北京：清华大学出版社,北京交通大学出版社,2005.

18. 刘泉,宋琪.信号与系统题解[M].武汉：华中科技大学出版社,2003.

19. 胡光锐,徐昌庆,谭政华,等.信号与系统解题指南[M].北京：科学出版社,1999.

20. A V 奥本海姆,R.W.谢弗,J.R.巴克.离散时间信号处理 [M].刘海棠,黄建国,译.2 版.西安：西安交通大学出版社,2001.

21. (加)J V Vegte.数字信号处理基础[M].侯正信,译.北京：电子工业出版社,2003.

22. 范世贵.信号与系统导教导学导考[M].西安：西北工业大学出版社,2005.